ZHIYE JINENG PEIXUN JIANDING JIAOCAI

职业技能培训鉴定教材

铣工

XI GONG

（初级）

主　编　张凤姜

编　者　张明远　罗胜阳　徐文博

　　　　王九来　张立新

主　审　贺臣杰

中国劳动社会保障出版社

图书在版编目（CIP）数据

铣工：初级/人力资源和社会保障部教材办公室组织编写．—北京：中国劳动社会保障出版社，2010

职业技能培训鉴定教材

ISBN 978-7-5045-8364-2

Ⅰ.①铣…　Ⅱ.①人…　Ⅲ.①铣削-职业技能鉴定-教材　Ⅳ.①TG54

中国版本图书馆 CIP 数据核字（2010）第 141328 号

中国劳动社会保障出版社出版发行

（北京市惠新东街 1 号　邮政编码：100029）

出 版 人：张梦欣

*

北京北苑印刷有限责任公司印刷装订　新华书店经销

787 毫米×1092 毫米　16 开本　18.75 印张　406 千字

2010 年 7 月第 1 版　2010 年 7 月第 1 次印刷

定价：37.00 元

读者服务部电话：010-64929211/64921644/84643933

发行部电话：010-64961894

出版社网址：http：//www.class.com.cn

内容简介

本教材由人力资源和社会保障部教材办公室组织编写。教材以《国家职业标准·铣工》为依据，紧紧围绕“以企业需求为导向，以职业能力为核心”的编写理念，力求突出职业技能培训特色，满足职业技能培训与鉴定考核的需要。

本教材详细介绍了初级铣工要求掌握的最新实用知识和技术。全书分为三个模块单元，主要内容包括：工艺准备、工件加工和精度检验与误差分析。每一单元后安排了单元测试题及答案，书末提供了理论知识和操作技能考核试卷，供读者巩固、检验学习效果时参考使用。

本教材是初级铣工职业技能培训与鉴定考核用书，也可供相关人员参加就业培训、岗位培训使用。

前　　言

1994年以来，原劳动和社会保障部职业技能鉴定中心、教材办公室和中国劳动社会保障出版社组织有关方面专家，依据《中华人民共和国职业技能鉴定规范》，编写出版了职业技能鉴定教材及其配套的职业技能鉴定指导200余种，作为考前培训的权威性教材，受到全国各级培训、鉴定机构的欢迎，有力地推动了职业技能鉴定工作的开展。

原劳动保障部从2000年开始陆续制定并颁布了国家职业标准。同时，社会经济、技术不断发展，企业对劳动力素质提出了更高的要求。为了适应新形势，为各级培训、鉴定部门和广大受培训者提供优质服务，教材办公室组织有关专家、技术人员和职业培训教学管理人员、教师，依据国家职业标准和企业对各类技能人才的需求，研发了职业技能培训鉴定教材。

新编写的教材具有以下主要特点：

在编写原则上，突出以职业能力为核心。教材编写贯穿“以职业标准为依据，以企业需求为导向，以职业能力为核心”的理念，依据国家职业标准，结合企业实际，反映岗位需求，突出新知识、新技术、新工艺、新方法，注重职业能力培养。凡是职业岗位工作中要求掌握的知识和技能，均作详细介绍。

在使用功能上，注重服务于培训和鉴定。根据职业发展的实际情况和培训需求，教材力求体现职业培训的规律，反映职业技能鉴定考核的基本要求，满足培训对象参加各级各类鉴定考试的需要。

在编写模式上，采用分级模块化编写。纵向上，教材按照国家职业资格等级单独成册，各等级合理衔接、步步提升，为技能人才培养搭建科学的阶梯型培训架构。横向上，教材按照职业功能分模块展开，安排足量、适用的内容，贴近生产实际，贴近培训对象需要，贴近市场需求。

在内容安排上，增强教材的可读性。为便于培训、鉴定部门在有限的时间内把最重要的知识和技能传授给培训对象，同时也便于培训对象迅速抓住重点，提高学习效率，在教材中精心设置了“培训目标”等栏目，以提示应该达到的目标，需要掌握的重点、难点、鉴定点和有关的扩展知识。另外，每个学习单元后安排了单元测试题，每个级别的教材都提供了理论知识和操作技能考核试卷，方便培训对象及时巩固、检验学习效果，并对本职业鉴定考核形式有初步的了解。

本书在编写过程中得到天津市职业技能培训研究室的大力支持和热情帮助，在此一并致以诚挚的谢意。

编写教材有相当的难度，是一项探索性工作。由于时间仓促，不足之处在所难免，恳切希望各使用单位和个人对教材提出宝贵意见，以便修订时加以完善。

人力资源和社会保障部教材办公室

目 录

第1单元

工艺准备

随着机械制造业的迅速发展，铣削加工也因其加工零件的多样化及低成本而在零件切削加工中占有重要的地位，同时也对铣工的技术水平提出了越来越高的要求。一个新型的技术工人，不仅要实际操作技能熟练，还要具有分析和解决切削加工的实际问题的综合能力，这就需要掌握系统的切削加工基本理论知识。

为了能准确地读懂所加工零件的图样，就需要掌握机械制图中基本投影理论、机件表达方法、标准件的规定画法、简单零件草图的测绘；为了能看懂工序卡片、工艺过程卡片，读懂简单零件的工艺过程，熟悉铣削加工中典型零件的铣削加工顺序，就需要具备机械制造工艺方面的知识；为了能正确地安装工件，就需要了解通用夹具的结构原理及调整方法；为了保证切削加工顺利进行，就需要了解刀具的类型、刀具的角度及刀具的安装方法；为了能操纵铣床，就需要了解铣床的基本结构、基本操作方法及日常维护保养方法。这些工艺准备工作与加工出一个合格的零件息息相关。

本单元内容是工件加工前的重要基础，学习过程中可参考机械制图、机械制造工艺等方面的相关教材，以加强对各知识点的基本概念和基本原理的理解和掌握。

第一节　读图与绘图

培训目标

- 掌握简单零件图的识读方法。
- 掌握矩形体零件图的识读方法。
- 掌握轴、套类零件图的识读方法。
- 掌握零件草图的绘制方法。

一、简单零件图的识读方法

机器或部件都是由若干零件装配而成的，表达零件的图样称为零件图。

1．零件图的作用

零件是组成机器的最基本元件，制造机器要从加工零件开始，零件图就是指导加工的必要技术文件。在生产过程中，备料、制造以及检验都要以零件图为依据。

2．零件图的内容

如图1—1所示是某设备上一挡圈的图样。由图可见，零件图必须由以下四部分组成：

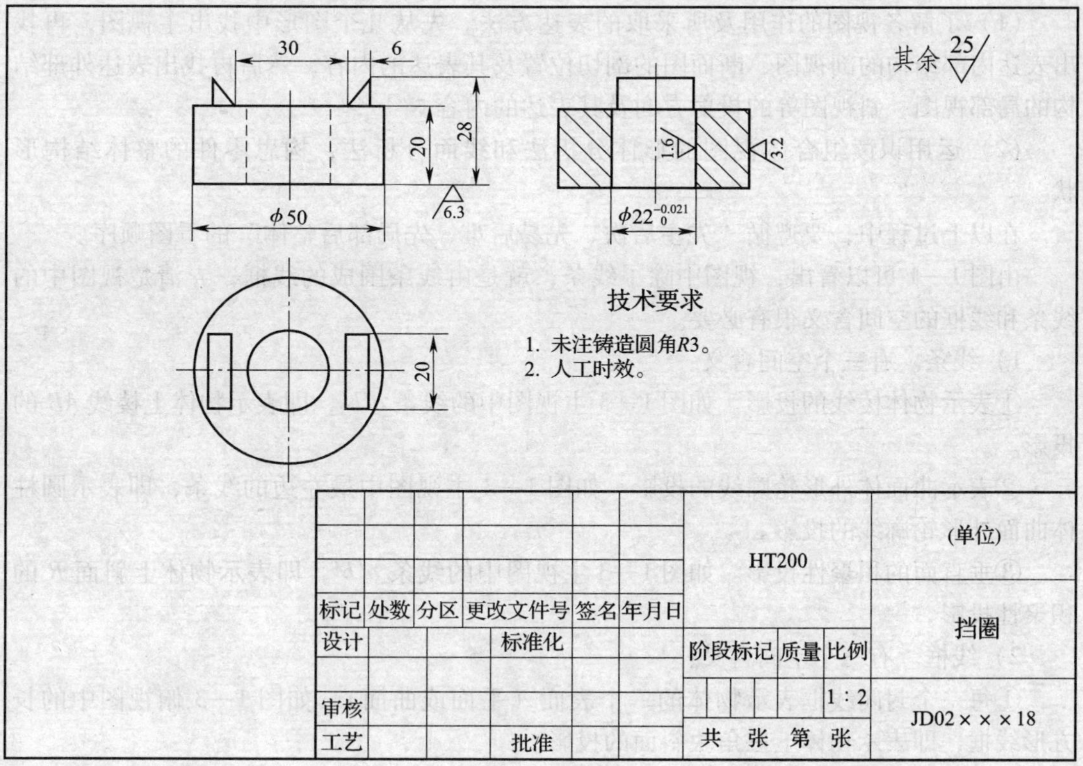

图1—1　挡圈零件图

（1）一组视图。运用恰当的视图、剖视图、断面图以及局部放大图等，完整简明地表达清楚零件的内外结构形状。

（2）完整的尺寸。正确、完整、清晰、合理地标注出满足零件加工和检验要求的全部尺寸，即标注出零件的定形尺寸、定位尺寸以及总体尺寸等全部尺寸，有些尺寸还要标注其尺寸偏差，以确定零件各部分结构形状的大小和相对位置。

（3）技术要求。用代号和文字注明零件的质量指标，包括表面粗糙度、尺寸公差、形位公差、热处理要求等。具体地说，就是在零件图上用代号、数字或文字说明零件在制造和检验时应达到的要求。

（4）标题栏。图框右下角应画出标题栏，国家标准（GB/T 10609.1—2008）已作了统一规定。填写内容一般包括零件名称、材料、数量、比例、图样编号、单位名称以及设计、制图、审核、批准者的签名等。

以上四项，若缺少任何一项，就不能称为零件图。

读图时，看懂视图是首要条件。图 1—1 所示零件是一穿孔的薄圆柱体，顶面左右各叠加一个三角块，如图 1—2 所示。阅读零件图样时，若能顺利地想象出零件的结构形状，其他问题便可迎刃而解了。

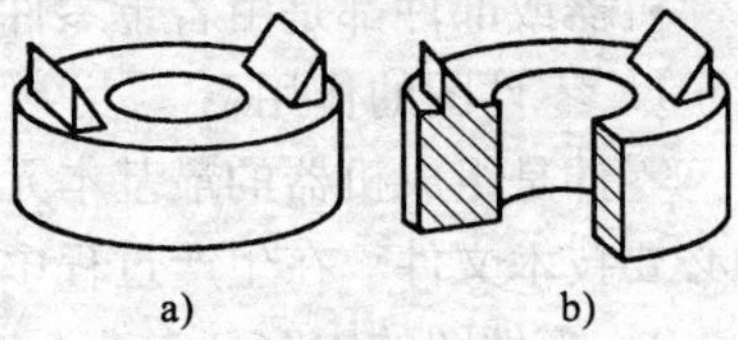

图 1—2　挡圈的结构形状
a）外形立体图　b）假想剖开立体图

3．分析视图，构思整体结构形状

（1）了解各视图的作用及所采取的表达方法。先从几个图形中找出主视图，再找出表达内部结构的剖视图、断面图的剖切位置及其表达的内容，然后再找出表达外部结构的局部视图、斜视图等的投射方向及其表达的内容。

（2）运用识读组合体视图的形体分析法和线面分析法，构思零件的整体结构形状。

在以上过程中，要遵循“先主后次、先易后难、先局部后整体”的看图顺序。

由图 1—1 可以看出，视图中除了线条，就是由线条围成的线框，弄清楚视图中的线条和线框的空间含义很有必要。

1）线条。有三个空间含义：

①表示物体棱线的投影。如图 1—3 主视图中的线条 $a'b'$，即表示物体上棱线 AB 的投影。

②表示曲面体外形轮廓线的投影。如图 1—3 主视图中最左边的线条，即表示圆柱体曲面外形轮廓线的投影。

③垂直面的积聚性投影。如图 1—3 主视图中的线条 $a'b'$，即表示物体上斜面 R 的积聚性投影。

2）线框。有三个空间含义：

①每一个封闭线框表示物体的一个表面（平面或曲面）。如图 1—3 俯视图中的长方形线框，即表示物体上三角块斜面的投影。

②相邻线框表示物体的不同表面。如图 1—3 俯视图中的长方形线框和相邻的圆环线框，即表示物体上的不同表面——三角块斜面的投影和圆筒顶面 P 的投影。

③虚线框（带有虚线的线框）表示物体的不可见表面。如图 1—3 主视图中内部的方形虚线框 e'，虚线即表示圆筒内孔曲面的不可见投影。

若能重点掌握垂直面的投影特性，其他面、线的投影问题即可迎刃而解。试分析图 1—4 所示平面切割体中垂直面 R、Q、T 的投影特性。

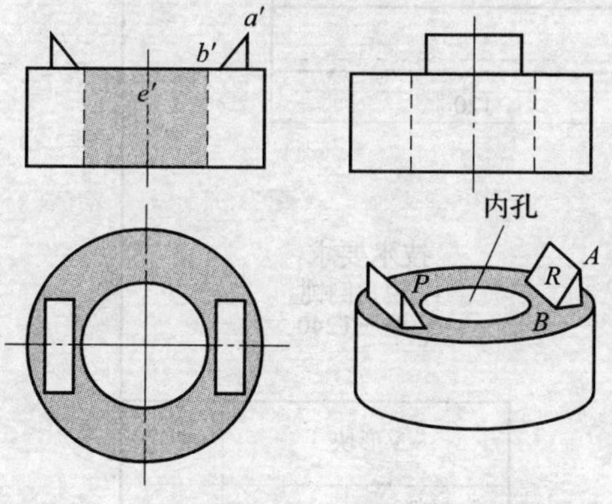

图 1—3　视图中的线条和线框的空间含义

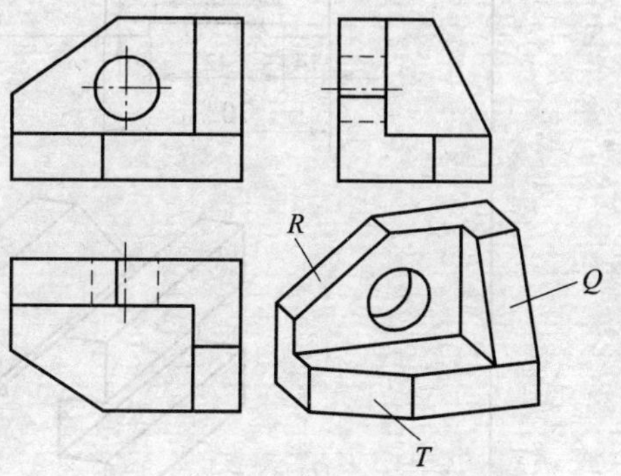

图 1—4　平面切割体

平面与直线的投影特性比较抽象，若暂时难以完全弄清，可以先初步了解后绕过此节，在后续的看图实践中弥补。

4. 分析尺寸和技术要求

要找出零件长、宽、高三个方向的尺寸基准，明确零件的定形尺寸、定位尺寸及总体尺寸，读懂表面粗糙度、公差与配合、检验要求及热处理要求等，并分析其加工工艺性优劣、基准是否相符等。

有时零件结构复杂，看零件图时要查看所属的部件装配图、相关联零件和同类零件的零件图等技术资料，以求更准、更快地读懂零件图。把识读零件图样的要点总结成一首便于记忆的顺口溜，就是：

识读先看标题栏，零件功用要注意；

对视图要找关系，形体结构看仔细；

三向尺寸找基准，定位大小要分析；

技术要求全读懂，保证质量要牢记。

二、识读矩形体零件图

1. 矩形体零件的结构特点

矩形体零件是各种机器、夹具中常用的一种典型零件，主要用于紧固、支撑其他零件。不同的矩形体零件结构形状各异，其结构一般由平面、斜面、沟槽、孔、键槽等构成。

2. 识读方法

如图 1—5 所示为 V 形块零件图，其识读方法如下：

（1）读标题栏。从标题栏中可以知道这个零件的名称、材料和零件图的绘制比例等相关内容。

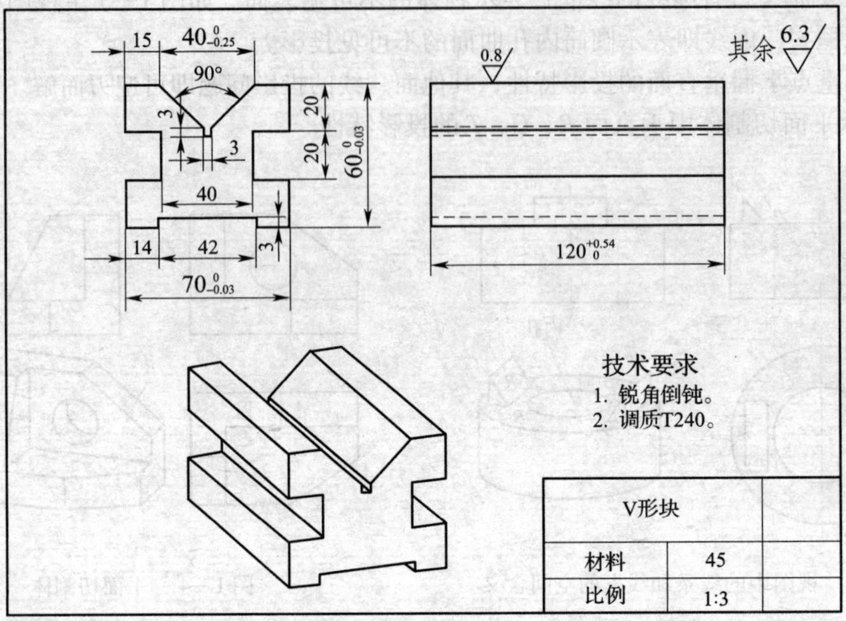

图 1—5　V 形块零件图

(2) 分析图例。该 V 形块采用了两个视图，即主视图和左视图。主视图反映 V 形块的主要结构特征，如 V 形槽及矩形槽等。

(3) 分析尺寸标注。从图中可以看出，长度方向上的尺寸基准为左端面，高度方向的尺寸基准为顶面。

图中标有公差的尺寸都是重要尺寸。图中的上、下偏差都是极限偏差，合格零件的实际偏差应控制在极限偏差的范围内，如 40 $^{0}_{-0.25}$ mm，40 mm 是公称尺寸，偏差是 $^{0}_{-0.25}$ mm，即 V 形槽槽口宽度在 39. 75 ~40 mm 范围内都合格。这个尺寸允许的变动量是 0. 25 mm，叫尺寸公差。

尺寸精度和表面粗糙度有一定的关系，V 形槽顶面槽口处 40 $^{0}_{-0.25}$ mm 的尺寸精度高，其顶面的表面粗度值就小，R_a 值为 0. 8 μm，是重要的精加工平面。

该 V 形块六面体的外形尺寸具有较严格的尺寸要求。长度尺寸为 70 $^{0}_{-0.03}$ mm，即尺寸在 69. 97 ~70 mm 范围内都合格；高度尺寸为 60 $^{0}_{-0.03}$ mm，即尺寸在 59. 97 ~60 mm 范围内都合格；宽度尺寸为 120 $^{+0.54}_{0}$ mm，即尺寸在 120 ~120. 54 mm 范围内都合格。

三、识读轴、套类零件图

1. 轴、套类零件的结构特点

轴类零件是最常见的机器零件之一，其主要结构由具有公共轴线的若干回转体组成。轴的主要作用是支撑安装各种传动件，以传递运动和动力；套类零件的主要作用是支撑或套装其他传动零件。轴、套类零件虽然具体结构形状多种多样，但形体主要构成、作用及加工工艺等方面有共同性。

轴类零件由于安装、制作及使用等方面的需要，在结构上常有倒角、圆角、键槽、退刀槽、越程槽、销孔、花键、螺纹和中心孔等要素。在图样上，中心孔可不画出只注代号。

2．视图绘制要求

视图表达上，因为轴、套类零件主要在车床、磨床上水平安装和加工，所以其主视图一般都是以轴线横放的加工位置放置，表达出零件的主要结构。零件的局部结构，则多采用局部剖视图或断面图表达；退刀槽、越程槽等用局部放大图表达。

3．尺寸基准

轴、套类零件一般以轴线作为径向尺寸的尺寸基准（设计基准或主要基准，主要基准即指与被加工表面有直接尺寸关系或位置关系的作为工艺基准的尺寸基准），长度方向上一般以重要的端面（或台阶面）作为主要基准。考虑到加工顺序和测量方便，轴向尺寸可能出现多个基准，这时要选比较重要的一个端面或台阶面作为主要基准，其余的作为辅助基准（辅助基准是指与被加工表面没有直接尺寸关系或位置关系的作为工艺基准的尺寸基准）。轴、套类零件需要标注的尺寸主要是一些径向尺寸和轴向尺寸。

轴、套类零件上有配合表面和非配合表面。配合表面的表面粗糙度值较小而尺寸精度较高，其配合轴颈表面和主要端（台阶）面一般标注有形位公差，根据使用或加工要求，这些表面或整体常须进行正火、调质或淬火等热处理。轴零件图如图 1—6 所示。

以轴线水平的加工位置为主视图位置。为表达键槽尺寸采用了断面图 *B*—*B*、*C*—*C*，中心孔用局部放大图表达。

ϕ38k7 段的右端台阶面 *F* 为轴向尺寸的主要基准，ϕ30k7、ϕ32k7 轴颈的端面为辅助基准，回转轴线为径向尺寸的尺寸基准。两个安装滚动轴承的 ϕ35k6 轴颈的同轴度要求较高。整根轴加工前进行调质处理，达到 265 ~ 280 HBS。棱角倒角，台阶根部倒圆角。

四、零件草图的绘制方法

在仿制机器、修配损坏的零件或改造旧机器设备时，要进行零件测绘。

零件测绘是指依据实际零件，目测比例，徒手画出零件草图，测量出零件的各部分尺寸，并确定技术要求，再根据草图画出零件工作图（简称零件图）。

零件草图是绘制零件图的主要依据，必要时还可直接用来加工零件。因此，零件草图必须具备零件图应有的全部内容，要求做到图形正确、表达清晰、尺寸齐全、线型分明。

1．零件测绘的方法和步骤

以图 1—7 所示球阀上的阀盖为例，说明零件测绘的方法和步骤。

（1）分析零件。了解零件的名称、用途、材料及其在机器（或部件）中的位置、作用和与相邻零件的关系，然后对零件的内、外结构形状进行初步分析。

阀盖为铸钢件，其外凸缘制有外螺纹，与制有内螺纹的圆管连接形成管路系统；阀盖的内凸缘与阀体配合，用四个螺柱将阀盖与阀体连接，形成流体通道，并起密封作用。

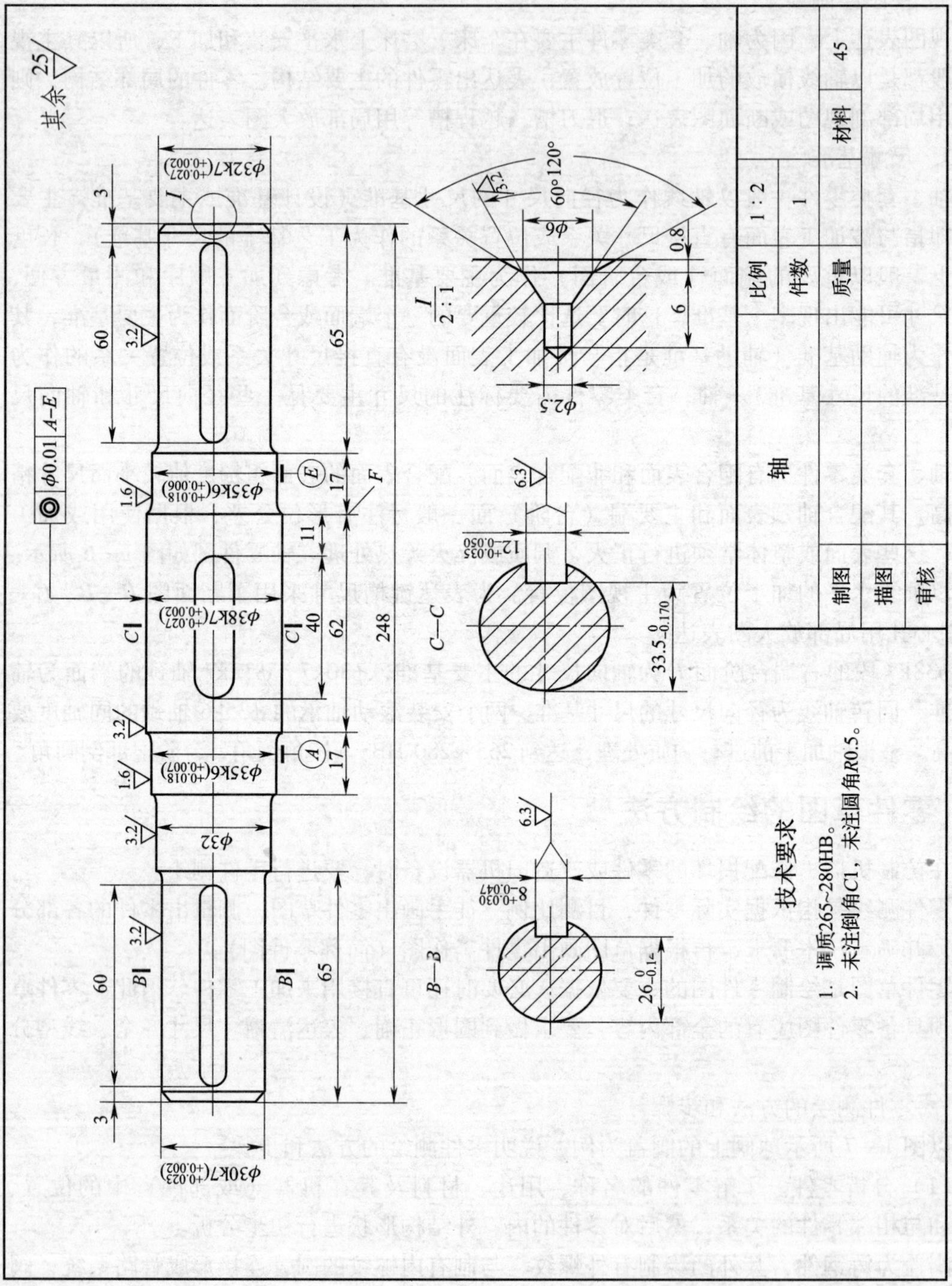
其余 25
I 2:1
C—C
B—B
技术要求
1. 调质265~280HB。
2. 未注倒角C1，未注圆角R0.5。
轴
比例 1:2
件数 1
质量
材料 45
制图
描图
审核

图1—6 轴零件图

(2) 选择表达方案。先根据零件的结构形状特征、工作位置或加工位置选择主视图，再按需要选择其他视图，并考虑是否要采用剖视图、断面图或简化画法等表达方法。视图表达要求完整、清晰、简练。据此，初步确定阀盖的表达方案为全剖的主视图和不剖的左视图。

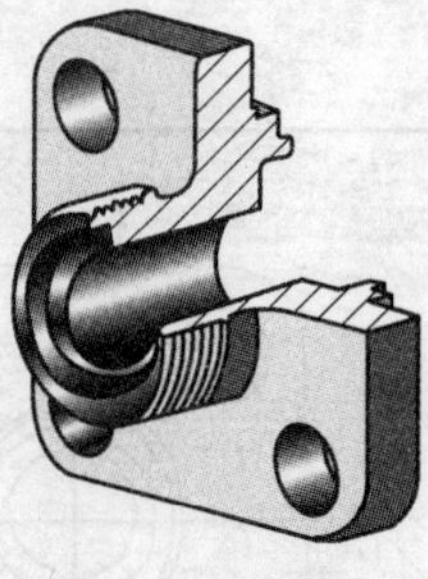

图 1—7 阀盖

(3) 画零件草图。

1) 在图纸（或网格纸）上定出各视图的位置，画出主、左视图的对称中心线和作图基准线，如图 1—8a 所示。布置视图时，要考虑预留标注尺寸的位置。

2) 目测比例，详细地画出零件的外部及内部结构形状，如图 1—8b 所示。

3) 选定尺寸基准，按正确、齐全、清晰和合理标注尺寸的要求，画出全部尺寸界线、尺寸线和箭头。经校核后，按规定线型描深图线（包括剖面线），如图 1—8c 所示。

4) 逐个测量并标注尺寸，注写表面粗糙度、尺寸公差等技术要求以及标题栏内的相关内容，完成零件草图，如图 1—8d 所示。

(4) 根据草图画零件图。零件草图的测绘往往在现场（车间）进行，时间不允许太长，所以选择的表达方案和标注的尺寸不一定是最完善和合理的。因此，在根据草图画零件图之前要对草图进一步校核，检查表达方案是否恰当，标注的尺寸是否齐全、清晰和合理，及时作出必要的修整。画零件图的步骤与画草图的步骤基本相同，但有时为了保持图面清洁，通常在画完底稿后先画尺寸线，注写数字，画剖面线，最后才描深。完成后的阀盖零件图如图 1—9 所示。

2. 零件尺寸的测量方法

测量尺寸是零件测绘过程中的一个重要环节，测绘的过程是先“绘”后“测”，即在画完草图图形、尺寸界线、尺寸线之后集中测量并填写尺寸数值，这样不仅可以提高效率，还可以避免错误或遗漏。切忌画一个尺寸线，就测量并填写一个尺寸数值。

测量尺寸时，应根据尺寸精度的要求选用不同的测量工具。常用的测量工具和测量方法如下：

(1) 测量直线尺寸。一般可用钢直尺或游标卡尺直接测量得到尺寸数值，必要时可借助 90°角尺或三角板配合进行测量，如图 1—10 所示。

(2) 测量回转面内、外直径尺寸。通常用内、外卡钳或游标卡尺直接测量，测量时应使两测量点的连线与回转面的轴线垂直，以保证测量精度，如图 1—11 所示。

在测量阶梯孔的直径时，由于外孔小、内孔大，用游标卡尺无法测量里面大孔直径。这时可用内卡钳测量，如图 1—12a 所示；也可用特殊量具（内外同值卡钳）测量，如图 1—12b 所示。

(3) 测量壁厚。一般可用钢直尺测量，如图 1—13a 所示。若孔口较小，可用可测量深度的游标卡尺测量，如图 1—13b 所示。当用钢直尺和游标卡尺都无法测量时，则可用内、外卡钳或外卡钳与钢直尺配合进行测量，如图 1—13c 所示。

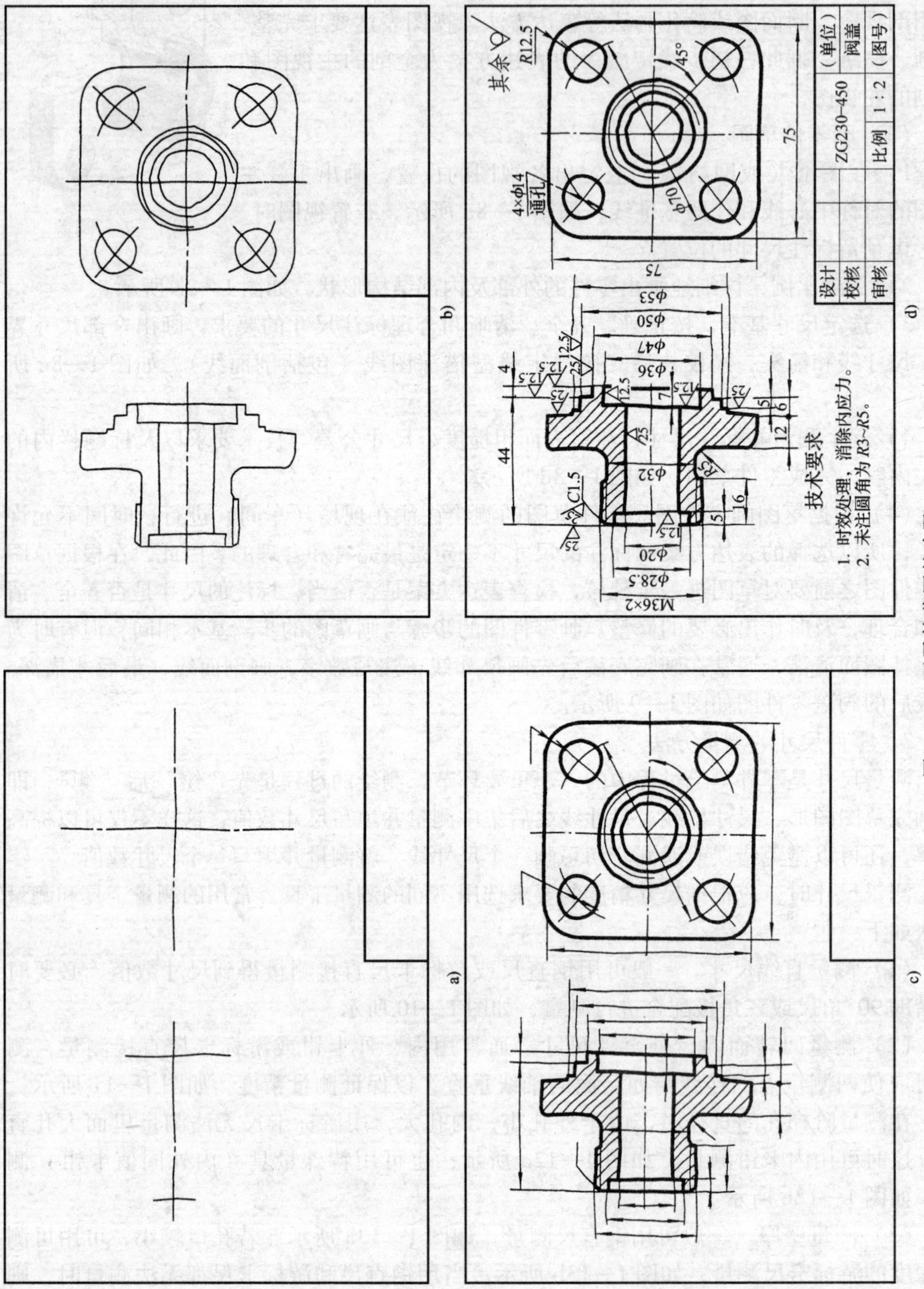

图 1—8 画零件草图的步骤

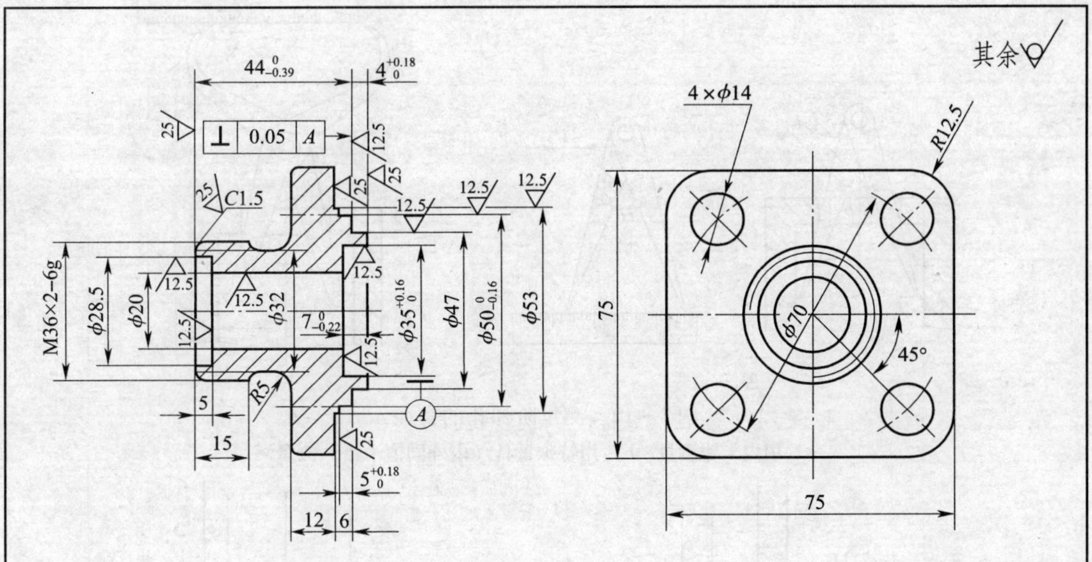

技术要求

1. 铸件应经时效处理，消除内应力。
2. 未注铸造圆角$R3$~$R5$。

设计			ZG230−450	(单位)
校核				阀盖
审核			比例　1：2	(图号)

图 1—9　阀盖零件图

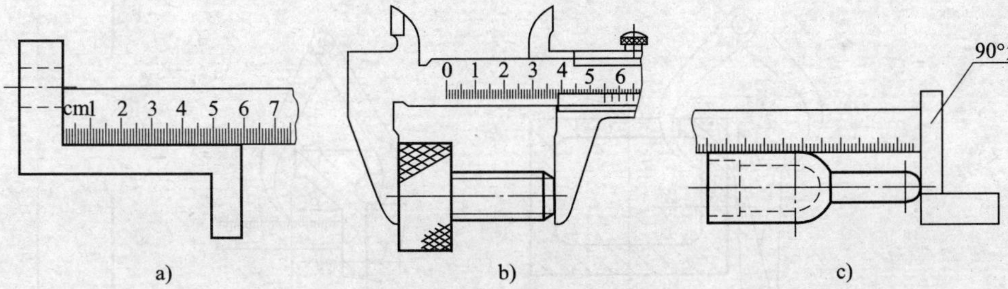

a)　　b)　　c)

图 1—10　测量直线尺寸

a）用钢直尺直接测量　b）用游标卡尺直接测量　c）用钢直尺和 90° 角尺配合测量

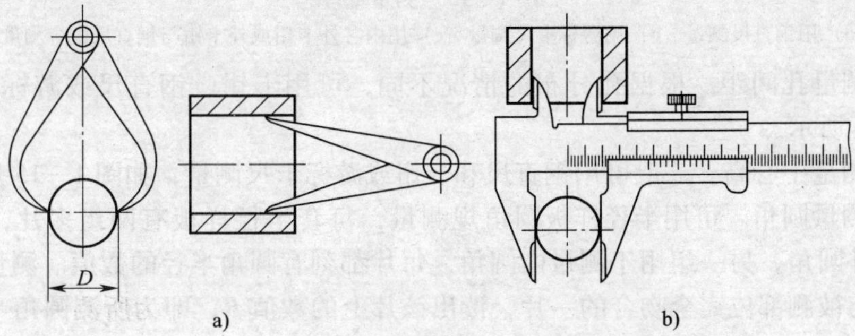

a)　　b)

图 1—11　测量回转面外径、内径

a）用内、外卡钳测量　b）用游标卡尺测量

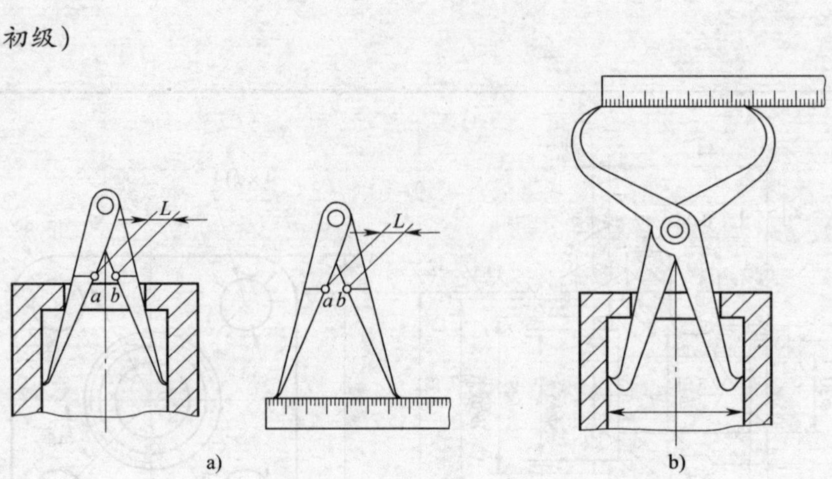

图 1—12　测量阶梯孔的直径

a）用内卡钳测量　b）用特殊量具（内外同值卡钳）测量

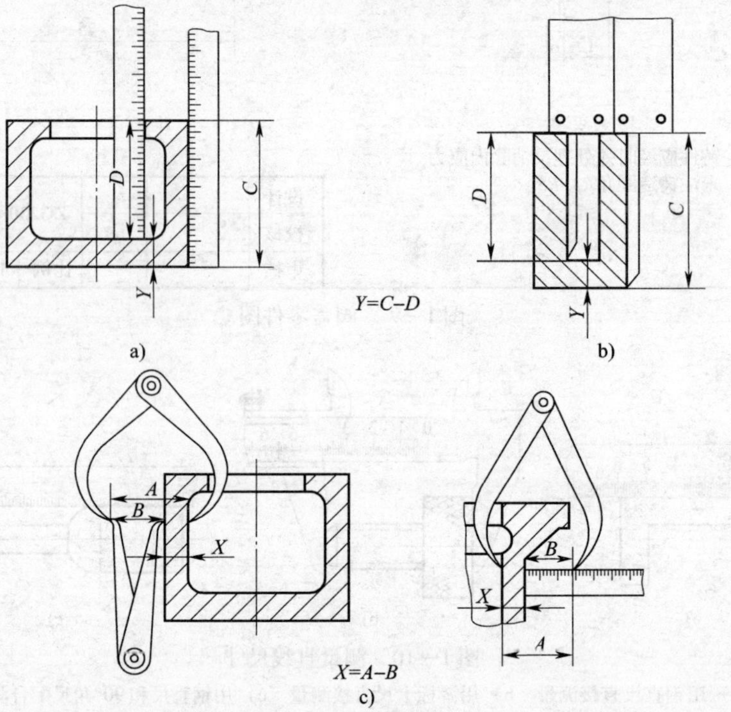

图 1—13　测量壁厚

a）用钢直尺测量　b）用游标卡尺测量　c）用内、外卡钳或外卡钳与钢直尺配合测量

（4）测量孔间距。根据孔分布的情况不同，可用卡钳、钢直尺或游标卡尺测量，如图 1—14 所示。

（5）测量中心高。一般可用钢直尺和卡钳或游标卡尺测量，如图 1—15 所示。

（6）测量圆角。可用半径样板圆角规测量，每套半径样板有两组多片，其中一组用于测量外圆角，另一组用于测量内圆角，每片都刻有圆角半径的数值。测量时，只要从中找到与被测部位完全吻合的一片，读出该片上的数值 R，即为所测圆角半径，如图 1—16 所示。

（7）测量角度。可用游标量角器测量，如图 1—17 所示。

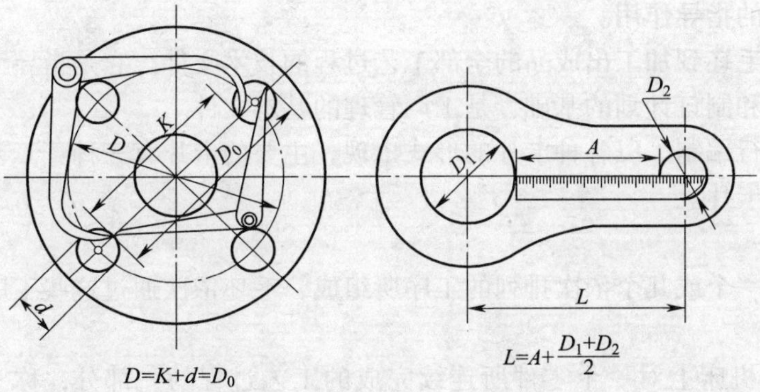

$D=K+d=D_0$

a)

$L=A+\dfrac{D_1+D_2}{2}$

b)

图 1—14 测量孔间距

a）用卡钳测量 b）用钢直尺测量

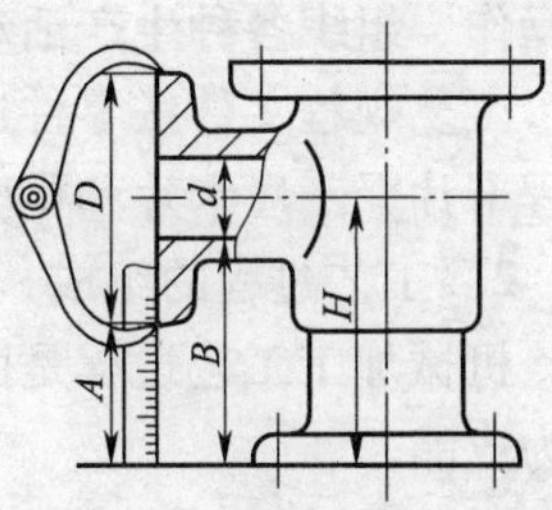

$H=A+\dfrac{D}{2}=B+\dfrac{d}{2}$

图 1—15 测量中心高

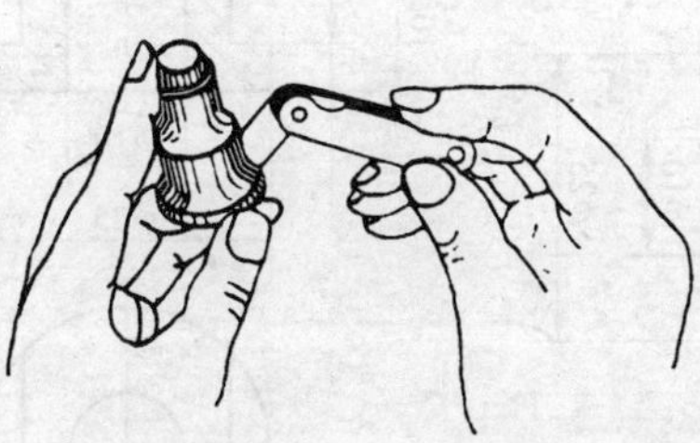

图 1—16 测量圆角

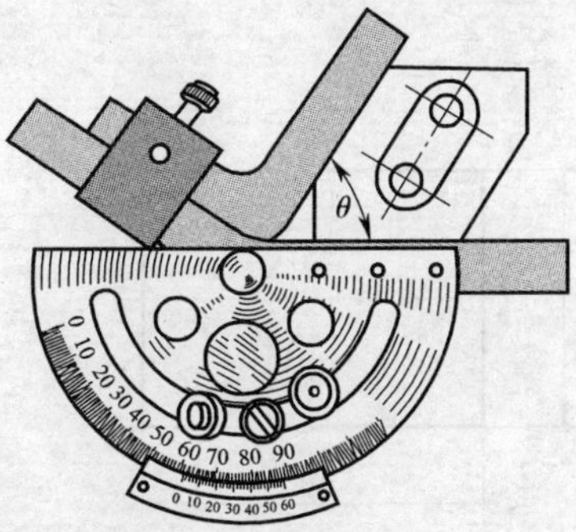

图 1—17 测量角度

第二节 制定加工工艺

培训目标

- → 了解工艺规程的基础知识。
- → 能分析并读懂简单零件的工艺规程。
- → 能制定简单工件的铣削加工工艺。

一、工艺规程的基础知识

1. 概述

任何机器都是由零件、部件装配而成的。由原材料到成品的过程中，各个相互关联的全部劳动过程称为生产过程，通常包括由原材料制造成毛坯、毛坯加工制造成零件、零件装配成机器、检验及试车、油漆及包装等环节。每一个环节也是一个劳动过程，按一定顺序，用一定的方法和工具，由一个人（或一组人）完成一定的工作内容，也就是按一定的“规程”进行劳动，这个“规程”就是“工艺规程”。工艺规程是多年实践经验的科学总结，它在组织生产、保证零件加工质量、保证生产效益、保证人身和设备安全等方面，都起着积极的指导作用。

工艺规程文件是确定从毛坯到加工出成品的全部工艺过程的技术文件。它是指导工人操作、组织各种生产活动和制订计划的基础，是工厂管理的基本文件。

工艺规程文件按零件进行编制，以各种卡片的形式出现，主要的卡片有三种：工艺过程卡片、工序卡片和检验卡片。

2. 工艺过程的组成

机械加工工艺过程是由一个或几个依次排列的工序所组成，毛坯依次通过这些工序变为成品。

（1）工序。工人在一台机床上对一个零件所连续完成的工艺过程的一部分，称为工序。一个零件往往是经过若干道工序加工而成的，例如，图 1—18 所示的小座，它的工艺过程包括三道工序，见表 1—1。

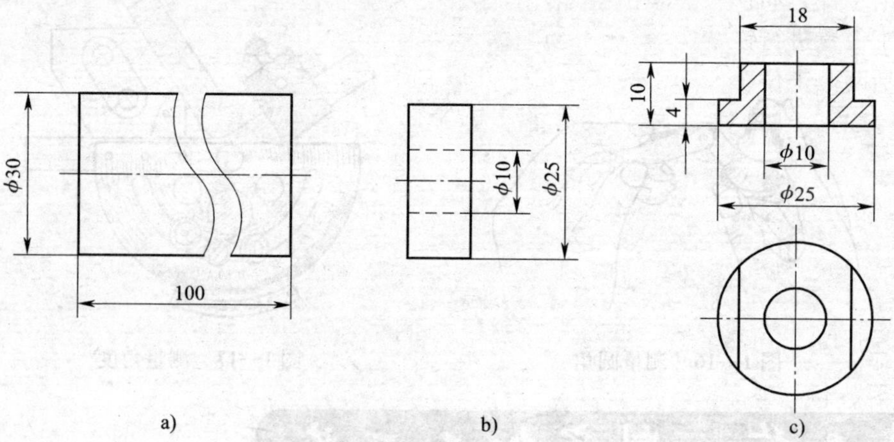

图 1—18　小座

a）毛坯图　b）半成品图　c）零件图

表 1—1　**小座的加工工序**

工序编号	工序名称	工作地点
1	车外圆、车第一端面、钻孔、镗孔、切断、掉头车第二端面	车床
2	铣台阶	铣床
3	去毛刺	钳工台

在这里必须注意，构成一个工序的要点是不改变加工对象、设备和操作者，而且工序内的工作是连续完成的，也可根据这点来区分是一个工序还是几个工序。如果表 1—1 的车削工序中，掉头车第二端面是在第二台车床上进行，或一批工件车削完其余各表面后，再掉头车第二端面，这时都要算作两个工序。因为前者机床变了，后者加工不连续。

工序是工艺过程的基本组成部分，同时也是生产计划与成本核算的一个基本单位。

（2）装夹。装夹是工序的一部分。工件在一次装卡中所完成的那部分工序，称为装夹。在一个工序内可以包括一次或几次装夹，例如，图1—18所示零件的车削工序，当划为一个工序时，则该工序为两次装夹；若划为两个工序，则每个工序都只有一次装夹。

又如在平口钳中夹紧铣削正六面体时，每铣一面为一次装夹，即这个工序有六次装夹。

工件在加工时，装夹次数增多，往往会降低加工精度和增加工件的装卸时间。也就是说，加工过程中应尽量减少装夹次数。

(3) 工位。在一次装夹内，工件在机床上所占的每一个位置，称为工位。

每次新的装夹中，工件对夹具或机床的相对位置起了变化；在变换工位时，工件不需要重新装夹，工件对机床的相对位置的变化是由夹具或机床的可动机构来实现的。图1—18所示的小座在铣台阶Ⅰ时为第一个工位，如图1—19a所示。当台阶Ⅰ铣完后，不卸下工件，而仅拔出定位销，将工件连同夹具旋转部分一起回转180°，使台阶Ⅱ进入加工位置进行铣削，如图1—19b所示，这时为第二个工位。此工序只需一次装夹，而包括两个工位。

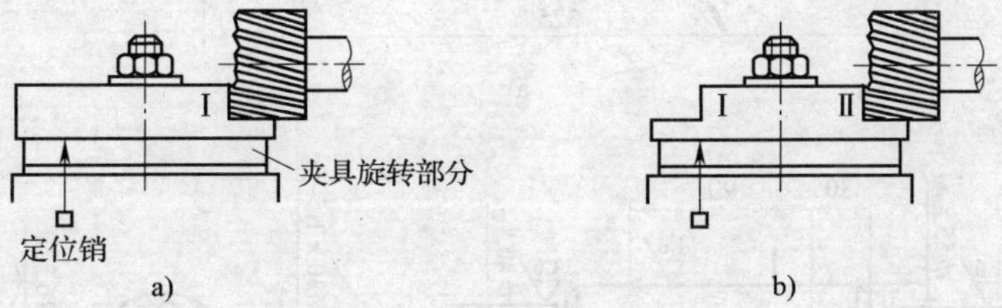

图1—19　一次装夹两个工位
a）第一个工位　b）第二个工位

(4) 工步。工序又可划分成工步。当被加工表面、切削工具和切削用量（不包括切削深度）均保持不变时所完成的一部分工序，称为工步。如其中有一个（或两个、三个）因素变化时，则为另一个工步。

一道工序包括一个或几个工步。如表1—1中车削工序内每一项车削工作均为一个工步。铣台阶工序中先铣台阶Ⅰ后铣台阶Ⅱ，则为两个工步。若分成粗铣和精铣，则铣台阶工序为四个工步。

为了提高生产率，可将上述铣台阶工序用两把刀同时进行加工，这种合并起来的工步，称为复合工步，如图1—20所示。复合工步通常写为一个工步。

(5) 走刀。走刀为工步的一部分。在工步中，刀具对被加工表面移动一次，切去一层金属所完成的工作，称为走刀。

若在一个工步中需要切去很厚的金属，则可分几次走刀（被加工表面、切削刀具、转速和进给量均不变）。

3. 生产类型的划分

生产类型一般有以下三种：

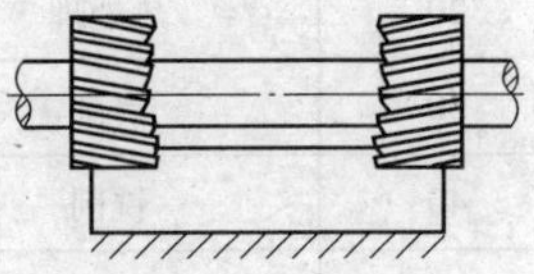

图1—20　复合工步

(1) 单件生产。产品的产量很小甚至是单件的。单件生产的工艺过程中，通常采用通用机床、标准工艺装备（工艺装备指刀具、夹具、量具和辅助工具，简称工装）。工序较少，工序内的工作较多。

（2）成批生产。产品的生产是一批一批进行的，通常是周期性的重复生产。成批生产的工艺过程中，通常采用专用机床和专用工装或通用机床和标准工装，工序、工步通常划分得较细。

（3）大量生产。产品的产量很大，每台机床固定完成一个规定的工序。大量生产的工艺过程中，通常广泛地采用专用机床、专用工装，工序、工步划分得很细。

图 1—21 所示的台阶轴零件，按单件生产制定的工艺过程见表 1—2，按成批生产制定的工艺过程见表 1—3。单件生产时，所有车削和磨削内容分别集中在一台车床和一台磨床上进行。成批生产时，车削内容被分配到三台车床上进行，三个外圆的磨削也分别由三台磨床完成。由于后者工作地点发生了变动，因此，车削与磨削各有三个工序。

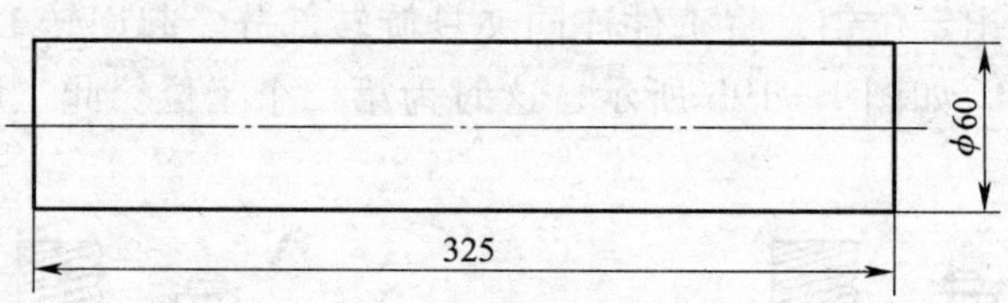

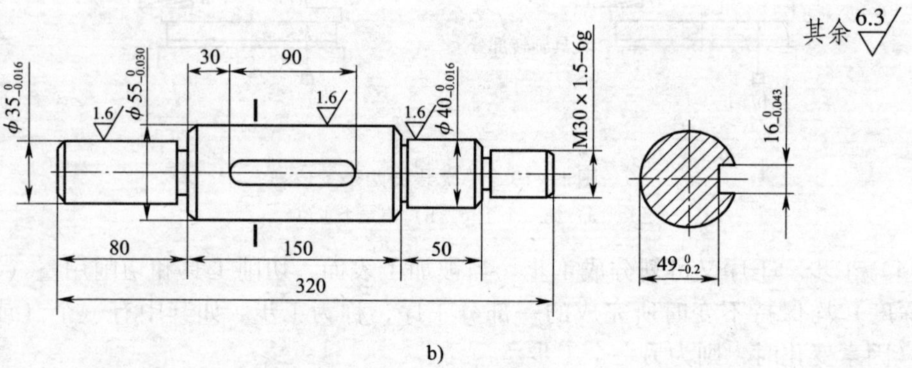

图 1—21　台阶轴

a）毛坯图　b）零件图

表 1—2　　台阶轴单件生产的工艺过程

工序号	工序名称	工序内容	工作地
05	毛坯准备	下料 ϕ60 mm×325 mm	锯床
10	车削	车两端面，车全部外圆，切槽及倒角，外圆留磨削余量，车螺纹	卧式车床
20	热处理	调质 28～32HRC	热处理车间
30	磨削	磨各外圆至图示尺寸要求	外圆磨床
40	铣削	铣键槽，去毛刺	立式铣床
50	检验	按图示尺寸检查	检验台

表 1—3　　台阶轴成批生产的工艺过程

工序号	工序名称	工序内容	工作地
05	毛坯准备	下料 $\phi 60$ mm×325 mm	锯床
10	车削	车两端面至总长，钻中心孔	中心孔机床
20	车削	车右端三个外圆（两外圆留磨削余量），切槽及倒角	仿形车床
30	车削	车左端一个外圆（留磨削余量），切槽及倒角	卧式车床
40	热处理	调质 28～32HRC	热处理车间
50	钳工	研磨中心孔	钻床
60	磨削	磨外圆 $\phi 55^{\ 0}_{-0.030}$ mm	外圆磨床
70	磨削	磨外圆 $\phi 40^{\ 0}_{-0.016}$ mm	外圆磨床
80	磨削	磨外圆 $\phi 35^{\ 0}_{-0.016}$ mm	外圆磨床
90	铣削	铣键槽	键槽铣床
100	铣削	铣螺纹	螺纹铣床
110	钳工	去毛刺	钳工台
120	检验	按图示尺寸检查	检验台

二、简单零件的工艺规程

1. 矩形体工件的加工工艺过程

以图 1—22 所示工字块的加工为例，说明在单件小批生产中，矩形体工件上平面、连接面、沟槽的机械加工工艺过程。

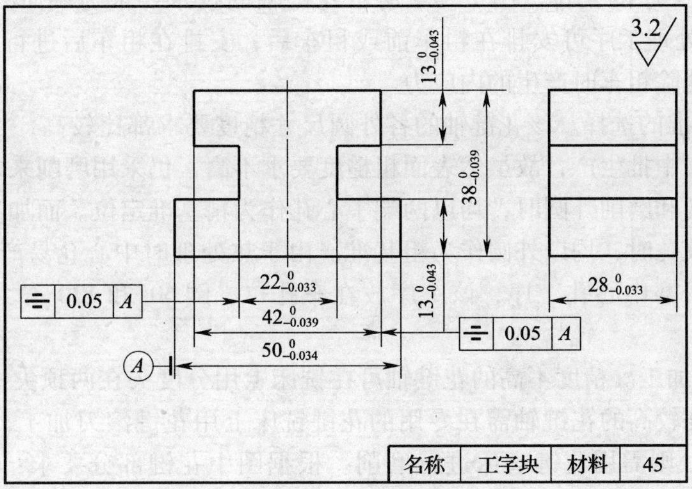

图 1—22　工字块零件图

（1）零件图分析。工字块的外形尺寸为长 $50^{\ 0}_{-0.039}$ mm、高 $38^{\ 0}_{-0.039}$ mm、宽 $28^{\ 0}_{-0.033}$ mm，台阶高度 $13^{\ 0}_{-0.043}$ mm，台阶尺寸 $42^{\ 0}_{-0.039}$ mm、$22^{\ 0}_{-0.033}$ mm；形位公差：$42^{\ 0}_{-0.039}$ mm 与 $22^{\ 0}_{-0.033}$ mm 台阶面对基准 A 的对称度公差为 0.05 mm。

（2）零件的加工顺序和加工过程简图。

1）加工顺序。备料→铣外形→去毛刺、划线→铣沟槽→铣上台阶→去毛刺、倒角→按图样要求检验各项尺寸。

2）加工过程简图。由于工件各尺寸要求较高，操作时为防止出差错，特绘制加工过程简图以供参考，如图1—23所示。

（3）机械加工工艺过程卡片（见表1—4）。

（4）对零件的综合工艺分析。

1）看工艺过程时要考虑到加工六面体时不但要求达到尺寸公差，而且垂直度、平行度、公差必须严格控制为0.02 mm，否则在加工直角槽及台阶时由于受到形状精度的影响，致使难以达到对称度及尺寸公差要求，同时$50_{-0.039}^{0}$ mm、$38_{-0.039}^{0}$ mm也应加工到公差带中间值（49.98 mm、37.98 mm），否则会影响配合及180°翻转。

2）工艺安排是先加工直角槽，可使加工时定位与测量方便。若先加工$42_{-0.039}^{0}$ mm台阶，则在铣削直角槽时测量深度困难。

3）加工$42_{-0.039}^{0}$ mm尺寸时，以底面作为定位基准，然后找正上平面，与工作台面平行，侧面与纵向进给方向平行。

4）铣削$42_{-0.039}^{0}$ mm尺寸时，先铣出一侧面尺寸，再加工到公差带中间值（41.98 mm），用单面铣削计算测量的方法保证对称度及尺寸公差。铣另一侧面时，应以50 mm实际尺寸为依据，铣去一半余量（若外形尺寸为49.98 mm，则测量上台阶时应为45.98 mm），用边测量边铣削的方法来达到尺寸要求。

2. 花键轴的加工工艺过程

（1）花键轴的技术条件和工艺分析。

1）热处理工序的安排。图1—24所示花键轴的技术要求为调质处理后硬度达到240HBS。调质处理工序可安排在粗车前或粗车后，安排在粗车后进行调质比较合理，因为这样可以消除粗车时产生的内应力。

2）定位基准的选择。该花键轴的各外圆尺寸精度要求都比较高，用精车或磨削的方法达到。因属中批生产，故虽然表面粗糙度要求不高，仍采用磨削来保证加工精度较为合适。在车削和磨削外圆时，均以两端中心孔作为精基准定位。而加工两端面和中心孔以及左端螺纹孔时，均以外圆作为粗基准。由于热处理时中心孔易产生变形或锈蚀，故最好能安排研磨中心孔工序，该工序放在车孔口、倒60°和120°角之后，半精车之前。

3）花键的加工。精度不高的花键轴可在铣床上用分度头在两顶尖中安装，用成形铣刀铣出；精度较高的花键轴需在专用的花键铣床上用花键滚刀加工。若花键轴表面需经淬火处理，则需用花键磨床进行磨削。根据图中花键部分要求：键侧面对*A—B*轴线的位置度公差均为0.02 mm，必须采用花键滚刀滚切才能达到要求。由于工件两端台阶长度较短，为了保证花键滚刀超出行程长度，同时便于夹紧和加工时承受转矩，加长尺寸应由花键滚刀直径来决定，现确定将工件右端加长28 mm，待精磨后车去。

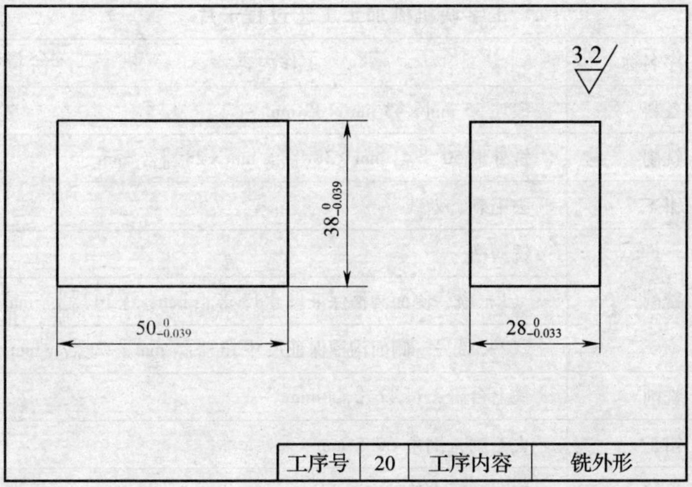

a)

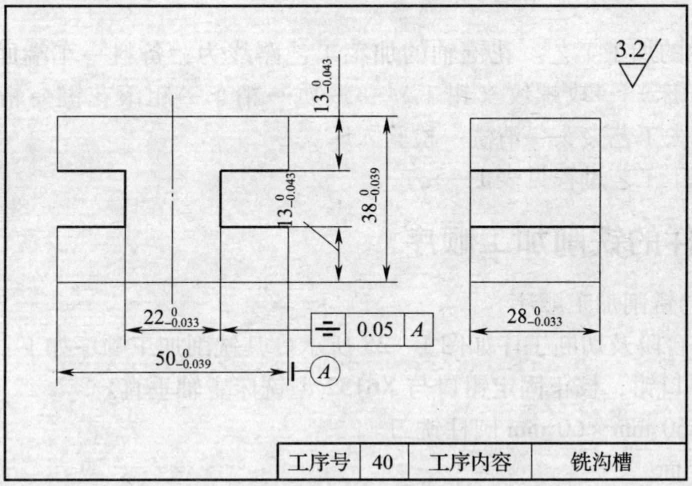

b)

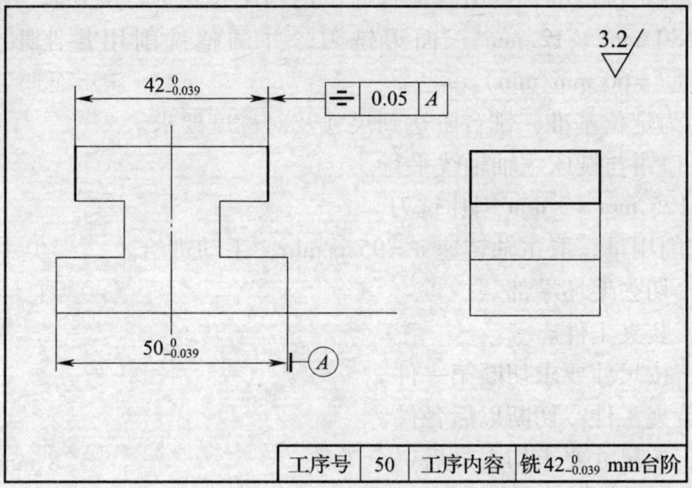

c)

图 1—23　工字块加工过程简图

表 1—4 工字块机械加工工艺过程卡片

工序号	工序名称	工作内容	设备
10	备料	锻坯 55 mm×43 mm×33 mm	
20	铣削	铣外形 $50_{-0.039}^{0}$ mm×$38_{-0.039}^{0}$ mm×$28_{-0.033}^{0}$ mm	X5032
30	钳工	去毛刺、划线	
40	铣削	铣沟槽	X6132
		（1）铣一侧面沟槽保证尺寸 $13_{-0.043}^{0}$ mm、深 $14_{0}^{+0.0165}$ mm	
		（2）铣另一侧面沟槽保证尺寸 $13_{-0.043}^{0}$ mm、$22_{-0.033}^{0}$ mm	
50	铣削	铣上台阶，长 $42_{-0.039}^{0}$ mm	
60	钳工	去毛刺，倒角 C0.5 mm	
70	检验	按图样要求检验各项尺寸	

（2）花键轴的加工工艺。花键轴的加工工艺路线为：备料→车端面、钻中心孔→粗车→钻孔（车床）→攻螺纹（钳工）→调质→精车→粗滚花键→精滚花键→去毛刺→磨外圆→车去工艺夹头→清洗→检验入库。

花键轴的加工工艺过程见表 1—5。

三、简单零件的铣削加工顺序

1. 台阶键的铣削加工顺序

台阶键的铣台阶及切断工序如图 1—25 所示。其铣削加工顺序如下：

（1）安装平口钳，校正固定钳口与 X6132 型铣床主轴垂直。

（2）选择 ϕ60 mm×60 mm 圆柱铣刀。

（3）铣削 A 面。

（4）以 A 面为定位基准，铣出其他各面，达到尺寸及平行度要求。

（5）换装 ϕ80 mm×12 mm 三面刃铣刀，并调整铣削用量（取主轴转速 n = 118 r/min，进给量 f = 60 mm/min）。

（6）以 A 面为定位基准，铣台阶达到尺寸及对称度要求。

（7）校正平口钳与铣床主轴轴线平行。

（8）换装 ϕ125 mm×3 mm 锯片铣刀。

（9）调整铣削用量，取主轴转速 n = 95 r/min，手动进给。

（10）对刀，切去毛坯端部。

（11）退刀，装夹工件。

（12）对刀，按尺寸要求切断第一件。

（13）逐次装夹工件，切断以后各件。

（14）对刀，按尺寸要求切去最后一个工件。

2. 轴上键槽的铣削加工顺序

轴类零件的铣键槽工序如图 1—26 所示。其铣削加工顺序如下：

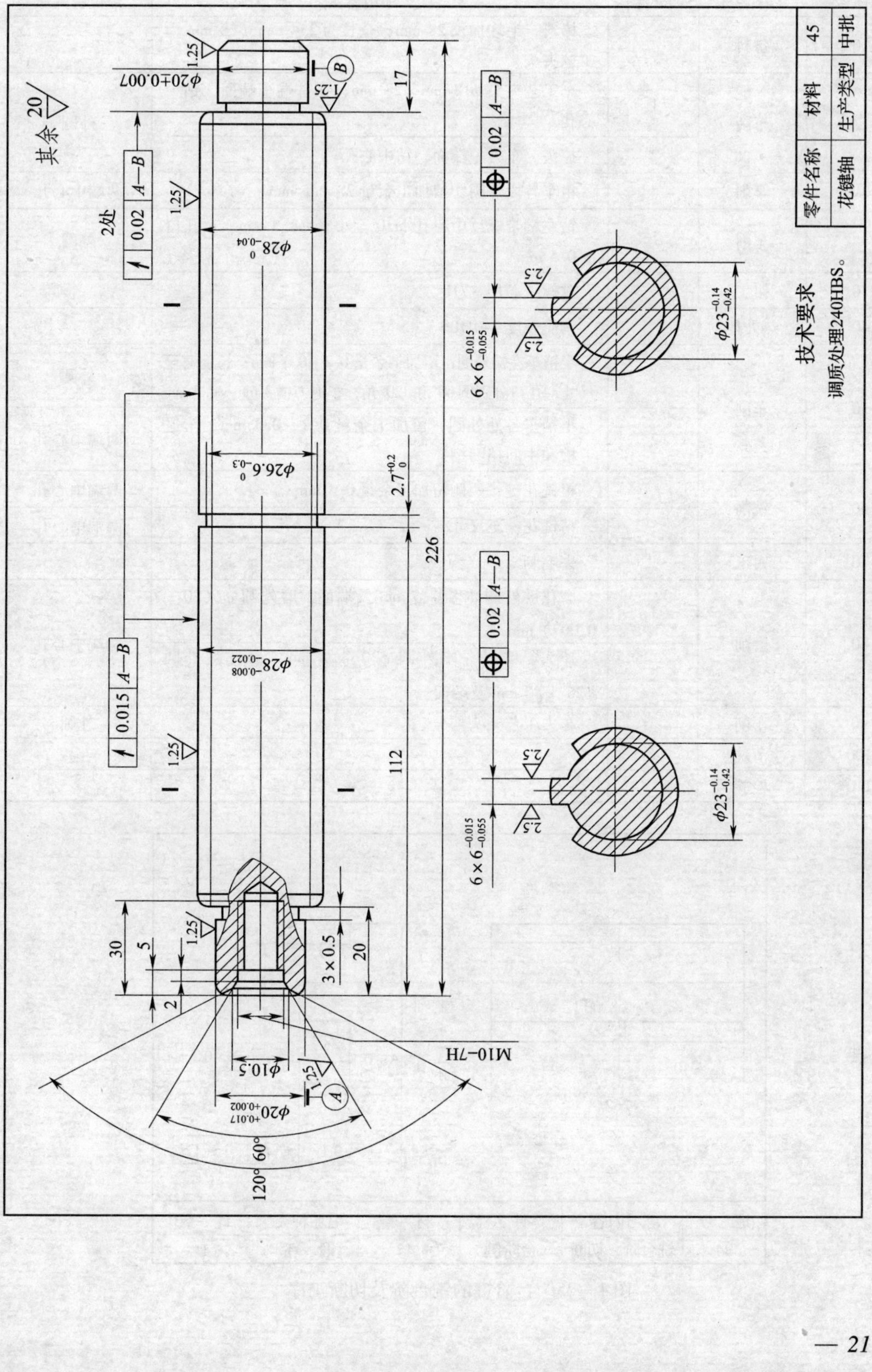
其余 20
2处
0.02 A—B
0.015 A—B
0.02 A—B
0.02 A—B
φ20±0.007
φ28 0 -0.04
φ26.6 0 -0.3
φ28 -0.008 -0.022
φ20 +0.017 +0.002
φ10.5
M10-7H
120°
60°
1.25
2.5
B
A
17
226
112
2.7 +0.2 0
30
5
2
20
3×0.5
6×6 -0.015 -0.055
φ23 -0.14 -0.42
技术要求
调质处理240HBS。
零件名称
花键轴
材料
45
生产类型
中批

图1—24 花键轴

表 1—5　　花键轴的加工工艺过程

工序号	工序名称	安装	工序内容	定位及夹紧
10	备料		棒料，毛坯加长 28 mm，全长为 254 mm（28 mm 为工艺夹头）	
20	车削	1	车工艺夹头 ϕ18 mm × 28 mm，在右端车端面，钻中心孔	外圆
		2	掉头，车另一端面，钻中心孔	
	车削		粗车各段外圆，留加工余量 2 ~ 2.5 mm	两端中心孔
	车削		钻左端带螺纹中心孔 M10 至小径 ϕ8.5 mm，车孔口 ϕ10.5 mm	外圆
30	钳工		攻螺纹 M10 - 7H	
40	热处理		调质硬度 240HBS	
50	车削	1	半精车左端外圆，留加工余量 0.2 ~ 0.3 mm，长度车至尺寸，孔口分别倒 60°和 120°角，车退刀槽 3 mm × 0.5 mm	外圆
		2	半精车各处外圆，留加工余量 0.2 ~ 0.3 mm，车退刀槽和中间挡圈槽	两端中心孔
60	铣削		粗铣花键，两侧留加工余量 0.3 mm	两端中心孔
			精铣花键至尺寸	两端中心孔
70	钳工		去毛刺	
80	磨削	1	磨花键外圆 $\phi 28_{-0.04}^{\ 0}$ mm 及端面，磨外圆 ϕ（20 ± 0.007）mm	两端中心孔
		2	掉头，磨另一端外圆 $\phi 20_{+0.002}^{+0.017}$ mm，磨花键外圆 $\phi 28_{-0.022}^{-0.008}$ mm 及端面	
90	车削		车去工艺夹头部分	外圆
100	清洗			
110	检验			

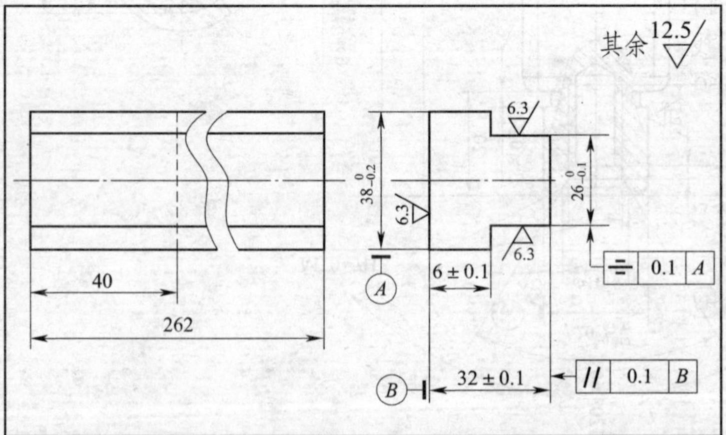

序　号	练习内容	零件名称	材　料	毛坯种类	件　数
S4	铣台阶、切断	台阶键	45	锻　坯	1

图 1—25　台阶键的铣台阶及切断工序

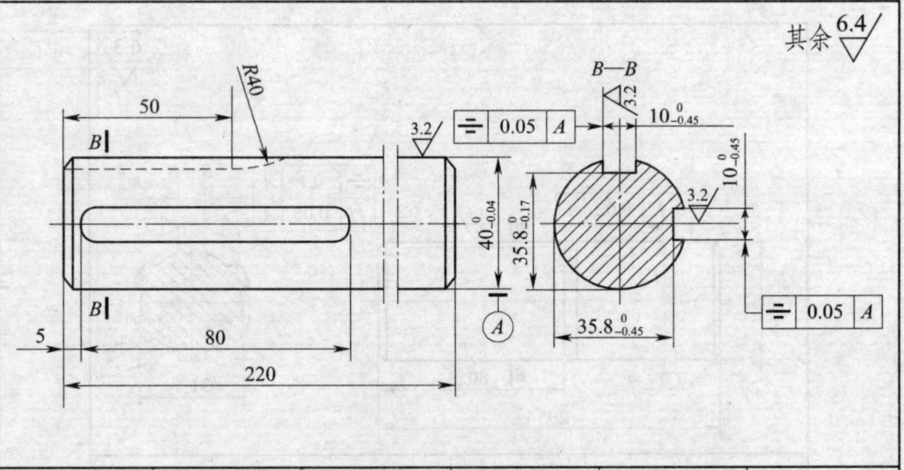

序 号	练习内容	零件名称	材 料	毛坯种类	件 数
S6	铣键槽	轴	45	圆 钢	1

图 1—26 铣键槽工序图

（1）在 X5032 型铣床上铣封闭式键槽，步骤如下：

1）安装平口钳，校正固定钳口与铣床工作台纵向进给方向平行。

2）装夹并找正工件。

3）选用 ϕ10 mm 键槽铣刀。

4）对刀，试铣。

5）取 $n = 475$ r/min，$a_p = 4.2$ mm，$f = 30$ mm/min（或采用手动进给）。

6）铣封闭式键槽，达到尺寸及对称度要求。

7）去毛刺，检验。

（2）在 X6132 型铣床上铣半封闭式键槽，步骤如下：

1）安装平口钳，校正固定钳口与铣床主轴轴线垂直。

2）装夹并找正工件。

3）选用 ϕ60 mm × 10 mm 盘形槽铣刀。

4）对刀。

5）取 $n = 95$ r/min，$f = 47.5$ mm/min，$a_p = 4.2$ mm。

6）铣半封闭式键槽达到尺寸及对称度要求。

7）去毛刺，检验。

3. 花键轴的铣削加工顺序

花键轴铣花键的工序如图 1—27 所示。其铣削加工顺序如下：

（1）安装分度头、三爪自定心卡盘、尾架。

（2）用三爪自定心卡盘和尾架装夹工件，校正工件的径向圆跳动，校正工件上素线对工作台面的平行度，校正侧素线对工作台纵向进给方向的平行度（均在允许范围内）。

（3）选用 ϕ90 mm × 8 mm 三面刃铣刀，并安装在刀轴上。

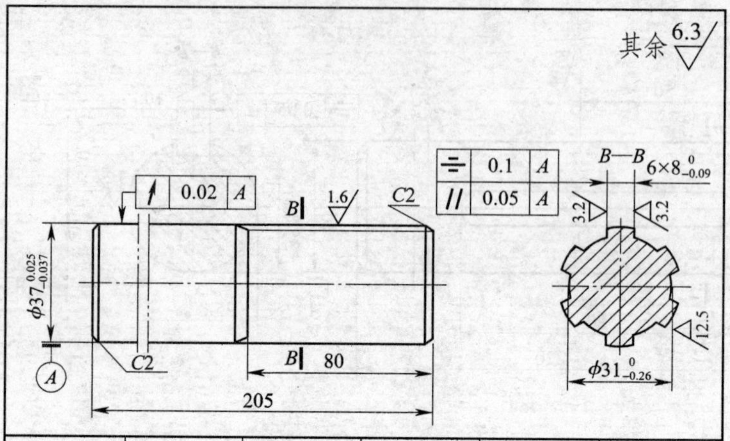

序　号	练习内容	零件名称	材　料	毛坯种类	件　数
S12	铣花键轴	花键轴	35	圆　钢	1

图 1—27　铣花键工序

（4）划出工件中心线和键的宽度尺寸线。

（5）试切，对中心。

（6）检查并调整中心偏移量，记下工作台横向进给机构刻度盘读数。

（7）铣花键一侧，每次分度手柄转数 $n=\frac{40}{6}=6\frac{2}{3}=6\frac{36}{54}$（r）。依次铣完花键一侧后，移动工作台距离 S 为：$S=B+b=8\text{ mm}+8\text{ mm}=16\text{ mm}$（式中，$B$ 为三面刃铣刀厚度，b 为花键键宽）。

（8）铣花键另一侧。

（9）检查键宽、等距性、键侧平行度、对称度。

（10）换装成形圆弧铣刀，并对中心。

（11）试铣，确定切深后铣出小径。

4. 特形沟槽块的铣削加工顺序

特形沟槽块零件图如图 1—28 所示。

由零件图可以看出，特形沟槽块的加工工艺路线为：下料至毛坯尺寸→铣矩形及 T 形槽→铣 V 形槽→铣燕尾槽。

（1）铣矩形及 T 形槽工序。特形沟槽块铣 T 形槽工序如图 1—29 所示，其铣削加工顺序如下：

1）对照图样检查毛坯尺寸。

2）安装找正平口钳，使固定钳口与 X6132 型铣床主轴轴线垂直。

3）装夹并找正工件。

4）铣六面体至图样要求。

5）划线。

6）用立铣刀铣直角沟槽至宽 $16^{+0.058}_{0}$ mm、深 $23^{+0.22}_{0}$ mm，并达到对称度要求。

7）卸下工件。

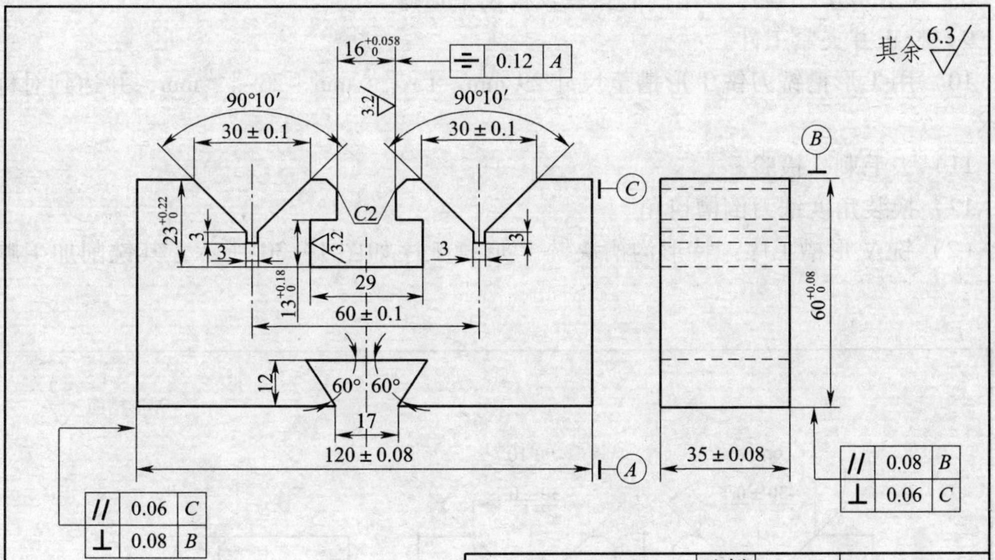

特形沟槽块		比例	1 : 2	
		件数	1	
制图		材料	HT150	共1张 第1张
描图				
审核				

图 1—28 特形沟槽块零件图

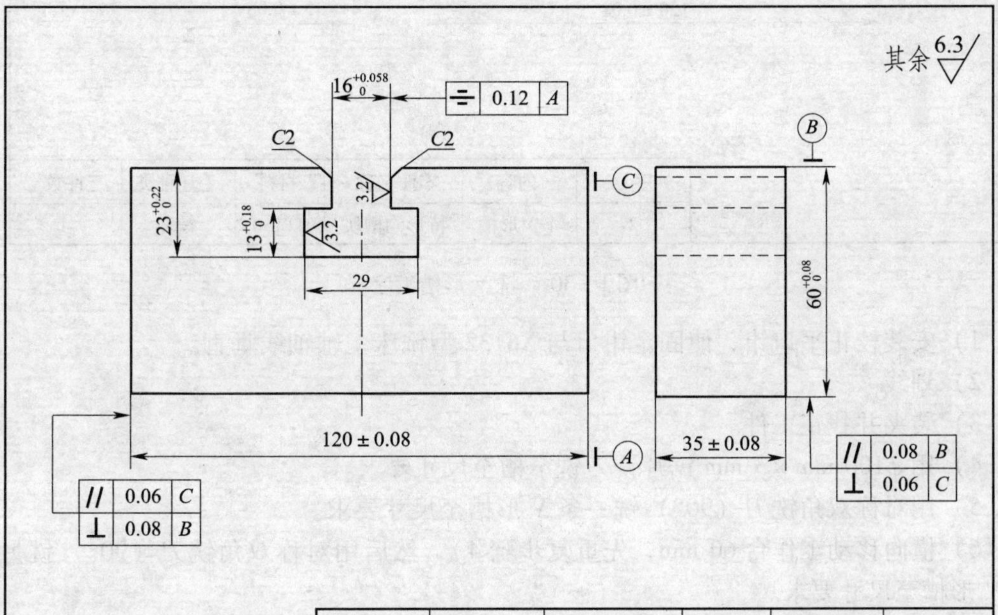

序号	内容	零件名称	材料	毛坯种类	件数
1	铣T形槽	特形沟槽块	HT150	铸坯	1

图 1—29 铣 T 形槽工序

单元 1

8）在 X5032 型铣床工作台上安装及校正平口钳。

9）校正并夹紧工件。

10）用 T 形槽铣刀铣 T 形槽至尺寸 29 mm、$13^{+0.18}_{0}$ mm、$23^{+0.22}_{0}$ mm，并达到对称度要求。

11）去毛刺，检验。

12）换装角度铣刀倒槽口角。

（2）铣 V 形槽工序。特形沟槽块铣 V 形槽工序如图 1—30 所示，其铣削加工顺序如下：

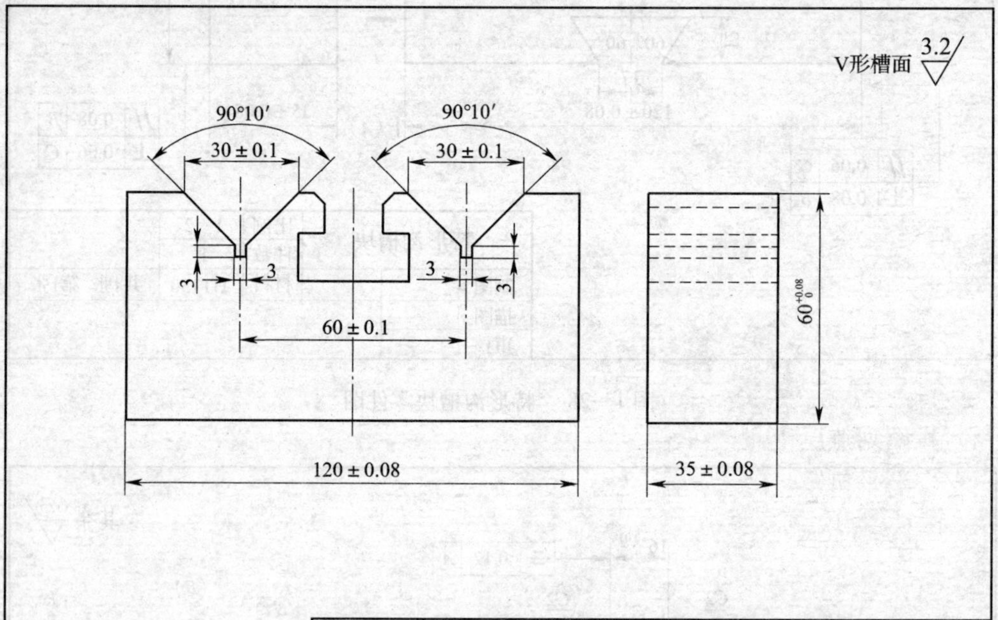

序号	内容	零件名称	材料	毛坯种类	件数
2	铣V形槽	特形沟槽块	HT150	铸坯	1

图 1—30　铣 V 形槽工序

1）安装校正平口钳，使固定钳口与 X6132 型铣床主轴轴线垂直。

2）划线。

3）装夹并找正工件。

4）用 ϕ100 mm × 3 mm 锯片铣刀铣窄槽至尺寸要求。

5）用对称双角铣刀（90°）铣一条 V 形槽至尺寸要求。

6）横向移动工作台 60 mm，先重复步骤 4），然后用对称双角铣刀（90°）铣另一条 V 形槽至尺寸要求。

7）去毛刺，检验。

（3）铣燕尾槽工序。特形沟槽块铣燕尾槽工序如图 1—31 所示，其铣削加工顺序如下：

1）选用 ϕ16 mm 锥柄立铣刀，直径为 30 mm、角度为 60°的燕尾槽铣刀。

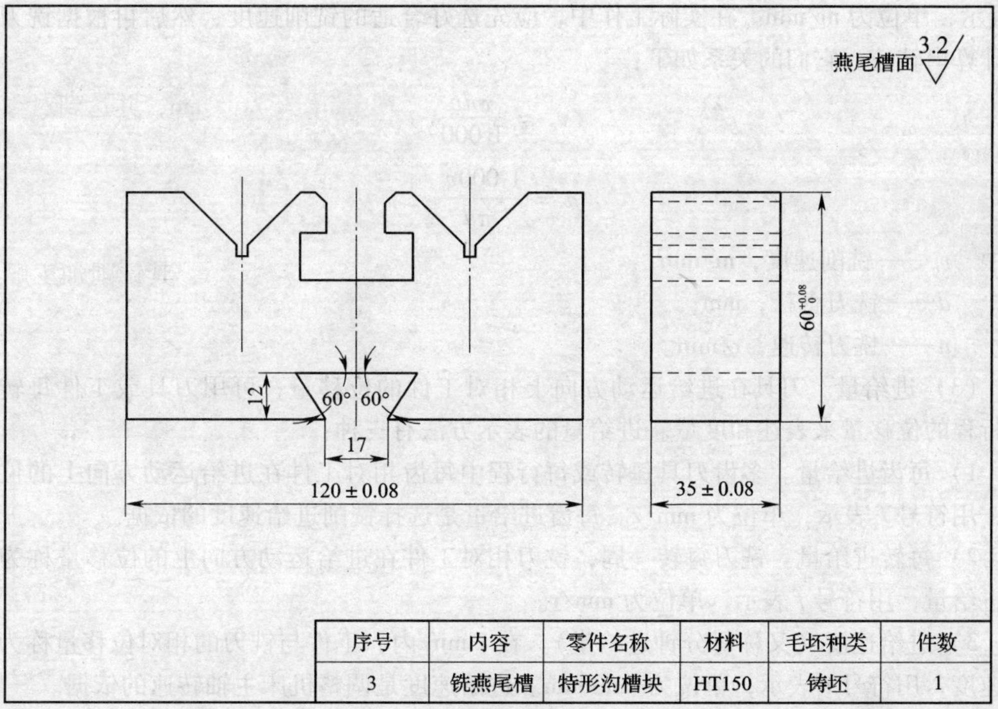

图 1—31　铣燕尾槽工序

2）按图划燕尾槽加工线。

3）安装平口钳，校正钳口。

4）装夹并找正工件。

5）用 $\phi16$ mm 锥柄立铣刀铣宽为 17 mm、深为 12 mm 的直角槽，并控制对称度。

6）换装燕尾槽铣刀，铣燕尾槽至尺寸要求。

7）去毛刺，检验。

四、铣削用量及其选择方法

1. 铣削用量基本知识

铣削是利用铣刀旋转、工件相对铣刀作进给运动来进行切削的。铣削过程中的运动分为主运动和进给运动。主运动是指铣削加工时铣刀的旋转，进给运动是指铣刀或工件沿坐标方向的直线运动或回转运动。

在铣削过程中，所选用的切削用量称为铣削用量。铣削用量包括吃刀量 a、铣削速度 v_c 和进给量 v_f。

（1）吃刀量 a。吃刀量是两平面间的距离，包含背吃刀量 a_p 和侧吃刀量 a_e。

1）背吃刀量 a_p。在通过切削刃基点并垂直于工作平面的方向上测量的吃刀量。

2）侧吃刀量 a_e。在平行于工作平面并垂直于切削刃基点的进给运动方向上测量的吃刀量。

（2）铣削速度。选定的切削刃相对于工件的主运动的瞬时速度。铣削速度用符号

v_c表示，单位为 m/min。在实际工作中，应先选好合适的铣削速度，然后再根据铣刀直径计算出转速。它们的关系如下：

$$v_c = \frac{\pi d n}{1\ 000}$$

或

$$n = \frac{1\ 000 v_c}{\pi d}$$

式中 v_c——铣削速度，m/min；

d——铣刀直径，mm；

n——铣刀转速，r/min。

（3）进给量。刀具在进给运动方向上相对工件的位移量，可用刀具或工件每转或每行程的位移量来表述和度量。进给量的表示方法有三种：

1）每齿进给量。多齿刀具每转或每行程中每齿相对工件在进给运动方向上的位移量，用符号f_z表示，单位为 mm/z。每齿进给量是选择铣削进给速度的依据。

2）每转进给量。铣刀每转一周，铣刀相对工件在进给运动方向上的位移量称为每转进给量，用符号f表示，单位为 mm/r。

3）进给速度（又称每分钟进给量）。在 1 min 内，工件与铣刀的相对位移量称为进给速度，用符号 v_f表示，单位为 mm/min。进给速度是调整机床主轴转速的依据。

以上三种进给量之间的关系如下：

$$v_f = fn = f_z z n$$

式中 z——铣刀齿数；

n——铣刀转速，r/min。

【例 1—1】 在 X6132 型卧式万能铣床上，铣刀直径 $d = 100$ mm，铣削速度 $v_c = 28$ m/min。问铣床主轴转速 n 应调整到多少？

解：$d = 100$ mm，$v_c = 28$ m/min，代入公式得：

$$n = \frac{1\ 000 v_c}{\pi d} = \frac{1\ 000 \times 28}{3.14 \times 100}\ \text{r/min} \approx 89\ \text{r/min}$$

根据机床主轴转速表上的数值，89 r/min 与 95 r/min 比较接近，所以应把主轴转速调整到 95 r/min。

【例 1—2】 在 X6132 型卧式万能铣床上，铣刀直径 $d = 100$ mm，齿数 $z = 16$，转速选用 $n = 75$ r/min，每齿进给量 $f_z = 0.08$ mm/z。问机床进给速度应调整到多少？

解：按公式 $v_f = fn = f_z z n$，得：

$$v_f = 0.08 \times 16 \times 75\ \text{mm/min} = 96\ \text{mm/min}$$

根据机床进给量表上的数值，96 mm/min 与 95 mm/min 接近，所以应把机床的进给速度调整到 95 mm/min。

2．铣削用量选择的原则、顺序及方法

（1）选择铣削用量的原则。

1）保证刀具有合理的使用寿命，有高的生产率和低的成本。

2）保证加工质量，主要是保证加工表面的精度和表面粗糙度达到图样要求。

3）不超过铣床允许的动力和转矩，不超过工艺系统（刀具、夹具、机床）的刚度和强度，同时又充分发挥它们的潜力。

上述三条，根据具体情况应有所侧重。一般在粗加工时，应尽可能发挥刀具、夹具、机床的潜力和保证合理的刀具寿命；精加工时，则首先要保证加工精度和表面粗糙度，同时兼顾合理的刀具寿命。

（2）选择铣削用量的顺序。在铣削过程中，如果能在一定的时间内切除较多的金属，就有较高的生产率。显然，增大吃刀量、铣削速度和进给量，都能增大金属切除量。但是，影响刀具寿命最显著的因素是铣削速度，其次是进给量，而吃刀量影响最小。所以，为了保证必要的刀具寿命，应当首先采用较大的吃刀量，然后是选择较大的进给量，最后才是根据刀具寿命要求选择适宜的铣削速度。

（3）选择铣削用量的方法。

1）吃刀量 a 的选择。在铣削加工中，一般根据工件切削层的尺寸来选择铣刀。例如，用面铣刀铣削平面时，铣刀直径一般应大于切削层宽度。若用圆柱铣刀铣削平面时，铣刀长度一般应大于切削层宽度。当加工余量不大时，应尽量一次进给铣去全部加工余量。只有当工件的加工精度要求较高时，才分粗铣、精铣进行。吃刀量的选取见表1—6。

表1—6　　吃刀量的选取　　mm

工件材料	高速钢铣刀		硬质合金铣刀	
	粗铣	精铣	粗铣	精铣
铸铁	5～7	0.5～1	10～18	1～2
软钢	<5	0.5～1	<12	1～2
中硬钢	<4	0.5～1	<7	1～2
硬钢	<3	0.5～1	<4	1～2

2）每齿进给量 f_z 的选择。粗加工时，限制进给量提高的主要因素是切削力，进给量主要根据铣床进给机构的强度、刀杆刚度、刀齿强度，以及机床、夹具、工件系统的刚度来确定。在强度、刚度许可的条件下，进给量应尽量选取得大些。

精加工时，限制进给量提高的主要因素是表面粗糙度。为了减小工艺系统的振动，减小已加工表面的表面粗糙度值，一般选取较小的进给量。每齿进给量 f_z 的选取见表1—7。

表1—7　　每齿进给量 f_z 的选取　　mm/z

刀具名称	高速钢刀具		硬质合金刀具	
	铸铁	钢件	铸铁	钢件
圆柱铣刀	0.12～0.2	0.1～0.15	0.2～0.5	0.08～0.20
立铣刀	0.08～0.15	0.03～0.06	0.2～0.5	0.08～0.20
套式面铣刀	0.15～0.2	0.06～0.10	0.2～0.5	0.08～0.20
三面刃铣刀	0.15～0.25	0.06～0.08	0.2～0.5	0.08～0.20

3）铣削速度 v_c 的选择。在吃刀量 a 和每齿进给量 f_z 确定后，可在保证合理的刀具寿命的前提下确定铣削速度 v_c。

粗铣时，确定铣削速度必须考虑到铣床许用功率。如果超过铣床许用功率，则应适当降低铣削速度。

精铣时，一方面应考虑合理的铣削速度，以抑制积屑瘤产生，提高工件表面质量；另一方面，由于刀尖磨损往往会影响加工精度，因此应选用耐磨性较好的刀具材料，并应尽可能使之在最佳铣削速度范围内工作。

铣削速度 v_c 可在表 1—8 推荐的范围内选取，并根据实际情况进行试切后加以调整。

表 1—8　　铣削速度 v_c 的选取　　m/min

工件材料	铣削速度 v_c		说明
	高速钢铣刀	硬质合金铣刀	
20	20～45	150～190	1. 粗铣时取小值，精铣时取大值 2. 工件材料强度和硬度较高时取小值，反之取大值 3. 刀具材料耐热性好时取大值，反之取小值
45	20～35	120～150	
40Cr	15～25	60～90	
HT150	14～22	70～100	
黄铜	30～60	120～200	
铝合金	112～300	400～600	
不锈钢	16～25	50～100	

单元 1

五、切削液及其选用

切削时会产生切削热，使刀具和工件被切处温度很高，刀具磨损加快。使用切削液能显著地延长刀具寿命和提高加工质量，并能降低切削力及提高生产率。

1. 切削液的种类

切削液一般应对人体健康无害，对机床无腐蚀作用，不易燃，吸热量大，润滑性能好，不易变质，并且价格低廉，适于大量采用。切削液的种类很多，按其性质可分为三大类：

（1）水溶液。水溶液的主要成分是水，故冷却性能很好，使用时，一般加入一定量的水溶性防锈添加剂。由于水溶液流动性好，价格低廉，所以应用较为广泛。

（2）乳化液。乳化液是将乳化油用水稀释而成的。这种切削液具有良好的冷却性能，但润滑、防锈性能较差。使用时常加入一定量的防锈添加剂和极压添加剂。

（3）切削油。切削油的主要成分是矿物油（柴油和全损耗系统用油等），也可选用植物油（菜油和豆油等）、硫化油和其他混合油等油类。这类切削液的比热容低，流动性差，是一种以润滑为主的切削液。使用时，也可加入油性防锈添加剂，以提高其防锈和润滑性能。

2. 切削液的作用

（1）冷却作用。采用切削液，可以从两个方面降低切削温度：一方面能减小刀具与工件、切屑间的摩擦；另一方面能将已产生的切削热从切削区域迅速带走。冷却作用主要是指后者。

（2）润滑作用。采用切削液，可以减小切削过程中的摩擦。如果其润滑性能良好，能减小切削力，显著提高工件表面质量和刀具寿命。

（3）防锈作用。切削液能起到防锈作用，使机床、工件、夹具不受周围介质（如空气、水分、汗液等）的腐蚀。

（4）清洗作用。切削液能起到清洗作用，防止细碎的切屑及砂粒粉末等污物附着在工件、刀具和机床工作台上，以免影响工件表面质量、机床精度和刀具寿命。

3．切削液的合理选用

切削液的选用，主要根据工件材料、刀具材料和加工性质来确定。选用时，应根据不同情况有所侧重。

粗加工时，由于切削量大，所产生的热量多，切削区域温度容易升高，而且对表面质量的要求不高，因此应选用以冷却为主，并具有一定润滑、清洗和防锈作用的切削液，如水溶液和乳化液等。

精加工时，由于切削量小，所产生的热量也较少，而对工件的表面质量则要求较高，因此应选用以润滑为主，并具有一定冷却作用的切削液，如切削油。

在铣削铸铁等脆性金属时，因为它们的切屑呈细小颗粒状，和切削液混在一起容易黏结和堵塞铣刀、工件、工作台、导轨及管道，从而影响铣刀的切削性能和工件表面的加工质量，所以一般不加切削液。在用硬质合金铣刀进行高速切削时，由于刀具耐热性能好，故也不用切削液。

在使用切削液时，为了能得到良好的效果，应注意以下几点：

（1）要冲注足够的切削液，使铣刀充分冷却，尤其是在铣削速度较高和粗加工时，此点尤为重要。

（2）铣削一开始就应立即加切削液，不要等到铣刀发热后再冲注，否则会使铣刀过早磨损，并可能会使铣刀产生裂纹。

（3）切削液应浇注在切屑从工件上分离的部位，即冲注在热量最大、温度最高的部位。

（4）应注意检查切削液的质量，尤其是乳化液。使用变质的切削液不能达到预期的效果。

第三节 工件定位与夹紧

培训目标

- → 了解铣床通用夹具的种类、结构和使用方法。
- → 了解专用夹具的特点和使用方法。
- → 能正确使用铣床通用夹具和专用夹具。

一、铣床通用夹具

1．特点

通用夹具是指结构、尺寸已规格化、标准化的，在一定范围内可用于加工两种或两种以上不同工件的同一夹具。这类夹具的通用性强，由专业厂家生产，其中有的已经作为机床附件随主机配套供应。由于通用夹具的适应性强，因此可以缩短生产准备周期，降低产品成本。但由于工件装夹时的定位精度不高，操作也较复杂，生产率较低，因此常用于多品种单件小批量生产。

2. 功能

（1）定位。确定工件在夹具中占有正确的位置。

（2）夹紧。工件定位后，使其在加工过程中保持定位位置不变。

二、机床用平口虎钳

机床用平口虎钳（简称平口钳，旧称机用虎钳）是铣床工作中最常用的夹具之一，特别适用于单件生产。工件在平口钳中一般用目测或划针校正后进行加工。

平口钳适用于以平面定位和夹紧的中小型工件。按钳口宽度不同，常用的有100 mm、125 mm、136 mm、160 mm、200 mm、250 mm 六种规格。

1. 平口钳的结构

常用的平口钳有回转式（见图 1—32a）和非回转式（见图 1—32b）两种。回转式平口钳结构为：钳体和固定钳口是一体的，在钳体四个缺口中穿上 T 形螺栓，可将平口钳固定在机床工作台上；丝杠方头可套装平口钳手柄，用以转动丝杠；钳体内的螺母用螺钉紧固在钳体上；活动座和活动钳口是一体的，转动丝杠，可使丝杠、活动座沿钳体上的导轨前后移动，用以调整两钳口的夹紧程度；活动座下面装有压板；在两钳口上装有淬硬的钳口铁。用这种平口钳，当需要将装夹的工件回转一定角度时，先松开螺钉可按回转底盘上的刻度线和钳体上的零位刻线直接确定所需要的角度值，然后拧紧螺钉。非回转式平口钳没有回转底盘。回转式平口钳使用方便，但因多一层机构，高度增加，刚度较差。

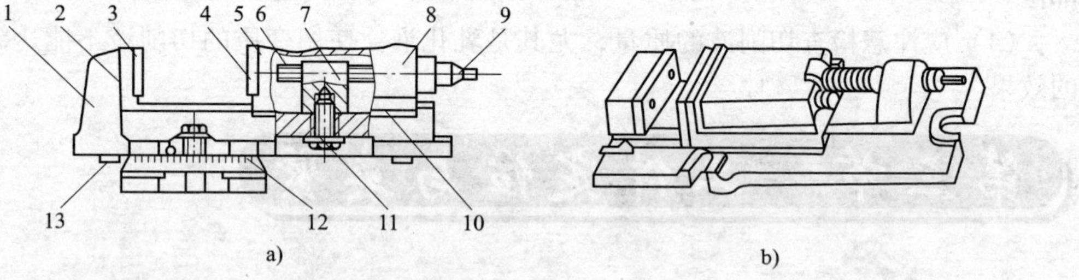

图 1—32 平口钳

a）回转式 b）非回转式

1—钳体 2—固定钳口 3、4—钳口铁 5—活动钳口 6—丝杠 7—螺母 8—活动座 9—方头 10—压板 11—紧固螺钉 12—回转底盘 13—定位键

2. 平口钳的安装

将平口钳安装在铣床工作台面上时，应先将钳座底面和铣床工作台面擦干净，平口钳安放的位置应处在工作台长度方向的中心线偏左处，其固定钳口根据加工要求应与铣床主轴轴线垂直或平行，如图 1—33 所示。加工一般工件时，平口钳以其底座的

定位键与工作台的 T 形槽相配合而紧固在工作台面上，转动钳体，使固定钳口与铣床主轴轴线垂直或平行，也可按需调整成所要求的角度。有的平口钳底面有两条互相垂直的键槽，如图 1—34 所示。在安装时，若要求钳口与工作台纵向垂直，只要把键装在与钳口垂直的键槽内，再使键嵌入工作台的槽中，不需作任何校正；若要求钳口与工作台纵向平行，则只要把键装在与钳口平行的键槽内，再装到工作台上就可以了。

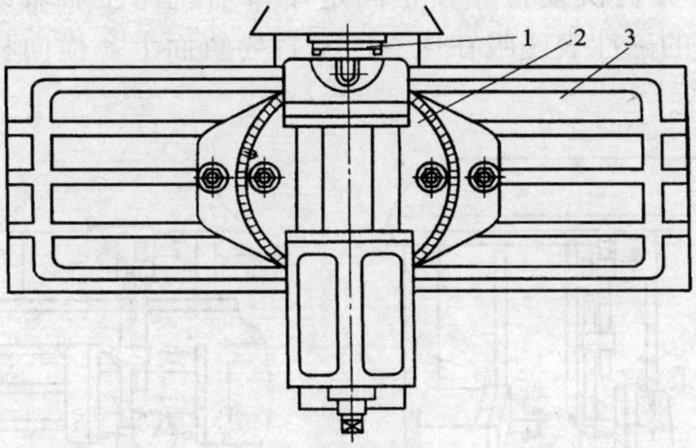

a)

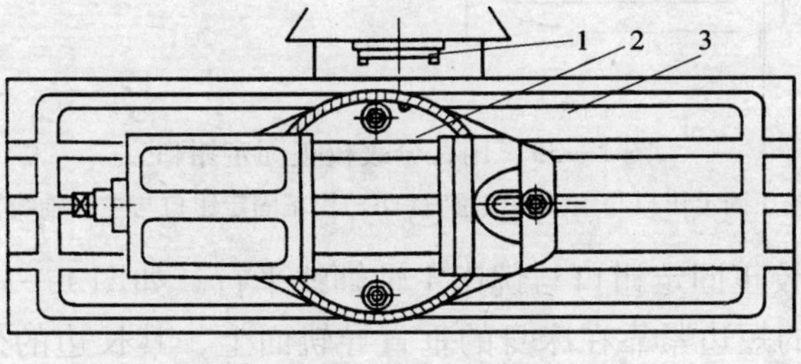

b)

图 1—33　平口钳的安装位置

a）固定钳口与主轴轴线垂直　b）固定钳口与主轴轴线平行

1—铣床主轴　2—平口钳　3—工作台

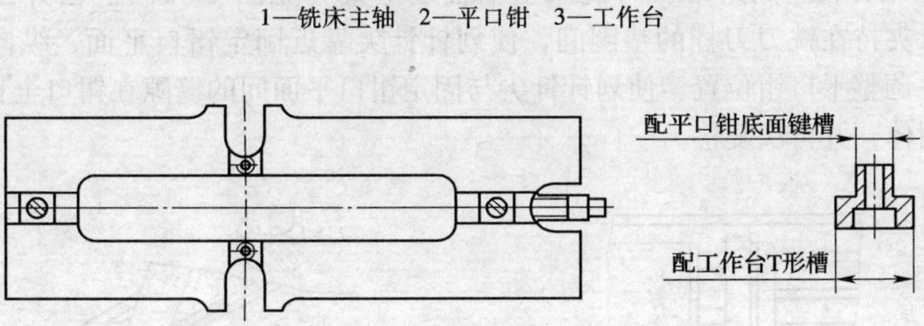

图 1—34　平口钳底面上的键槽

安装平口钳时，钳口与主轴的方向还应根据工件长度来决定。对于长的工件，钳口应与主轴垂直，在立式铣床上应与进给方向一致；对于短的工件，钳口与进给方向垂直较好。在粗铣和半精铣时，希望使铣削力指向固定钳口，因为固定钳口比较牢固。铣平面时，若钳口与主轴的平行度和垂直度要求不高，一般目测即可。铣削沟槽工件时，平行度和垂直度要求较高，在加工时应对固定钳口进行校正，其方法有以下三种：

（1）用百分表校正固定钳口。校正固定钳口与铣床主轴轴线垂直时，如图1—35a所示，将百分表的磁性表座吸在悬梁导轨面上，使百分表测量杆与固定钳口平面垂直，让触头与钳口的平面接触，测量杆压缩范围在0.3～0.4 mm内，纵向移动工作台，观察百分表读数，若在钳口全长范围内是一致的，则固定钳口就与铣床主轴轴线垂直，紧固钳体，并再次复检。校正固定钳口与铣床主轴轴线平行时，如图1—35b所示，将百分表的磁性表座吸在床身的垂直导轨面上，横向移动工作台，校正方法相同。

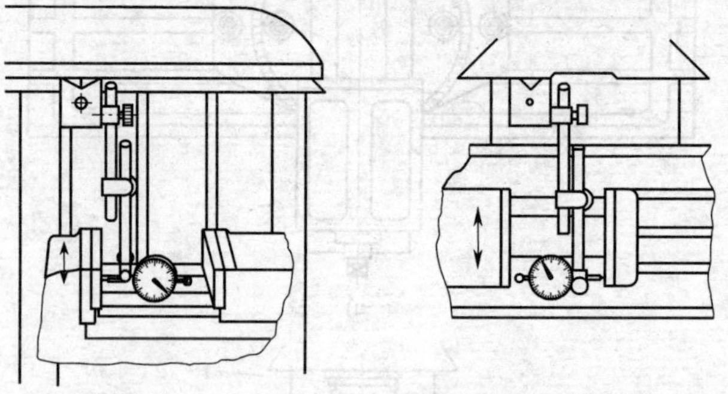

图1—35　用百分表校正固定钳口

a）校正固定钳口与主轴轴线垂直　b）校正固定钳口与主轴轴线平行

（2）用90°角尺校正固定钳口与铣床主轴轴线平行。如图1—36所示，松开钳体紧固螺母，将90°角尺的短边紧靠在床身的垂直导轨面上，其长边的外侧紧靠固定钳口平面，调整钳体，观察钳口平面在全长范围内与90°角尺长边外侧紧密贴合，紧固钳体，并再次复检。

（3）用划针校正固定钳口与铣床主轴轴线垂直（见图1—37）。松开钳体紧固螺母，将划针夹持在铣刀刀杆的垫圈间，使划针针尖靠近固定钳口平面，纵向移动工作台，观察并调整平口钳位置，使划针针尖与固定钳口平面间的缝隙在钳口全长范围内一致，紧固钳体，并再次复检。

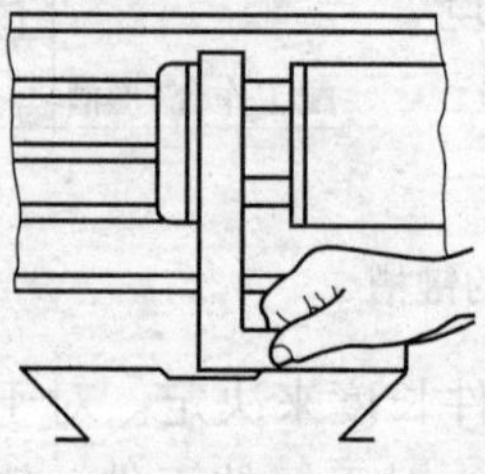

图1—36　用90°角尺校正固定钳口与铣床主轴轴线平行

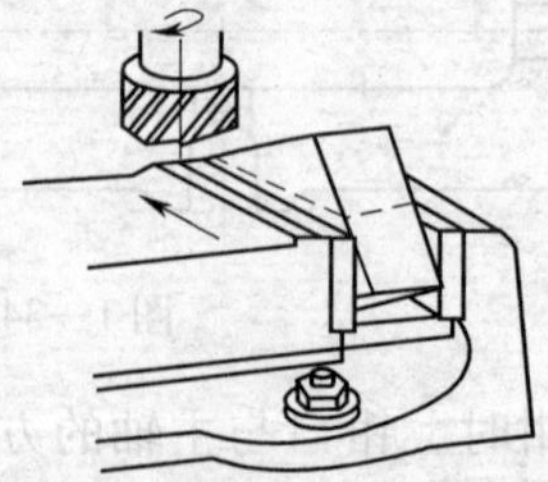

图1—37　用划针校正固定钳口与铣床主轴轴线垂直

3．特形钳口及其夹持工件

机床用平口虎钳的普通钳口为矩形平钳口，根据加工需要，钳口也可以做成不同的形状。

图 1—38 所示是横向 V 形槽钳口及其夹持圆柱工件的情况。V 形槽的角度可根据工件直径大小制成 60°、90°、120°、150°等。工件直径越小，V 形槽的角度也应越小。

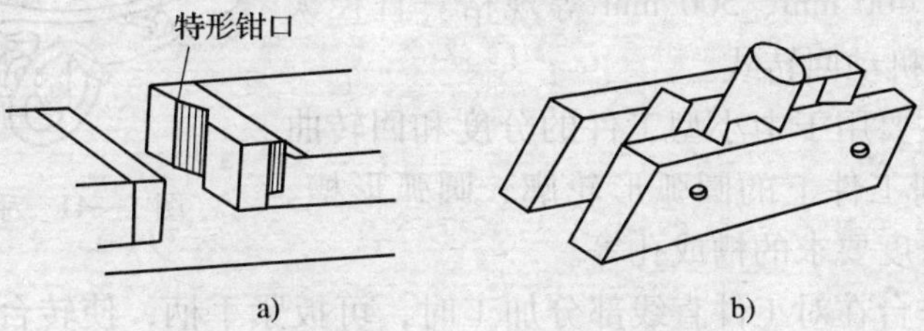

图 1—38　横向 V 形槽钳口及夹持工件

a）V 形槽钳口　b）夹持圆柱工件

图 1—39a 所示是纵向 V 形槽钳口及其夹持圆柱工件的情况。一个钳口上也可以同时开出两种不同角度的 V 形槽，以适应不同工件装夹的需要。还可以在一个钳口面上同时开出纵向和横向两种方向交叉的 V 形槽（见图 1—39b），以进行不同方向的装夹。

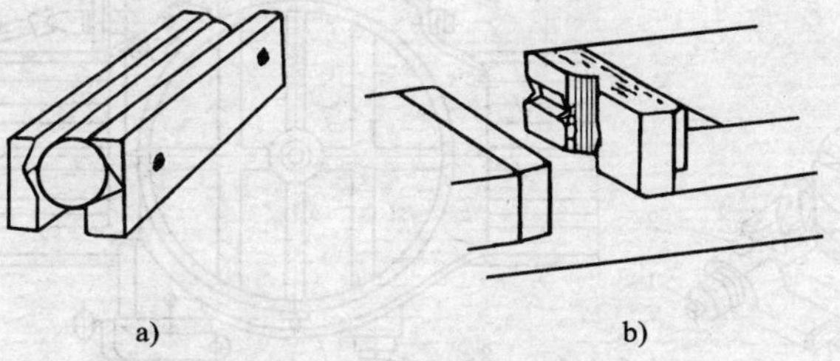

图 1—39　纵向 V 形槽钳口及夹持工件

a）V 形槽钳口夹持圆柱工件　b）钳口上开出纵向和横向槽

利用特形钳口夹持带角度的工件时，可采用图 1—40 所示的斜形钳口，钳口角度要适应工件的角度。

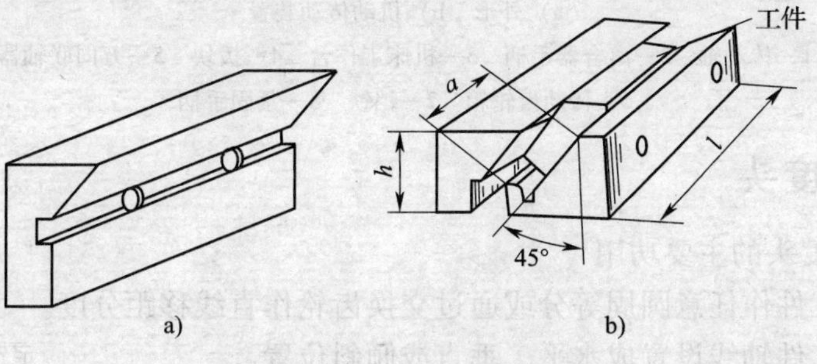

图 1—40　斜形钳口及夹持工件

a）斜形钳口　b）夹持角度工件

三、回转工作台

回转工作台又称圆转台，分手动回转式和机动回转式两种，以手动回转工作台（见图 1—41）应用较多。按工作台直径不同，回转工作台有 200 mm、250 mm、320 mm、400 mm、500 mm 等规格。直径大于 250 mm 的均为机动回转式。

回转工作台主要用于中小型工件的分度和回转曲面的加工，如铣削工件上的圆弧形轮廓、圆弧形槽、多边形轮廓和有分度要求的槽或孔等。

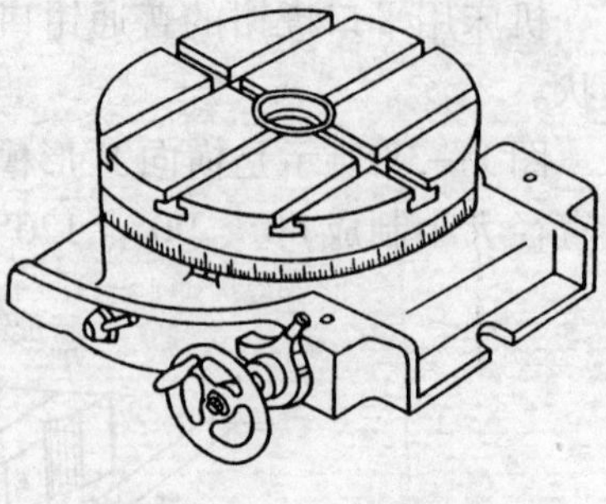

图 1—41　手动回转工作台

手动回转工作台在对工件直线部分加工时，可扳紧手柄，使转台锁紧后进行切削。如松开内六角螺钉，拔出偏心销插入另一条槽内，使蜗轮蜗杆脱开，此时可直接用手推动转台旋转至所需位置。

图 1—42a 所示是机动回转工作台的外形，其与手动回转工作台的区别主要是能利用万向联轴器，由机床传动装置带动传动轴而使转台旋转。不需机动时，使离合器手柄处于中间位置，直接摇动手轮作手动用，其结构如图 1—42b 所示。

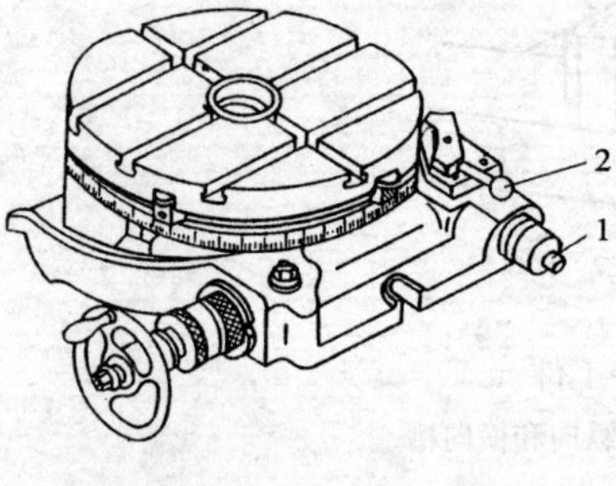

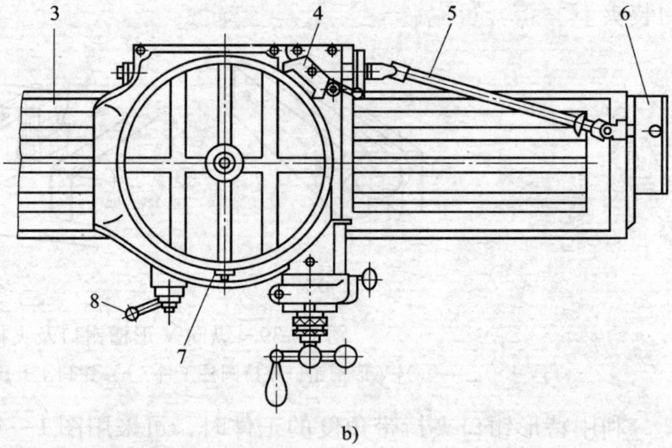

图 1—42　机动回转工作台

a）外形　b）机动传动装置

1—传动轴　2—离合器手柄　3—机床工作台　4—拨块　5—万向联轴器

6—传动齿轮箱　7—挡铁　8—紧固手柄

四、万能分度头

1. 万能分度头的主要功用

（1）能将工件作任意圆周等分或通过交换齿轮作直线移距分度。

（2）可把工件轴线设置成水平、垂直或倾斜位置。

（3）通过交换齿轮，可使分度头主轴随工作台的纵向进给运动作等速连续旋转，以铣削螺旋面和等速凸轮的成形面。

2．万能分度头的结构和传动系统

万能分度头的型号很多，常用的为 F11125 型，其外形如图 1—43 所示。分度头主轴是空心的，两端均为莫氏 4 号锥孔，前端锥孔用来安装顶尖或锥柄心轴，后端锥孔用来安装交换齿轮轴，供差动分度、直线移距及加工小导程螺旋面时安装交换齿轮用。主轴的前端外部有一段定位锥体，用于安装三爪自定心卡盘的法兰盘。松开紧固螺钉，回转体可在基座的环形导轨内转动 -60°～90°，主轴的前端固定有刻度盘，其上有 0°～360°刻线，可用于直接分度。

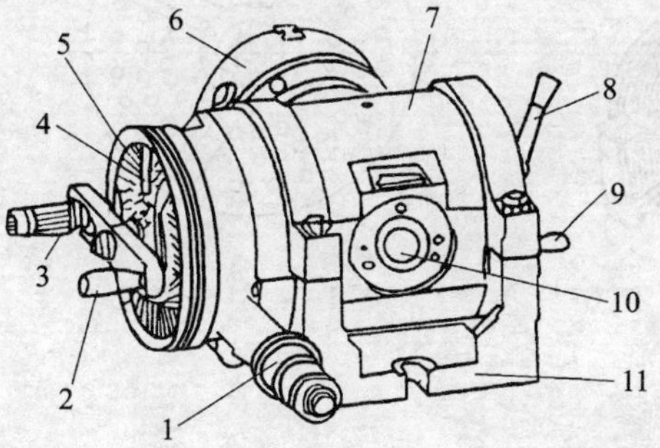

a)

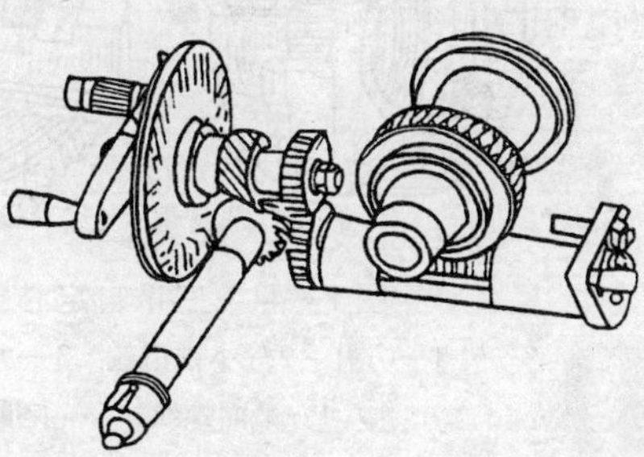

b)

图 1—43　万能分度头及其传动系统

a）外形结构图　b）传动系统图

1—侧轴　2—分度手柄　3—定位销　4—分度叉　5—分度盘　6—三爪自定心卡盘
7—回转体　8—主轴锁紧手柄　9—蜗杆脱落手柄　10—主轴　11—基座

分度盘（俗称孔盘）上有数圈在圆周上均布的定位孔，配合分度手柄完成不是整数转数的分度工作。在分度盘的左侧有一分度盘紧固螺钉，用以紧固分度盘；当需要微量调整时，松开此螺钉，可使分度手柄随分度盘一起作微量转动。在分度头的后面有两个手柄：一个是主轴锁紧手柄，用于锁紧分度头主轴；另一个是蜗杆脱落手柄，用于控制蜗杆与蜗轮的脱开或啮合。在分度头前面有一分度手柄，转动分度手柄可使主轴旋转。此外，分度盘右侧还有一根安装交换齿轮用的侧轴，它通过一对斜齿轮副与空套在分度手柄轴上的分度盘相连。分度头基座下面的槽里装有两个定位键，可与铣床工作台的 T 形槽相配合，以便在安装分度头时使主轴轴线平行于工作台的纵向进给方向。

F11125 表示中心高为 125 mm 的万能分度头，其中，F 表示分度头，11 表示万能型，125 表示中心高（分度头主轴处于水平位置时，主轴轴线到基座底面的高度为 125 mm）。

3．万能分度头的附件

（1）三爪自定心卡盘。三爪自定心卡盘的结构如图 1—44 所示，它与法兰盘一起安装在分度头主轴上，用来装夹工件。当用扳手的方榫插入小锥齿轮 2 的方孔 1 内转动时，小锥齿轮 2 就带动大锥齿轮 3 转动，大锥齿轮的背面有平面螺纹 4 与卡爪 5 上的齿啮合，当平面螺纹转动时，三个卡爪就能同时沿径向移动以夹紧或松开工件。

（2）分度盘和分度叉。F11125 型万能分度头备有两块分度盘，正、反面都有数圈均布的孔圈，如图 1—45 所示，各孔圈孔数见表 1—9。分度盘能解决分度手柄不是整转数时的分度，是各种分度方法的分度依据。分度叉的作用是避免每次分度要数一次孔数的麻烦，且防止摇错。在调整时，松开分度叉紧固螺钉，使分度叉叉脚之间调成需要转过的孔距数。

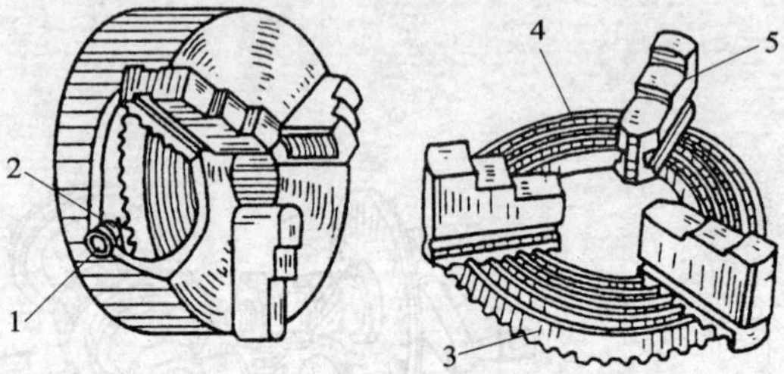

图 1—44　三爪自定心卡盘

1—方孔　2—小锥齿轮　3—大锥齿轮

4—平面螺纹　5—卡爪

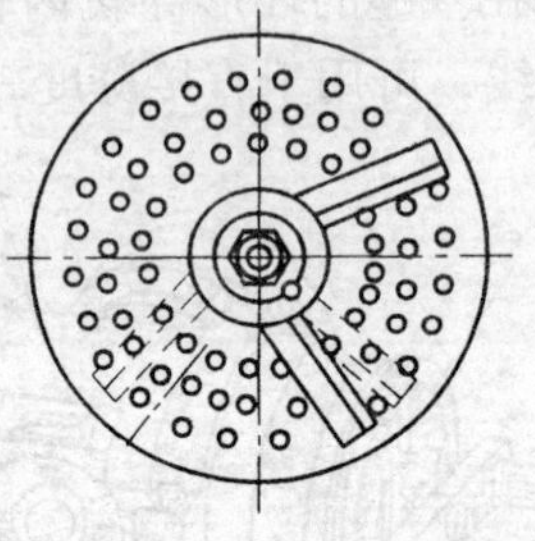

图 1—45　分度盘

表 1—9　　**分度盘的孔圈孔数**

分度头形式	孔圈孔数
带一块盘	正面：24、25、28、30、34、37、38、39、41、42、43 反面：46、47、49、51、53、54、57、58、59、62、66
带两块盘	第一块正面：24、25、28、30、34、37 反面：38、39、41、42、43 第二块正面：46、47、49、51、53、54 反面：57、58、59、62、66

（3）前顶尖、拨盘和鸡心夹头。前顶尖、拨盘和鸡心夹头如图 1—46 所示，它们用来装夹带中心孔的轴类零件。使用时，将前顶尖装入分度头主轴的锥孔内，将拨盘装在分度头主轴前端端面上，然后用内六角螺钉紧固。用鸡心夹头将工件夹紧放在分度头与尾座的两顶尖间，同时鸡心夹头的弯头放入拨盘的开口内，将工件顶紧后，紧固拨盘上的紧固螺钉，使拨盘和鸡心夹头连接，用来保证在铣削时分度头主轴锁紧后工件不会发生转动。

（4）交换齿轮轴、交换齿轮架。如图 1—47 所示，交换齿轮轴、交换齿轮架用来安装交换齿轮。其中，交换齿轮轴装入分度头主轴的后锥孔内，交换齿轮架利用开缝孔安装在分度头的侧轴上，交换齿轮轴套安装在交换齿轮架上，支撑板通过螺钉轴安装在分度头基座后方的螺孔上，用来支撑交换齿轮架。

（5）尾座。如图 1—48 所示，尾座用来配合分度头装夹带中心孔的轴类零件。转动手轮 1 可使顶尖 3 进退，以便装卸工件，松开螺钉 4、5，转动调整螺钉 6，可使顶尖升降或倾斜一个不大的角度，将尾座顶尖中心线与分度头主轴中心线调整到同轴。

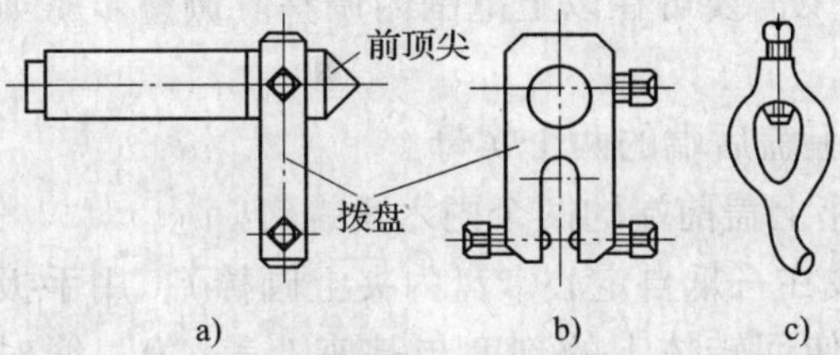

图1—46 前顶尖、拨盘和鸡心夹头

a）前顶尖 b）拨盘 c）鸡心夹头

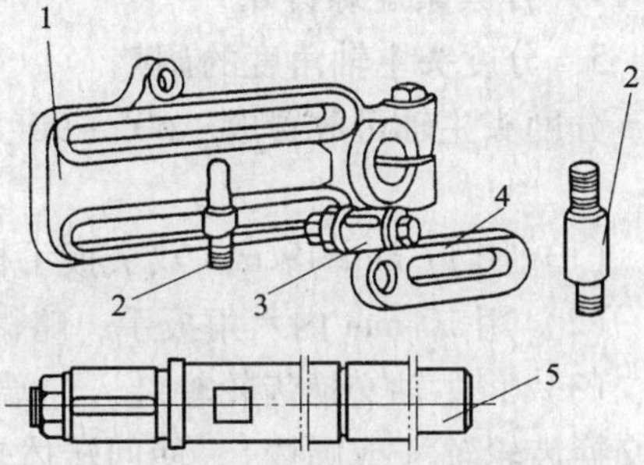

图1—47 交换齿轮轴和交换齿轮架

1—交换齿轮架 2—螺钉轴 3—交换齿轮轴套
4—支撑板 5—交换齿轮轴

（6）千斤顶。千斤顶的结构如图1—49所示，它可用来支撑细长的零件。使用时，松开锁紧螺钉4，转动螺母2，调节至需要的支撑高度后再拧紧锁紧螺钉。

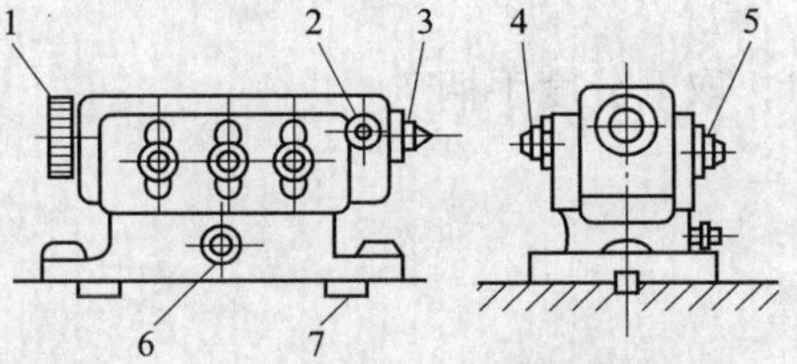

图1—48 尾座

1—手轮 2—顶尖紧固杆 3—顶尖 4、5—螺钉
6—调整螺钉 7—定位键

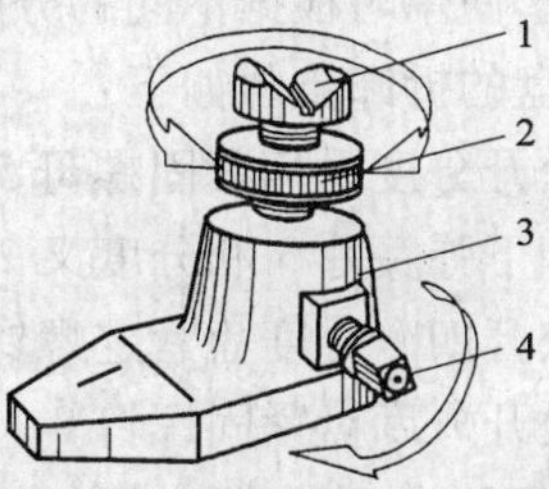

图1—49 千斤顶

1—螺杆头 2—螺母
3—千斤顶座 4—锁紧螺钉

4. 分度头蜗杆、蜗轮间隙的调整

（1）啮合间隙的调整（见图1—50）。

1）用17 mm/19 mm双头扳手松开螺母1。

2）扳动蜗杆脱落手柄4，使之与调节螺钉2靠紧。若间隙过大，松开螺母3，将调节螺钉2逆时针方向退出，然后拧紧螺母3，再扳动蜗杆脱落手柄4，使之靠紧调节螺钉2；若啮合间隙过小，则顺时针方向调整调节螺钉2。

3）拧紧螺母1。

4）试摇分度手柄，检查啮合情况。

（2）轴向间隙的调整。

1）松开圆螺母5上的两个紧定螺钉6。

2）若间隙过大，顺时针方向转动圆螺母，反之则逆时针方向转动圆螺母。

3）摇动分度手柄，检查松紧是否合适。

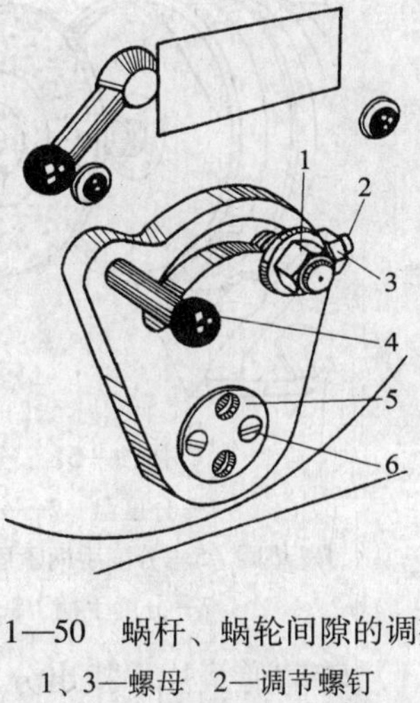

图1—50 蜗杆、蜗轮间隙的调整

1、3—螺母 2—调节螺钉
4—蜗杆脱落手柄 5—圆螺母
6—紧定螺钉

单元 1

4）拧紧紧定螺钉6。

5．分度头主轴角度的调整

分度头主轴可放置成 $-60°\sim90°$，根据加工需要可在以上范围内调整。调整步骤如下：

（1）用17 mm/19 mm双头扳手松开基座上盖后端的两个螺母。

（2）用10 mm内六角扳手，略微松开基座上盖前端的两个内六角螺钉。

（3）将主轴交换齿轮轴装入前端锥孔（或在三爪自定心卡盘内夹上圆棒），用手扳动交换齿轮轴（或圆棒），使回转体转动，并使回转体上的刻度与基座上盖“0”线对准。

（4）用内六角扳手将基座上盖前端的内六角螺钉拧紧。

（5）拧紧螺母。

6．分度盘及分度叉的拆卸与调整

（1）分度盘的拆卸。F11125型万能分度头备有两块分度盘，正、反面圆周上有均布的孔圈。使用时根据不同的分度需要，选用合适的孔圈或调换分度盘。如图1—51所示，分度盘的拆卸步骤如下：

1）松开分度手柄紧固螺母5、垫圈4，取下分度手柄7。

2）卸下弹簧片3和分度叉2。

3）松开四个分度盘紧定螺钉6。

4）松开分度盘紧固螺钉8。

5）将两个分度盘紧定螺钉6旋入分度盘1的螺孔中，双手用手指捏住螺钉，均匀用力将分度盘1拉出。

6）将选好的分度盘按上述方法装入。

（2）分度叉的调整（见图1—52）。

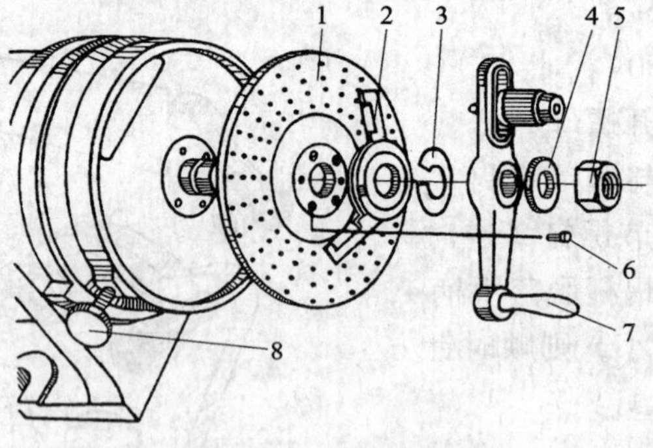

图1—51　分度盘的拆卸

1—分度盘　2—分度叉　3—弹簧片

4—垫圈　5—分度手柄紧固螺母　6—分度盘紧定螺钉

7—分度手柄　8—分度盘紧固螺钉

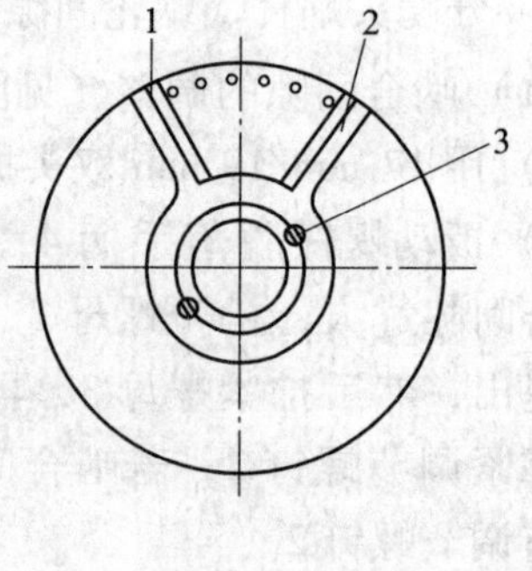

图1—52　分度叉的调整

1、2—叉脚　3—分度叉紧定螺钉

1）转动弹簧片，找出分度叉紧定螺钉3。

2）松开两个分度叉紧定螺钉3。

3）将分度定位销插入选定孔圈的任意孔中。

4）将叉脚1紧贴分度定位销。如分度手柄要转过5个孔距，则顺时针方向数过5个孔距，并将叉脚2靠着第5个孔距（第6个孔）处。

5）紧固分度叉紧定螺钉3。

必须注意：分度叉两叉脚夹角之间的实际孔数，应比所需要孔距数多一个，因为第一个孔作起始点，不计入。

7. 分度头附件的拆卸及安装

（1）三爪自定心卡盘的拆卸与装配。

1）三爪自定心卡盘的拆卸如图1—53所示。其拆卸步骤如下：

①旋开三爪自定心卡盘后盖6上三个螺钉7，取下后盖6。

②拆下小锥齿轮1处的三个限位螺钉4，取出三个小锥齿轮1。

③将卡盘壳体2翻转180°，下面垫上木块，轻轻敲击，取出大锥齿轮5。

④卸下三个卡爪3。

⑤将拆下的零件放入清洗油中清洗擦干。

2）三爪自定心卡盘的装配步骤如下：

①先将大锥齿轮5装入卡盘壳体2内，并加注润滑油。

②安装三个小锥齿轮1与大锥齿轮5啮合，旋入限位螺钉4，使小锥齿轮定位。

③安装卡爪。用方榫扳手顺时针转动小锥齿轮1，带动大锥齿轮5的平面螺纹转动，当平面螺纹的起点接近卡爪的槽口时，将1号卡爪装入槽中，并与平面螺纹推紧，继续转动小锥齿轮1，当平面螺纹的起点接近第二条槽口时，装入2号卡爪，依次装完3号卡爪。

④安装后盖6，并用螺钉7紧固。

⑤装配完毕，用方榫扳手转动小锥齿轮，使卡爪收缩，如三个卡爪同时集中在中心位置，则说明卡爪安装正确，否则应重新安装。

（2）在分度头上安装三爪自定心卡盘。如图1—54所示，其安装步骤如下：

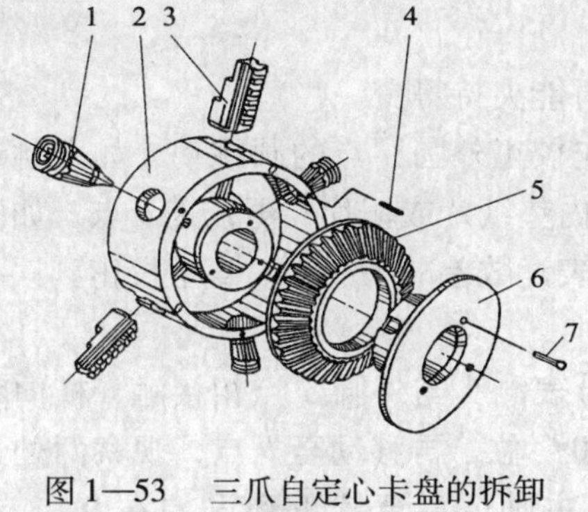

图1—53　三爪自定心卡盘的拆卸

1—小锥齿轮　2—卡盘壳体　3—卡爪　4—限位螺钉
5—大锥齿轮　6—后盖　7—螺钉

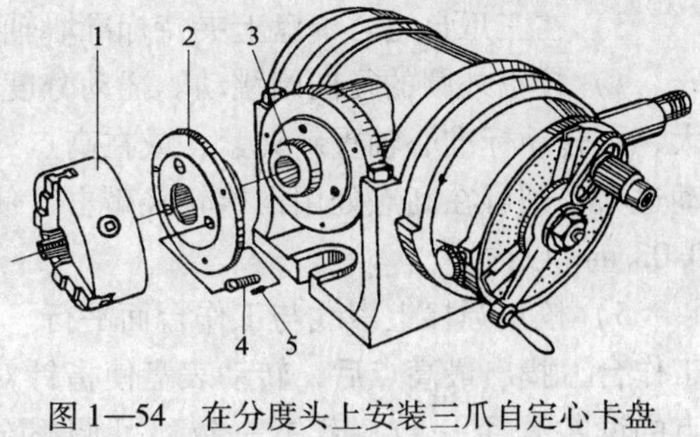

图1—54　在分度头上安装三爪自定心卡盘

1—三爪自定心卡盘　2—法兰盘
3—主轴　4、5—内六角螺钉

1）将分度头主轴3前端外锥体及法兰盘2内锥孔、端面擦清并修去毛刺。

2）将法兰盘2装入主轴前端外锥体，用三个内六角螺钉5紧固。

3）将三爪自定心卡盘1装入法兰盘2上，并对准螺孔后用三个内六角螺钉4紧固。

应该注意，安装前必须将主轴前端外锥体、法兰盘、三爪自定心卡盘定位面擦干净，并修去毛刺，否则安装后将增大径向及端面圆跳动；各内六角螺钉必须拧紧；为了防止装卸时卡盘跌落压伤工作台面或手指，可在主轴孔中放置圆棒。

（3）安装前顶尖与拨盘。如图1—55所示，其安装步骤如下：

1）安装前顶尖。将前顶尖3的外锥体与分度头主轴4前端内锥孔擦干净，手握顶尖前端对准内锥孔用力推紧，使之贴合。

2）安装拨盘。将拨盘2装入分度头主轴4前端，对准螺孔后，用三个内六角螺钉1紧固。

8. 安装、校正分度头

（1）三爪自定心卡盘夹持圆棒校正（见图1—56）。

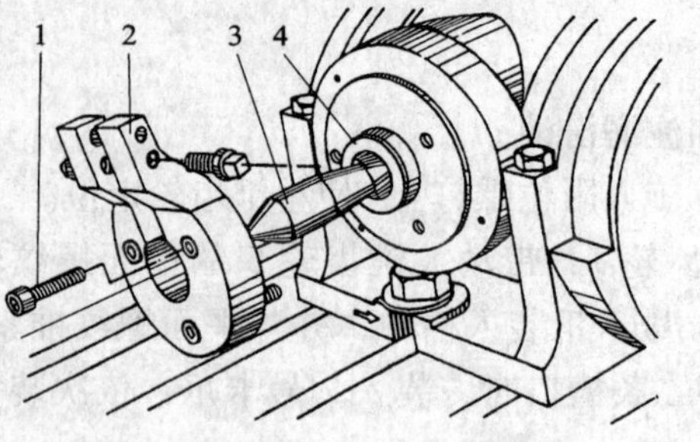

图1—55 前顶尖与拨盘的安装

1—内六角螺钉 2—拨盘
3—前顶尖 4—分度头主轴

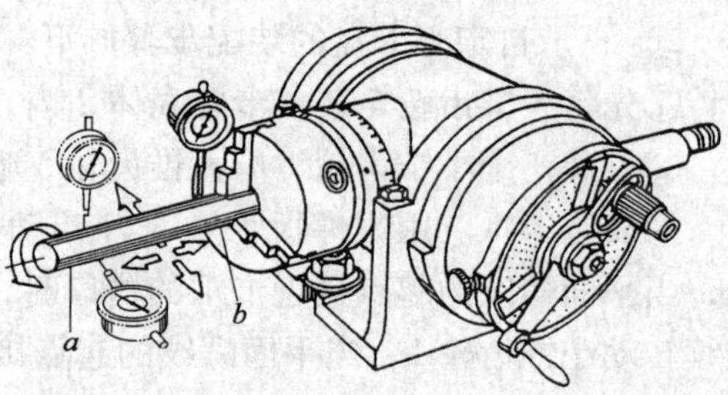

图1—56 三爪自定心卡盘夹持圆棒校正

1）将分度头放置在工作台上，以定位键在T形槽中定位，双手将分度头按指示的箭头方向贴紧，用T形螺钉压牢。

2）安装三爪自定心卡盘。

3）在三爪自定心卡盘上夹持标准心轴（尽可能夹持得少一些）。

4）校正外圆的径向圆跳动。摇动分度头，先校正外圆 a 点的圆跳动，如圆跳动过大，可转动标准心轴重新夹紧，或在高点处卡爪内垫纸片或铜片，再校正 b 点，如圆跳动过大，则可在高点处用铜棒轻轻敲击，使百分表读数差减小一半，直至校正到误差在0.03 mm以内。

5）校正圆棒上素线与工作台面平行。使百分表测头与外圆 a 点相接触，横向移动工作台，找出最高点后，转动表盘使指针对准“0”位，再移动至 b 点，观察两处最高点的读数是否一致，若不一致，可调整分度头主轴，直至校正到误差在0.03 mm/200 mm以内。

6）校正圆棒侧素线与工作台纵向进给方向平行。校正时，使百分表测头与心轴侧面 a 点相接触，摇动升降台，找出最高点后使指针对准“0”位，再移动至 b 点，观察两点读数是否一致，若有误差，则松开T形螺钉，垫上木块用铜棒轻轻敲击分度头底部侧面，直至校正到误差在 0.03 mm/200 mm 以内。

（2）校正分度头及尾座。

1）将分度头安装在工作台右端中间 T 形槽中，取一莫氏 4 号锥柄检验心轴，放入分度头主轴锥孔内，如图 1—57 所示。

2）用百分表校正心轴 a、b 点处径向圆跳动。

3）校正心轴上素线与工作台面平行。

4）校正心轴侧素线与工作台纵向进给方向平行。

5）取下锥柄检验心轴，换装前顶尖，根据工件长度安装尾座，并按箭头指示方向贴紧，如图 1—58 所示。

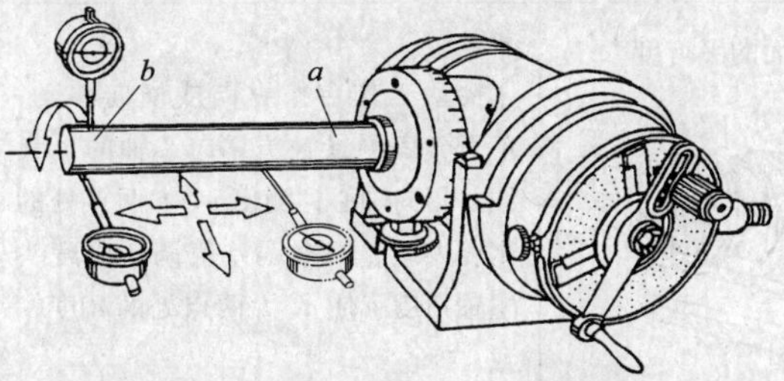

图 1—57　用锥柄检验心轴校正分度头

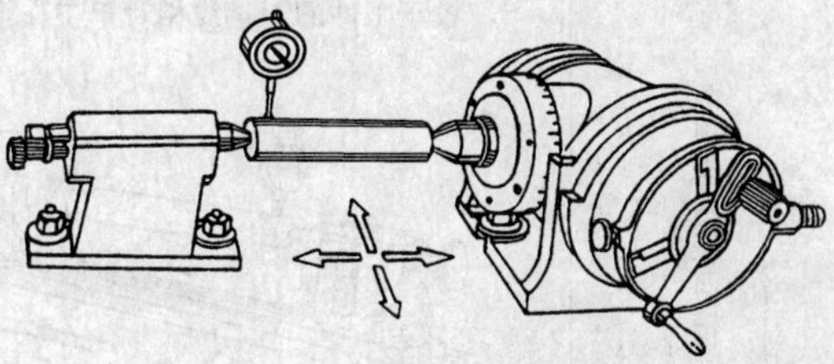
图 1—58　校正分度头及尾座

6）将标准心轴（或直接用工件）安装在两顶尖之间，检查其上素线与工作台面及其侧素线与工作台纵向进给方向的平行度误差是否符合要求，如不符合要求，则对尾座进行调整，直至达到要求。

（3）校正时的注意事项。

1）校正用标准心轴的尺寸公差和形位公差应符合要求。

2）使用锥柄检验心轴时，应将分度头主轴内锥孔及检验心轴锥柄擦干净，以免影响检验精度（径向圆跳动）。如发现径向圆跳动过大，可拆下检查，转一角度后装入。

3）百分表测头与工件测量面接触时，使指针转动量约为 0.2 mm。

4）校正时，不得用锤子直接敲击标准心轴、分度头及尾座。

9. 在万能分度头上装夹工件的方法

万能分度头装夹工件的方法有两顶尖装夹、一夹一顶装夹、三爪自定心卡盘装夹和心轴装夹等。装夹工件前，应对分度头和尾座进行校正，校正内容为“一个圆跳动，两个平行度”。装夹与校正的方法见表 1—10。

表 1—10　　**装夹与校正的方法**

类别	图示	说明
两顶尖装夹与校正	1. 装夹 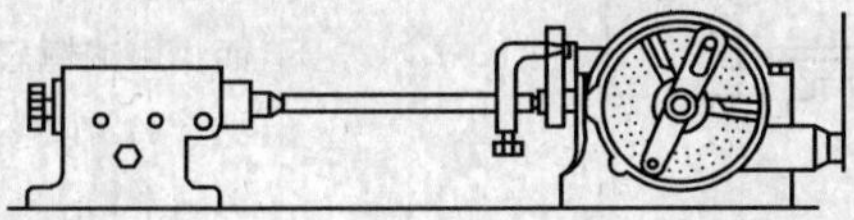	两顶尖一般用于两端带中心孔的轴类零件的装夹，工件与主轴的同轴度较高

续表

<table>
<tr><th>类别</th><th>图示</th><th>说明</th></tr>
<tr><td rowspan="3">两顶尖装夹与校正</td><td>2．校正工件两端的径向圆跳动
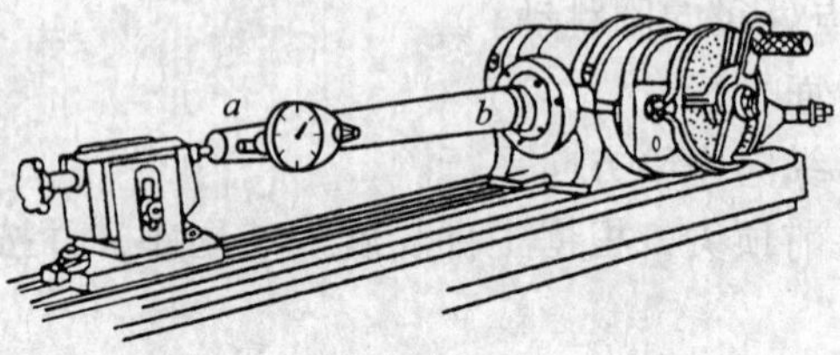</td><td>取一锥柄心轴装入分度头主轴内锥孔，转动分度手柄使心轴旋转360°，用百分表校正心轴 a 点和 b 点处的径向圆跳动</td></tr>
<tr><td>3．校正工件的上素线相对于工作台面的平行度
</td><td>摇动工作台作纵向或横向移动，使百分表测量触头靠向心轴的上素线并指向轴心，测出 a、b 两点处的高度误差，根据误差值调整分度头主轴角度，使 a、b 两点处的高度一致</td></tr>
<tr><td>4．校正工件的侧素线相对于工作台纵向进给方向的平行度
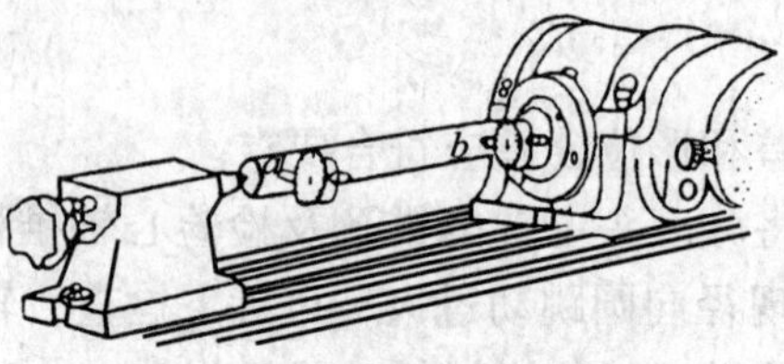</td><td>使百分表测量触头靠向心轴的侧素线并指向轴心，纵向移动工作台，测出 a、b 两点处的误差，根据误差值调整分度头，使 a、b 两点处的读数一致</td></tr>
<tr><td>一夹一顶装夹与校正</td><td>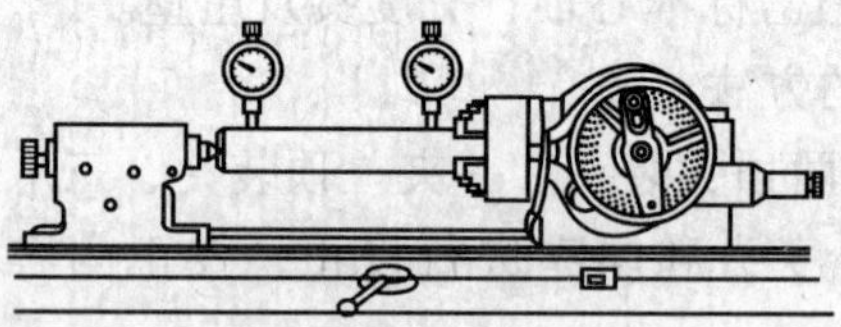</td><td>一夹一顶用于一端有中心孔的较长轴类工件的装夹。此法刚度较好，适于切削力较大时工件的铣削
“一个圆跳动，两个平行度”的校正方法同上</td></tr>
<tr><td>三爪自定心卡盘装夹与校正</td><td>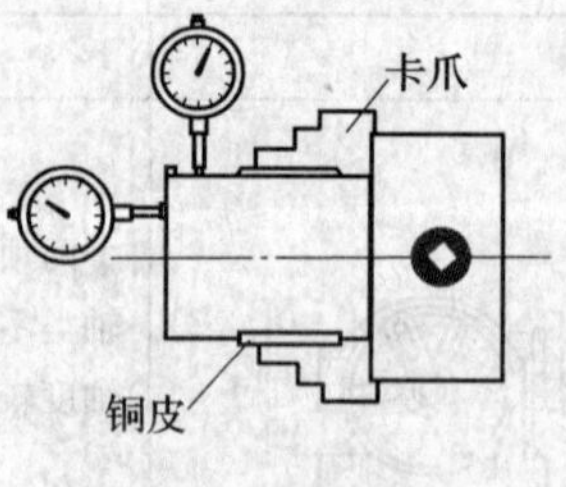</td><td>三爪自定心卡盘用于较短的轴套类工件的装夹。用百分表校正工件外圆，当工件外圆的圆度误差较大时可在卡爪处垫放铜皮，使外圆跳动符合要求。用百分表校正工件端面，用铜锤轻击高点，使端面圆跳动符合要求。这种方法装夹简便，铣削平稳</td></tr>
</table>

续表

类别	图示	说明
心轴装夹与校正	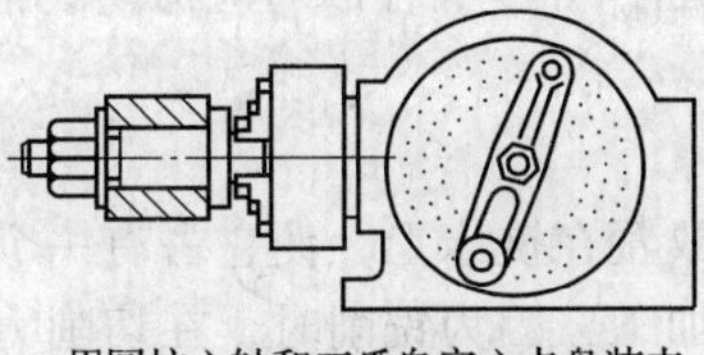 用圆柱心轴和三爪自定心卡盘装夹 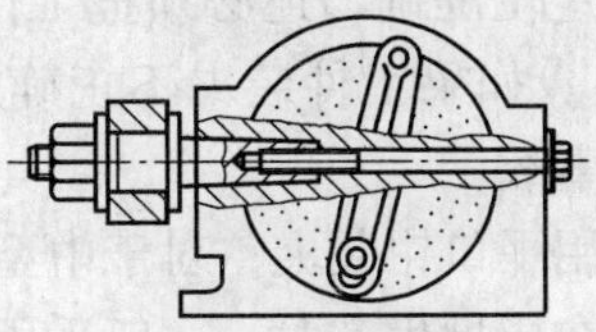 用锥柄心轴装夹 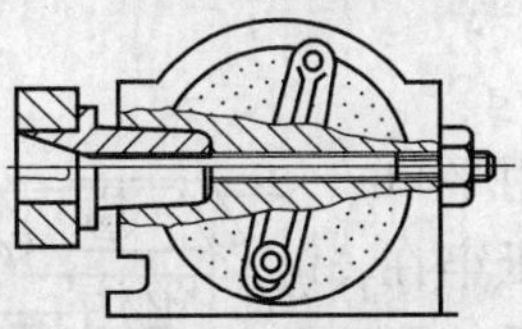 用胀力心轴装夹 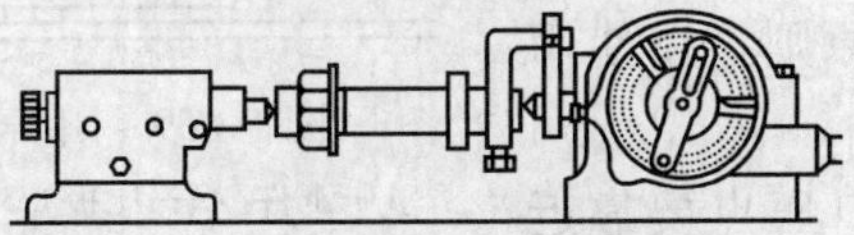 用心轴和两顶尖装夹 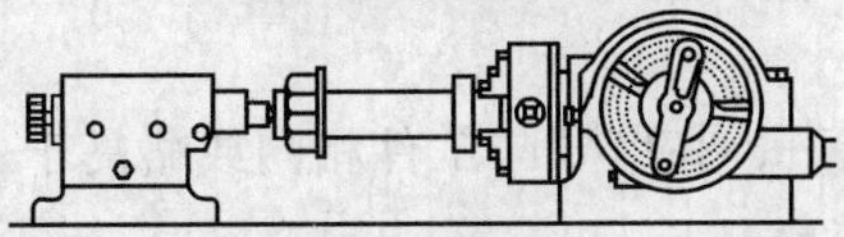 用心轴一夹一顶装夹	心轴用于套类、孔盘类工件的装夹。心轴分为圆柱心轴和锥柄心轴两种。根据工件和心轴形式的不同可分为多种装夹形式 “一个圆跳动，两个平行度”的校正方法同上

10. 分度头的维护保养

（1）分度头蜗杆蜗轮的啮合间隙（0.02～0.04 mm）不能随意调整，间隙过大会影响精度，过小则会增加磨损。

（2）分度时，应松开主轴锁紧手柄，分度后重新紧固。在铣削加工须连续旋转工件（如螺旋槽等）时，不能紧固主轴锁紧手柄。

（3）分度时，摇动手柄的速度要均匀。如果摇过了头，则应将分度手柄退回半圈以上，再按原来方向摇到规定的位置。

（4）分度时，定位销应慢慢插入孔盘孔眼中，切勿使定位销自动弹入，以免损坏孔盘孔眼的精度。

（5）调整分度头主轴倾角时，不应将基座上部靠近主轴前端的两个内六角螺钉松开，否则会使主轴起动零位发生变动。

（6）在搬运、装卸分度头时，不能碰撞，以免损坏分度头主轴内锥孔和基座底面。

（7）要保持分度头的清洁，使用时应将主轴内锥孔和基座底面等部位擦拭干净。

（8）分度头各部位要定期加注润滑油，分度头存放时应涂防锈油。

五、工件的定位与装夹

在进行铣削加工时，必须先把工件放置在铣床上，使它占有一个正确的位置，这就是定位。但工件只定位还不能进行铣削加工，因为铣削时，在切削力的作用下它的位置还会移动。为了使工件在加工过程中始终定位准确，还必须把工件夹牢，这就是夹紧。工件从定位到夹紧的整个过程，称为装夹。如果工件装夹不正确或不稳固，轻者出废品、损坏刀具，重者则出人身事故或机床事故。

在铣床上加工中小型工件时，一般采用平口钳装夹；对于中型和大型工件，大多采用螺栓、压板直接装夹在铣床工作台上；在成批生产时，一般采用专用夹具装夹；还可采用分度头、万能转台及角铁和 V 形铁装夹。

1. 用压板装夹工件

对尺寸较大或形状较复杂以及不便用平口钳装夹的工件，一般用压板把工件直接压牢在铣床工作台面上，如图 1—59 所示。压板的形状应以使用迅速、方便、可靠为原则。在使用压板时应注意以下事项：

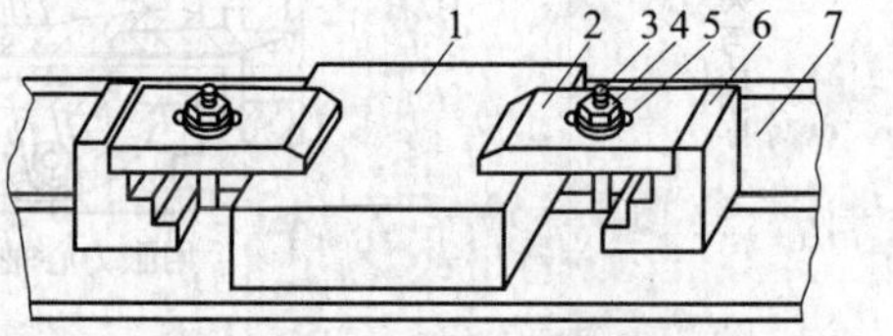

图 1—59　用压板装夹工件

1—工件　2—压板　3—螺栓　4—螺母　5—垫圈　6—台阶垫铁　7—工作台面

（1）压板的位置要安排妥当，压点要靠近切削面，要压在工件刚度最好的部位，压力大小要合适。

（2）垫铁必须正确地放在压板下，高度要与工件相同或略高于工件，否则会影响压紧效果。

（3）在工件的光洁表面与压板之间应放置垫片（一般为铜片），这样可以避免工件表面因受压而损伤。

（4）不能将表面粗糙的铸件、锻件毛坯直接压紧在工作台上，否则会划伤工作台面。这时应在工件与工作台面之间垫硬纸等。压板的使用方法如图 1—60 所示。

（5）将工件直接装夹在铣床工作台上进行铣削时，要确定工件与刀具的相对位置，一般应先在毛坯上划线，划出加工表面的轮廓及位置，安装时用划针找出正确位置。图 1—61 所示为将划针夹在铣床主轴上，根据划出的线移动工作台来确定工件位置。此图所示是准备铣削工件侧面（垂直面）时的情况。在这种情况下，工件多用压板、螺栓、垫铁与工作台压紧。

2. 压板的结构形式

普通压板和 T 形螺栓的结构形式如图 1—62 所示。

3. 支撑垫铁的结构形式

与压板配合夹紧工件用的支撑垫铁多种多样，图 1—63 所示是其中的四种常见形式。

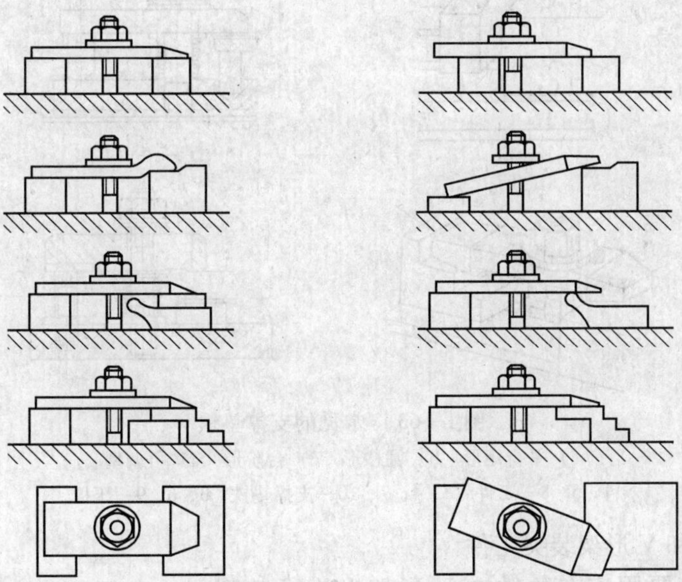

a)　　　　　　　　b)

图 1—60　压板的使用方法

a）正确　b）错误

图 1—61　划线确定装夹位置

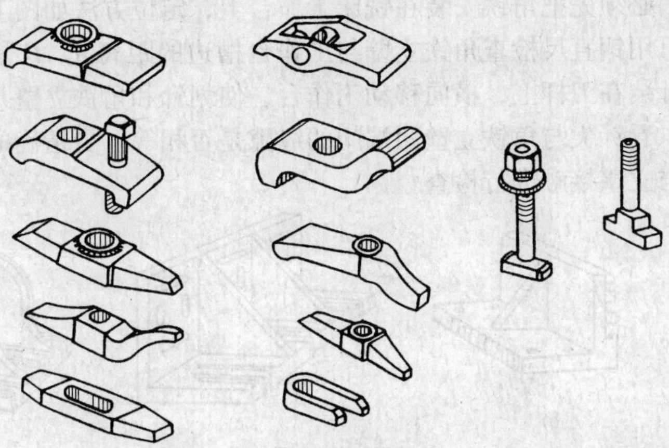

图 1—62　普通压板和 T 形螺栓的结构形式

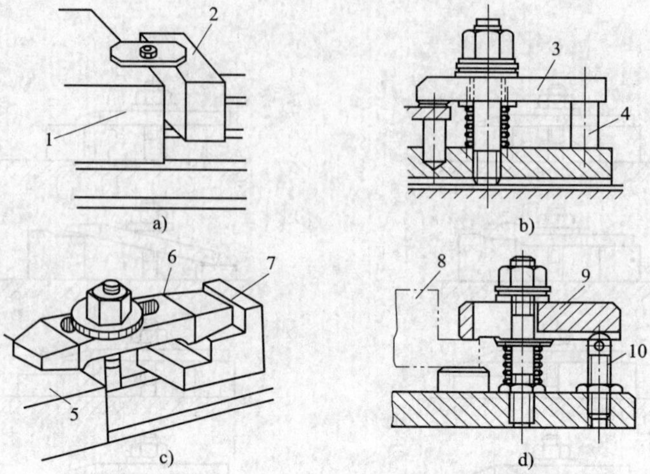

图 1—63　常见的支撑垫铁

a）平行矩形　b）圆柱形　c）台阶形　d）可调型

1、5、8—工件　2、4、7、10—支撑垫铁　3、6、9—压板

4. 用角铁和 V 形架装夹工件

有些工件需要固定在角铁或 V 形架上进行铣削加工，这时工件的定位是利用百分表、划针或目测等校验工件的某些表面而实现的。校验后一般用压板、螺栓等将工件紧固。

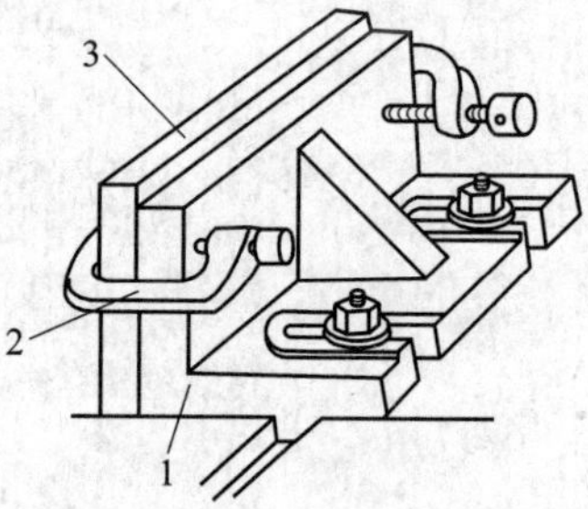

图 1—64　用角铁装夹工件

1—角铁　2—夹板　3—工件

（1）角铁。把两个加工面铣成相互垂直的面时，可用角铁装夹，利用夹板夹紧工件，如图 1—64 所示。

图 1—65 所示为几种不同的角铁。图 1—65a、b、c 所示为普通角铁，图 1—65d 所示为转动式角铁，它的板壁可以转动成需要的角度，刻度盘可以显示转动角度值，由锁紧螺母锁紧。

使用角铁时，必须先把角铁安装在铣床工作台上，定位方法如图 1—66 所示。定位精度要求不高时可用钢直尺检查角铁立壁与工作台槽边的距离 A、B 是否相等。比较精确的办法是把划针装在刀杆上，横向移动工作台，使划针和角铁立壁几乎接触，然后使工作台纵向移动，看针尖与角铁立壁两端间的缝隙是否相等。更精确的办法是用百分表代替划针，使之与立壁接触进行检查。

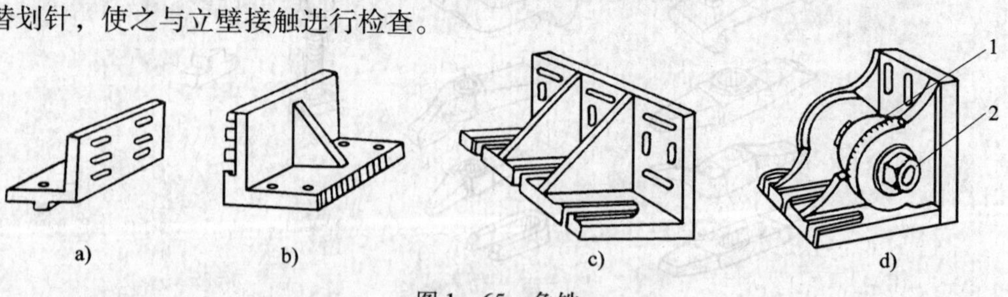

a)　b)　c)　d)

图 1—65　角铁

a)、b)、c）普通角铁　d）转动式角铁

1—刻度盘　2—锁紧螺母

（2）V 形块。加工圆柱形工件时常用 V 形块定位。其装夹方式如图 1—67 所示，图中是用压板将工件压在 V 形块上。

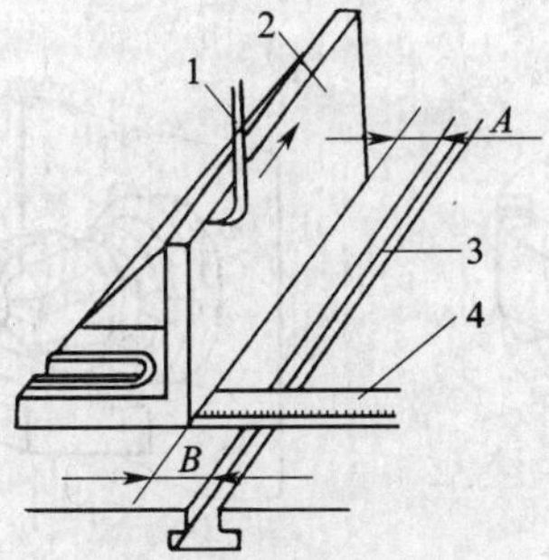

图 1—66 角铁在工作台上定位的方法
1—划针 2—立壁
3—工作台槽边 4—钢直尺

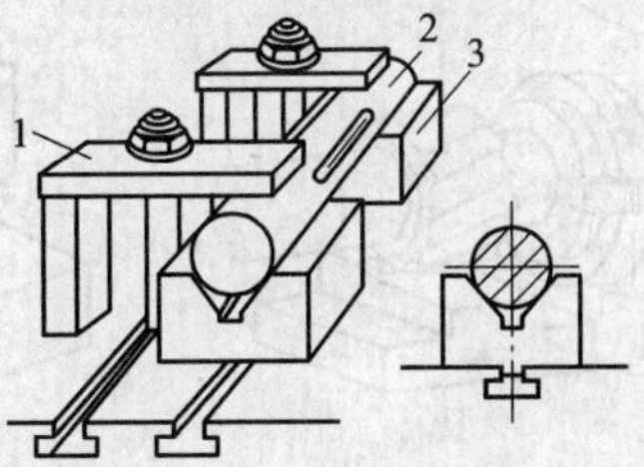

图 1—67 工件在 V 形块上的装夹
1—压板 2—工件 3—V 形块

六、用专用夹具装夹工件

专用夹具是专门为成批加工某种零件而设计的。用专用夹具可以将工件迅速定位和夹紧，而不需校正就能保证工件与机床和刀具之间的相对位置。但使用新夹具时必须经过校正后才能将夹具紧固，经试切检测零件合格后才能成批生产。

如图 1—68 所示，专用夹具能同时装夹两个工件（方铁）。转动夹具上的偏心手柄就可以使两块压板同时压紧两个工件，然后铣削工件顶面。

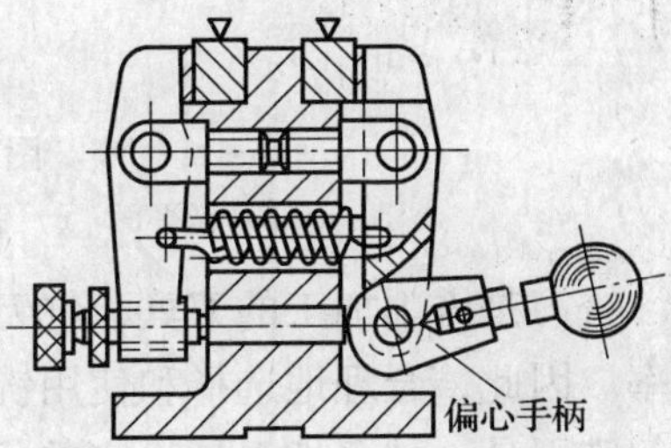

图 1—68 用专用夹具装夹

采用这种装夹方式可大大简化定位和夹紧过程，装夹迅速、方便，在成批和大量生产中得到广泛应用。

第四节 刀具准备

培训目标

- 了解常用铣刀的类型及用途。
- 掌握铣刀的主要几何角度。
- 掌握铣刀的安装和调整方法。

一、常用铣刀的类型及用途

铣削是铣刀旋转作主运动、工件或铣刀的直线运动或回转运动作进给运动的切削加工方法。在铣床上使用不同的铣刀可以加工平面（水平面、垂直面、斜面）、台阶、沟槽（直角沟槽、V形槽、燕尾槽、T形槽等）、成形面和切断材料等。此外，使用分度装置可加工需周向等分的花键、齿轮、螺旋槽等。在铣床上还可以进行钻孔、铰孔和铣孔等工作。铣削的主要内容如图1—69所示。

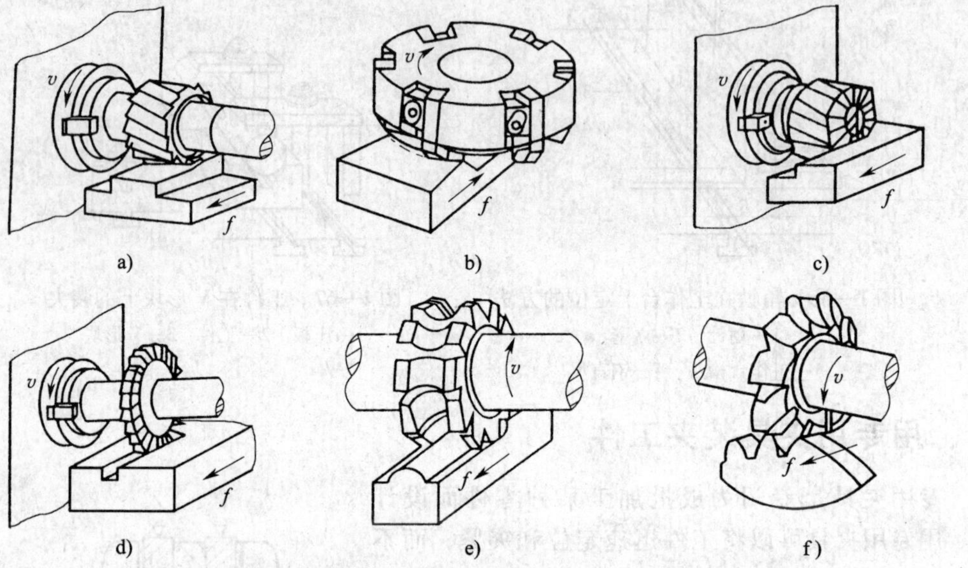

图1—69　铣削的主要内容

a、b）铣平面　c）铣台阶　d）铣沟槽　e）铣成形面　f）铣齿轮

铣刀是铣削加工的刀具，铣刀的好坏与使用得正确与否，直接影响工件的质量和生产率。因此，合理地选择和使用铣刀、掌握铣刀的工作特点是十分重要的。

铣刀是一种多齿刀具，它的每一个刀齿都相当于一把车刀或刨刀固定在回转刀体上。铣刀的种类很多，为便于工作中辨别和选用，现将常用铣刀种类及其用途和标记示例列于表1—11。

表1—11　　常用铣刀种类及其用途和标记示例

铣刀名称	图例		标记示例	主要用途
圆柱铣刀	整体式	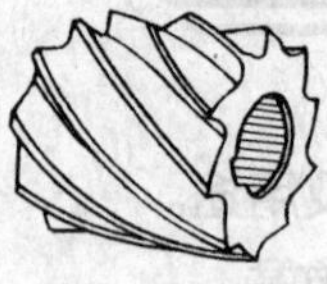	外径×厚度×内孔直径　铣刀国标号 例：外径 $D=80$ mm、厚度 $L=100$ mm、内孔直径 $d=32$ mm的粗齿圆柱铣刀 铣刀 80×100×32　GB/T 1115.1—2002	在卧式和万能铣床上铣平面
	镶齿式			

续表

<table>
<tr><th>铣刀名称</th><th colspan="2">图例</th><th>标记示例</th><th>主要用途</th></tr>
<tr><td rowspan="2">立铣刀</td><td>直柄</td><td>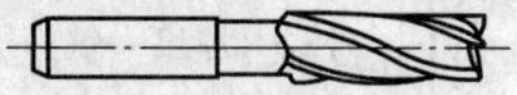</td><td rowspan="2">粗细齿　铣刀名称　外径　铣刀国标号
例：外径 $D=16$ mm 的粗齿普通直柄标准型立铣刀
粗齿　直柄立铣刀 16　GB/T 6117. 1—1996</td><td rowspan="2">铣台阶、铣平底沟槽</td></tr>
<tr><td>锥柄</td><td>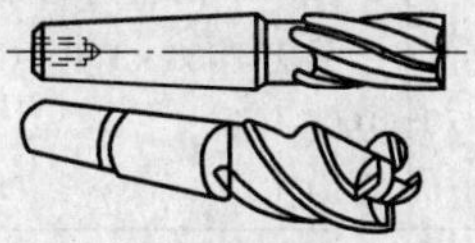</td></tr>
<tr><td rowspan="3">三面刃铣刀</td><td>直齿</td><td></td><td rowspan="3">铣刀名称　外径×厚度　铣刀国标号
例：外径 $D=80$ mm、厚度 $L=8$ mm 的直齿三面刃铣刀
直齿三面刃铣刀　80×8　GB/T 6119. 1—1996</td><td rowspan="3">铣台阶、沟槽</td></tr>
<tr><td>交错齿</td><td></td></tr>
<tr><td>镶齿</td><td></td></tr>
<tr><td rowspan="2">键槽铣刀</td><td>直柄</td><td></td><td rowspan="2">铣刀名称　直径公差代号　铣刀国标号
例：直径 $D=10$ mm、e8 公差的标准系列普通直柄键槽铣刀
直柄键槽铣刀　10e8　GB/T 1112. 1—1997</td><td rowspan="2">铣键槽</td></tr>
<tr><td>莫式锥柄</td><td></td></tr>
<tr><td rowspan="2">套式面铣刀</td><td>整体式</td><td></td><td rowspan="2">外径　铣刀国标号
例：外径 $D=100$ mm 的套式面铣刀
铣刀 100　GB/T 1115. 1—2000</td><td rowspan="2">铣平面、大沟槽</td></tr>
<tr><td>镶齿式</td><td></td></tr>
</table>

续表

<table>
<tr><th>铣刀名称</th><th colspan="2">图例</th><th>标记示例</th><th>主要用途</th></tr>
<tr><td>锯片铣刀</td><td colspan="2">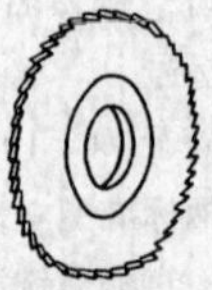</td><td>外径×厚度　铣刀国标号
例：外径 $D=100$ mm、厚度 $L=3$ mm 的粗齿锯片铣刀
铣刀　100×3 粗　GB/T 6120—1996</td><td>铣窄槽、切断工件</td></tr>
<tr><td>T 形槽铣刀</td><td colspan="2">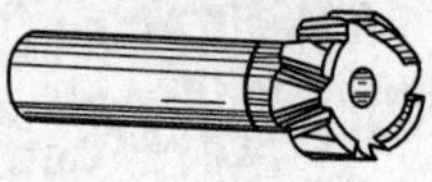</td><td>T 形槽基本尺寸　铣刀国标号
例：T 形槽基本尺寸 18 mm，直柄 T 形槽铣刀
铣刀　18　GB/T 6124—2007</td><td>铣 T 形槽</td></tr>
<tr><td>燕尾槽铣刀</td><td colspan="2">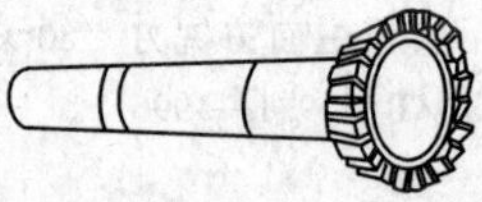</td><td>铣刀外径×角度　铣刀国标号
例：外径 $D=16$ mm、角度 $\theta=50°$ 的燕尾槽铣刀（Ⅰ型）
铣刀　16×50°　Ⅰ　GB/T 6338—2004</td><td>铣燕尾槽</td></tr>
<tr><td rowspan="3">角度铣刀</td><td>单角</td><td>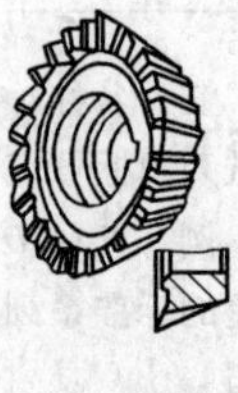</td><td rowspan="3">铣刀名称　外径×角度　铣刀国标号
例：外径 $D=63$ mm、角度 $\theta=30°$ 的对称双角铣刀
对称双角铣刀　63×30°　GB/T 6128.3—1996</td><td rowspan="3">卧式和万能铣床上铣角度槽</td></tr>
<tr><td>对称双角</td><td>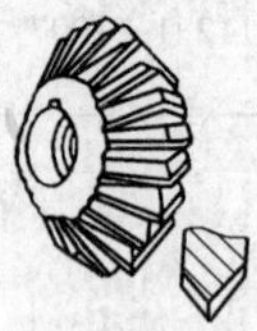</td></tr>
<tr><td>不对称双角</td><td></td></tr>
</table>

续表

铣刀名称	图例		标记示例	主要用途
成形铣刀	凸半圆	 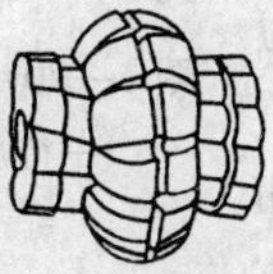	铣刀名称　半径　铣刀国标号 例：半径 $R=8$ mm 的凸半圆铣刀 凸半圆铣刀　$R8$　GB/T 1124.1—2007	铣凹面弧槽
	凹半圆			铣凸面弧槽
齿轮铣刀			铣刀名称　模数　铣刀号数　铣刀国标号 例：模数 $m=5$ mm、6 号盘形齿轮铣刀 齿轮铣刀　m5—6　GB/T 7970.1—1999	在卧式或万能铣床上铣齿轮
球头铣刀	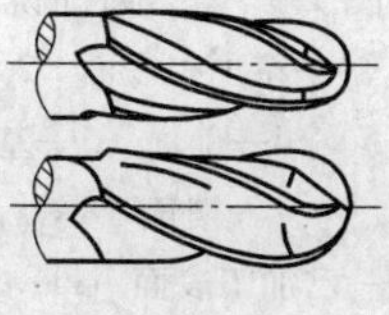		铣刀名称　铣刀国标号例： 圆柱形球头铣刀　JB/T 7966.3—1995	铣特形沟槽和齿轮

二、铣刀的主要几何角度

铣刀是多切削刃工具，切削部分形状复杂，但其每一个刀齿相当于一把简单刀具（如刨刀）。所以，了解了简单刀具（以刨刀为例）的切削刃情况后，对铣刀的情况也就容易掌握了。

1. 刨刀各部分名称和几何角度

如图 1—70 所示，刨刀切入工件，并继续按箭头方向运动，切下切屑。切屑是沿表面 4 滑出的，表面 4 称为前面。表面 10 是工件上已加工完的平面，称为已加工表面。刨刀上与已加工表面相对的表面 8 称为后面。前面与后面的交线 12 称为主切削刃。前面与后面的夹角 7 称为楔角 β_0。虚线所示的平面 5 是假想的辅助平面，它与已加工表面垂直，称为基面。前面与基面之间的夹角 3 称为前角 γ_0。后面与已加工表面间的夹角 9

称为后角 α_0。工件上即将被切去的表面 1 称为待加工表面。通过切削刃并与基面垂直的平面称为切削平面，它也是一个假想的辅助平面，图中切削平面与已加工表面重合。

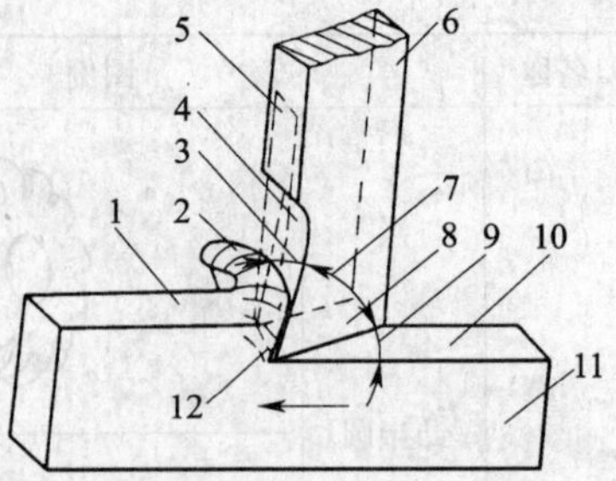

图 1—70　刨刀各部分名称和几何角度

1—待加工表面　2—切屑　3—前角
4—前面　5—基面　6—刨刀
7—楔角　8—后面　9—后角
10—已加工表面　11—工件　12—主切削刃

2. 圆柱铣刀的主要几何角度和各部分名称

圆柱铣刀的每个刀齿相当于一把刨刀，其主要几何角度如图 1—71 所示。

图 1—72 所示为圆柱铣刀的各部分名称。为了便于对照，图 1—72 与图 1—70 图注的编号一致。经对照可知，铣刀也具有和刨刀相同的各部分，即前面、后面、主切削刃，前角 γ_o、后角 α_o、楔角 β_o 等。所不同的是：决定前角的基面，在刨刀上与已加工表面垂直，在铣刀上则包含切削刃并通过铣刀中心，而且随着刀齿的旋转位置不断变动；决定后角的切削平面（在图 1—70 中与已加工表面 8 重合），在铣刀中也随着刀齿的转动位置不断改变。但要特别注意，基面和切削平面是相互垂直的。

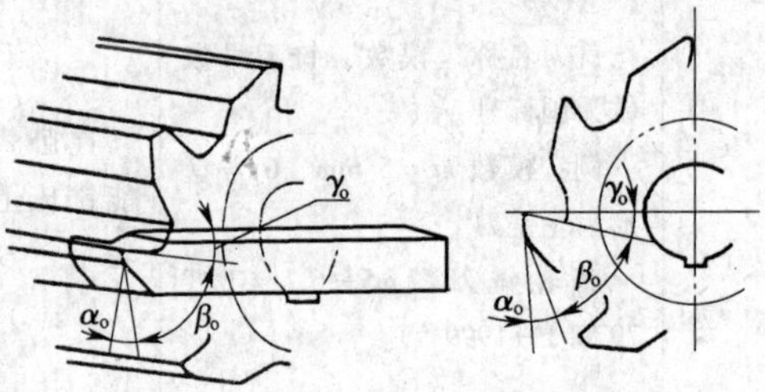

图 1—71　圆柱铣刀的主要几何角度

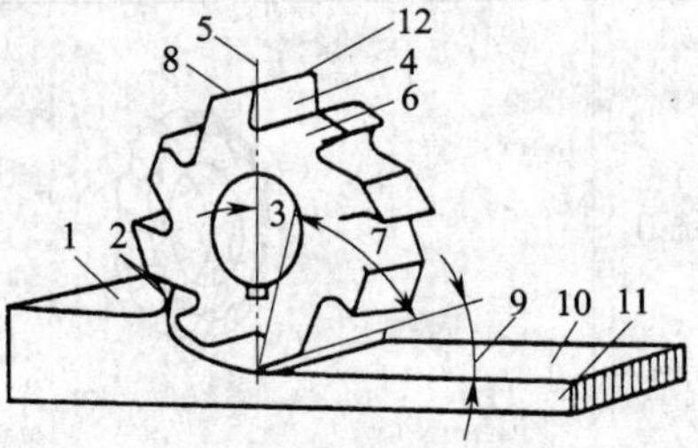

图 1—72　圆柱铣刀的各部分名称

1—待加工表面　2—切屑　3—前角
4—前面　5—基面　6—铣刀
7—楔角　8—后面　9—后角
10—已加工表面　11—工件　12—主切削刃

（1）前角 γ_o。基面与刀齿前面之间的夹角是前角。前角的作用是在切削中减小金属变形，使切屑排出顺利，从而改善切削性能，获得表面粗糙度值较小的已加工表面。前角选择要根据被切金属材料性能、刀具强度等因素来考虑。一般高速钢铣刀的前角在 10°～25°之间（前角的测量一般是在切屑流出方向的截面内进行）。

（2）后角 α_o。切削刃上任一点处的后角是通过这一点的切削平面与后面之间的夹角。后角的主要作用是减小后面与已加工表面之间的摩擦，使切削顺利进行，并获得表面粗糙度值较小的已加工表面。后角的选择主要根据刀具强度及前角、楔角的大小综合考虑。由于后角是在圆周方向起作用的，所以规定在端截面内测量。一般后角的选择范围是 6°～20°。

（3）楔角 β_o。前面与后面之间的夹角是楔角。在同一截面内，楔角、前角、后角有如下关系：

$$\alpha_o + \beta_o + \gamma_o = 90°$$

楔角的大小决定了切削刃的强度。楔角越小，切入金属越容易，但强度和导热性能都较差；反之，切削刃强度高，但难切入金属，也影响前角和后角的增大。

（4）螺旋角 ω。直齿圆柱铣刀在铣削时是整条切削刃同时切入和离开工件的，因此切削时振动较大，另外，排屑也不顺利。所以，圆柱铣刀的刀齿一般都做成螺旋形。铣削时，螺旋齿圆柱铣刀的刀齿是逐渐切入和逐渐离开工件的，同时参加切削的刀齿也多，如图 1—73a 所示。

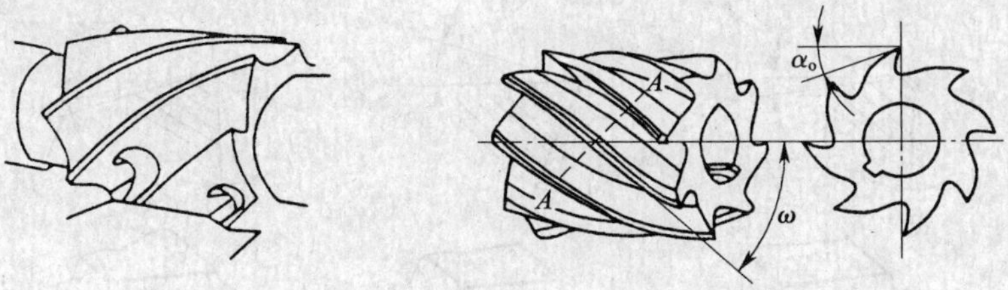

图 1—73　螺旋齿圆柱铣刀

a）铣削情况　b）螺旋角

螺旋齿切削刃的切线与铣刀轴线之间的夹角称为螺旋角，如图 1—73b 所示。其作用是使刀具在切削时受力均衡，工作较为平稳，切屑流动顺利。

3. 端铣刀主要几何角度

端铣刀的刀齿分布在刀体的端面上，如图 1—74 所示。图 1—74a 所示为一把切削刃倾斜的刀具，为了增加刀尖的强度和切出较好的表面，在切削刃的另一边也有一条略为倾斜的切削刃，如图 1—74b 所示。前者为主切削刃，后者为副切削刃。端铣刀的主切削刃也可与轴线倾斜。

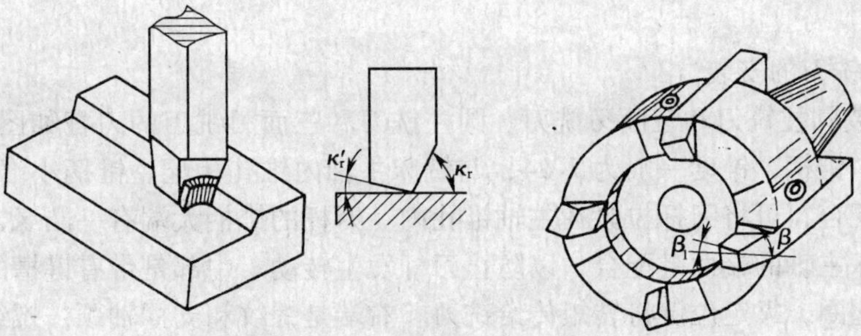

图 1—74　端铣刀

a）切削刃倾斜的刀具　b）刀齿

（1）主偏角 κ_r。主切削刃与已加工表面之间的夹角为主偏角。主偏角的变化影响切削刃参加铣削的长度，并能改变切屑的厚度和宽度。减小主偏角能减小已加工表面的表面粗糙度值，但会产生振动，所以主偏角的选择要适当，一般在 45°～90°之间。

（2）副偏角 κ_r'。副切削刃与已加工表面之间的夹角为副偏角。副偏角的作用主要是减小副切削刃与已加工表面的摩擦。副偏角的大小影响副切削刃对已加工表面的修光作用。减小副偏角，可使已加工表面的波纹高度降低，并能减小已加工表面的表面粗糙度值。副偏角一般选择范围为5°~15°。

（3）刃倾角 λ_s。刃倾角在主切削平面内测得，是主切削刃与基面之间的夹角。当刃倾角取负值时，可保护刀尖，但切屑流向已加工表面，可能使已加工表面变粗糙；当刃倾角取正值时，刀尖易损坏，但切屑流出顺利。因此，在粗加工时，刃倾角一般取负值；精加工时，刃倾角一般取正值。刃倾角易与前角混淆。如图1—75所示，三把刀具的前角均为正值，但刃倾角各不相同，不能认为图1—75b、c所示刀具的前角有正负之分。

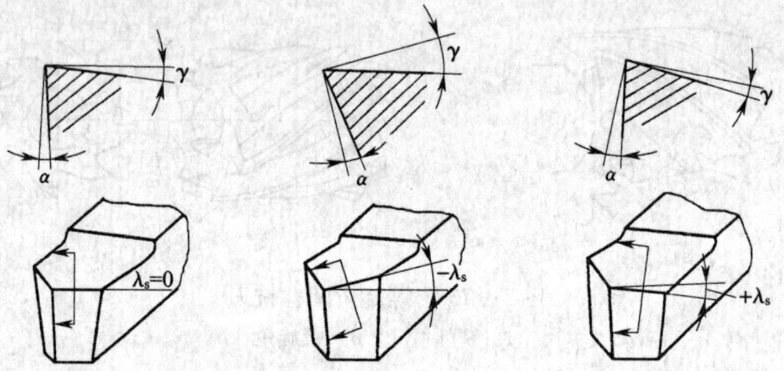

图1—75　刃倾角

a）$\lambda_s=0$　b）$\lambda_s<0$　c）$\lambda_s>0$

端铣刀的前角、后角、楔角及其他各部分名称与圆柱铣刀相同。

三、铣刀的安装

铣刀的安装方法正确与否，决定了铣刀的运动精度，并直接影响铣削质量和铣刀的使用寿命。

1. 带孔铣刀的安装

（1）安装圆柱铣刀和三面刃铣刀。圆柱铣刀和三面刃铣刀的刀杆如图1—76所示。刀杆左端是一锥柄，锥度一般为7∶24，与铣床主轴内锥孔相配。锥柄小端有内螺纹孔，与拉紧螺杆配合，可将刀杆拉紧在主轴锥孔内。刀杆的锥柄大端有一凸缘，上有两个缺口，可与铣床主轴的端面键配合，以防止刀杆发生转动。中部是带有键槽的光轴，用来安装铣刀和垫圈，靠定位键将转矩传给铣刀。右端是螺纹和支撑轴颈，螺纹用来旋装螺母以紧固铣刀，支撑轴颈与托架孔相配合，用以支持刀杆的右端。

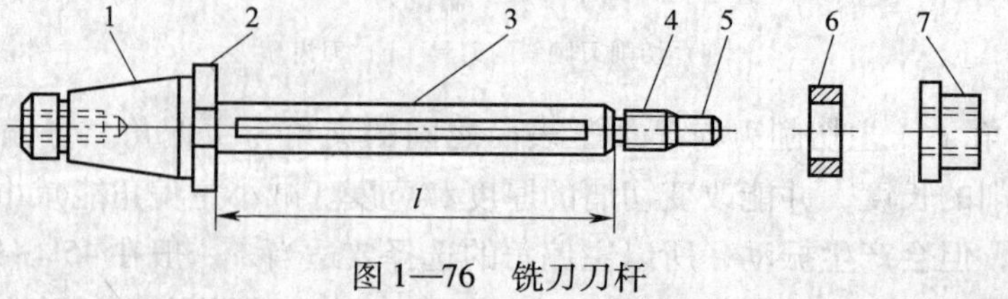

图1—76　铣刀刀杆

1—锥柄　2—凸缘　3—光轴　4—螺纹　5—支撑轴颈　6—垫圈　7—紧固螺母

圆柱铣刀和三面刃铣刀的安装步骤如下：

1）根据铣刀孔径选择相应直径的刀杆。

2）松开铣床悬梁紧固螺母，调整悬梁伸出长度，使其与刀杆长度相适应，然后紧固悬梁。

3）将主轴内锥孔和刀杆锥柄擦干净，以免脏物影响刀杆的安装精度。

4）待主轴停转后右手拿刀杆，将刀杆的锥柄装入机床主轴内锥孔中，刀杆凸缘上的槽应对准主轴端部的凸键，然后用拉紧螺杆拉紧刀杆。

5）安装垫圈和铣刀。

6）安装托架并紧固。

（2）安装套式端铣刀。套式端铣刀分为内孔带键槽的套式端铣刀和端面带键槽的套式端铣刀两种。

1）内孔带键槽的套式端铣刀。这种铣刀的安装如图1—77所示，其安装步骤如下：

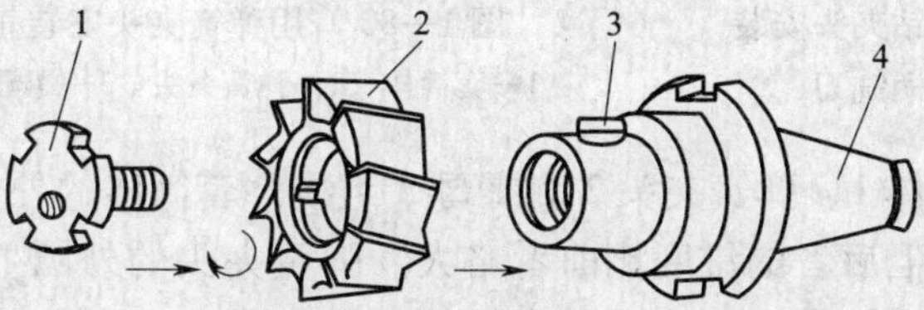

图1—77　内孔带键槽的套式端铣刀的安装

1—紧固螺钉　2—铣刀　3—键　4—刀杆

①将刀杆锥柄和铣床主轴内锥孔擦干净。

②将刀杆凸缘的槽对准铣床主轴端部的凸键，用拉紧螺杆拉紧刀杆。

③将铣刀内孔、端面和刀杆外圆擦干净。

④将铣刀上的键槽对准刀杆上的键，装入铣刀。

⑤用叉形扳手旋紧紧固螺钉，紧固铣刀。

2）端面带键槽的套式端铣刀。这种铣刀的安装如图1—78所示，其安装步骤如下：

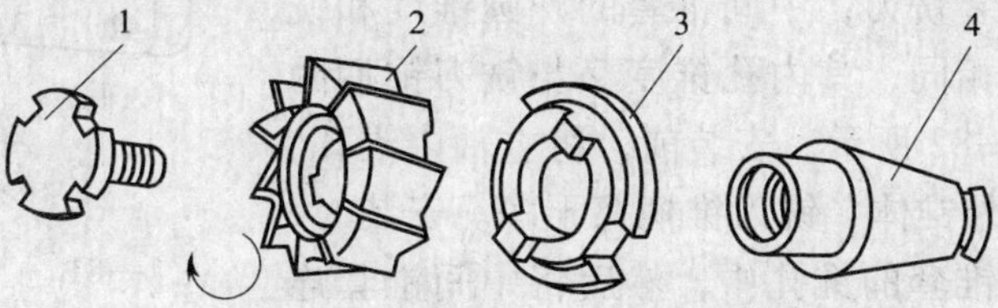

图1—78　端面带键槽的套式端铣刀的安装

1—紧固螺钉　2—铣刀　3—凸缘　4—刀杆

①将刀杆锥柄和铣床主轴内锥孔擦干净。

②将刀杆拉紧在铣床主轴内锥孔内。

③将凸缘装入刀杆，并使凸缘上的槽对准铣床主轴端部的凸键。

④装入铣刀，并使铣刀端面上的槽对准凸缘端面上的凸键，旋入紧固螺钉。

⑤用叉形扳手紧固铣刀。

2．带柄铣刀的安装

（1）直柄铣刀的安装。直柄铣刀一般通过钻夹头或弹簧夹头安装在铣床主轴内锥孔内，如图1—79和图1—80所示。

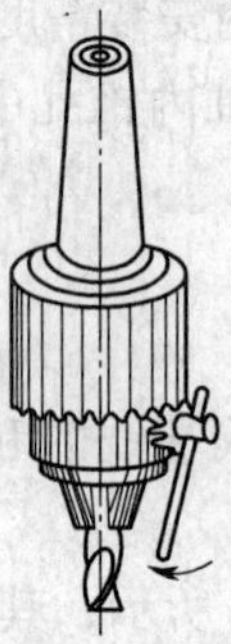

图1—79　用钻夹头安装直柄铣刀

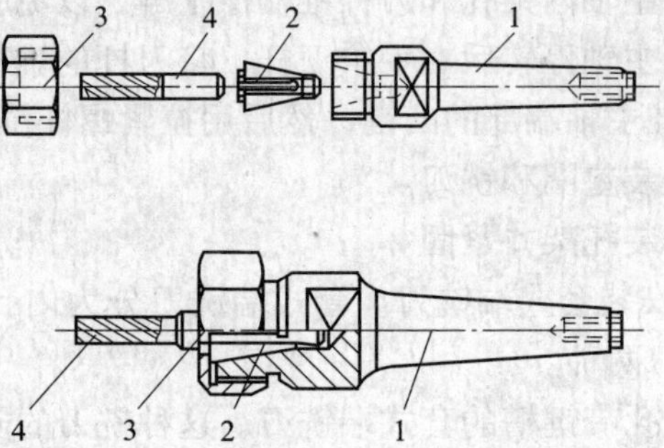

图1—80　用弹簧夹头安装直柄铣刀
1—套筒体　2—弹簧夹头　3—螺母　4—铣刀

弹簧夹头由套筒体1、弹簧夹头2和螺母3组成。套筒体的外锥度为7∶24，与铣床主轴的内锥孔相配，但后者的锥度比前者略大。弹簧夹头的外圆上有三条开口弹性槽，在锁紧螺母时，随着弹簧夹头逐步深入套筒体的内锥孔，三条开口槽合拢，内孔收缩，夹紧铣刀。

（2）锥柄铣刀的安装。锥柄铣刀的安装有两种方法：

1）铣刀柄部锥度与铣床主轴内锥孔锥度相同时，可直接将锥柄铣刀装入铣床主轴内锥孔，如图1—81所示。安装方法是将主轴内锥孔和铣刀锥柄擦干净，垫棉纱用左手握住铣刀，将铣刀锥柄穿入主轴内锥孔中，从立铣头上方按顺时针方向旋紧拉紧螺杆，紧固铣刀。

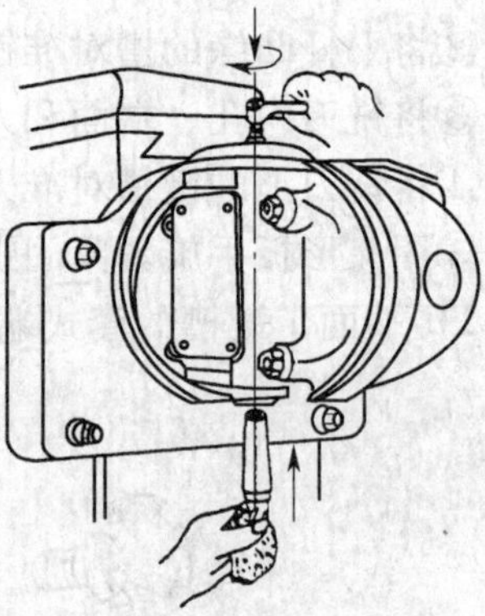

图1—81　直接安装锥柄铣刀

2）铣刀柄部锥度与铣床主轴内锥孔锥度不同时，需用中间锥套来安装铣刀，中间锥套的外圆锥度和铣床主轴内锥孔锥度相同，其内孔锥度又与铣刀锥柄的锥度相同，如图1—82所示。安装前，将主轴内锥孔、中间锥套内锥孔和外锥体、铣刀锥柄擦干净。安装时，先将铣刀插入中间锥套的锥孔中，然后将中间锥套连同铣刀一起穿入主轴内锥孔，旋紧拉紧螺杆，紧固铣刀。

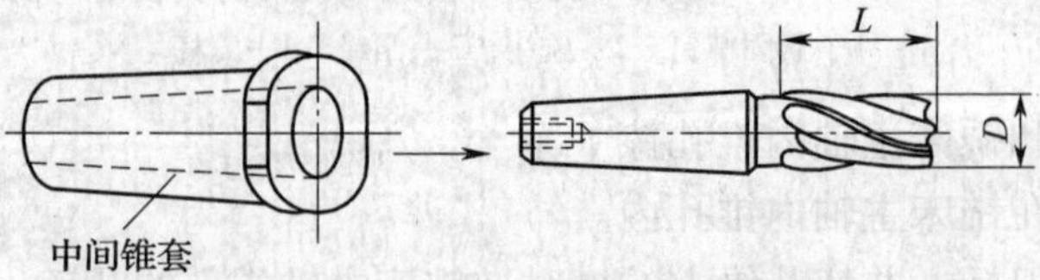

图1—82　借助中间锥套安装铣刀

3．铣刀安装后的检查

铣刀安装后必须进行检查。先检查各螺母是否已紧固，铣刀切削方向是否正确，托架轴承孔与铣刀刀杆支撑轴颈的配合间隙是否合适；再检查铣刀的径向圆跳动和端面圆跳动是否符合要求。一般情况下，对铣刀的跳动量要求不高，只要在铣床开动后看不出铣刀有明显的跳动即可。若跳动过大，则应拆下查找原因并重新安装。

安装铣刀应注意的要点：

（1）在不影响加工的情况下，尽量使铣刀靠近主轴，并使托架尽量接近铣刀（见图1—83），这样有助于切削稳定、减小振动，但要注意防止托架与工件相撞情况的出现（见图1—84）。

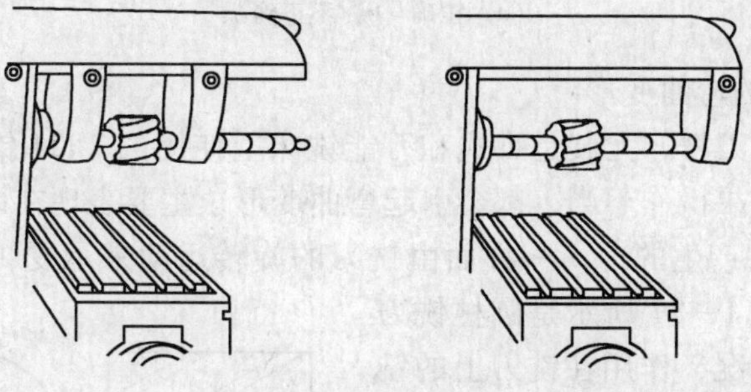

a)　　b)

图1—83　铣刀的安装位置

a）正确　b）不正确

（2）铣刀离主轴轴承较远时，应在主轴轴承与铣刀间加装一个托架轴承（见图1—85）。

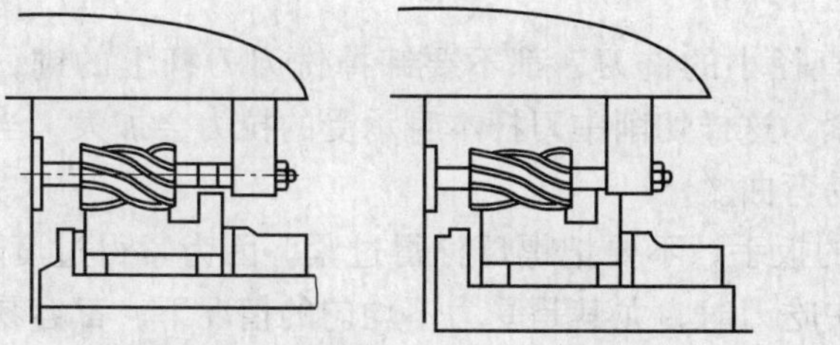

a)　　b)

图1—84　防止托架与工件相撞

a）可正常切削　b）托架与工件相撞

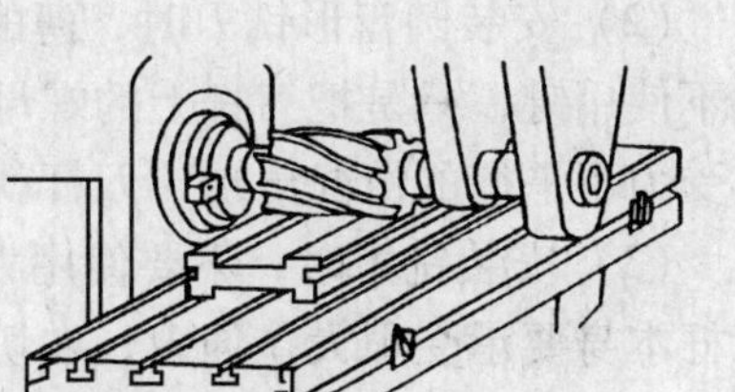

图1—85　加装一个托架轴承

（3）铣刀装好后，应接着安装托架轴承，再紧固螺母，而不应先紧固螺母，后安装托架轴承（见图1—86）。

（4）床身上伸出的悬梁不要太长，只要够用，伸出得越少越好。同时，悬梁上的托架也应尽可能接近主轴。

（5）铣刀刀杆尾端伸进托架轴承孔内的长度（刀杆支持点）要适宜，不要太短，间隙要调整适宜，以增加切削的稳定性。

图 1—86　先装托架轴承再紧固螺母

a）正确　b）不正确

4．长铣刀刀杆的弯曲变形

铣床上的长铣刀刀杆，尤其是卧式和万能铣床上使用的 7∶24 锥柄铣刀刀杆，在安装铣刀或加工中，如果操作不当，都会引起弯曲变形，主要表现在以下几方面：

（1）铣削过程中产生的力，一方面由铣刀的旋转运动来承受，一方面由工作台的进给运动来承受。图 1—87 所示是圆柱铣刀切削工件时的受力情况，作用在铣刀上的铣削力有三个分力，即圆周切削力 P_z、径向切削力 P_y 和轴向力 P_0。P_z 是阻止铣刀转动的力，P_y 是要把铣刀推开的力，P_z 和 P_y 的合力 R_0 作用在铣刀中心和铣刀刀杆上，使铣刀刀杆发生弯曲和产生弯矩。当加工中突然发生变化，合力 R_0 大于铣刀刀杆的抵抗应力时，铣刀刀杆就会产生弯曲变形。

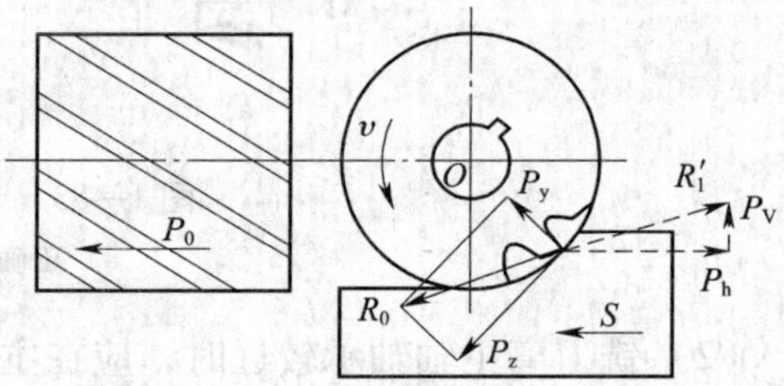

图 1—87　圆柱铣刀切削工件时的受力情况

单元 1

（2）安装圆盘形铣刀时，薄的和直径小的铣刀，都不要卸掉铣刀刀杆上的键，如果不使用键，只是把刀杆上的螺母拧紧，这样切削中刀杆本身承受的拉力会加大，当偶有受力不平衡的情况出现，刀杆就容易弯曲。

（3）安装铣刀时，不要使用太长的扳手，不要把螺母拧得过紧。因为紧得过度了，刀杆本身要承受很大拉伸力，在切削中吃刀时，尤其是受力不均匀的情况下，都容易引起弯曲，所以，只要能把铣刀拧紧不动就行了。

（4）铣床上使用 7∶24 锥柄铣刀刀杆时，这种大锥度铣刀刀杆在插入和拔出时都非常方便，但缺点是容易弯曲变形。所以，每次安装和操作中位置一定要找正，操作正确，防止铣刀刀杆在扭曲状态下工作。

（5）由于铣刀刀杆比较长，存放不当也容易发生弯曲，所以，每次卸下后都应挂在专用架子上，使铣刀刀杆轴线和水平面呈垂直状态。

另外，像前面谈到的铣床悬梁伸出过长、托架轴承孔与铣刀刀杆小端支撑点处配合间隙过大或安装铣刀时的野蛮操作（见图 1—88），都会使铣刀刀杆产生弯曲变形。

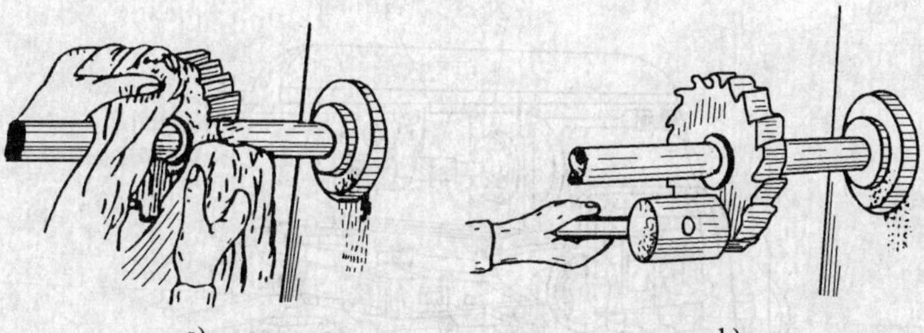

图 1—88　避免安装铣刀时的野蛮操作
a）正确　b）不正确

第五节　设备调整及维护保养

→ 了解普通铣床的特点。
→ 能进行普通铣床的日常维护保养和润滑。

铣床的类型很多，主要有卧式及立式升降台铣床、龙门铣床、万能工具铣床、仿形铣床和键槽铣床等。其中应用最普遍的为卧式升降台铣床。现以 X6132 型卧式万能升降台铣床为例，对其主要部件和功用作简单介绍。

一、典型普通铣床的特点

X6132 型卧式万能升降台铣床如图 1—89 所示，它是目前国内应用比较广泛的一种卧式铣床。该铣床结构比较完善，变速范围大，刚度较好，操作方便，具有一定的代表性。

1. 结构特征

（1）铣床主轴轴线与工作台面平行。

（2）工作台纵向进给机构与工作台横向进给机构之间有一回转盘并刻有度数，工作台在水平面内可在 ±45°范围内扳转所需要的角度。

（3）具有纵向进给间隙自动调节装置。

2. 主要部件及其功用

（1）床身。用来安装和连接铣床其他部件。床身正面有垂直导轨，可引导升降台上、下移动；床身顶部有燕尾形水平导轨，用以安装横梁并按需要引导横梁水平移动；床身内部装有主轴和主轴变速机构。

（2）主轴。主轴是一根空心轴，前端有锥度为 7∶24 的圆锥孔，用以插入铣刀刀杆。电动机输出的回转运动和动力，经主轴变速机构驱动主轴连同铣刀一起回转，实现主运动。

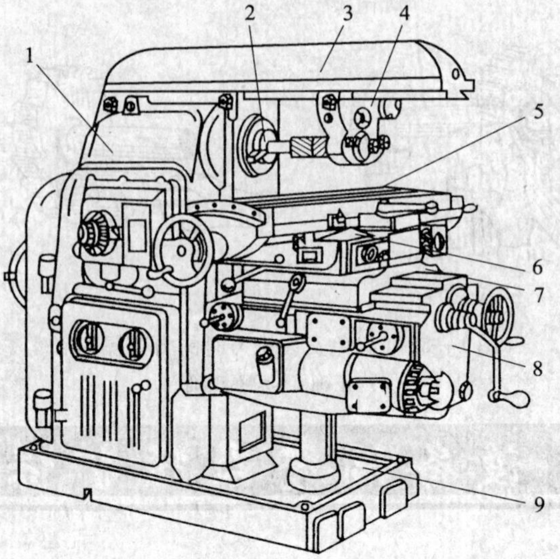

图 1—89　X6132 型卧式万能升降台铣床

1—床身　2—主轴　3—横梁　4—托架　5—工作台　6—转台
7—横向溜板　8—升降台　9—底座

（3）横梁。可沿床身顶面燕尾形导轨移动，按需要调节其伸出长度，其上可安装托架。

（4）托架。用以支撑铣刀刀杆的另一端，增强铣刀刀杆的刚度。

（5）工作台。工作台面长 1 320 mm、宽 320 mm，用以安装需用的铣床夹具和工件。工作台可沿转台上的导轨纵向移动，带动台面上的工件实现纵向进给运动。

（6）转台。可在横向溜板上转动，以便工作台在水平面内倾斜一个角度（−45° ~ +45°），实现斜向进给。

（7）横向溜板。位于升降台水平导轨上，可带动工作台横向移动，实现横向进给。

（8）升降台。可沿床身导轨上、下移动，用来调整工作台在垂直方向上的位置。升降台内部装有进给电动机和进给变速机构。

如果将横梁移至床身正面以内（退离工作台上方），再在床身导轨上安装立铣头，卧式铣床可当作立式铣床使用。

（9）卧式铣床的运动。X6132 型卧式万能升降台铣床的运动如图 1—90 所示。

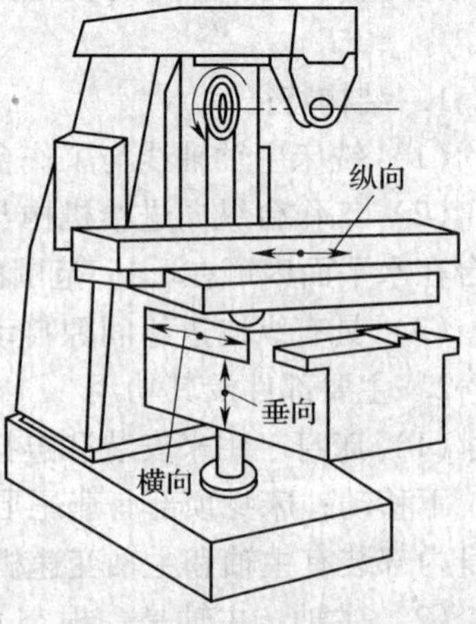

图 1—90　卧式万能升降台铣床的运动示意图

1）主运动。主轴（铣刀）的回转运动为主运动。主电动机的回转运动经主轴变速机构传递到主轴，使主轴回转。主轴转速共 18 级（转速范围 30 ~ 1 500 r/min）。

2）进给运动。工件的纵向、横向和垂直方向的移动为进给运动。进给电动机的回转运动经进给变速机构，分别传递给三个进给方向的进给丝杠，获得工作台的纵向运动、横向溜板的横向运动和升降台垂直方向的运动。进给速度各18级，纵向进给量范围为12～960 mm/min，横向为12～960 mm/min，垂直方向为4～320 mm/min，并可以实现快速移动。

该机床工作台最大纵向行程为700 mm，横向溜板最大横向行程为260 mm，升降台最大升降行程为320 mm。

3．基本操作方法

图1—91所示为X6132型卧式万能升降台铣床操作位置图，其操作方法如下：

（1）机床电器部分操作。

1）电源开关。电源开关17在床身左侧下部，操作机床时，先将电源开关顺时针方向转换至接通位置，操作结束时，逆时针方向转换至断开位置。

2）主轴换向转换开关。主轴换向转换开关16在电源开关右边，处于中间位置时主轴停止，将换向开关顺时针方向转换至右转位置时，主轴顺时针旋转，逆时针方向转换至左转位置时，则主轴逆时针旋转。

3）切削液泵转换开关。切削液泵转换开关4在床身右侧下部，操作中使用切削液时，将切削液泵转换开关转换至接通位置。

4）回转工作台转换开关。回转工作台转换开关5在切削液泵转换开关右边，使用机动回转工作台时，将转换开关转换至接通位置。一般情况下应放在停止位置，否则机动进给全部停止。

5）主轴及工作台起动按钮。主轴及工作台起动按钮13、20在床身左侧中部及横向溜板右上方，两边为联动按钮，需起动时用手指按动按钮，主轴即起动。

6）主轴及工作台停止按钮。主轴及工作台停止按钮14、19在起动按钮右边。要使主轴停止转动时，用手指按动按钮，主轴即停止转动。

7）工作台快速移动按钮。工作台快速移动按钮21设置在起动、停止按钮上方，工作台快速移动按钮15设置在横向溜板右上方的最左边。要使工作台快速移动时，先扳动进给手柄，再按下快速移动按钮，工作台即按原运动方向作快速移动，放开快速按钮，快速进给立即停止，仍以原进给速度继续进给。

8）主轴上刀制动开关。主轴上刀制动开关18在床身左侧中部，在起动、停止按钮下方。当上刀或换刀时，先将制动开关转换到接通位置，然后再上刀或换刀，此时主轴不旋转；上刀完毕，再将制动开关转换到断开位置。

（2）主轴、进给变速操作。

1）主轴变速操作。主轴变速箱装在床身左侧窗口上，变换主轴转速由变速手柄3和转速盘2来实现（见图1—92）。主轴转速有30 r/min、37.5 r/min、47.5 r/min、60 r/min、75 r/min、95 r/min、118 r/min、150 r/min、190 r/min、235 r/min、300 r/min、375 r/min、475 r/min、600 r/min、750 r/min、950 r/min、1 180 r/min、1 500 r/min共18种。变速时，操作步骤如下：

①手握变速手柄3，把手柄向下压，使手柄的榫块从固定环4的槽Ⅰ中脱出，再将手柄外拉，使手柄的榫块落入固定环的槽Ⅱ内。

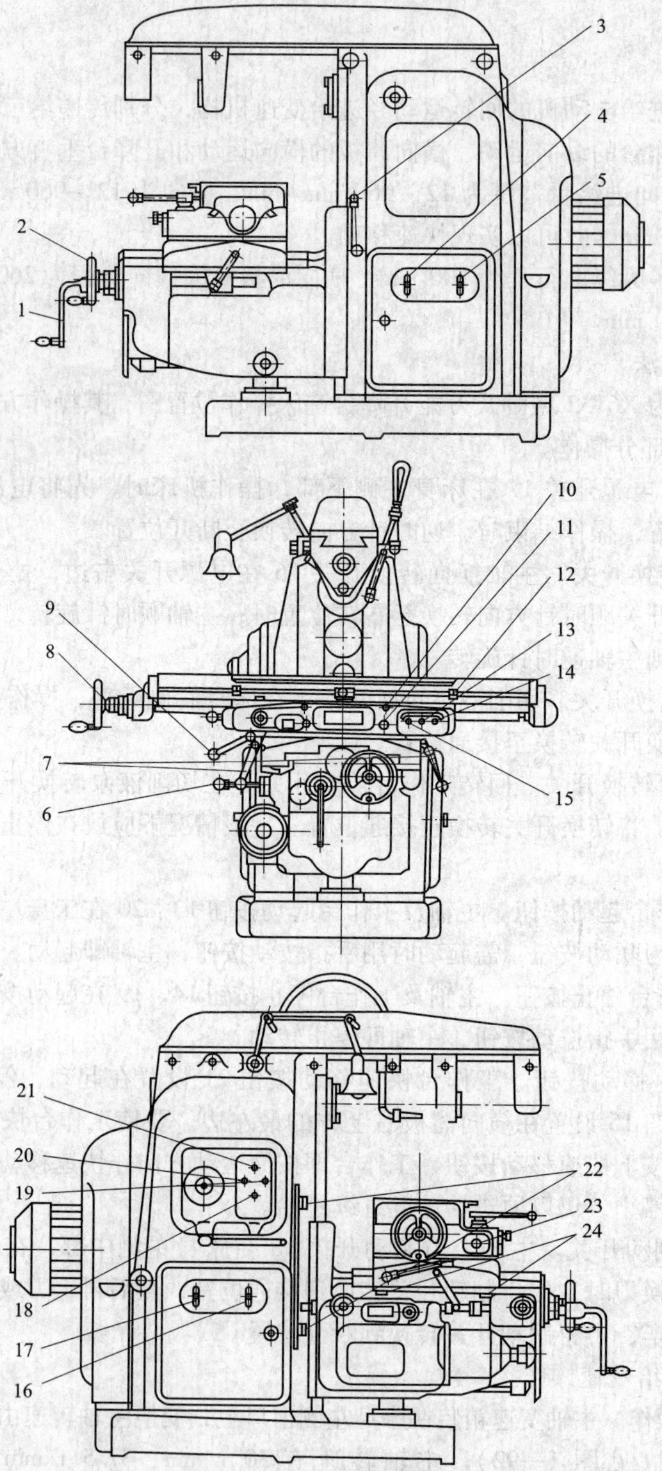

图 1—91　X6132 型卧式万能升降台铣床操作位置图

1—工作台垂直方向手动进给手柄　2—工作台横向手动进给手柄　3—工作台垂直方向紧固手柄　4—切削液泵转换开关　5—回转工作台转换开关　6—工作台横向及垂直方向机动进给手柄　7—工作台横向进给机构紧固手柄　8—工作台纵向手动进给手柄　9—工作台纵向机动进给手柄　10—工作台纵向进给机构紧固螺钉　11—回转盘紧固螺钉　12—纵向机动进给停止挡铁　13、20—主轴及工作台起动按钮　14、19—主轴及工作台停止按钮　15、21—工作台快速移动按钮　16—主轴换向转换开关　17—电源开关　18—主轴上刀制动开关　22—垂直方向机动进给停止挡铁　23—手动油泵手柄　24—横向机动进给停止挡铁

②转动转速盘 2，把所需的转速对准指示箭头 1。

③把变速手柄 3 向下压后推回原来位置，使榫块落进固定环的槽Ⅰ，并使之嵌入槽中。

变速时，扳动手柄要求推动速度快一些，在接近最终位置时，推动速度减慢，以利于齿轮啮合。为了避免损坏齿轮，主轴转动时严禁变速。

2）进给变速操作。进给变速箱是一个独立部件，装在工作台垂向进给机构的左边，有 18 种进给速度，变速范围为 23.5 ~ 1 180 mm/min。速度的变换由进给操作箱来控制，操作箱装在进给变速箱的前面，如图 1—93 所示。变换进给速度的操作步骤如下：

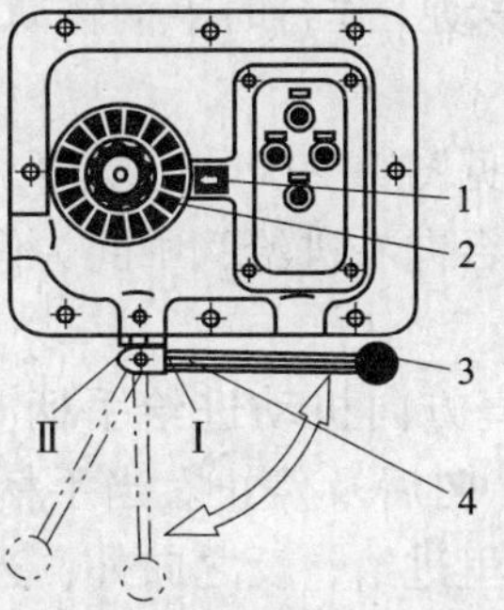

图 1—92　主轴变速操作

1—指示箭头　2—转速盘

3—变速手柄　4—固定环

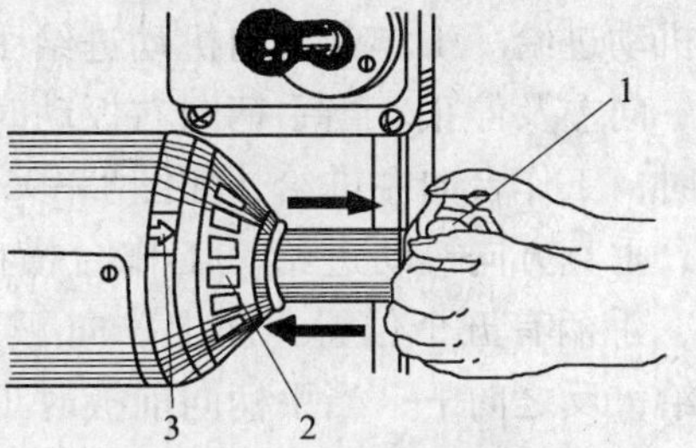

图 1—93　进给变速操作

1—蘑菇形手柄　2—转速盘　3—指示箭头

①双手把蘑菇形手柄 1 向外拉出。

②转动手柄，把转速盘 2 上所需的进给速度对准指示箭头 3。

③将蘑菇形手柄 1 推回原始位置。

变换进给速度时，如发现手柄无法推回原始位置，可再转动转速盘或将机动进给手柄开动一下。允许在机床开动情况下进行进给变速，但在机动进给时不允许变换进给速度。

（3）工作台进给操作。

1）工作台手动进给操作。

①纵向手动进给。工作台纵向手动进给手柄 8（见图 1—91）在工作台左端，当手动进给时，将手柄与纵向丝杠接通，右手握手柄并略加力向里推，左手扶轮子作旋转摇动，如图 1—94 所示。摇动时速度要均匀适当，顺时针摇动时工作台向右移动作进给运动，反之则向左移动。纵向刻度盘圆周刻线 120 格，每摇一转，工作台移动 6 mm；每摇动一格，工作台移动 0.05 mm。

②横向手动进给。工作台横向手动进给手柄 2（见图 1—91）在升降台前面右侧，手动进给时，将手柄与横向丝杠接通，右手握手柄，左手扶轮子作旋转摇动，顺时针方向摇动时工作台向前移动，反之向后移动。每摇一转，工作台移动 6 mm；每摇动一格，工作台移动 0.05 mm。

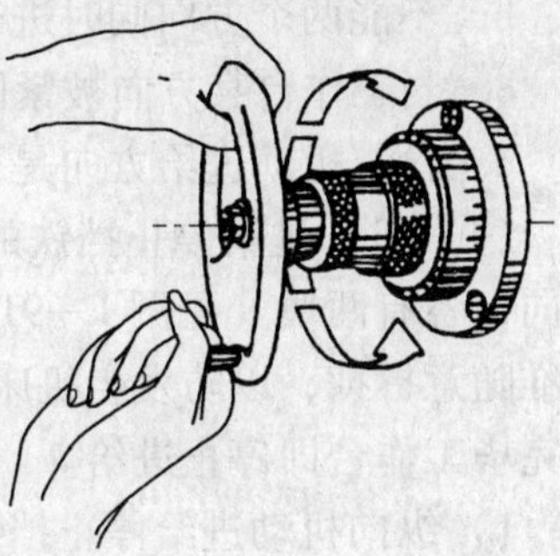

图 1—94　纵向手动进给姿势

③垂直方向手动进给。工作台垂直方向手动进给手柄1（见图1—91）在升降台前面左侧，手动进给时，使手柄离合器接通，双手握手柄，顺时针方向摇动时工作台向上移动，反之向下移动。垂向刻度盘上刻有40格，每摇一转，工作台移动2 mm；每摇动一格，工作台移动0.05 mm。

④手动进给时的注意事项：

a. 当工作台被紧固手柄紧固时，不允许摇动进给手柄。

b. 因为丝杠螺母间存在间隙，所以摇动手柄时如超过刻线，不能直接退回到刻线处，而应将手柄退回约一转后，再重新摇到要求的刻线处。

c. 摇转完毕，应将手柄与丝杠脱开，以防快速移动工作台时手柄转动伤人。

2）工作台机动进给操作

①纵向机动进给。工作台纵向机动进给手柄9（见图1—91）为复式，手柄有三个位置：向右、向左及停止。当手柄向右扳动时，工作台向右进给；中间为停止位置；手柄向左扳动时，工作台向左进给，如图1—95所示。

②横向、垂直方向机动进给。工作台横向及垂直方向机动进给手柄6（见图1—91）为复式，手柄有五个位置：向上、向下、向前、向后及停止。当手柄向上扳时工作台向上进给，反之向下；当手柄向前扳时工作台向里进给，反之向外；当手柄处于中间位置时，进给停止（见图1—96）。

单元 1

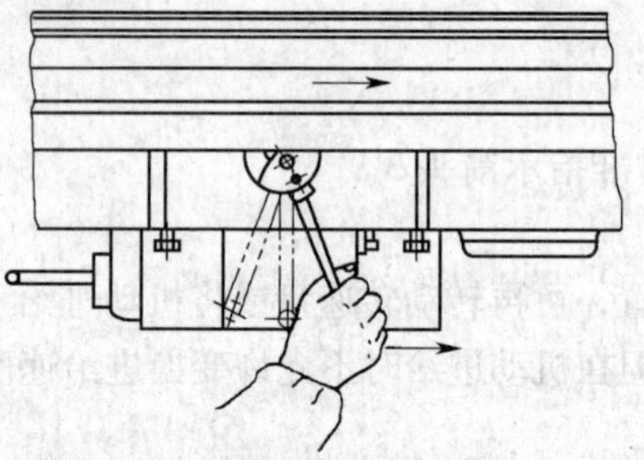

图1—95　工作台纵向机动进给操作

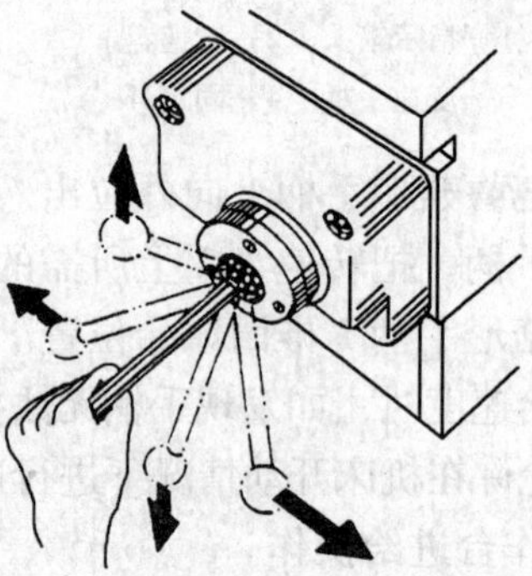

图1—96　工作台横向、垂直方向机动进给操作

③机动进给时的注意事项：

a. 机动进给完毕，应将操纵手柄放在停止位置。

b. 不能两个方向同时进行机动进给。

c. 当工作台某方向被紧固时，则该方向不允许进行机动进给。

d. 检查机动进给方向是否正确。

（4）机动进给停止挡铁的调整。机动进给停止挡铁有纵向、横向和垂直方向三个方向，各有两块（见图1—91中的12、24和22）。一般情况均安装在限位柱范围以内，不准随意拆掉，以防发生机床事故。但在操作中可根据铣削行程安装自动停止挡铁，铣削完毕工作台即停止进给。

1）纵向机动进给停止挡铁12的调整。根据纵向进给方向及行程，用14 mm专用六角套筒扳手松开挡铁螺母，将挡铁移至要求位置后将挡铁螺母拧紧。

2）横向机动进给停止挡铁 24 的调整。根据横向进给方向及行程，用 14 mm/17 mm双头扳手松开挡铁螺母，将挡铁移至要求的位置后拧紧挡铁螺母。

3）垂直方向机动进给停止挡铁 22 的调整。调整方法与上述方法相同。

（5）工作台紧固手柄的使用。铣削加工中，为了减小振动，保证加工精度，避免因铣削力而导致工作台产生位移，对不使用进给方向的工作台应予紧固。工作完毕即松开。

1）紧固工作台纵向进给机构。工作台纵向进给机构紧固螺钉 10（见图 1—91）有两个。紧固工作台纵向进给机构时，将 8 mm 内六角扳手插入紧固螺钉孔中后扳紧。

2）紧固工作台横向进给机构。工作台横向进给机构紧固手柄 7（见图 1—91）左、右各有一个。紧固时，将手柄向下推，松开时手柄向上拉。

3）紧固升降台。工作台垂直方向紧固手柄 3（见图 1—91）向下扳，升降台被紧固，向上扳即松开。

二、X6132 型铣床的润滑与保养

X6132 型卧式万能升降台铣床的主轴变速箱、进给变速箱采用自动润滑，机床开动后可由流油指示器（油标）显示润滑情况。工作台纵向丝杠和螺母、导轨面、横向溜板导轨等采用手动油泵注油润滑。其他部位，如工作台纵向丝杠两端轴承、垂直导轨、托架轴承等采用油枪注油润滑。该铣床润滑图如图 1—97 所示。

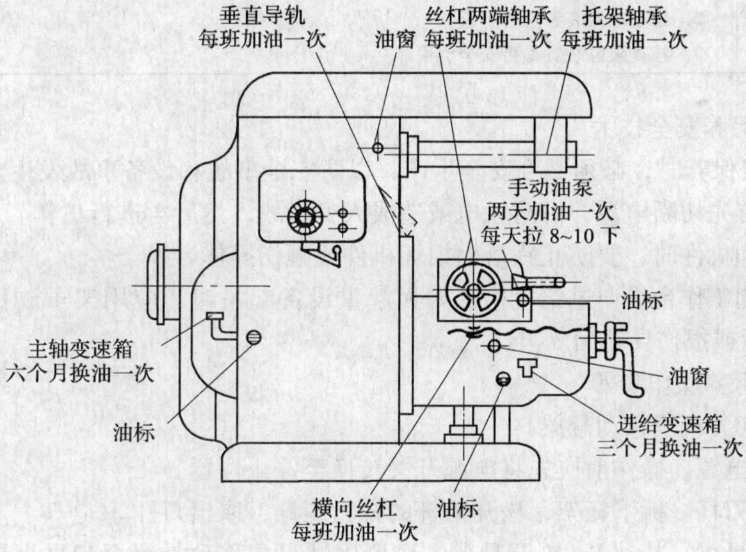

图 1—97　X6132 型铣床润滑图

1. 对铣床进行维护、保养时的注意事项

（1）平时要注意铣床的润滑。操作者应根据铣床说明书对润滑点的要求，定期加油和更换润滑油。

（2）严格遵守各项操作规程。工作前先检查各手柄是否放在规定位置，然后低速空车运转 2 ~ 3 min，观察是否有异常现象。工作时如发现异常现象，应立即停车检查。

（3）工作台、导轨面上不准乱放工具、量具及工件，不能超负荷工作。

（4）工作完毕后要清除切屑等杂物，关闭电源，擦净机床，加注润滑油，整理工具、夹具和量具。

（5）铣床在运转500 h后，一定要进行一级保养。一级保养作业以操作工人为主，维修工人配合进行。铣床一级保养的内容和要求见表1—12。

表1—12　　铣床一级保养的内容和要求

保养部位	保养内容和要求
外部保养	1. 铣床外表面和各罩盖内外应清洁，无锈蚀，无油垢 2. 清洗机床附件，并上油防锈 3. 清洗各丝杠及滑动部位
传动部分	1. 修光导轨面毛刺，清洗镶条并调整松紧 2. 调紧丝杠与螺母间隙，丝杠轴向不得窜动 3. 用V带传动的，适当调整V带松紧
冷却系统	1. 清洗过滤网和切削液槽，应无切屑、杂物 2. 根据情况更换切削液
润滑系统	1. 油路畅通无阻，清洗油毡，使其表面无切屑，油窗明亮 2. 检查手动油泵，内外清洁、无油污
电器部分	1. 清扫电器箱和电动机 2. 检查电器装置是否牢靠 3. 检查限位装置是否安全、可靠

2. 一级保养安全技术

进行一级保养时，必须做到安全生产，以防安全事故和设备事故发生。

（1）应首先切断电源，以防触电或造成人身事故，然后再进行工作。

（2）拆卸机件时，要防止跌落而损坏机件或砸伤操作者。

（3）拆卸工作台纵向进给机构，如无起重设备起吊时，应用架子放稳后移出，以防砸伤操作者或损伤导轨面。

3. 一级保养操作步骤

（1）拆卸刀杆及移动悬梁。

1）切断电源。操作前应先将电源开关转换至停止位置。

2）拆卸刀杆。拆下托架，松开刀杆的拉紧螺杆，取出刀杆。

3）移动悬梁（横梁）。松开悬梁左侧紧固螺母，移动悬梁至与垂直导轨相齐，紧固悬梁紧固螺母。

（2）拆洗工作台。拆卸铣床工作台是铣床一级保养中的主要工作。拆卸的方法和步骤如下：

1）将工作台T形槽内切屑、杂物清扫干净。

2）用一字槽螺钉旋具拆下工作台前侧面上左、右撞块限位螺钉1，并用专用六角套筒扳手拆下左、右撞块（自动停止挡铁）3、T形螺钉2，如图1—98所示。

3）拆卸纵向工作台左端部件（见图1—99）。用活扳手松开手柄处螺钉1，取下垫圈2，取出手轮3、弹簧4，松开刻度盘紧固螺母5，卸下刻度盘6，用内六角扳手松开离合器上紧定螺钉9，拆卸离合器7，取出平键8，用铜棒、锤子敲直圆螺母用止动垫圈卡爪，用钩形扳手松开并取出圆螺母10、圆螺母用止动垫圈11及圆螺母10、垫圈12，用拔销器拔松左端轴承座16上的两只圆锥销14，用内六角扳手松开左端轴承座内的六个内六角螺钉15，松开时顺序为1、6、5、4、2、3（见图1—100）。拔出圆锥销14，用铜棒敲松左端轴承座16，取下六个内六角螺钉15，卸下轴承座16及推力轴承13。

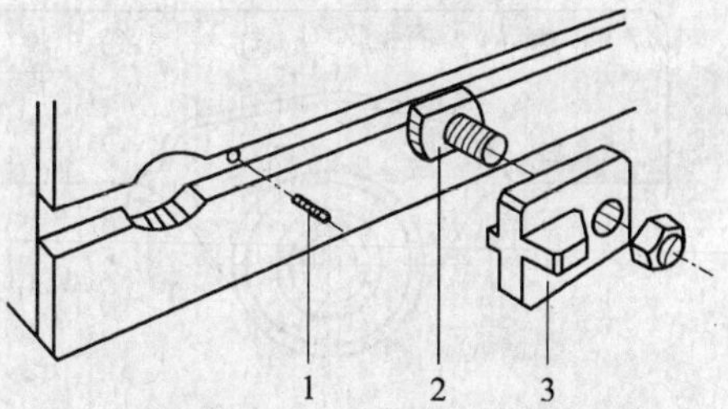

图1—98　拆卸左、右撞块

1—限位螺钉　2—T形螺钉　3—撞块

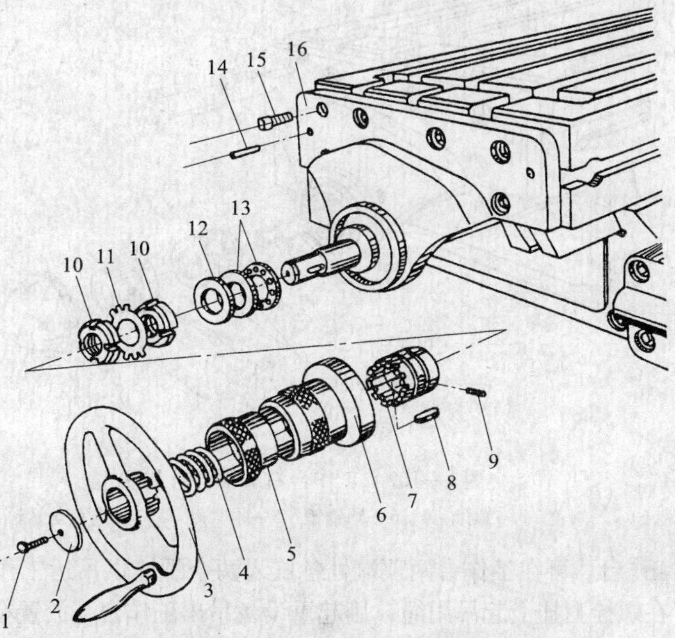

图1—99　工作台左端部件拆装图

1—螺钉　2、12—垫圈　3—手轮　4—弹簧　5—刻度盘紧固螺母　6—刻度盘　7—离合器　8—平键　9—紧定螺钉　10—圆螺母　11—圆螺母用止动垫圈　13—推力轴承　14—圆锥销　15—内六角螺钉　16—轴承座

4）拆卸工作台导轨镶条（见图1—101）。先松开螺母2及圆螺母4，用一字槽螺钉旋具逆时针方向旋转调节螺杆3，带动镶条1向外移出，取下镶条1并平稳放置。

5）拆卸右端轴承座（见图1—102）。用一字槽螺钉旋具松开端盖上的螺钉1，取下端盖2，松开螺母3上的圆锥销4（或紧定螺钉），卸下螺母3，用上述方法拉松圆锥销6，松开右端轴承座上的六个内六角螺钉7，卸下右端轴承座8和推力轴承5。

6）拆卸纵向丝杠。在丝杠右端装上鸡心夹头，左手托住丝杠，右手摇转鸡心夹头，至顶端后使丝杠键槽处于下方，取出丝杠，将丝杠放置平稳。

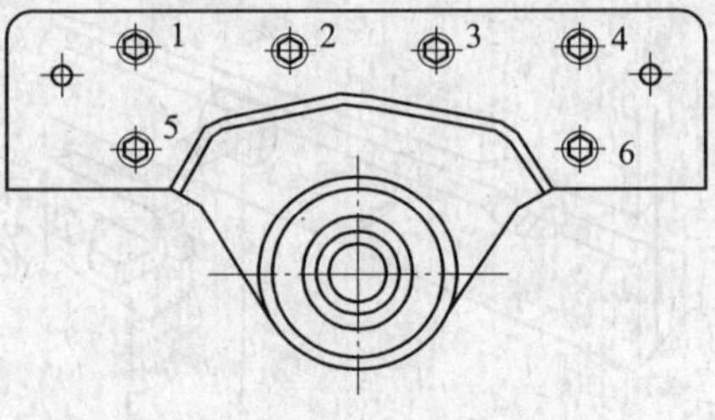

图 1—100　松开螺钉顺序图

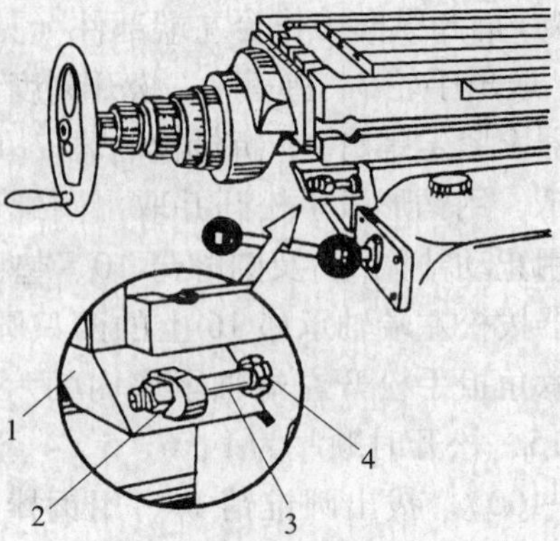

图 1—101　拆卸工作台导轨镶条

1—镶条　2—螺母　3—调节螺杆　4—圆螺母

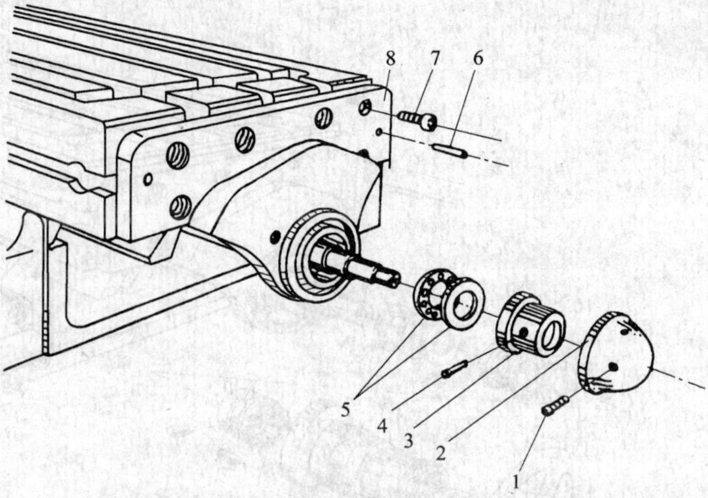

图 1—102　工作台右端部件拆装图

1—螺钉　2—端盖　3—螺母　4、6—圆锥销　5—推力轴承　7—内六角螺钉　8—轴承座

7）拆卸工作台。可在工作台两顶端处各旋入两个螺栓供吊运工作台用，用手推动工作台活动后，在螺栓上挂上起吊用绳，用起重设备吊出工作台，放置在平稳的木块上。

8）清洗工作台纵向进给机构与横向进给机构之间的传动部分，取出活动丝杠、螺母及台阶键，并清洗干净，加润滑油后装入。

9）检查导轨面，并用磨石修去毛刺；检查手动油泵工作是否正常、各油路是否通畅。

10）清洗工作台纵向进给机构上部各 T 形槽及切削液通道。将工作台翻转，清洗工作台下部燕尾槽导轨面，修去毛刺并注油。起吊后装到横向进给机构上。

11）清洗及安装镶条。将镶条放入清洗油中清洗干净，用磨石修去镶条上的毛刺，加油后装入燕尾槽中，用调节螺杆调节镶条间隙为 0.03 mm 左右。

12）清洗及安装纵向丝杠。将丝杠放入清洗油中，用刷子刷洗干净后擦净，加油后装入螺母，安装时要注意使台阶键的位置对准丝杠键槽，然后转动丝杠至中间。

13）安装右端轴承座部件。将拆卸下来的零件清洗后加油，参考拆卸次序装回。

14）安装左端轴承座部件。将拆卸下来的零件清洗后加油，先装上轴承座，装入圆锥销、内六角螺钉并拧紧，将丝杠向逆时针方向旋紧，装入推力轴承、垫圈，旋入圆螺母，装入圆螺母用止动垫圈，再旋入圆螺母，松紧合适后将圆螺母用止动垫圈上的卡爪对准圆螺母槽后嵌入槽中，防止螺母松动。在丝杠左端轴上装入平键和离合器，将紧定螺钉旋紧，装入刻度盘及紧固螺母并紧固，装入弹簧、手轮、垫圈及螺钉后用扳手将螺钉拧紧。

（3）清洗横向溜板部分。清洗横向溜板导轨及丝杠的顺序如下：

1）摇动横向溜板手柄，使工作台移动后，用磨石修光导轨面并加油。

2）清洗油毡。

3）拆卸横向溜板镶条，清洗后修去毛刺，加油后装入镶条并进行调整，手摇时轻重合适。

4）清洗横向丝杠，用清洗油清洗后擦净，并加润滑油。

（4）清洗垂直导轨及主轴孔。

1）擦净主轴孔及端面，检查孔内是否有毛刺，如有毛刺则用磨石修光，并检查主轴顶端键是否扳紧。

2）清洗垂直导轨面，上下移动升降台，修去导轨面上毛刺后加油。

3）摇动垂直方向手柄使工作台上升，用清洗油及刷子刷洗垂直丝杠数次，待擦干净后注润滑油。

（5）清扫电动机及切削液泵。

1）卸下电动机防护罩并擦干净电动机外部，清扫电器箱、电线保护管等，并检查是否安全可靠。

2）拆卸切削液泵并清洗滤油网，发现切削液变质要及时更换。

（6）擦干净整机外部及试车。

1）擦洗悬梁部位。擦干净悬梁导轨面、齿条、托架及轴承孔，并加润滑油。

2）擦干净整机外部，检查各传动部分及润滑系统。

3）确认无误后接通电源，先手动后机动进给，使机床运转，观看油窗确定油路是否畅通，检查运转是否正常。

单元考核要点

考核类别	考核范围	考核点	重要程度
理论知识	读图与绘图	简单零件图的识读方法	★★★
		矩形体零件图的识读方法	★★
		轴、套类零件图的识读方法	★
		零件草图的绘制方法	★★
	制定加工工艺	工艺规程的基础知识	★
		分析并读懂简单零件的工艺规程	★★
		制定简单工件的铣削加工工艺	★★★

续表

考核类别	考核范围	考核点	重要程度
理论知识	工件定位与夹紧	机床用平口钳	★★★
		万能分度头	★★★
		工件的定位与装夹	★
	刀具准备	常用铣刀的类型及用途	★
		铣刀的主要几何角度	★★★
		铣刀的安装和调整方法.	★★
	设备调整及维护保养	普通铣床的特点	★★
		X6132 型铣床的润滑与一级保养	★★★

单元测试题

一、填空题（请将正确的答案填在横线空白处）

1. 零件图由四部分组成，内容为________、________、________、________。

2. 技术要求是用代号和文字注明零件的质量指标，它包括________、________、________、________等，即说明零件在制造和检验时应达到的要求。

3. 金属材料的剖面线画成________，非金属材料的剖面线画成________。

4. 当投射线互相平行，并与投影面垂直时，物体在投影面所得的投影称为________。

5. 比例是指图样中________与其________相应要素的线性尺寸之比。无论采用何种比例，图样中标注的尺寸数值必须是机件的________。

6. 尺寸 $\phi 27f7$ ($^{-0.020}_{-0.041}$) 表示其基本尺寸是________，f7 表示________代号，-0.020是________，-0.041 是________，其最大极限尺寸是________，最小极限尺寸是________，公差是________。

7. 解释 | // | 0.06 | D | 的含义：该项目是________公差特征项目，公差内容是________，公差值是________。

8. 解释 $R_P \frac{1}{2}$ 的含义：R_P 代表________，$\frac{1}{2}$ 代表________。

9. 尺寸 M36×2-6 g，具体含义是：M 代表________，36 代表________，2 代表________，6 g 代表________。

10. 俯视图与左视图中，远离主视图的一方为物体的________。

11. 将原材料转变为成品的工艺过程称为________。

12. 规定零件制造工艺过程和操作方法等的工艺文件，称为________。

13. 机械加工工艺过程是由一个或若干个________依次排列组合而成的。

14. 操作者在一个工作地点对一个或同时对几个工件所连续完成的那一部分工艺过程，称为________。

15. 当被加工表面、切削刀具和切削用量均保持不变时所完成的一部分工序称为________。

16. 在工步中，刀具对被加工表面移动一次，切去一层金属所完成的工作，称为________。

17. 在铣床上，用分度头铣削六面体工件，每面切削两次，可以说，铣削六面体就有6个________。

18. 机械切削加工中，在单件和小批量生产时，一般都选用________机床进行加工。

19. 在通过切削刃基点并垂直于工作平面的方向上测量的吃刀量称为________。

20. 在平行于工作平面并垂直于切削刃基点的进给运动方向上测量的吃刀量称为________。

21. 分度头主轴可在________范围内随回转体转到所需要的位置。

22. 分度头附件中有一套交换齿轮，齿数分别为________、________、________、________、________、________、________、________、________、________、________、________。

23. 机用平口钳主要用于装夹________。

24. 铣床上常用的万能分度头型号是________，其中心高为125 mm。

25. 在立式铣床上用平口钳装夹工件，应使铣削力指向________。

26. 安装平口钳时，钳口与主轴的方向应根据________来决定。

27. 压板压紧工件时，垫铁的高度应________工件高度。

28. V形架的主要作用是将轴类零件________。

29. F11125型万能分度头主轴两端的锥度是________。

30. 分度头主轴的间隙通过________调整。

31. 铣刀按其用途分类，可以分为________、________、________和________铣刀；按铣刀刀齿的构造分类，可分为________铣刀和________铣刀。

32. 有一铣刀标记为“75×16×27×8R”，表示________为75 mm、________为16 mm、________为27 mm、________为8 mm，应选择________ mm的刀杆安装此铣刀。

33. 控制切屑流出方向的是铣刀________。

34. 卧式铣床常用的铣刀刀杆直径有________、________、________、40 mm和50 mm五种。

35. 安装直柄立铣刀是通过________进行的。

36. 安装锥柄铣刀的过渡套筒锥度是________。

37. 可转位铣刀属于________铣刀。

38. 刀具上切屑流过的表面是________。

39. 前面与________之间的夹角称为前角。

40. 用于切断加工的铣刀是________。

41. X6132型铣床是国产铣床中应用最广泛、最典型的一种________铣床，其主要特征是________。

单元 1

42. X6132 型铣床主轴的转速有________r/min、________r/min、________r/min、________r/min、________r/min、________r/min、________r/min、________r/min、________r/min、________r/min、________r/min、________r/min、________r/min、________r/min、________r/min、________r/min、________r/min、________r/min，共计 18 种。

43. X6132 型铣床工作台工作面积（宽×长）为________，工作台最大回转角度是________。

44. X6132 型铣床工作台手动最大行程（纵向/横向/垂向）分别为________mm、________mm、________mm。

45. X6132 型铣床主轴的旋转方向由________控制。

46. X6132 型铣床的垂直导轨是________导轨。

47. X6132 型铣床的纵向刻度盘每格示值 0.05 mm，刻度盘上刻有________个等分格。

48. X6132 型铣床自动进给是由________提供动力的。

49. 铣床一级保养的内容有________、________、________、________、________。

50. X6132 型铣床的主轴变速箱、进给变速箱均采用________润滑，主轴变速箱________月换油一次，进给变速箱________月换油一次。

二、判断题（下列判断正确的请打“√”，错误的请打“×”）

1. 表面粗糙度和尺寸精度有密切的关系，凡尺寸精度要求高的，表面粗糙度值就小；反之，表面粗糙度值就大。（ ）

2. R_a 数值越大，零件表面就越粗糙，反之就越光滑平整。（ ）

3. 同一基本尺寸的公差等级数字越大，其尺寸精度也越高。（ ）

4. 当平面垂直于投影面时，其投影积聚成一条直线，这种性质称为投影的真实性。（ ）

5. 点的投影永远是点，线的投影永远是线。（ ）

6. 在投影面的垂直面中，垂直于正投影面的平面称为一般位置面。（ ）

7. 与三个投影面都处于倾斜位置的平面称为水平面。（ ）

8. 以零件的对称中心线为界，一半画成剖视，另一半画成外形视图，这种图形称为半剖视图。（ ）

9. 断面图只画断面形状，而剖视图还必须画出断面及可见轮廓的投影。（ ）

10. 标注形位公差，当被测要素是螺纹大径的轴线时，指引线的箭头与螺纹尺寸线对齐，且不需另加任何说明。（ ）

11. 工艺规程制定得是否合理，直接影响工件的加工质量、劳动生产率和经济效益。（ ）

12. 一旦某个零件的工艺规程制定好以后，必须严格遵照执行，不得随意改变。（ ）

13. 工件经一次装夹后所完成的那部分工序，称为安装。（ ）

14. 合理安排工艺过程就是合理地拟定工件每个表面的加工方法和加工工序。 ( )

15. 把钢材锻成毛坯的过程称为锻造生产过程。 ( )

16. 粗铣前确定铣削速度，必须考虑铣床的额定功率。超过铣床额定功率，应适当提高铣削速度。 ( )

17. 粗铣加工时，应选用以润滑为主的切削液。 ( )

18. 铣削过程中，切削液不应冲注在切屑从工件分离下来的部位，否则会使铣刀产生裂痕。 ( )

19. 硬质合金铣刀在高速铣削时，因为产生热量多，所以应充分浇注以冷却为主的切削液。 ( )

20. 铣削带有斜面的工件时，应先加工斜面，然后再加工其他平面。 ( )

21. F11125 型分度头只备有一块分度盘（孔盘），最大的孔圈孔数是 40。 ( )

22. 分度盘（孔盘）的作用是解决整转数时的分度。 ( )

23. 分度叉的作用是便于多次重复使用相同孔圈孔数的分度操作。 ( )

24. 在分度头上采用两顶尖装夹工件，鸡心夹和拨盘与分度头主轴是通过锥度配合连接的。 ( )

25. 分度头的蜗杆蜗轮啮合间隙应调整得越小越好，这样可提高分度精度。 ( )

26. 分度时，应先松开分度头主轴锁紧手柄，分度结束后再重新锁紧。若分度手柄摇过了头，则应将分度手柄退回半圈以上，然后再进行分度。 ( )

27. 分度头尾座的后顶尖可沿前后、左右、上下几个方向进行调整。 ( )

28. 在拆洗分度头后，组装蜗杆副时只需调整蜗杆脱落手柄便能获得所需的啮合间隙和蜗杆轴向间隙。 ( )

29. 万能分度头的蜗轮齿数为定数，通常是 40。 ( )

30. 万能分度头的主轴可在 ±45°的范围内倾斜。 ( )

31. 基面与切削平面始终是相互垂直的。 ( )

32. 铲齿铣刀刃磨刀齿的后刀面。 ( )

33. 成形铣刀为了保证刃磨后齿型不变，一般都采用尖齿结构。 ( )

34. 增大前角，会使铣削省力，并能增加刀齿强度。 ( )

35. 铣刀切削刃的强度主要取决于刀具的楔角。 ( )

36. 铣削加工的主要特点是刀具旋转、多刃切削。 ( )

37. 在铣床上用单刃刀具切削加工不能称为铣削。 ( )

38. 套式面铣刀是带柄铣刀。 ( )

39. 通常盘状铣刀是带孔铣刀，指状铣刀是带柄铣刀。 ( )

40. 三面刃铣刀是一种常用的盘状带孔铣刀。 ( )

41. 铣床工作台移动行程的准确性主要靠刻度盘来保证。 ( )

42. X6132 型铣床主轴变速时，只要将主轴变速手柄上的值对准箭头即可。 ( )

43. 检查工作台进给限位装置是否安全可靠是铣床传动部分一级保养内容之一。

（　　）

44. 每天对铣床进行加油润滑是铣床日常保养的重要内容，而主轴箱的加油则由润滑工负责。（　　）

45. 铣床一级保养时，清洗丝杠和调整丝杠传动间隙属于机床的传动机构保养内容。（　　）

46. 在操作铣床过程中，不允许操作者在自动进给时离开机床，以免发生事故。

（　　）

47. 测量被加工工件和擦拭铣床必须停机进行，以免发生事故。（　　）

48. 高速铣削和刃磨刀具时应带好防护镜。（　　）

49. 为了提高生产率，允许在铣削完毕后不停止铣刀运转就装拆工件。（　　）

50. 铣刀因夹持不紧或铣削量过大而产生停刀现象时，应先停止主轴转动，再停止工作台的进给。（　　）

三、单项选择题（下列每题的选项中，只有1个是正确的，请将其代号填在横线空白处）

1. 产品图样中所标注的尺寸，未另加说明时，则指所示机件的________。

A. 最后完工尺寸　　B. 毛坯的尺寸

C. 加工中尺寸　　D. 参考尺寸

2. 绘制指示看图方向的方向符号时应采用________。

A. 粗实线　　B. 细点画线　　C. 细实线　　D. 虚线

单元 1

3. 正等轴测图的轴间角为________。

A. 90°　　B. 150°　　C. 120°　　D. 60°

4. 对机件的肋板、轮辐等结构，如按纵向剖切，这些结构都不画剖面符号，而用________将其与相邻部分分开。

A. 粗实线　　B. 细实线　　C. 细点画线　　D. 细虚线

5. 有一粗牙普通螺纹的公称直径为12 mm，螺距为1.75 mm，单线，中径和顶径公差带代号同为6 g，旋合长度为L，左旋，则正确的标记为________。

A. M12×1.75左-6 g-L　　C. M12LH-6 g6 g-L

B. M12×1.75LH-6 g-L　　D. M12-6 g-L-LH

6. 某图样的标题栏中比例为1∶10，该图样中有一个图形是局部剖切以后单独画出的，上方标有1∶2，则该图形________。

A. 因采用缩小比例1∶2，故不是局部放大图

B. 是采用剖视画出的局部放大图

C. 既不是局部放大图，也不是剖视图

D. 是采用缩小比例画出的局部视图

7. 用符号和标记表示中心孔的要求时，中心孔工作表面的表面粗糙度应标注在________。

A. 符号的延长线或指引线上　　B. 端面上

C. 中心孔的轴线上　　　　　　　　　　D. 中心孔的轮廓线上

8. 下列一组公差带代号中，________可以与基准轴 ϕ50h7 形成过盈配合。

A. ϕ50F8　　　　B. ϕ50H8　　　　C. ϕ50K8　　　　D. ϕ50S8

9. 在同一零件图中，剖视图、断面图的剖面线应画成________且与水平成 45°的平行线。

A. 间隔相等、方向相反　　　　　　　B. 间隔不等、方向相同

C. 间隔相等、方向相同　　　　　　　D. 间隔不等、方向相反

10. 对外螺纹或内螺纹，在剖视图或断面图中剖面线________。

A. 都必须画到粗实线处

B. 都必须画到细实线处

C. 可画到粗实线处，也可画到细实线处

D. 外螺纹画到粗实线处，内螺纹画到细实线处

11. 机械制图中，能在图上直接标注的倒角形式为________。

A. $C1$　　　　B. 2×30°　　　　C. 1×60°　　　　D. 2×60°

12. 用几个相交的剖切平面进行剖切画剖视图，说法正确的是________。

A. 应画出剖切平面转折处的投影

B. 可以出现不完整结构要素

C. 可以省略标注剖切位置

D. 当两要素在图形上具有公共对称中心线或轴线时，可各画一半

13. 装配图中相邻零件的剖面线方向应________。

A. 相同　　　　B. 相反　　　　C. 相交　　　　D. 不相交

14. 俯视图与左视图中，靠近主视图的一方为物体的________。

A. 后方　　　　B. 前方　　　　C. 上方　　　　D. 下方

15. 关于表面粗糙度符号、代号在图样上的标注，下列说法错误的是________。

A. 符号的尖端必须由材料内指向表面

B. 代号中数字的注写方向必须与尺寸数字方向一致

C. 同一图样上，每一表面一般只标注一次表面粗糙度符号、代号

D. 表面粗糙度符号、代号在图样上一般标注在可见轮廓线、尺寸线、引出线或它们的延长线上

16. 铣削速度的计算公式为________。

A. $v_c=\dfrac{\pi dn}{1\,000}$　　　　B. $n=\dfrac{1\,000v_c d}{\pi}$　　　　C. $v_f=f_z zn$　　　　D. $f=f_z z$

17. 用一直径为 75 mm 的铣刀以 25 m/min 的铣削速度进行铣削，铣床主轴转速应调整到________ r/min。

A. 75　　　　B. 95　　　　C. 118　　　　D. 150

18. 铣刀切削刃选定点相对于工件主运动的瞬时速度称为________。

A. 铣削速度　　　　B. 每齿进给量　　　　C. 转速　　　　D. 每转进给量

19. 铣刀每转进给量 $f=0.64$ mm/r，主轴转速 $n=75$ r/min，铣刀齿数 $z=8$，则 f_z

为________。

A. 48 mm/z　　B. 5.12 mm/z　　C. 0.08 mm/z　　D. 0.48 mm/z

20. 铣床上进给变速机构标定的进给量单位是________。

A. mm/r　　B. mm/min　　C. mm/z　　D. r/min

21. 铣削速度的单位是________。

A. m/min　　B. mm/min　　C. r/min　　D. cm/min

22. 圆柱铣刀顺铣时，最大的侧吃刀量在________处。

A. 切入点

B. 切出点

C. 切入点与切出点的中间

D. 切入点与切出点之间2/3处

23. 采用切削液能将已产生的切削热从切削区域迅速带走，这主要是指切削液具有________。

A. 润滑作用　　B. 冷却作用　　C. 清洗作用　　D. 防锈作用

24. 具有良好冷却性能但防锈性能较差的切削液是________。

A. 水溶液　　B. 切削油　　C. 乳化液　　D. 植物油

25. 粗加工不锈钢工件时切削液应选用________。

A. 煤油　　B. 植物油　　C. 较浓乳化液　　D. 较稀乳化液

26. 铣削过程中的主运动是________。

A. 工作台的移动　　B. 铣刀的转动　　C. 工件的移动　　D. 铣刀的移动

27. 为保证铣刀寿命，确定铣削用量时应先选择________。

A. 吃刀量　　B. 进给量　　C. 铣削速度　　D. 转速

28. 粗铣时，限制进给量提高的主要因素是________。

A. 铣削力　　B. 表面粗糙度　　C. 尺寸精度　　D. 铣削速度

29. 精铣时，限制进给量提高的主要因素是________。

A. 铣削力　　B. 表面粗糙度　　C. 尺寸精度　　D. 铣削速度

30. 铣床的进给速度是指________。

A. 每齿进给量　　B. 快速移动量

C. 每转进给量　　D. 每分钟进给量

31. 铣床上用的分度头和各种机用卡钳都是________夹具。

A. 专用　　B. 通用　　C. 组合　　D. 简单夹具

32. 用平口钳装夹工件，工件余量层应________钳口。

A. 稍低于　　B. 稍高于　　C. 尽量低于　　D. 低于

33. 在铣床上采用压板夹紧工件时，为了增大夹紧力，应使螺栓________。

A. 远离工件　　B. 在压板中间　　C. 靠近工件　　D. 尽量远离工件

34. 标准万能分度头主轴任意 r/4 的分度误差为________。

A. ±45″　　B. ±30″　　C. ±1″　　D. ±10″

35. 标准万能分度头分度手柄 1 r 的分度误差为________。

单元 1

A. ±45″　　B. ±30″　　C. ±1″　　D. ±10″

36. F11125 型分度头主轴可以在________范围内调整倾斜角度。

A. ±45°　　B. −60°~90°　　C. 0°~180°　　D. ±60°

37. F11125 型分度头的交换齿轮是 12 个齿数为________的倍数的齿轮。

A. 4　　B. 10　　C. 2　　D. 5

38. 铣床上常用的 T12320 回转工作台的台面直径是________ mm。

A. 250　　B. 320　　C. 400　　D. 123

39. 铣床上常用的 T12320 回转工作台的传动比是________。

A. 1∶60　　B. 1∶40　　C. 1∶120　　D. 1∶90

40. 回转工作台的传动比为 1∶120，手轮转过一圈的刻度应是________。

A. 3°　　B. 5°　　C. 4°　　D. 10°

41. 选用鸡心夹头、拨盘和尾座装夹工件的方式适用于________的轴类零件装夹。

A. 两端无中心孔　　B. 一端有中心孔

C. 两端有中心孔　　D. 两端无中心孔但有台阶

42. 在轴类零件上铣削键槽，为了保证键槽的中心位置不随工件直径变化而改变，不宜采用________装夹工件。

A. V 形块　　B. 轴用虎钳

C. 机用平口钳　　D. 工作台 T 形槽与压板

43. 为了使两顶尖装夹的细长轴在加工时不发生弯曲、颤动，应使用的分度头附件是________。

A. 拨盘　　B. 尾座　　C. 千斤顶　　D. 前顶尖

44. 把机用平口钳装夹到铣床工作台上时，钳口与主轴的方向应根据工件的________来决定。

A. 长度　　B. 宽度　　C. 形状　　D. 加工精度

45. 把毛坯装到机用平口钳内时，必须注意毛坯表面的状况，若是粗糙不平或有硬皮的表面，就必须在两钳口上垫________。

A. 木板　　B. 胶木板　　C. 垫铁　　D. 铜皮

46. 刀具的________是指切屑流过的表面。

A. 前面　　B. 主后面　　C. 副后面　　D. 切削平面

47. 刀具上与前面相交形成主切削刃的面称为________。

A. 前面　　B. 主后面　　C. 副后面　　D. 切削平面

48. 刀具上与前面相交形成副切削刃的面称为________。

A. 前面　　B 主后面　　C. 副后面　　D. 切削平面

49. 铣刀的几何角度就是指各个________与坐标平面之间的夹角。

A. 安装面　　B. 切削刃　　C. 刀面　　D. 基面

50. ________越小，切入金属越容易，但切削刃强度小；反之切削刃强度大，但较难切入金属。

A. 前角　　B. 后角　　C. 楔角　　D. 主偏角

51. 减小________可以使已加工表面的波纹高度降低，减小表面粗糙度值。

A. 主偏角　B. 副偏角　C. 刃倾角　D. 螺旋角

52. 除刃倾角外，________的作用是使铣削平稳。

A. 主偏角　B. 副偏角　C. 楔角　D. 螺旋角

53. ________影响切削刃铣削的长度，并影响刀具散热及各铣削分力之间的比值。

A. 前角　B. 后角　C. 楔角　D. 主偏角

54. 圆柱形铣刀、三面刃铣刀和锯片铣刀尺寸规格均________。

A. 只标注外圆直径　B. 标出铣刀的号数

C. 标注外圆直径×宽度×内孔直径　D. 标出模数、压力角

55. 加工________用的铣刀主要有立铣刀、三面刃铣刀、键槽铣刀、槽铣刀和锯片铣刀等。

A. 曲面　B. 平面　C. 沟槽　D. 成形面

56. 铣刀是通过________安装在铣床主轴上的。

A. 刀杆　B. 拉杆　C. 锥柄　D. 螺杆

57. 在不影响铣削的条件下，________应尽量靠近铣刀，以增加刀杆的刚度。

A. 托架　B. 拉杆　C. 短刀轴　D. 长刀轴

58. 带孔铣刀安装时，若________较大，应在刀杆和铣刀之间采用平键连接。

A. 工件　B. 加工余量　C. 切削力　D. 切削面积

59. 铣刀刀杆装入锥孔时，将凸缘上的缺口对准主轴端面键的目的是________。

A. 传递转矩　B. 刀杆定位　C. 紧固刀杆　D. 支撑刀杆

60. 拆卸刀杆时，松开拉紧螺杆螺母后，用锤子敲击螺杆端部的目的是________。

A. 取下刀杆　B. 松开螺纹

C. 使内外锥面脱开　D. 使键槽与键脱开

61. 铣床的润滑应按说明书要求做到________加油。

A. 每天　B. 每月　C. 随时　D. 定期

62. 铣床工作前，要先检查各部分机构是否正常，然后________，听一下是否有异常的声音。

A. 空运转　B. 高速运转　C. 低速试空车　D. 点动运转

63. 安装夹具或铣床附件前，必须将它们的________及工作台面擦干净。

A. 装配基准面　B. 定位基准面　C. 连接平面　D. 工作平面

64. 使用快速进给时，铣刀离工件________mm 处便应停止，然后手动进给，使铣刀缓慢地接近工件。

A. 10 ~ 20　B. 20 ~ 30　C. 30 ~ 40　D. 30 ~ 50

65. 铣床使用时，________不允许超过规定范围，更不许任意拆卸挡铁，以防止工作台移动时超出行程极限而损坏机床零件。

A. 定位装置　B. 限位开关　C. 行程挡铁　D. 极限开关

66. X6132 型铣床主轴最高转速是________r/min。

A. 1 180　B. 1 500　C. 2 300　D. 2 000

单元 1

67. 铣床运转________h 后要进行一级保养。

A. 300　B. 400　C. 500　D. 800

68. X6132 型铣床的主体是________，铣床的主要部件都安装在上面。

A. 底座　B. 床身　C. 工作台　D. 悬梁

69. 铣床工作台纵向进给机构前侧面有一条长 T 形槽，用来安装自动挡铁，以________。

A. 固定夹具　B. 控制铣削长度　C. 固定工件　D. 移动工作台

70. X6132 型铣床主轴是由________个轴承支撑的。

A. 1　B. 2　C. 3　D. 4

71. 铣床型号 X6132 中 32 代表________。

A. 铣床工作台最大行程是 320 mm　B. 铣床工作台工作面宽度是 320 mm

C. 铣床工作台宽度 320 mm　D. 铣床为卧式铣床

72. X6132 型铣床工作台两端都设有________。

A. 行程开关　B. 电源开关　C. 按钮盘　D. 主轴换向开关

73. 发现有人触电时，错误的做法是________。

A. 不能赤手空拳去拉触电者

B. 应用木杆强迫触电者脱离电源

C. 应及时切断电源，并用绝缘体使触电者脱离电源

D. 无绝缘物体时，应立即将触电者拖开

74. ________一般不用铣床加工。

A. 键槽、螺旋槽　B. 直齿圆柱齿轮

C. 离合器　D. 外圆柱面

75. 铣床保养时，特别要注意工作台导轨、丝杠和________之间的清洁，以减小机件的磨损。

A. 横向导轨　B. 螺母

C. 工作台纵向进给机构　D. 底座

四、简答题

1. 简述台阶键零件的铣削加工顺序。
2. 简述轴上键槽的铣削加工顺序。
3. 简述花键轴的铣削加工顺序。
4. 简述特形沟槽块零件的铣削加工顺序。
5. 怎样选用切削液，使用时应注意哪几点？
6. 视图中除了六个基本视图外，还包括哪些视图？
7. 一张完整的装配图应该具有哪些内容？
8. 装配图上一般只标注哪几类尺寸？
9. 机器零件按其形体结构的特征一般可分为哪几类？
10. 绘制零件草图时，测量直线尺寸用哪些量具？测量回转面内外直径尺寸用哪些量具？

11．简述在万能分度头上装夹工件的方法。
12．简述分度头主轴角度的调整方法。
13．简述用百分表校正机用平口钳固定钳口的步骤。
14．简述万能分度头的结构和传动系统。
15．如何校正万能分度头及尾座？
16．简述圆柱铣刀和三面刃铣刀的安装步骤。
17．简述端铣刀的主要几何角度。
18．简述圆柱铣刀的主要几何角度和各部分名称。
19．简述常用铣刀的类型及用途。
20．X6132 型卧式万能升降台铣床的结构特征有哪几点？
21．简述 X6132 型卧式万能升降台铣床一级保养操作步骤。
22．简述 X6132 型卧式万能升降台铣床工作台手动进给操作的注意事项。
23．简述 X6132 型卧式万能升降台铣床工作台机动进给操作的注意事项。
24．简述 X6132 型卧式万能升降台铣床的各润滑点及润滑次数。

单元测试题答案

一、填空题

1．一组图形　全部尺寸　技术要求　标题栏
2．表面粗糙度　尺寸公差　形状和位置公差　热处理
3．倾斜 45°的平行细实线　交叉 45°的细实线　4．正投影　5．图形　实物　实际尺寸
6．ϕ27　公差带　上偏差　下偏差　ϕ26.98　ϕ26.959　0.021
7．位置　平行度　0.06　8．螺纹密封的圆柱内螺纹　尺寸代号
9．普通细牙螺纹（或牙型代号）　螺纹大径　螺距　中径和大径的公差带
10．前方　11．生产过程　12．工艺规程　13．工序　14．工序　15．工步
16．走刀　17．工位　18．通用　19．背吃刀量　20．侧吃刀量
21．$-60° \sim +90°$　22．25　30　35　40　50　55　60　70　80　90　100
23．矩形工件　24．F11125　25．固定钳口　26．工件长度　27．略大于
28．定位　29．莫氏 4 号　30．蜗杆脱落手柄
31．铣削平面用　铣削直角沟槽用　铣削特形沟槽用　铣削特形面用　尖齿　铲齿
32．外圆直径　厚度　内孔直径　圆弧半径　27　33．刃倾角
34．22 mm　27 mm　32 mm　35．弹簧夹头套筒　36．莫氏锥度
37．机械夹固式　38．前面　39．基面　40．锯片铣刀
41．卧式万能升降台　主轴轴线与工作台面平行
42．30　37.5　47.5　60　75　95　118　150　190　235　300　375　475　600　750　950　1 180　1 500
43．320 mm × 1 320 mm　$-45° \sim +45°$　44．700　260　320
45．按钮开关　46．燕尾槽　47．120　48．进给电动机通过齿轮

49. 外部保养　传动部分　冷却系统　润滑系统　电器部分　50. 自动　六个　三个

二、判断题

1. √　2. √　3. ×　4. ×　5. ×　6. ×　7. ×　8. √　9. √
10. ×　11. √　12. √　13. √　14. ×　15. ×　16. ×　17. ×　18. ×
19. ×　20. ×　21. ×　22. ×　23. √　24. ×　25. ×　26. √　27. ×
28. ×　29. √　30. ×　31. ×　32. ×　33. √　34. ×　35. ×　36. √
37. ×　38. ×　39. √　40. ×　41. ×　42. ×　43. ×　44. √　45. √
46. √　47. √　48. √　49. ×　50. ×

三、单项选择题

1. A　2. C　3. C　4. A　5. B　6. B　7. A　8. D　9. C
10. A　11. A　12. D　13. B　14. A　15. A　16. A　17. B　18. A
19. C　20. B　21. A　22. A　23. B　24. A　25. D　26. B　27. A
28. A　29. B　30. D　31. B　32. B　33. D　34. C　35. A　36. B
37. D　38. B　39. D　40. A　41. C　42. A　43. C　44. A　45. D
46. A　47. B　48. C　49. C　50. A　51. B　52. D　53. B　54. C
55. C　56. D　57. A　58. C　59. B　60. C　61. D　62. C　63. B
64. D　65. C　66. B　67. C　68. B　69. B　70. C　71. B　72. A
73. D　74. D　75. B

四、简答题

（略）

第2单元

工件加工

各种机器都是用不同类型的零件装配而成的，而大多数零件是经过切削加工制造出来的。在铣床上的切削加工，因其所使用的铣床类型多、刀具种类多，故可以加工出各种形状较复杂的零件，其所加工零件的范围之广，是其他许多机械加工工种所不能比拟的。因此，铣工在机械制造业中是一个主要的工种。作为一个初级铣工，除了要掌握有关制图、工艺规程、通用夹具、刀具、铣床操作及日常维修保养等基本知识外，最主要的是要掌握铣削加工工艺的理论知识和操作技能，以获得典型零件的工艺分析能力和简单计算能力以及加工中的技能技巧。

本单元为初级铣工在具体铣削加工工件这一环节上，选出了典型工件加工的大量实例，如平面和连接面铣削、斜面铣削、台阶铣削、直角沟槽铣削、键槽铣削、特形沟槽铣削、花键轴铣削等。从一般规律到实例分析，对初级铣工来说具有举一反三的效果。学习本单元，要注意理论联系实际，并在实际操作中加深对各种零件加工的理解。

第一节 平面和连接面、斜面的铣削加工

培训目标

→ 掌握平面和连接面铣削的技术要求。
→ 熟练掌握周铣和端铣时顺铣和逆铣的特点。
→ 熟练掌握矩形工件的铣削方法。
→ 熟练掌握斜面的铣削方法。

平面就是在各个方向都呈直线的面，是组成机械零件的基本表面之一。

连接面是指互相交接和间接交接，且不在同一平面上的零件表面，这些表面可以互相垂直、平行或斜交成某一角度，如图 2—1 所示。

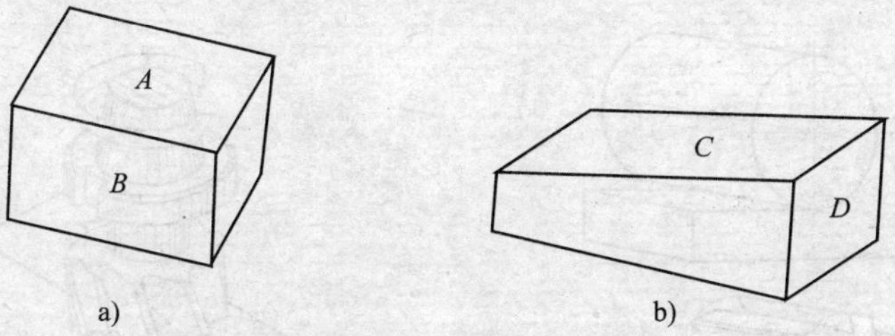

图 2—1 连接面

a）表面 A、B 互相垂直 b）表面 C、D 斜交成某一角度

一、平面和连接面的技术要求

1. 平面

平面质量的好坏主要从两个方面来衡量，即其形状精度（平面度）和表面粗糙度。

2. 连接面

如图 2—2 所示是一个矩形工件，其各个平面应符合平面的质量要求，各个平面形成连接面后，平面之间还要符合以下要求：

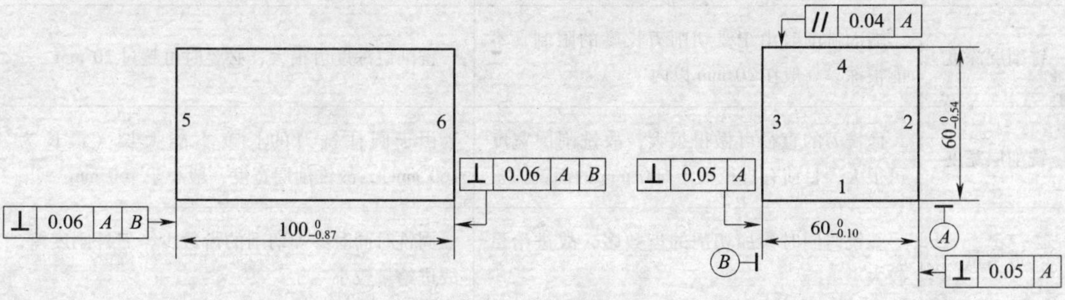

图 2—2 矩形工件

（1）相邻两平面之间的垂直度。

（2）相对两平面之间的平行度。

（3）相对平面之间的尺寸精度。

二、平面铣削的基本方式

1．周边铣削与端面铣削

（1）周边铣削（见图 2—3）。周边铣削又称圆周铣削，简称周铣，是指用铣刀的圆周切削刃进行的铣削。铣削平面是利用分布在圆柱面上的切削刃铣出的平面，用周铣法加工而成的平面，其平面度和表面粗糙度主要取决于铣刀的圆柱度和铣刀刃口的修磨质量。

（2）端面铣削（见图 2—4）。端面铣削简称端铣，是指用铣刀端面上的切削刃进行的铣削。铣削平面是利用铣刀端面上的刀尖（或端面修光切削刃）形成的，用端铣法加工而成的平面，其平面度和表面粗糙度主要取决于铣床主轴轴线与进给方向的垂直度和铣刀刀尖部分的刃磨质量。

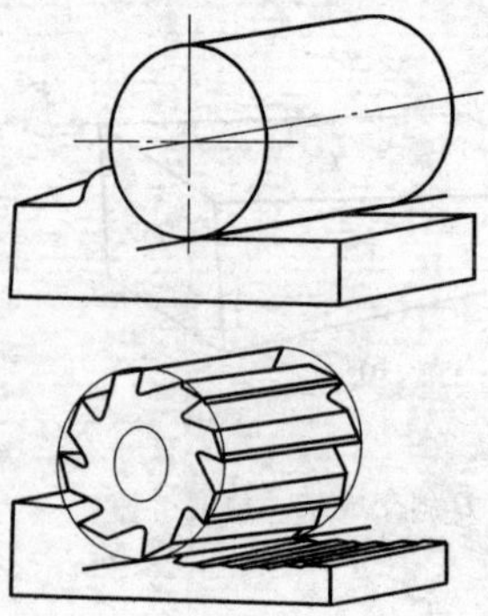

图 2—3　周边铣削示意图

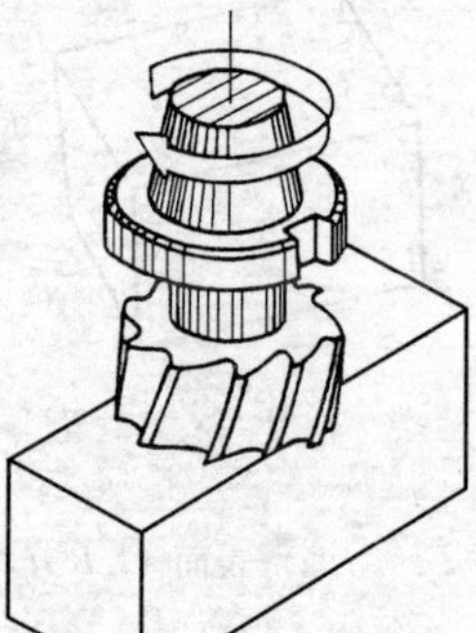

图 2—4　端面铣削示意图

（3）周边铣削与端面铣削的比较。端面铣削与周边铣削各具特点，表 2—1 从铣削层深度等方面对两者进行了比较分析。

表 2—1　　端面铣削与周边铣削的比较

比较内容	端面铣削	周边铣削
铣削层深度	端面铣削时由于受切削刃长度的限制，不能很深，一般在 20 mm 以内	铣削层深度可很大，必要时可超过 20 mm
铣削层宽度	面铣刀的直径可做得很大，故铣削层宽度可很大，目前有直径大于 600 mm 的面铣刀	由于圆柱铣刀的长度不能太长（最长为 160 mm），故铣削层宽度一般小于 160 mm
进给量	端铣时同时参加切削的齿数多，故进给量较大	周铣时同时参加切削的齿数少，刀杆刚度差，故进给量较小
铣削速度	端铣时刀杆短，刚度好，铣削平稳，故铣削速度较高，尤其适用于高速铣削	由于刚度差，故铣削速度较低

续表

比较内容	端面铣削	周边铣削
平面度	主要取决于铣床主轴轴线与进给方向的垂直度，铣出的平面只可能凹，不可能凸（在整个铣刀通过时），适宜于加工大平面	主要取决于铣刀的圆柱度，可能凹，也可能凸，对大平面还可能产生接刀痕
表面粗糙度	在每齿进给量相同的条件下，铣出的表面粗糙度值要比周铣时大。但在适当减小副偏角和主偏角，以及采用修光刃时，则表面粗糙度值会显著减小 端铣时表面粗糙度值一般 $R_a > 1.6\ \mu m$；但当采取用修光刃或高速切削等措施后，则可使表面粗糙度值显著减小，甚至 $R_a < 0.8\ \mu m$	要减小表面粗糙度值，只能减小每齿进给量和每转进给量，但这样会降低生产率。增大铣刀直径虽也能减小表面粗糙度值，但增大铣刀直径会有一定的限度。表面粗糙度值一般约为 $R_a = 1.6\ \mu m$

2. 顺铣和逆铣

（1）周边铣削时的顺铣和逆铣。

1）顺铣。在铣刀与工件已加工面的切点处，铣刀旋转切削刃的运动方向与工件进给方向相同的铣削，称为顺铣，如图 2—5a 所示。

2）逆铣。在铣刀与工件已加工面的切点处，铣刀旋转切削刃的运动方向与工件进给方向相反的铣削，称为逆铣，如图 2—5b 所示。

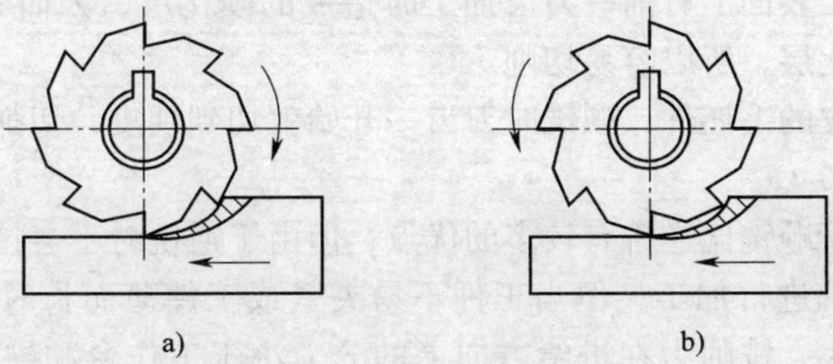

图 2—5　周铣时的顺铣和逆铣

a）顺铣　b）逆铣

3）顺铣和逆铣的比较。

①逆铣时，作用在工件上的力在进给方向上的分力 F_f（见图 2—6a）与进给方向相反，故不会把工作台向进给方向拉动，因此丝杠轴向间隙的大小对逆铣无明显的影响。而顺铣时，由于作用在工件上的力在进给方向的分力 F_f 与进给方向相同（见图 2—6b），所以有可能会把工作台拉动，从而造成每齿进给量的突然增加，严重时将会损坏铣刀，造成工件报废甚至更严重的事故。因此在周铣中通常都采用逆铣。

②逆铣时，作用在工件上的垂直铣削力，在铣削开始时是向上的，有把工件从夹具中拉起来的趋势，所以对加工薄而长的和不易夹紧的工件极为不利。另外，在铣削的过

程中，刀齿切到工件时要滑动一小段距离才切入，此时的垂直铣削力是向下的，而在将切离工件的一段时间内，垂直铣削力是向上的，因此工件和铣刀会产生周期性的振动，影响加工面的表面粗糙度。顺铣时，作用在工件上的垂直铣削力始终是向下的，有压住工件的作用，对铣削工作有利，而且垂直铣削力的变化较小，故产生的振动也较小，能使加工面的表面粗糙度值较小。

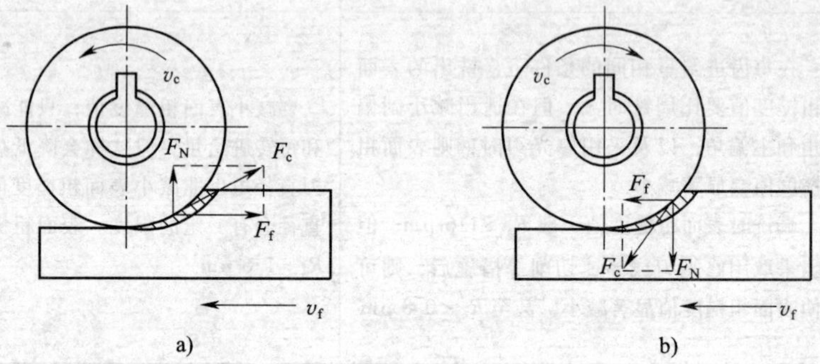

图 2—6　周铣时的切削力及其分力

a）逆铣　b）顺铣

③逆铣时，由于切削刃在加工表面上要滑动一小段距离，切削刃容易磨损；顺铣时，切削刃一开始就切入工件，故切削刃比逆铣时磨损小，铣刀使用寿命比较长。

④逆铣时，消耗在工件进给运动上的动力较大，而顺铣时则较小。此外，顺铣时切削厚度比逆铣大，切屑短而厚而且变形小，所以可节省铣床功率的消耗。

⑤逆铣时，加工表面上有前一刀齿加工时造成的硬化层，因而不易切削；顺铣时，加工表面上没有硬化层，所以容易切削。

⑥对表面有硬皮的毛坯件，顺铣时刀齿一开始就切到硬皮，切削刃容易损坏，而逆铣则无此问题。

综上所述，尽管顺铣比逆铣有较多的优点，但由于逆铣时不会拉动工作台，所以一般情况下都采用逆铣进行加工。但当工件不易夹紧或工件薄而长时，宜采用顺铣。此外，当铣削余量较小，铣削力在进给方向上的分力小于工作台和导轨面之间的摩擦力时，也可采用顺铣。有时为了改善铣削质量而采用顺铣时，必须调整工作台与丝杠之间的轴向间隙（使之在 0.01 ~0.04 mm 之间）。若设备陈旧且磨损严重，实现上述调整会有一定的困难。

（2）端面铣削时的顺铣和逆铣。端铣时，根据铣刀与工件不同的相对位置，可分为对称端铣和不对称端铣。

1）对称端铣。如图 2—7a 所示，工件处在铣刀中间时的铣削方式称为对称端铣。铣削时，刀齿在工件的前半部分为顺铣，后半部分为逆铣。对称铣削时，在铣削层宽度较小和铣刀齿数较少的情况下，由于纵向分力方向上的交替变化，故工件和工作台容易产生窜动。另外，作用在工作台横向进给方向上的分力方向不变，而且较大，对窄长形的工件易造成变形。

2）不对称端铣，如图 2—7b、c 所示。工件铣削层宽度在铣刀中心线两边不相等的铣削方式，称为不对称端铣。

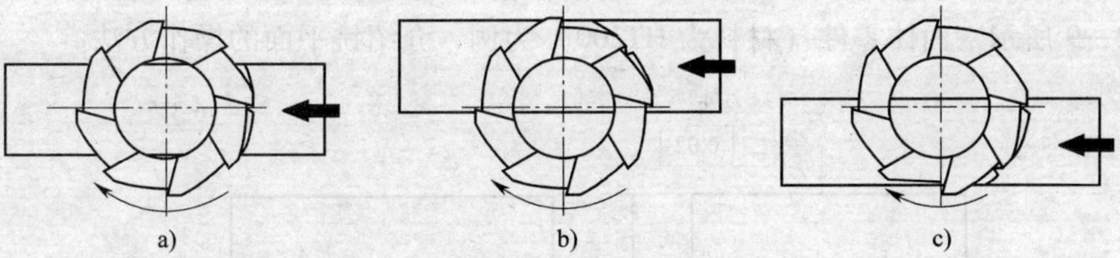

图 2—7　对称铣削与不对称铣削

a）对称端铣　b）不对称端铣（逆铣）　c）不对称端铣（顺铣）

①逆铣。如图 2—7b 所示，铣削时逆铣部分占的比例大，在各个刀齿上的纵向分力之和的方向与进给方向相反，所以不会拉动工作台。另外，切削刃切入工件的切屑厚度由薄到厚，切削刃受到的冲击较小。因此，在端铣时，多采用不对称逆铣。

②顺铣。如图 2—7c 所示，铣削时顺铣部分占的比例大，在各个刀齿上的纵向分力之和的方向与进给方向相同，容易拉动工作台。所以，在端铣时，一般不采用不对称顺铣。

3. 铣削用量的选择

铣削过程中，铣削速度 v_c、进给速度 v_f、吃刀量 a（分为侧吃刀量 a_e 和背吃刀量 a_p）的选择对提高铣削的加工精度、改善加工表面质量和提高生产率有着密切的关系。

铣削时，根据加工性质先确定每齿进给量 f_z，然后根据铣刀的齿数 z 和铣刀的转速 n 计算出进给速度 v_f，并以此对铣床进给量进行调整（铣床铭牌上进给量用每分钟进给量表示）。

铣削时，采用的铣削方法和选用的铣刀不同，侧吃刀量 a_e 和背吃刀量 a_p 的含义也不同。如图 2—8 所示为用圆柱形铣刀进行周铣和用面铣刀进行端铣时，铣削宽度与铣削深度的表示。不难看出，侧吃刀量 a_e 都表示铣削弧深，因为不论使用哪一种铣刀铣削，其铣削弧深方向均垂直于铣刀轴线。

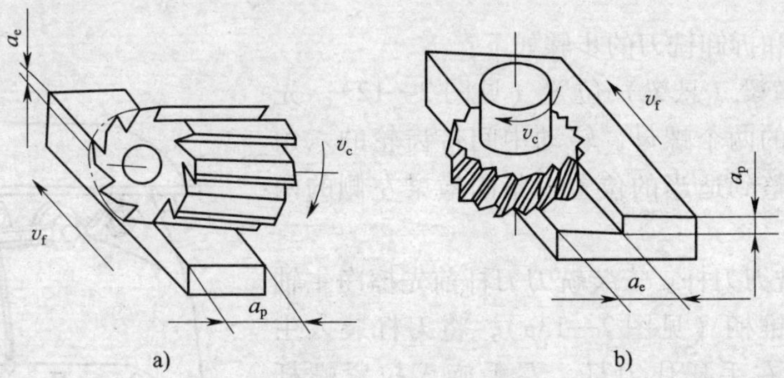

图 2—8　周铣与端铣时的铣削用量

a）周铣　b）端铣

三、用圆柱形铣刀铣平面

平面可在卧式铣床上用圆柱形铣刀铣削，也可在立式铣床上用套式立铣刀铣削。现以图 2—9 所示六面体零件（材料为 HT200）为例，介绍铣平面的操作方法。

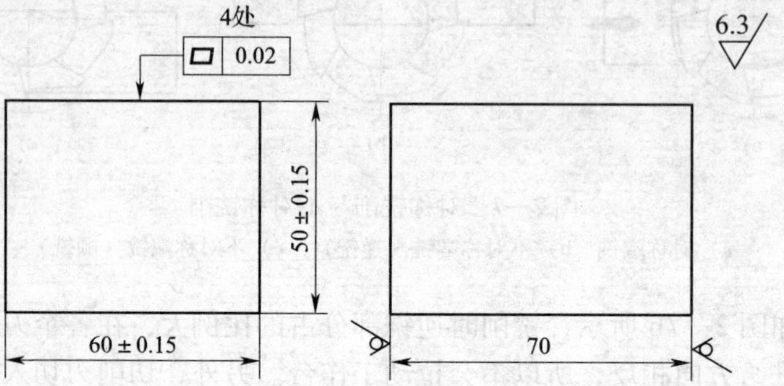

图 2—9　六面体零件图

1. 在 X6132 型卧式万能升降台铣床上加工 60 mm ± 0. 15 mm 两平面

（1）选择铣刀。根据工件的长度 60 mm，现分粗铣、精铣。粗铣时选用外径 D = 63 mm、长度 L = 80 mm、内径 d = 27 mm、齿数 z = 6 的粗齿圆柱形铣刀（见图 2—10a）。精铣时选用“铣刀　63 × 80　GB/T 1115—2002”、齿数 z = 10 的细齿圆柱形铣刀，如图 2—10b 所示。

（2）安装铣刀。根据铣刀的规格，选用 ϕ27 mm 的锥柄长刀杆，如图 2—11 所示。

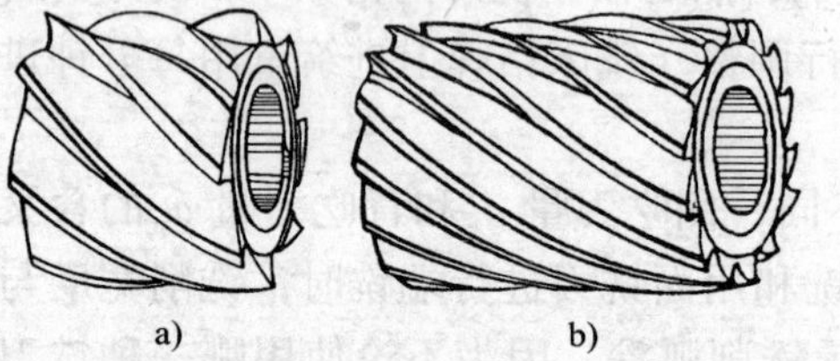

图 2—10　圆柱形铣刀
a）粗齿圆柱形铣刀　b）细齿圆柱形铣刀

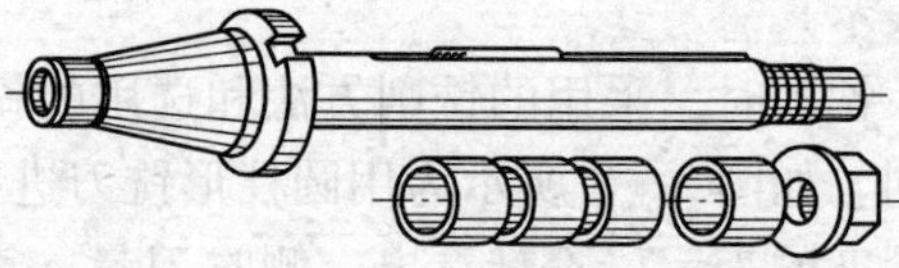

图 2—11　锥柄长刀杆

安装铣刀和拆卸铣刀的步骤如下：

1）调整横梁（悬梁）位置（见图 2—12）。先松开横梁左侧的两个螺母，转动中间带齿轮的六角轴，使横梁调整到适当的位置，紧固横梁左侧的两个螺母。

2）安装铣刀刀杆。安装铣刀刀杆前先擦净主轴内锥孔和刀杆锥柄（见图 2—13a），将刀杆装入主轴内锥孔，用右手托住刀杆，左手旋入拉紧螺杆（见图 2—13b），拧紧拉紧螺杆上的螺母，如图 2—13c 所示。

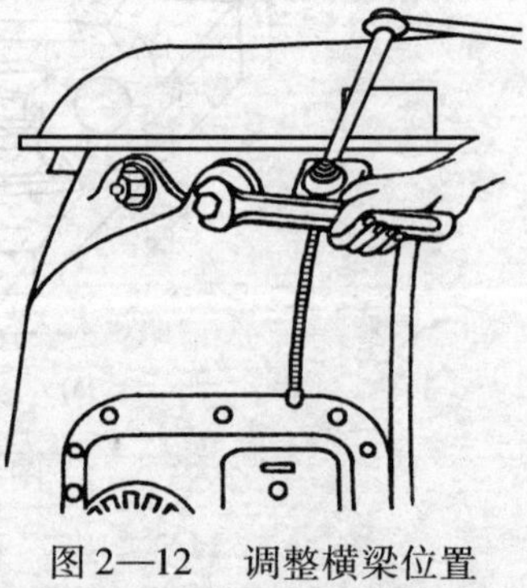

图 2—12　调整横梁位置

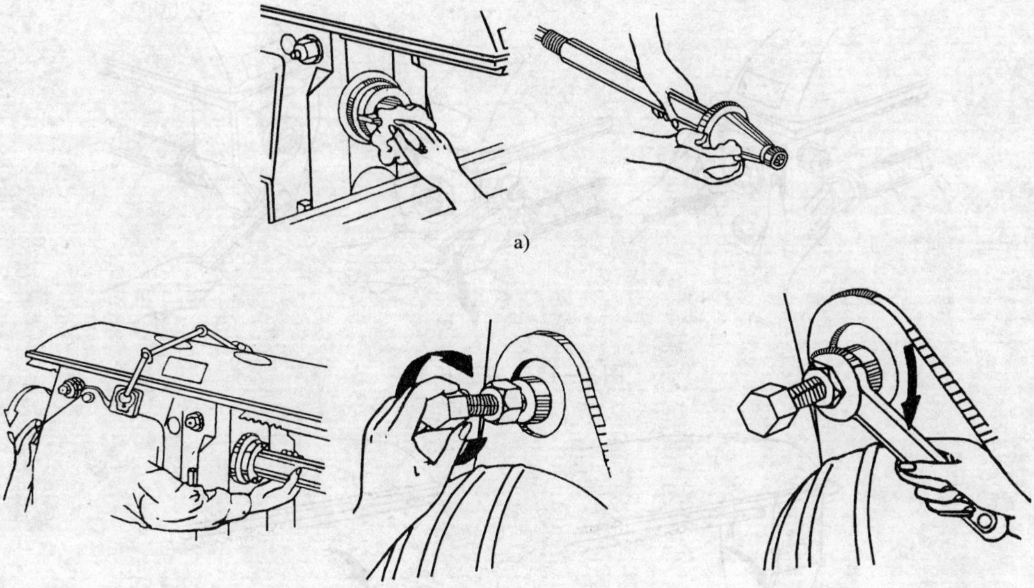

a)

b)　c)

图 2—13　安装铣刀刀杆

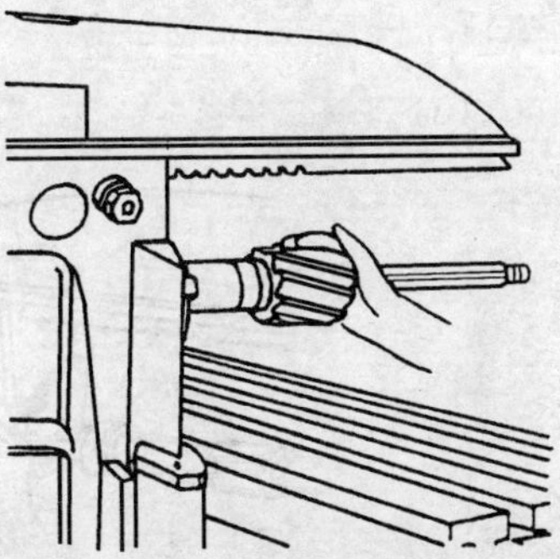

图 2—14　安装铣刀

3）安装铣刀（见图 2—14）。将铣刀和垫圈的两端面擦干净，装上垫圈，使铣刀安装的位置尽量靠近主轴处，在铣刀与刀杆之间尽量安装平键，以防铣削时铣刀松动，装上垫圈，旋入螺母。

4）安装托架及紧固刀杆螺母。装上托架（见图 2—15a），将托架左侧紧固螺母固紧（见图 2—15b），调整托架轴承间隙（见图 2—15c），紧固刀杆上的螺母时应先装上托架，否则会扳弯刀杆，如图 2—16 所示。

5）拆卸铣刀和刀杆。

①松开刀杆上的螺母，如图 2—17a 所示。

②松开托架轴承上螺钉，然后用铜棒将螺钉轻轻敲击一下，松开托架左侧螺母（见图 2—17b），拆下托架，取出铣刀，装上垫圈及螺母。

③松开拉紧螺杆上的螺母（见图 2—17c），用锤子敲一下拉紧螺杆端部（见图 2—17d），旋出拉紧螺杆，取下刀杆。

（3）装夹工件。根据工件性质，选用平口钳，装夹工件的过程如下：

1）安装平口钳（见图 2—18）。

①将平口钳底部和工作台面擦干净。

②将平口钳以工作台的中间 T 形槽定位，使平口钳安放位置略偏左方。

③双手拉动平口钳底盘，使定位键向同一侧贴紧。

④用 T 形螺栓将平口钳压紧。

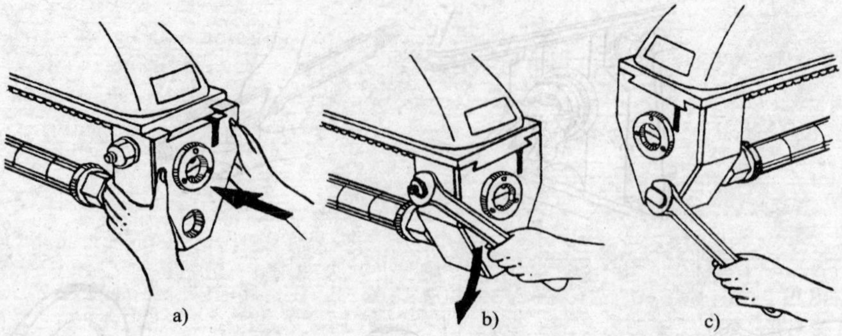

图 2—15　安装托架

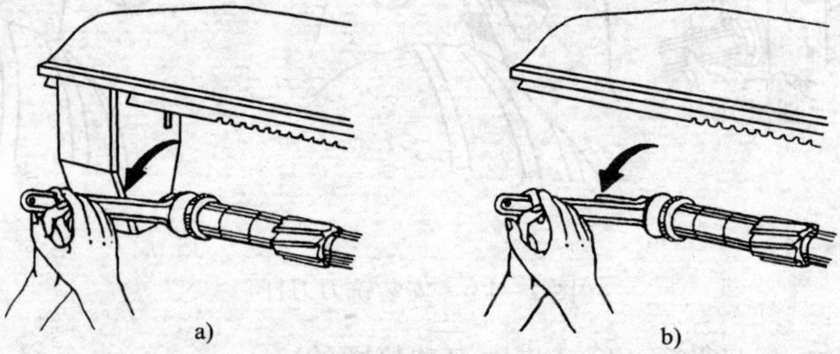

图 2—16　紧固刀杆螺母

a）正确　b）错误

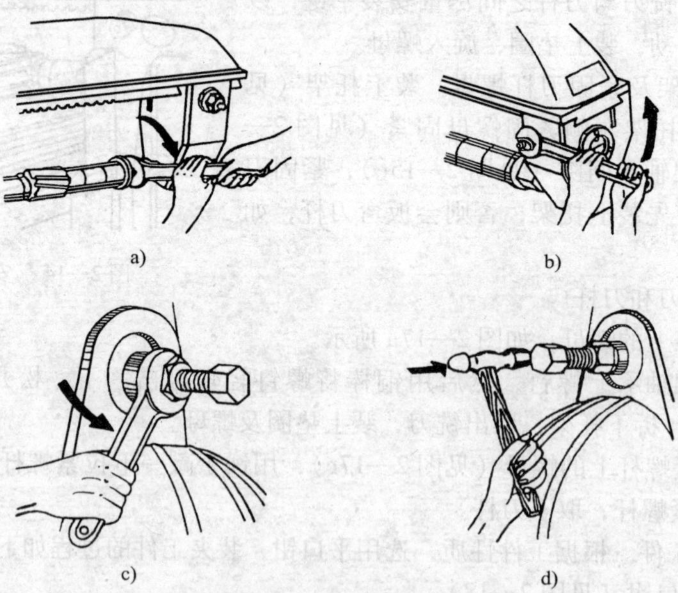

图 2—17　拆卸铣刀及刀杆

2）装夹工件。将平口钳的钳口和导轨面擦干净，在工件的下面放置平行垫铁，使工件待加工面高出钳口 5 mm 左右；初步夹紧工件后，用锤子轻轻敲击工件，并拉动垫铁检查是否贴紧，如图 2—19 所示。毛坯件应在钳口处衬垫铜片以防损坏钳口。

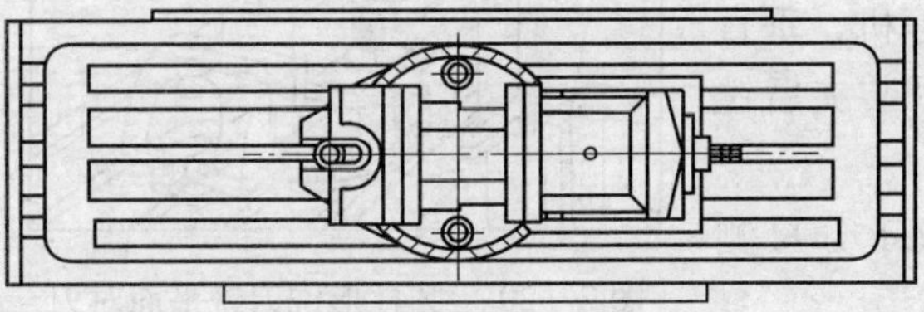

图 2—18　平口钳安装在工作台上

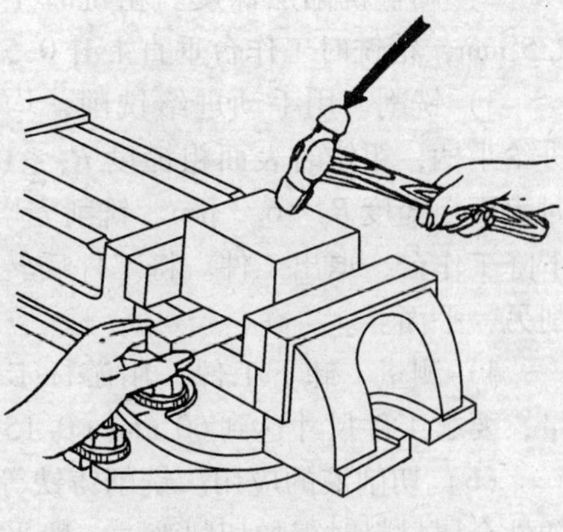

图 2—19　工件装夹在平口钳上

（4）选择铣削用量。铣削速度、主轴转速及进给量的计算公式分别为：

$$v_c = \frac{\pi D n}{1\ 000}$$

$$n = \frac{1\ 000\ v_c}{\pi D}$$

$$v_f = fn = f_z z n$$

式中　v_c——铣削速度，m/min；

D——铣刀外径，mm；

n——主轴转速，r/min；

v_f——进给速度（每分钟进给量），mm/min；

f——每转进给量，mm/r；

f_z——每齿进给量，mm/z；

z——铣刀齿数。

1）粗铣。取铣削速度 $v_c = 15$ m/min，每齿进给量 $f_z = 0.12$ mm/z，则主轴转速为：

$$n = \frac{1\ 000 v_c}{\pi D} = \frac{1\ 000 \times 15}{3.14 \times 63} \approx 75.83(\text{r/min})$$

实际调整铣床主轴转速 $n = 75$ r/min。进给速度为：

$$v_f = f_z z n = 0.12 \times 6 \times 75 \approx 54(\text{mm/min})$$

实际调整进给速度 $v_f = 47.5$ mm/min。

取铣削层深度 $t = 2.5$ mm，铣削层宽度 $B = 60$ mm。

2）精铣。选取铣削速度 $v_c = 20$ m/min、每齿进给量 $f_z = 0.06$ mm，实际调整时，主轴转速为 $n = 95$ r/min；进给速度 $v_f = 60$ mm/min；铣削层深度 $t = 0.5$ mm，铣削层宽度 $B = 60$ mm。

（5）铣平面的操作方法。

1）对刀。使工件处于圆柱形铣刀的下方，在工件表面贴一张薄纸，开动机床，铣刀旋转后，再缓缓升高升降台，使铣刀刚好擦去纸片（见图 2—20）。在垂向刻度盘上做好标记，下降升降台，摇动纵向进给手柄，退出工件。

2）调整铣削层深度。粗铣时工作台垂直上升 2.5 mm，精铣时工作台垂直上升 0.5 mm。

3）铣削。用手动进给铣削，均匀地摇动纵向进给手柄，粗铣时表面粗糙度 $R_a<12.5\ \mu m$，精铣时表面粗糙度 $R_a<6.3\ \mu m$。铣削完毕，停机，垂直下降工作台，退出工件。将工件反转 180°装夹后铣削另一平面。

4）测量。卸下工件，用游标卡尺或千分尺测量，要求工件尺寸达到 60 mm ± 0.15 mm。

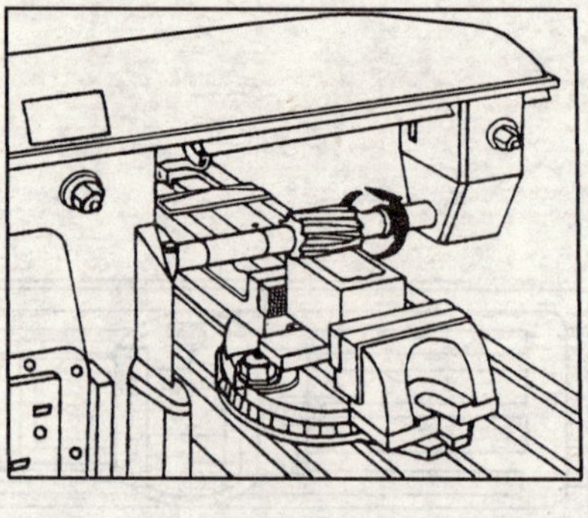

图 2—20　圆柱形铣刀铣平面对刀

（6）切削液的应用。铣削铸铁等脆性金属材料时，一般不加切削液；铣削钢件等塑性金属材料时需加切削液，一般采用柴油或乳化液，并使切削液充分喷淋在切削处，如图 2—21 所示。

图 2—21　切削液的喷淋

2. 用套式立铣刀铣平面

现仍以图 2—9 所示六面体零件为例，铣削 50 mm ± 0.15 mm 两平面，确定在 X5032（X52K）型立式铣床上加工。

（1）铣刀的选择及安装。

1）选择铣刀。根据工件的宽度 50 mm，选用外径 $D=80$ mm、长度 $L=45$ mm、内径 $d=27$ mm、齿数 $z=10$ 的套式立铣刀，如图 2—22 所示。

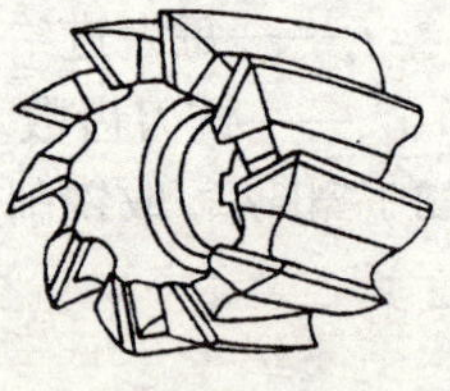

图 2—22　套式立铣刀

2）安装铣刀。用凸缘端面上带有键的刀杆安装铣刀，如图 2—23 所示。

①先将主轴内锥孔和刀杆 1 的锥柄部分擦干净。

②将刀杆 1 上的槽对准主轴端部凸键后用拉紧螺杆紧固。

③装上凸缘 2，并使凸缘 2 上的键对准刀杆 1 上的槽。

④安装铣刀 3，将铣刀端面及内孔擦干净，使铣刀端面上的槽对准凸缘上的键，然后旋入螺钉 4，用十字扳手扳紧。

（2）选择铣削用量。

1）粗铣。取铣削速度 $v_c=16$ m/min，每齿进给量 $f_z=0.10$ mm/z，则铣床主轴转速和进给量分别为：

$$n=\frac{1\,000v_c}{\pi D}=\frac{1\,000\times16}{3.14\times80}\approx63.69(\text{r/min})$$

$$v_f = f_z z n = 0.1 \times 10 \times 60 \approx 60(\mathrm{mm/min})$$

实际调整铣床主轴转速为 $n=60$ r/min；进给速度 $v_f=60$ mm/min。铣削层深度 $t=2.5$ mm，铣削层宽度 $B=60$ mm。

2）精铣。取铣削速度 $v_c=20$ m/min，实际调整铣床主轴转速为 $n=75$ r/min；进给速度 $v_f=47.5$ mm/min。铣削层深度 $t=0.5$ mm，铣削层宽度 $B=60$ mm。

（3）铣平面的操作方法。

1）对刀。在工件表面贴一薄纸，使铣刀处于工件中间位置，然后紧固横向进给机构。摇动纵向、垂向手柄，使工件处于铣刀下方，如图2—24所示。开动机床，沿垂向缓缓升高工作台，使铣刀刚好擦到薄纸，在垂向刻度盘上做标记，下降工作台，摇动纵向手柄，退出工件。

2）调整铣削层深度。粗铣时，根据标记垂向上升2.5 mm，精铣时上升0.5 mm。

3）铣削。使用套式立铣刀铣平面时，一般都采用不对称逆铣或对称铣削。手动进给，均匀地摇动纵向手柄，粗铣时表面粗糙度 $R_a<12.5$ μm，精铣时表面粗糙度 $R_a<6.3$ μm，铣削完毕停机，下降升降台，退出工件。然后再铣削另一平面。

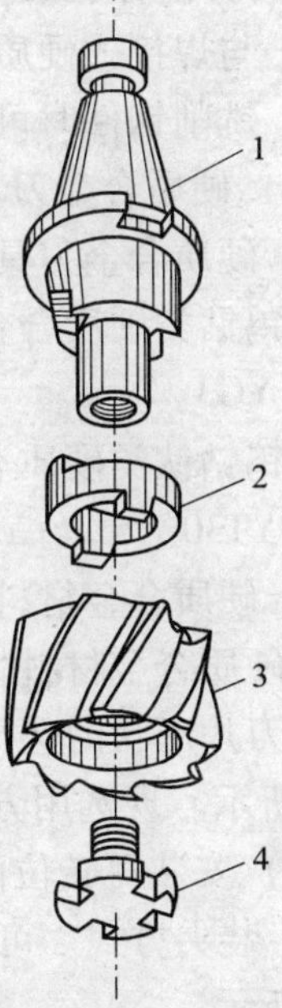

图2—23 套式立铣刀的安装

1—刀杆 2—凸缘

3—铣刀 4—螺钉

4）测量。卸下工件，用游标卡尺或千分尺测量工件尺寸达到50 mm ±0.15 mm。

3. 高速铣削平面

高速铣削平面，可在卧式铣床或立式铣床上进行，目前常用可转位面铣刀进行铣削（见图2—25）。现仍以图2—9所示工件为例，介绍高速铣削平面的操作方法。

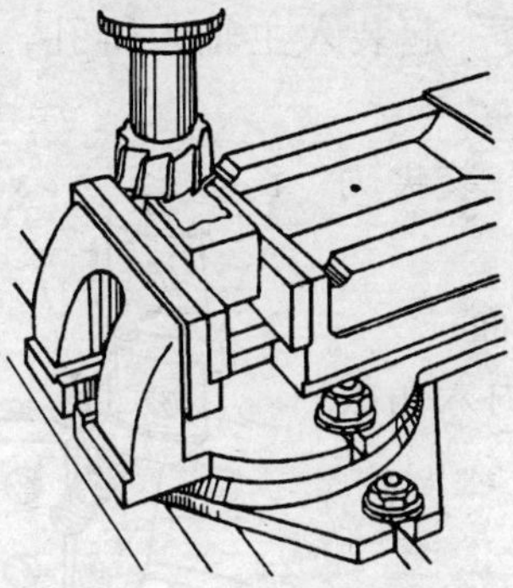

图2—24 套式立铣刀铣平面对刀

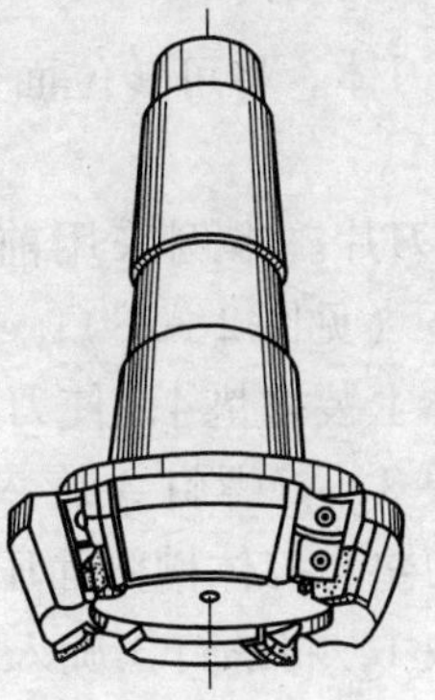

图2—25 可转位面铣刀

（1）可转位面铣刀铣削特点。

1）铣削用量较大，一般铣削速度 v_c 为 150 ~ 120 m/min，每齿进给量 f_z 为 0.15 mm/z，铣削层深度约为5 mm。因此，生产率高，工件表面质量好。

2）铣刀用钝后，只要将刀片转过一个位置压紧即可，不需重新调整。因此，省力、省时并能保证加工质量。

3）与焊接式硬质合金铣刀相比，它不经过焊接，因此刀片质量不受影响。

4）铣削钢件时可不加切削液。

（2）硬质合金刀具材料的选择。

1）硬质合金刀具材料的种类。

①钨钴类硬质合金（YG）主要用于加工铸铁材料，粗铣时选用 YG6、YG8，精铣时选用 YG3。

②钨钴钛类硬质合金（YT）用于加工一般钢料，粗铣时选用 YT5，精铣时选用 YT15、YT30。

2）硬质合金材料牌号及刀片形状的选择。

①硬质合金材料牌号的选择。本工件材料为 HT200，现选用 YG6。

②刀片形状的选择。可转位面铣刀刀片常用的形状有三角形、方形、圆形，如图 2—26 所示。现选用方形刀片。

（3）安装可转位面铣刀。

1）装夹方式。可转位面铣刀刀片的装夹方式有前楔块夹紧和后楔块夹紧，如图 2—27 所示。

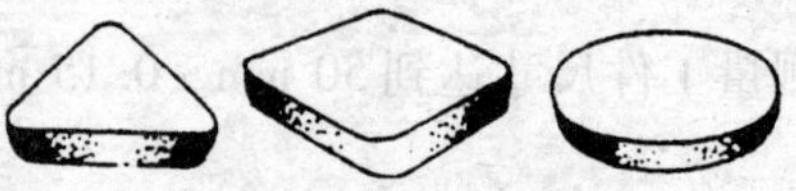

图 2—26　刀片形状

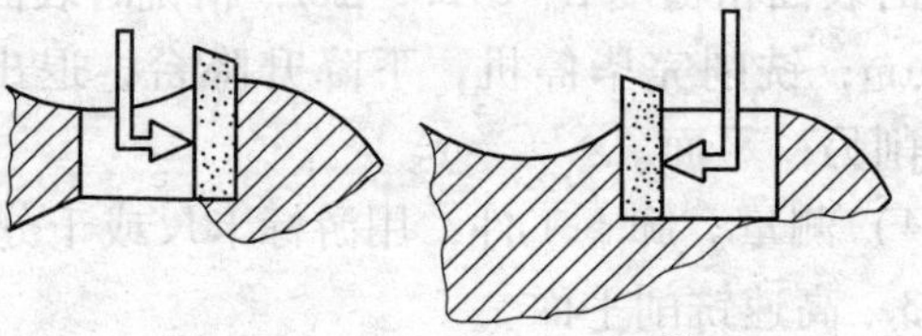

图 2—27　装夹方式

a）前楔块夹紧　b）后楔块夹紧

2）安装刀体。将可转位面铣刀连同变径套一起装入主轴内锥孔，用拉紧螺杆拉紧。

3）装夹刀片。本例采用前楔块夹紧方式，装夹刀片的步骤如下（见图 2—28）：

①在刀体上装刀垫 4，使刀垫紧贴刀体槽侧面。

②装楔块 2，将螺钉 3 旋入螺纹孔内，用内六角扳手扳紧，使刀垫与刀体槽侧面压紧。

③装楔块 1，将螺钉 3 旋入螺纹孔内。

④将刀片 5 装入刀垫，使其与两定位面接触，然后用内六角扳手扳紧。

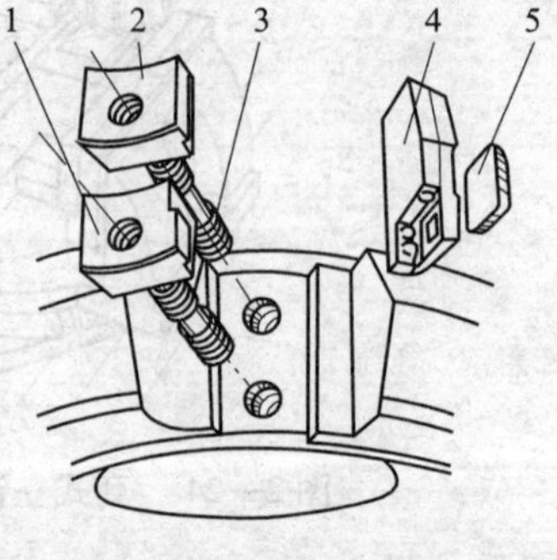

图 2—28　刀片组装图

1、2—楔块　3—螺钉

4—刀垫　5—刀片

（4）铣削。现选用直径 $D = 80$ mm、齿数 $z = 4$ 的可转位面铣刀。

1）选择铣削用量。

①调整主轴转速。取铣削速度 $v_c \approx 120$ m/min，调整铣床主轴转速至 $n = 475$ r/min。

②调整进给量。取每齿进给量 $f_z \approx 0.15$ mm/z，调整铣床进给速度 $v_f = 235$ mm/min。

③调整铣削层深度。每次进给铣削层深度 $t = 5$ mm。

2）铣削及检测。铣削及检测方法与一般铣平面的方法相同。

四、铣矩形工件

现以图 2—29 所示工件（材料为 HT200）为例，介绍在 X6132 型卧式万能升降台铣床上用圆柱形铣刀铣削和在 X5032 型立式铣床上用套式立铣刀加工矩形工件的方法。

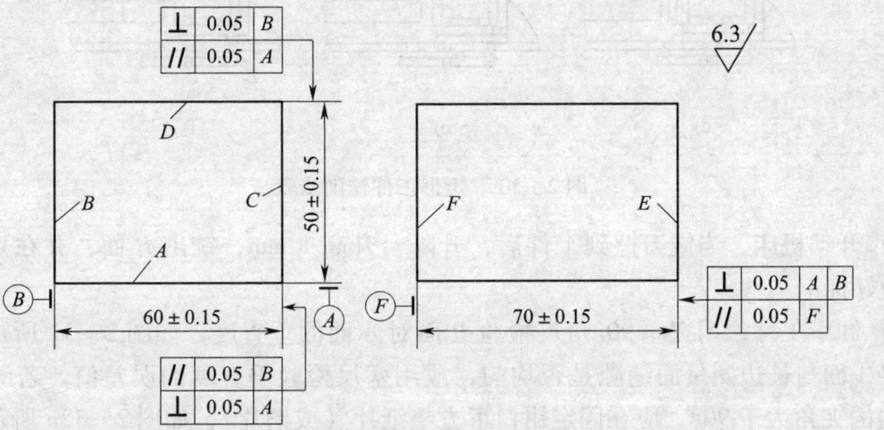

图 2—29　矩形工件零件图

1．选择基准面、装夹及找正工件

（1）选择基准面。加工矩形工件时，应选择较大平面作为基准面。根据毛坯尺寸 65 mm×55 mm×75 mm，选择 *A* 面作为精基准面，而粗基准面为 *B* 面。

（2）装夹工件。根据工件尺寸及形状，现采用平口钳装夹，将工件基准面与固定钳口相贴合，平口钳的导轨面垫上平行垫铁，夹紧工件。

2．矩形工件的铣削方法

铣削步骤如下：

（1）铣 *A* 面（见图 2—30a）。

1）工件以 *B* 面为粗基准面，并靠向固定钳口，在平口钳的导轨面垫上平行垫铁，在活动钳口处放置圆棒后夹紧工件。

2）操纵机床各手柄，使工件处于铣刀下方，开动机床，沿垂向缓缓升高，使铣刀刚好擦到工件后停机，退出工件。

3）升降台升高 1 mm，采用纵向机动进给，铣出 *A* 面，表面粗糙度 $R_a < 6.3$ μm。

（2）铣 *B* 面（见图 2—30b）。

1）工件以 *A* 面为精基准面，将 *A* 面与固定钳口贴紧，平口钳导轨面垫上适当高度的平行垫铁，在活动钳口处放置圆棒夹紧工件。

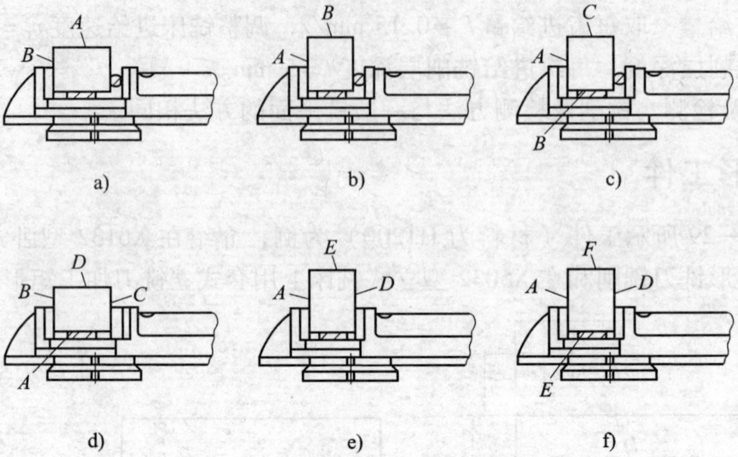

图 2—30　矩形工件铣削步骤

2）开动机床，当铣刀擦到工件后，升降台升高 1 mm，铣出 *B* 面，并在垂向刻度盘上做好标记。

3）卸下工件，用宽座 90°角尺检验 *B* 面对 *A* 面的垂直度，如图 2—31 所示。检验时观察 *A* 面与长边测量面缝隙是否均匀，或用塞尺检验垂直度的误差值。若测得 *A* 面与 *B* 面的夹角大于 90°，应在固定钳口下方垫纸片（或铜片），如图 2—32a 所示；若测得 *A* 面与 *B* 面夹角小于 90°，则应在固定钳口上方垫纸片（或铜片），如图 2—32b 所示。所垫纸片（或铜片）的厚度应根据垂直度误差大小而定。然后沿垂向少量升高后再进行铣削，直至垂直度达到要求。

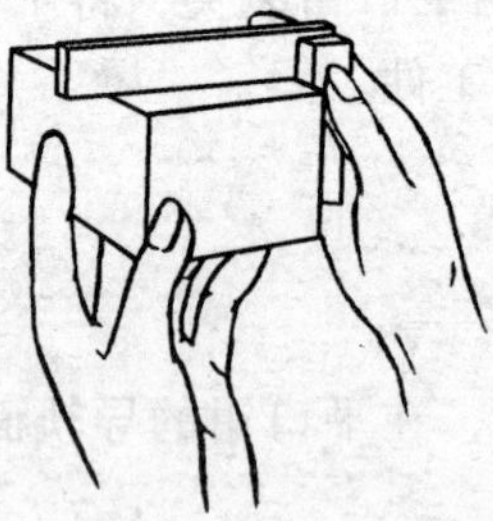

图 2—31　用宽座 90°角尺检验垂直度

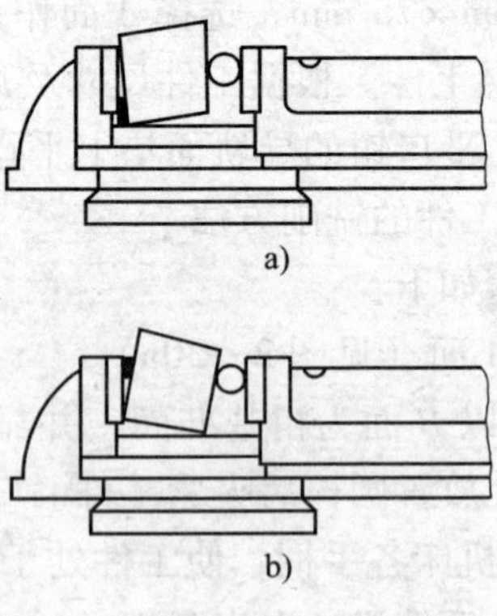

图 2—32　垫纸片（或铜片）调整垂直度
a）纸片垫下方　b）纸片垫上方

(3) 铣 *C* 面（见图 2—30c）。

1）工件以 *A* 面为基准面，贴靠在固定钳口上，在平口钳的导轨面放上平行垫铁，使 *B* 面紧靠平行垫铁，在活动钳口处放置圆棒后夹紧，并用铜棒轻轻敲击工件，使之与平行垫铁贴紧。

2）根据原来的标记，升降台升高 2 mm 后做好标记，铣出 *C* 面。

3）用千分尺测量工件的各点，若测得千分尺读数差在 0.05 mm 之内，则符合图样的平行度要求。

4）根据千分尺读数测得工件精铣余量后，升高升降台，进行精铣，使工件尺寸达到 60 mm ±0.15 mm。

（4）铣 *D* 面（见图 2—30d）。

1）将工件 *B* 面与固定钳口贴紧，*A* 面与导轨面上的平行垫铁贴合后，夹紧工件，用铜棒轻轻敲击工件，使工件与垫铁贴紧。

2）开动机床，重新调整工作台，使铣刀与工件表面擦到后退出工件，升降台升高 2 mm，并在垂向刻度盘上做好标记，粗铣出 *D* 面。

3）预检平行度达 0.05 mm，再根据测得的工件实际尺寸沿垂向调整工作台，精铣 *D* 面，使其尺寸达到 50 mm ±0.15 mm。

（5）铣 *E* 面（见图 2—30e）。

1）将工件 *A* 面与固定钳口贴合，轻轻夹紧工件。

2）用宽座 90°角尺找正 *C* 面。将宽座 90°角尺的短边（基面）与导轨面贴合，使长边（测量面）与工件 *C* 面贴合，如图 2—33 所示，夹紧工件。

3）重新沿垂向调整工作台，使铣刀擦到工件表面后退出工件，升降台升高 1 mm，铣出 *E* 面。

4）检测垂直度。以 *E* 面为测量基准，检测 *A*、*B* 面对 *E* 面的垂直度，检测方法如图 2—31 所示。若测得垂直度误差较大，应重新装夹、找正，然后再进行铣削，直至铣出的垂直度达到要求。

（6）铣 *F* 面（见图 2—30f）。

1）工件 *A* 面与固定钳口贴合，使 *E* 面与平口钳导轨面上的平行垫铁贴合，夹紧工件后，用铜棒轻轻敲击工件，使之与平行垫铁贴紧。

2）重新沿垂向调整工作台，使铣刀刚好擦到工件后退出，升降台升高 1 mm，铣出 *F* 面。

3）预检平行度。用千分尺测量各点，若测得各点间误差在 0.05 mm 之内，则平行度及垂直度符合图样要求。

4）精铣尺寸。根据千分尺读数测得工件精铣余量后，沿垂向升高工作台，精铣后使工件尺寸达到 70 mm ±0.15 mm。

3. 工件的检测

（1）垂直度的检测。

1）用宽座 90°角尺检测垂直度。其方法如图 2—31 所示。

2）在平板上检测垂直度。把标准角铁放在平板上，将工件用 C 形夹头夹在角铁上，工件下面垫上圆棒，用百分表检验，如图 2—34 所示。

（2）表面粗糙度的检测。根据标准样板比较测定或根据经验目测表面粗糙度，$R_a < 6.3$ μm。

（3）平行度和尺寸精度检测。用游标卡尺或千分尺测量。

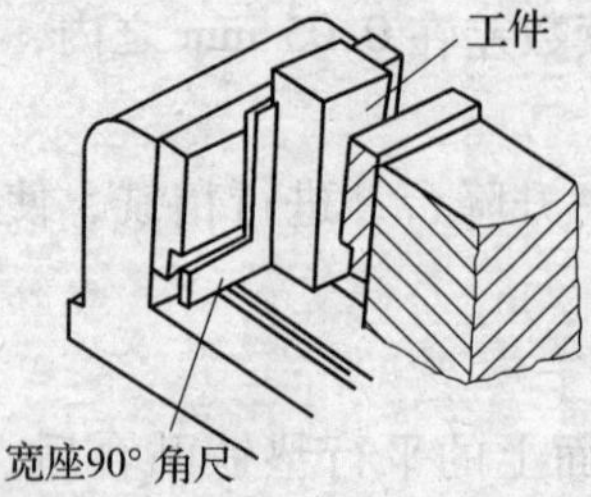

图 2—33　用宽座 90° 角尺检验工件垂直度

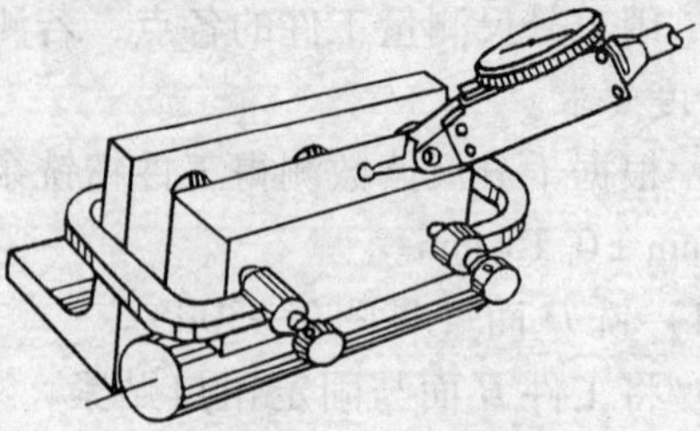

图 2—34　用角铁和百分表检验垂直度

五、铣较长工件的端面

现以图 2—35 所示工件（材料为 HT200）为例，介绍在 X6132 型卧式万能升降台铣床上铣削端面的方法。

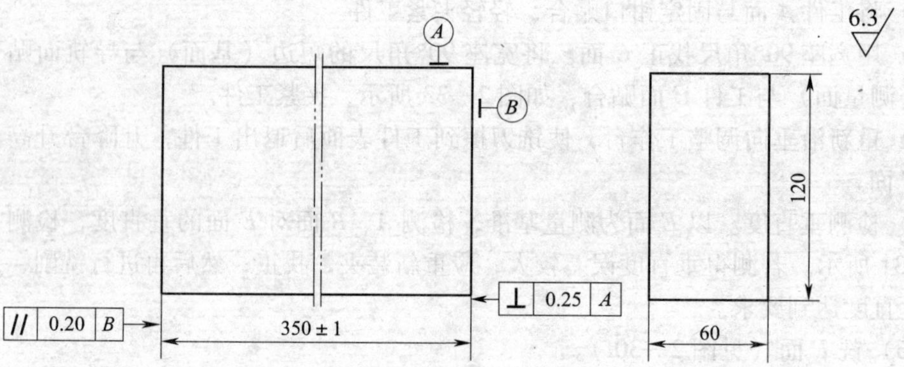

图 2—35　较长工件零件图

1. 铣刀选择与安装

（1）选择铣刀。该工件铣削宽度为 60 mm，选用 $\phi80$ mm 的套式立铣刀。

（2）安装铣刀。在卧式铣床上采用短刀杆安装铣刀，其步骤如下：

1）松开横梁紧固螺母，将横梁移至与垂直导轨面相齐并紧固。

2）在主轴内锥孔装入套式立铣刀刀杆，用拉紧螺杆紧固。

3）将套式立铣刀装入刀杆，旋入螺钉后拧紧。

2. 装夹与找正工件

（1）用平口钳装夹工件。

1）安装平口钳。将平口钳以工作台中间 T 形槽定位并压紧，松开平口钳回转盘螺母，使钳口回转成与工作台纵向进给方向垂直。

2）校正平口钳。校正平口钳固定钳口与工作台纵向进给方向垂直，方法如下：

①用刀杆校正。将刀杆垫圈拆下，装上托架，张开钳口，升高升降台，使钳口轻轻夹住刀杆后，紧固回转盘螺母，如图 2—36 所示。

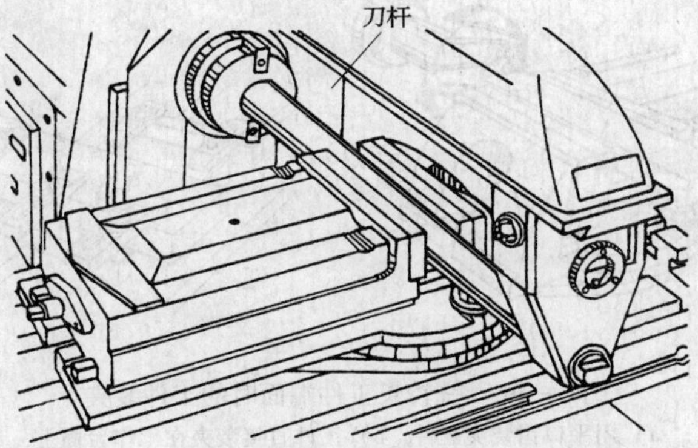

图 2—36　用刀杆校正钳口

②用宽座 90°角尺校正。张开钳口，将 315 mm×200 mm 宽座 90°角尺短边（基面）贴合在垂直导轨面上，长边（测量面）贴合在平口钳的固定钳口上，使活动钳口与宽座 90°角尺长边测量面缝隙均匀，紧固回转盘螺母，如图 2—37 所示。

③用百分表校正。将磁性表座吸在垂直导轨面上，装上杠杆式百分表，先目测，使固定钳口与工作台纵向进给方向垂直，将百分表杠杆测头轴线安装成与钳口测量面约成 15°夹角，摇动工作台，使百分表测头接触固定钳口，回缩约 0.20 mm，然后转动表盘使指针对准“0”位。往复移动横向溜板，校正至百分表读数一致后，紧固回转盘螺母，如图 2—38 所示。

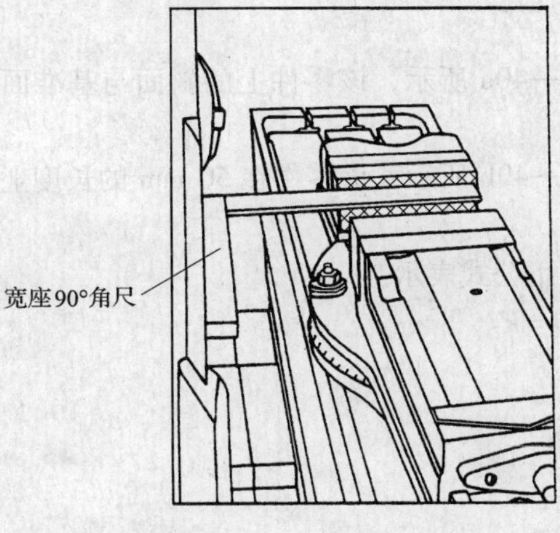

图 2—37　用宽座 90°角尺校正平口钳

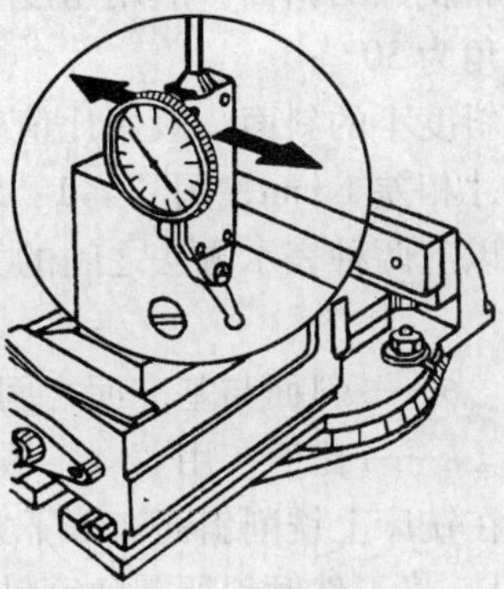

图 2—38　用百分表校正平口钳

3）装夹工件。校正平口钳固定钳口与工作台纵向进给方向垂直后压紧。工件装夹在平口钳内，垫上适当高度的垫铁，夹紧工件时，加工表面要伸出钳口端面约 15 mm，以防铣坏钳口，如图 2—39a 所示。

（2）工件直接装夹在工作台面上。在工作台面上安装定位块，并用百分表校正定位块与工作台纵向进给方向垂直后，将工件的侧面靠向定位块，被加工面伸出工作台面约 15 mm，用压板、螺栓压紧工件，如图 2—39b 所示。

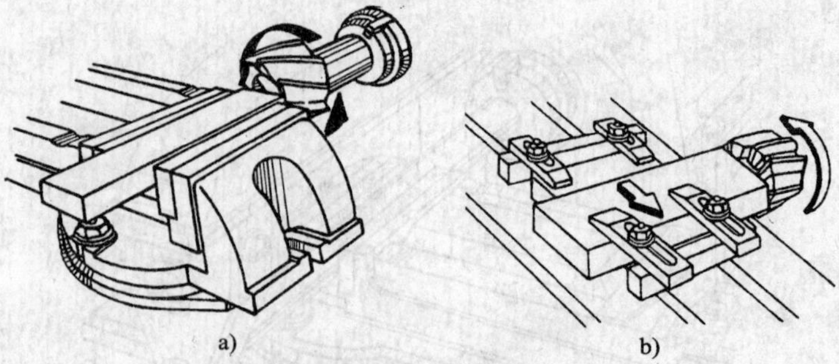

图 2—39　铣较长工件端面时的工件装夹

a）用平口钳装夹工件　b）工件直接装夹在工作台面上

3. 在卧式铣床上铣端面

（1）对刀。沿垂向升高工作台，沿纵向、横向移动工作台，使工件处于套式立铣刀端面齿刃中间位置，缓缓横向移动工作台，使铣刀刚好擦到工件，在横向刻度盘上做好标记，纵向退出工件。

（2）调整铣削层深度。根据标记，工作台横向移动 3 mm，紧固横向进给机构。

（3）铣削。开动机床，纵向机动进给铣削。工件的一端面铣出后，卸下工件，重新装夹铣另一端面，使工件尺寸达到 350 mm ± 1 mm。

六、斜面的铣削方法

斜面是指零件上与基准面倾斜的平面，它们之间相交成一个任意的角度。表示斜面的方法有两种：

斜度大的斜面一般用角度表示。如图 2—40a 所示，该零件上的斜面与基准面之间的夹角为 30°。

斜度小的斜面一般用比值表示。如图 2—40b 所示，该零件在 50 mm 的长度上，两端尺寸相差 1 mm，用“∠1：50”表示。

以上两种表示方法之间的关系，可用以下公式表示：

$$\tan\theta = k$$

式中　θ——斜面与基准面之间的夹角；

k——比值，用“∠”或“⊿”标注。

在铣床上铣削斜面有以下几种方法：

1. 将工件倾斜所需角度铣削斜面

（1）按划线装夹工件（见图 2—41）。这种方法适宜加工较小型的工件，装夹时最好使钳口与进给方向垂直，避免由于铣削力的作用使工件松动。

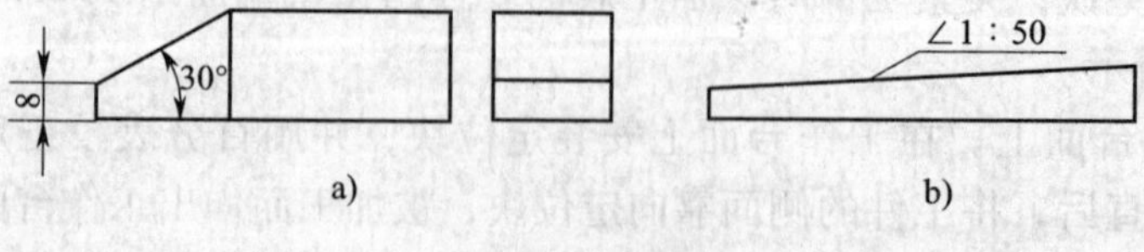

图 2—40　斜面斜度的表示方法

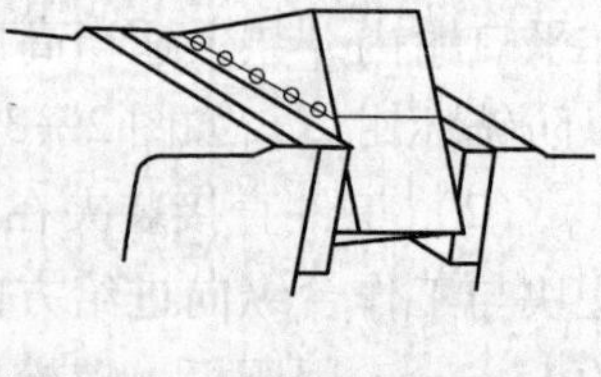

图 2—41　按划线装夹工件

对于较大型的工件，可将工件直接用压板压紧在工作台面上，根据划线校好角度，采用立铣、卧铣均可。

（2）把工件装夹在平口钳上，转动钳口角度，如图2—42a所示，进行铣削。这种方法适宜加工切削余量较小的工件。加工时，把工件的基准面与固定钳口贴合并夹紧。若要铣出与基准面成θ角的斜面，平口钳应转的角度为：

$$\alpha = 90° - \theta$$

在卧式铣床上端铣加工斜面时，可用图2—42b所示的方法加工。利用平口钳底盘刻度来获得所需的转角。

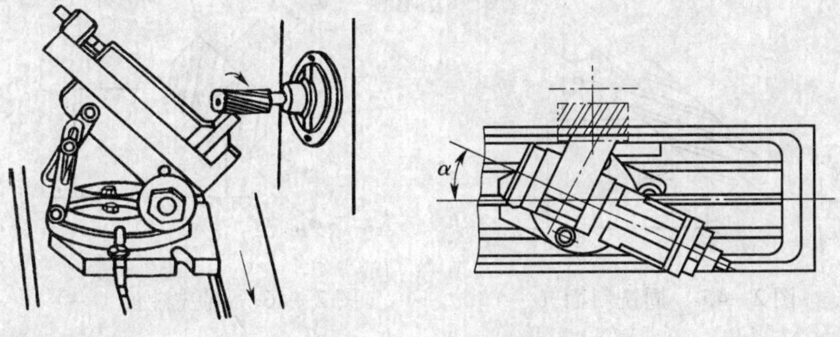

a)　　b)

图2—42　转动平口钳铣平面

（3）用万能转台装夹工件（见图2—43）。万能转台的刚度较好，可以加工较大的工件。转台可作两个方向的旋转。

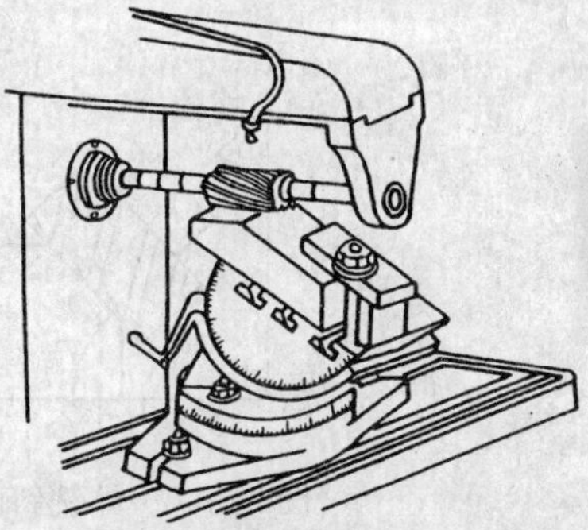

图2—43　用万能转台装夹工件

（4）用倾斜垫铁和专用夹具装夹工件。如图2—44a所示为用倾斜垫铁装夹工件，用这种方法加工斜面，装夹便捷，适合小批量生产。斜面与基准面之间的夹角等于倾斜垫铁的斜角：

$$\theta = \alpha$$

在大批量生产时，最好采用专用夹具来铣斜面，如图2—44b所示。其优点是一次可加工两件或多件，生产率高；缺点是专用夹具制造成本高。

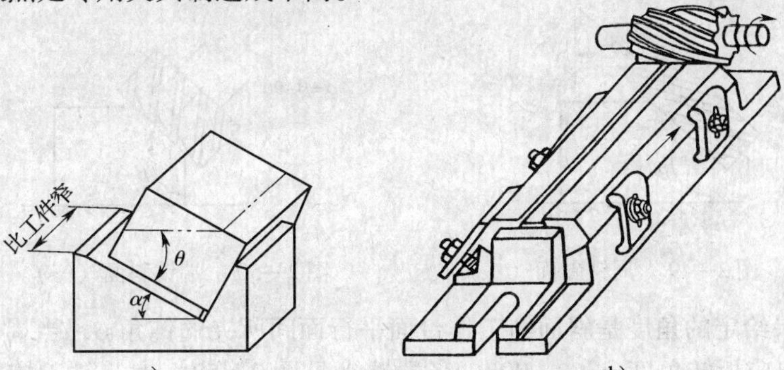

a)　　b)

图2—44　用倾斜垫铁和专用夹具装夹工件

2. 将立铣头倾斜所需角度铣斜面

采用这种方法，通常在立式铣床上根据工件的斜度需求，将立铣头转动相应角度，把斜面铣出来。

确定立铣头扳转角度数值时，应根据斜面斜度和所使用铣刀情况而定，可按照下面方法确定：

（1）斜面与垂直面相交成角度 β。当使用立铣刀周铣（见图 2—45）时，铣头（铣刀）扳转角度 $\alpha=\beta$；当端铣（见图 2—46）时，铣头扳转角度 $\alpha=90°-\beta_1=90°-\beta$。

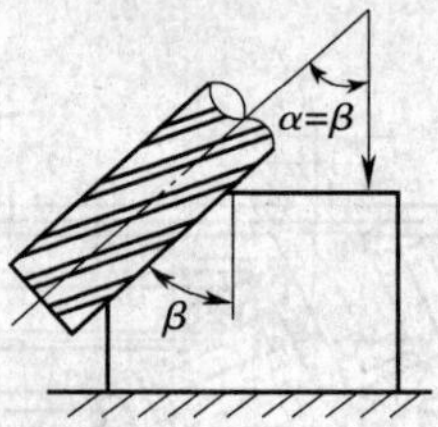

图 2—45　周铣斜面（一）

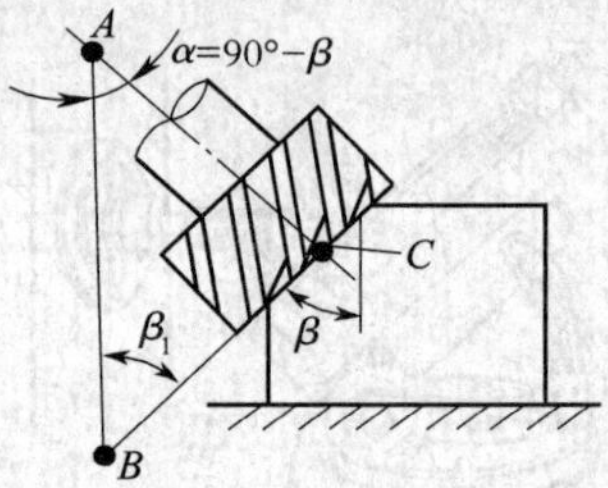

图 2—46　端铣斜面（一）

（2）斜面与水平面相交成角度 β。当使用端铣（见图 2—47）时，铣头（铣刀）扳转角度 $\alpha=\beta$；当周铣（见图 2—48）时，铣头扳转角度 $\alpha=90°-\beta_1=90°-\beta$。

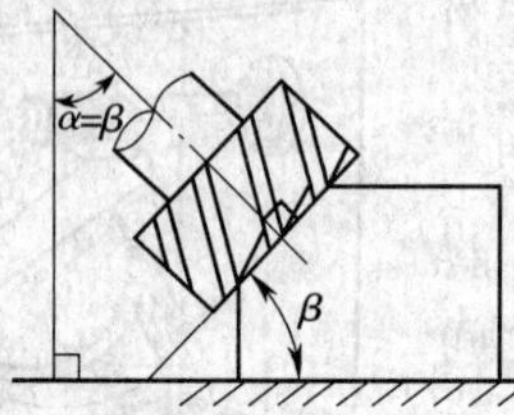

图 2—47　端铣斜面（二）

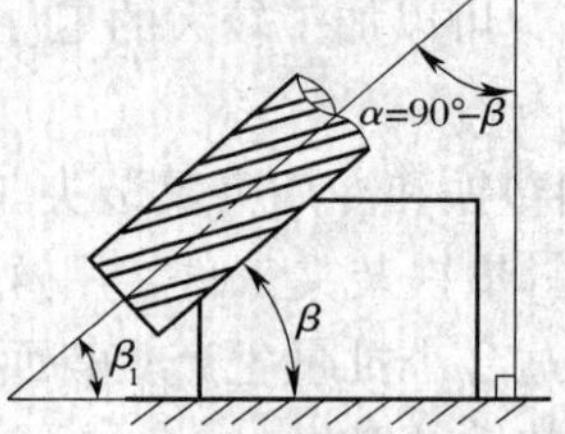

图 2—48　周铣斜面（二）

（3）如果给定的角度是斜面与工作台垂直线间的夹角 β，当周铣（见图 2—49）时，铣刀应扳转角度 $\alpha=180°-\beta$；当端铣（见图 2—50）时，铣刀应扳转角度 $\alpha=\beta-90°$。

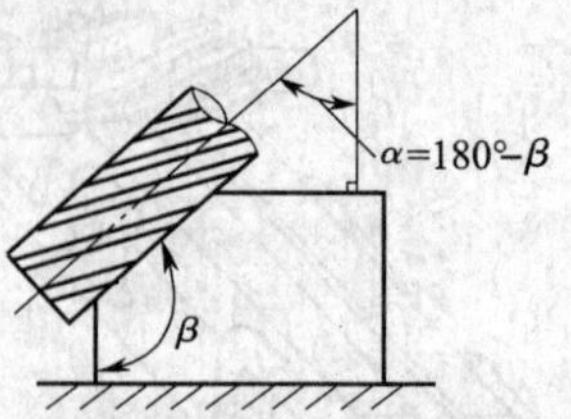

图 2—49　周铣斜面（三）

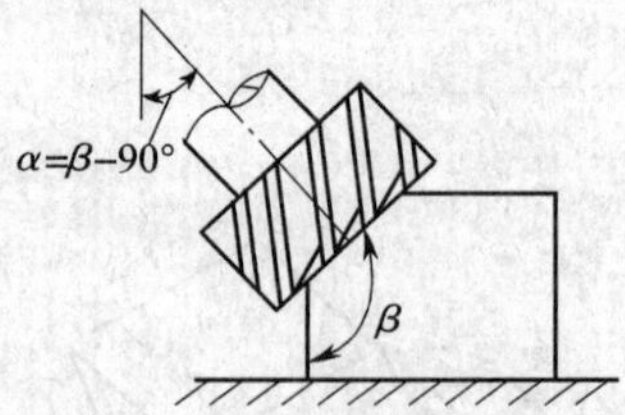

图 2—50　端铣斜面（三）

（4）如果给定的角度是斜面与工作台面平行面间所夹的钝角 β，当周铣（见图 2—51）时，铣刀应扳转角度 $\alpha=\beta-90°$；当端铣（见图 2—52）时，铣刀应扳转角度 $\alpha=180°-\beta$。

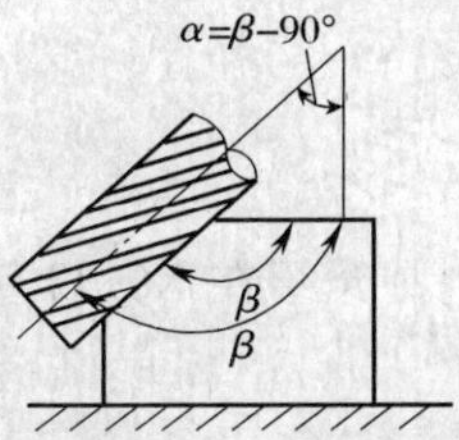

图 2—51　周铣斜面（四）

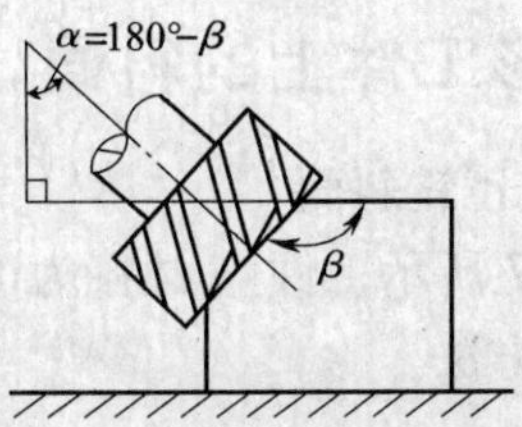

图 2—52　端铣斜面（四）

3．使用角度铣刀铣斜面

如图 2—53 所示是使用角度铣刀铣斜面的情况，所选用的铣刀角度要与工件的斜度相一致。由于角度铣刀的切削刃宽度有一定限制，所以，这种方法适用于较小尺寸的工件。如图 2—54 所示，选用的角度铣刀锥面刀齿的长度要大于工件的斜面宽度。当工件数量较多时，为了保证质量和提高生产率，也可以将多把铣刀组合起来进行铣削，如图 2—55 所示。采用组合铣刀铣斜面时，为了保证切削位置的准确，必须控制好铣刀间的距离。铣刀间的距离依靠固定垫圈或可调整垫圈来调整。

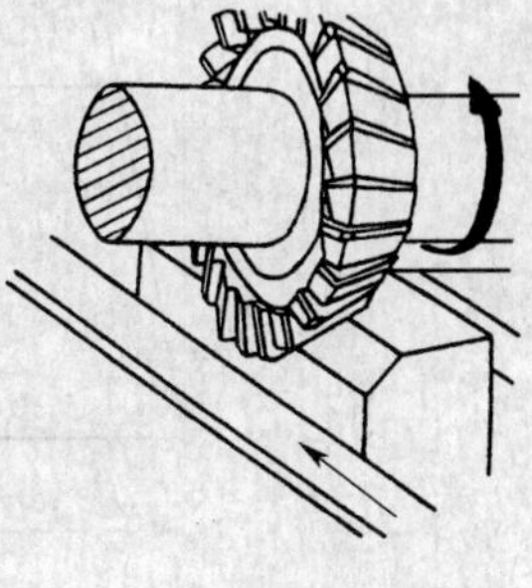

图 2—53　使用角度铣刀铣斜面

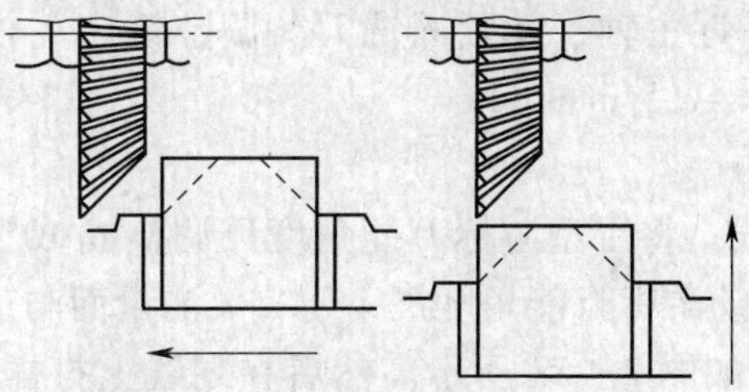

图 2—54　用一把单角铣刀铣斜面

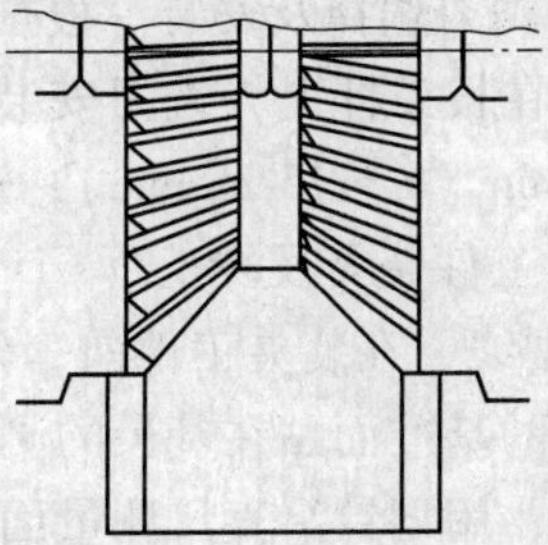

图 2—55　用两把单角铣刀铣斜面

4．在万能分度头上装夹工件

如图 2—56 所示是利用分度头装夹工件铣斜面。工件用三爪自定心卡盘装夹，按照斜度要求将分度头扳转一个倾斜角度，将斜面铣出来。

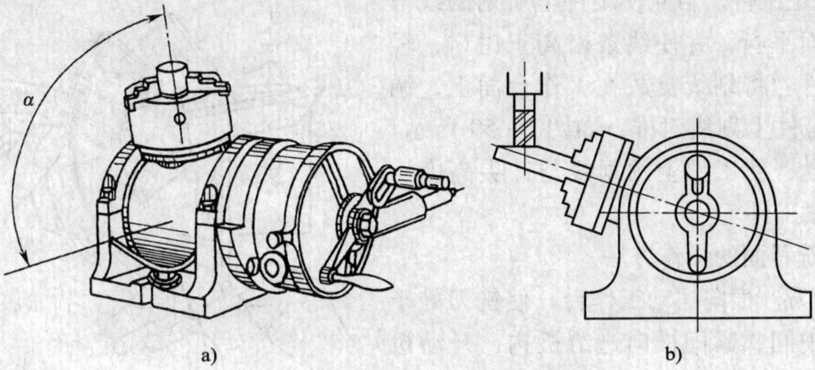

图 2—56　利用分度头装夹工件铣斜面

a）分度头主轴位置倾斜　b）倾斜分度头铣斜面

七、铣削矩形工件上的斜面

1．按划线找正铣斜面

现以图2—57所示工件（材料为HT200）为例，介绍在X6132型卧式万能升降台铣床上铣斜面的方法。

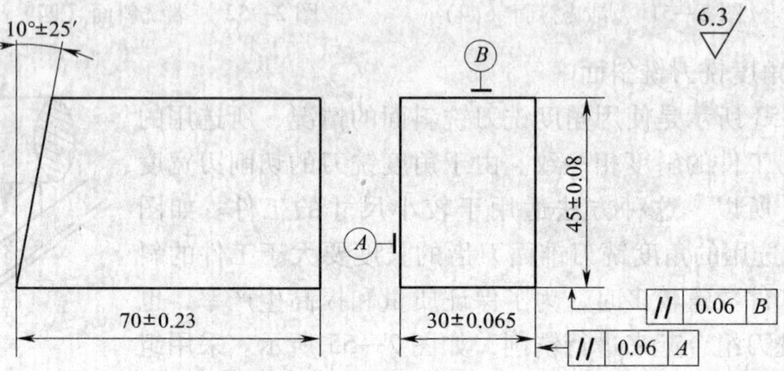

图2—57　斜面零件图（一）

（1）铣刀选择及安装。根据斜面的宽度，选用ϕ63 mm×80 mm的圆柱形铣刀。将铣刀安装在长刀杆上，铣刀安装位置尽量靠近主轴，并紧固铣刀。调整铣床主轴转速$n=75$ r/min（$v_c\approx15$ m/min），进给速度$v_f=47.5$ mm/min。

（2）工件装夹及找正。

1）划线。在装夹工件前，先划出轮廓线。将Ⅰ型游标万能角度尺调整成10°夹角，再把工件的基准面贴在基尺的测量面上，移动游标万能角度尺，使直尺测量面与工件的边缘相交，用划针沿直尺测量面划出线条，如图2—58所示。然后在划线上打样冲眼，样冲眼的中心应准确地打在划线上。

2）装夹工件。工件可用平口钳装夹，先将平口钳安放在工作台中间，目测使固定钳口与工作台横向进给方向平行后压紧，使铣削力朝向固定钳口，然后把工件装夹在钳口中。

3）找正工件。目测使工件上所划的线与钳口上平面平行，并使线条略高于钳口，轻轻夹紧工件。将划线盘放在工作台面上，调整针尖与工件上划线对准，如图2—59所示。移动划线盘，使工件上的划线与针尖高度一致，再夹紧工件。

（3）铣斜面的操作方法。

1）对刀。横向摇动工作台，使铣刀处于铣削位置中间，紧固横向进给机构，开动机床，纵向、垂直移动工作台，使铣刀与工件的最高点相接触，在垂向刻度盘上做标记，

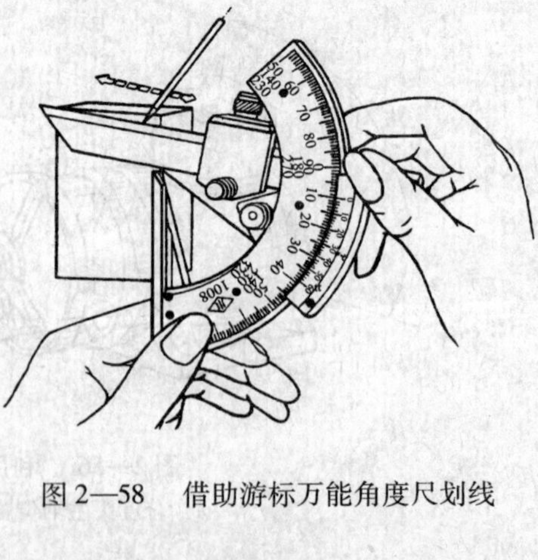

图2—58　借助游标万能角度尺划线

下降工作台，退出工件。

2）粗铣斜面。根据刻度盘上的标记，分两次沿垂向升高工作台，留精铣余量约 1 mm。然后纵向机动进给，粗铣出斜面。

3）精铣斜面。精铣前用划线盘重新找正一次，沿垂向将工作台再升高 1 mm，铣削至工件上留有半个样冲眼。

4）测量。用 I 型游标万能角度尺测量角度等于 10°±25′（见图 2—60）；用游标卡尺测量工件长度达 70 mm±0.23 mm。

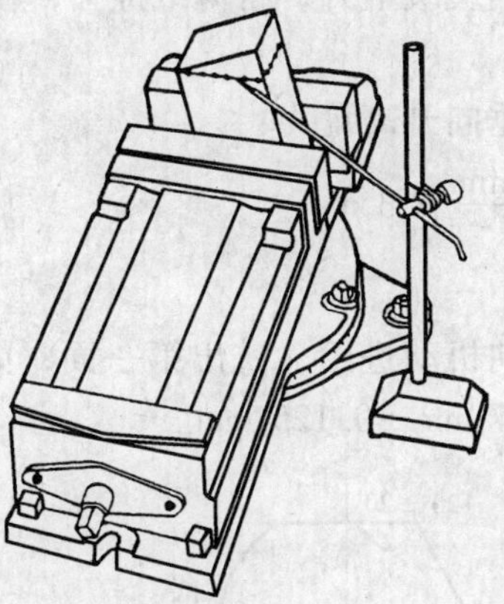

图 2—59　用划线盘找正工件

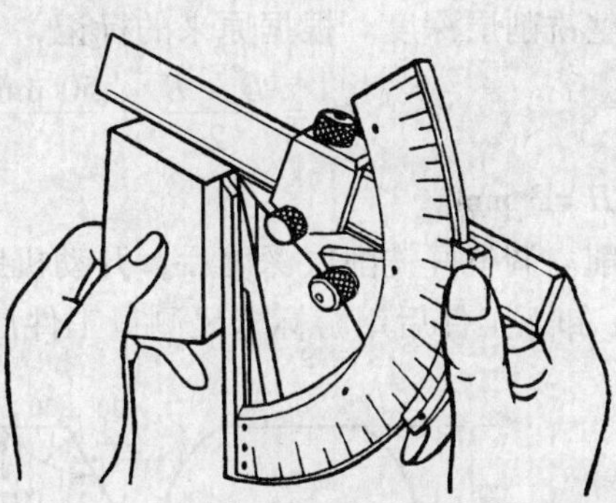

图 2—60　用游标万能角度尺测量工件角度

2. 用游标万能角度尺找正铣斜面

用游标万能角度尺在平口钳上找正工件直接铣出斜面，比按划线铣斜面方便、简单。现以图 2—61 所示工件（材料为 45 钢）为例，介绍在 X5032 型立式铣床上，用圆柱体坯件铣正六棱柱。

（1）铣刀选择及安装。现选用 ϕ63 mm 套式立铣刀，并安装在刀杆上。调整铣床主轴转速 $n=75$ r/min（$v_c \approx 15$ m/min），进给速度 $v_f=47.5$ mm/min。

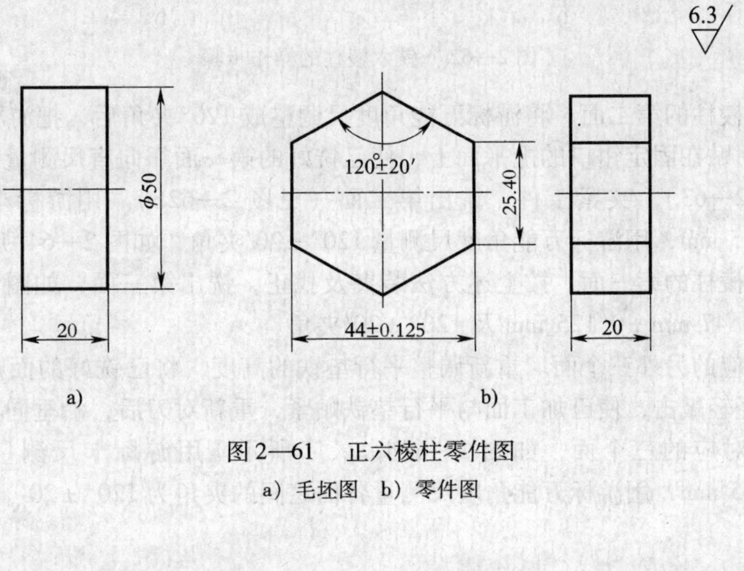

图 2—61　正六棱柱零件图

a）毛坯图　b）零件图

（2）工件装夹及找正。该工件采用平口钳装夹，将平口钳安放在工作台中间，使固定钳口与工作台横向进给方向平行，压紧平口钳后将工件装夹在钳口中，在工件的下面垫上适当高度的平行垫铁，并使工件铣削面高出钳口约 4 mm 后夹紧工件，用铜棒敲击工件，使之与平行垫铁贴紧。

（3）铣六棱柱的操作步骤。

1）铣六棱柱的第一面。

①对刀。在工件外圆上贴一张薄纸，摇动横向、纵向、垂向手柄，使工件处于铣削位置后紧固横向进给机构，开动机床，工作台沿垂向缓缓上升，将薄纸擦去，在垂向刻度盘做标记，下降工作台，退出工件。

②调整铣削层深度。根据原来的标记，工作台垂向升高量为：

$$H=\frac{D-B}{2}=\frac{50\ \text{mm}-44\ \text{mm}}{2}=3\ \text{mm}$$

即升高量 $H=3$ mm。

③铣削。调整好铣削层深度后，开动机床，纵向机动进给，铣出第一面，如图 2—62a 所示。卸下工件后用游标卡尺测量工件尺寸达 47 mm ±0. 125 mm。

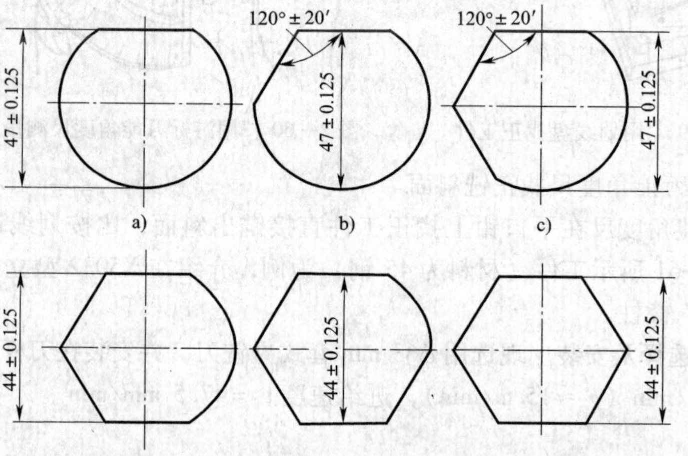

图 2—62　铣六棱柱的操作步骤

2）铣六棱柱的第二面。将游标万能角度尺调整成 120°夹角后，把游标万能角度尺的基尺测量面贴在固定钳口的上平面上，使已铣好的第一面靠向直尺测量面，使之缝隙均匀（见图 2—63）。夹紧工件，铣出第二面（见图 2—62b）。用游标卡尺测量尺寸 47 mm ±0. 125 mm，用游标万能角度尺测量 120° ±20′夹角，如图 2—64 所示。

3）铣六棱柱的第三面。按上述方法装夹及找正，铣出第三面，如图 2—62c 所示。然后测量尺寸 47 mm ±0. 125 mm 及 120° ±20′夹角。

4）铣对应的另外三个面。重新调整平行垫铁的高度，将已铣好的面贴在平行垫铁上，夹紧后轻轻敲击，使已加工面与平行垫铁贴紧，重新对刀后，沿垂向将工作台升高 3 mm，铣出对应的三个面，如图 2—62d、e、f 所示。用游标卡尺测量工件尺寸达 44 mm ±0. 125 mm，用游标万能角度尺测量各面之间的夹角为 120° ±20′。

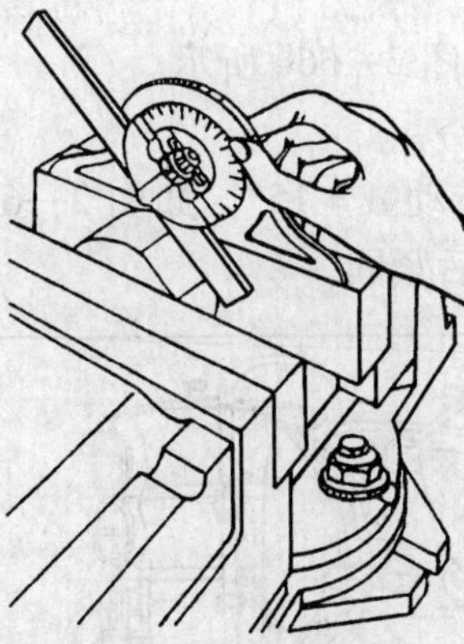

图 2—63　用游标万能角度尺找正工件

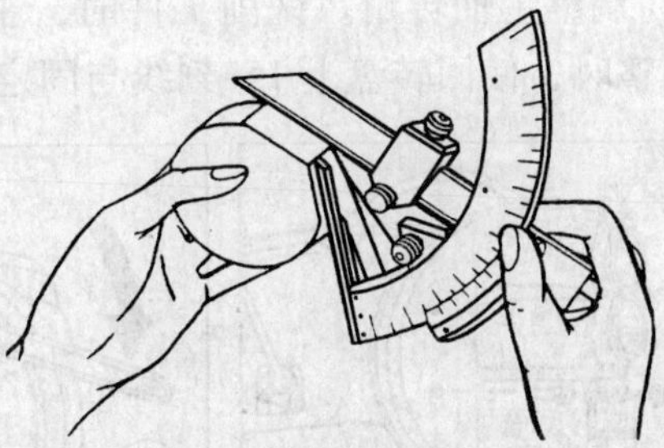

图 2—64　用游标万能角度尺测量 120° ±20′夹角

八、调整主轴角度铣斜面

现以图 2—65 所示工件（材料为 HT200）为例，介绍在 X5032 型立式铣床上用立铣刀铣削斜面的操作方法。

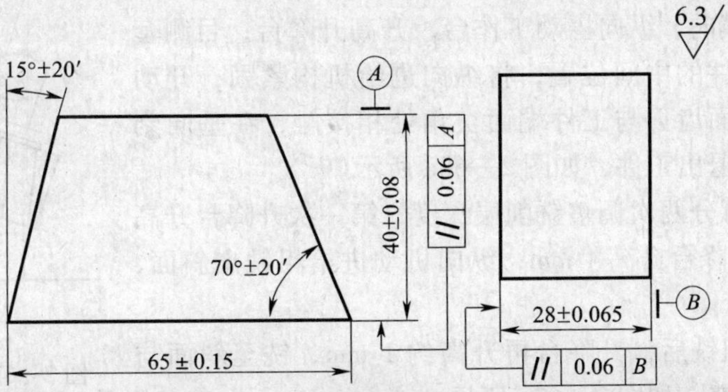

图 2—65　斜面零件图（二）

1. 端面铣削加工 15°斜面

（1）铣刀选择及安装。根据图样要求选用 ϕ63 mm 套式立铣刀，装入套式立铣刀刀杆后紧固。调整铣床主轴转速 n = 75 r/min（$v_c \approx 15$ m/min），进给速度 v_f = 47.5 mm/min。

（2）工件装夹及找正。该工件采用平口钳装夹，将平口钳安放在工作台中间，并校正固定钳口与工作台横向进给方向垂直后压紧，再将工件装夹在钳口中，使工件的底面与平口钳导轨面平行。

（3）主轴转角调整。

1）主轴转角调整步骤。

①先用活扳手顺时针方向扳松立铣头右侧圆锥销顶端的六角螺母，拔出圆锥定位销，如图 2—66a 所示。

②松开立铣头回转盘上的四个螺母，如图 2—66b 所示。

③根据转角要求，转动立铣头回转盘左侧的齿轮轴，如图 2—66c 所示。

④紧固立铣头回转盘上的四个螺母。

2）调整主轴转角。铣削工件时，主轴应逆时针方向转动 $\alpha = 15°$，如图 2—67 所示。调整时，使回转盘上 15°刻线与固定盘上的基准线对准后紧固。

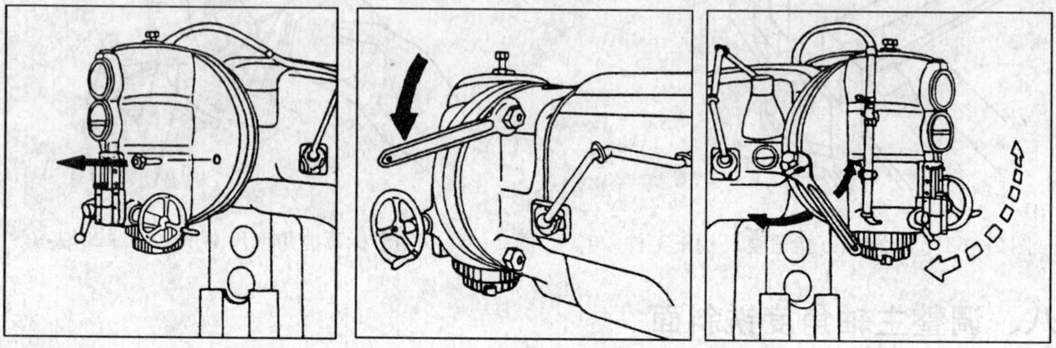

a) b) c)

图 2—66　主轴转角调整步骤

（4）斜面的铣削步骤。

1）对刀。横向、纵向摇动工作台，升高升降台，目测套式立铣刀处于工件的中间位置，将纵向进给机构紧固，开动机床，使铣刀端面齿刃与工件端面交角处相接触，在垂向刻度盘做好标记，退出工件，如图 2—68a 所示。

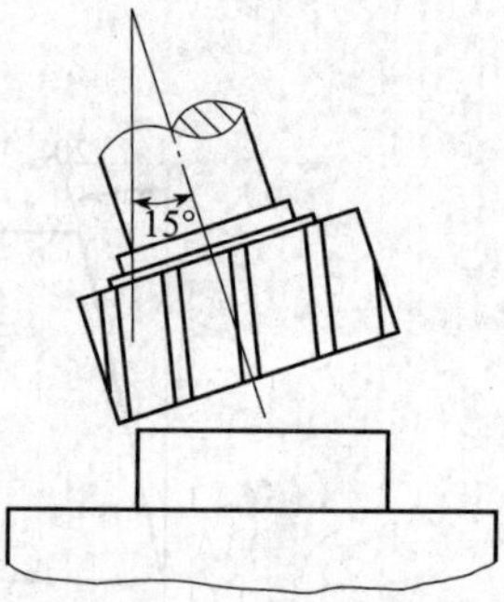

图 2—67　逆时针方向调整主轴转角

2）粗铣。可分两次调整铣削层深度，第一次升降台升高 5 mm，第二次升降台升高 4 mm，纵向机动进给粗铣出斜面，如图 2—68b 所示。

3）精铣。粗铣后，升降台再升高约 1 mm，铣至斜面与工件的垂直面相交，如图 2—68c 所示。

4）测量。用游标卡尺测量尺寸为 $65^{+0.46}_{0}$ mm，用游标万能角度尺测量角度为 15° ±20′。

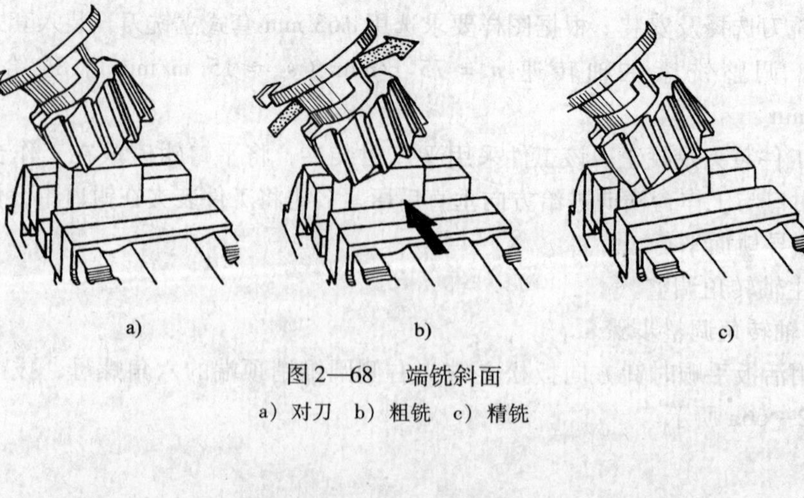

a) b) c)

图 2—68　端铣斜面

a）对刀　b）粗铣　c）精铣

2．周边铣削70°斜面

（1）铣刀选择与安装。

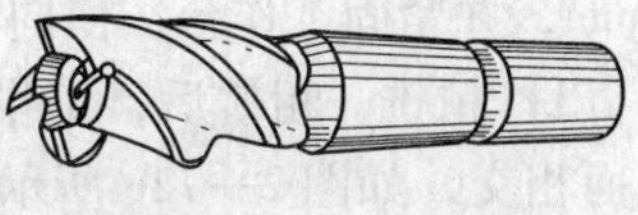

图2—69　锥柄立铣刀

1）选择铣刀。采用立铣刀周边齿刃铣削，选择时要考虑刀具的刚度及铣刀刃口的长度L。现选用“粗齿铣刀32 GB/T 6117.2—1996”（即外径$d=32$ mm、刃口长度$L=53$ mm、齿数$z=4$的Ⅰ组粗齿莫氏锥柄标准型立铣刀），如图2—69所示。

2）安装铣刀。选用内锥孔为莫氏4号的变径套安装铣刀，如图2—70所示，安装步骤如下：

①将主轴内锥孔擦干净。

②将变径套2的外锥体及内锥孔擦干净，装入立铣刀3。

③将立铣刀3连同变径套2一起装入主轴内锥孔，并使变径套2上的槽对准主轴端部的键。

④用M14长螺杆1紧固。

3）选择铣削用量。调整主轴转速$n=190$ r/min（$v_c\approx19$ m/min），进给速度$v_f=37.5$ mm/min。

（2）工件装夹及找正。采用平口钳装夹工件，并找正固定钳口与工作台纵向进给方向平行。将工件水平装夹在钳口中，使工件的端面露出钳口端面约16 mm，工件的下面可垫上适当高度的平行垫铁，夹紧工件。

（3）调整主轴转角。主轴应顺时针方向转动$\alpha=20°$，如图2—71所示。

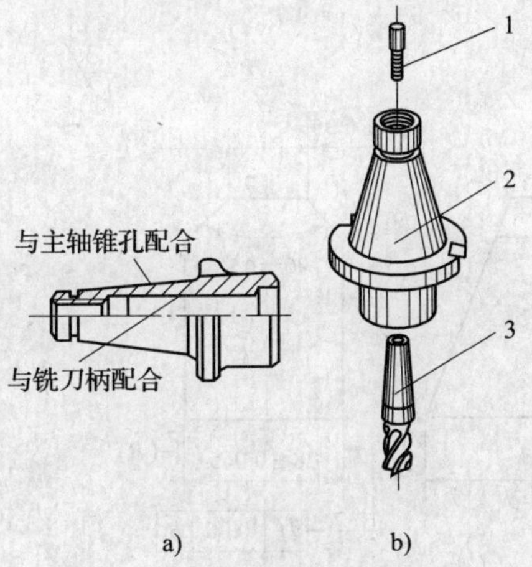

图2—70　安装锥柄立铣刀

a）变径套　b）安装铣刀

1—长螺杆　2—变径套　3—立铣刀

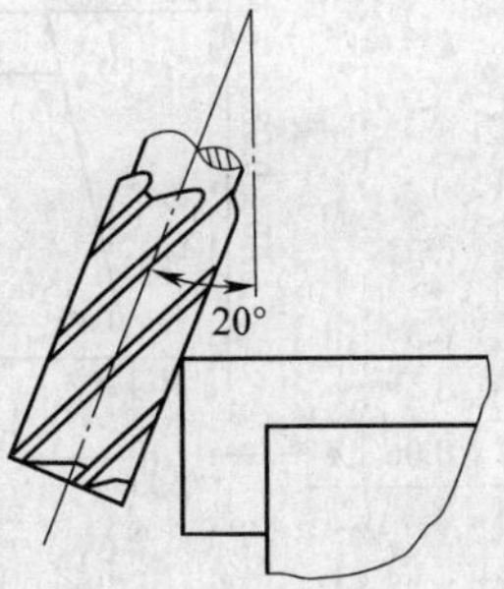

图2—71　顺时针方向调整主轴转角

（4）斜面的铣削步骤。

1）对刀。横向、纵向、垂向摇动工作台，目测立铣刀端面齿刃超过工件底面约3 mm，使立铣刀周边齿刃与工件端面交角处接触，在纵向刻度盘做好标记，横向退出工件，如图2—72a所示。

2）粗铣。分三次调整铣削层深度，第一次为5 mm、第二次为4 mm、第三次为

3 mm，并紧固工作台，横向机动进给，粗铣斜面，如图 2—72b 所示。

3）精铣。粗铣后，工作台再纵向移动约 1 mm 进行精铣，直至斜面的一边与工件底面相交，如图 2—72c 所示。

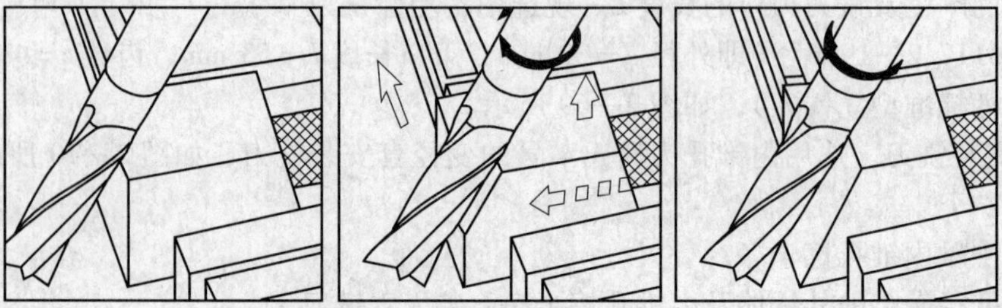

图 2—72 周铣斜面

a）对刀 b）粗铣 c）精铣

4）测量。用游标卡尺测量斜面至端面尺寸为 65 mm ± 0. 15 mm，用游标万能角度尺测量角度为 70° ± 20′。

九、用角度铣刀铣斜面

工件数量较多、宽度较窄的斜面，一般用单角铣刀铣削。现以图 2—73 所示工件（材料为 HT200）为例，介绍在 X6132 型卧式万能升降台铣床上用角度铣刀铣削斜面的操作方法。

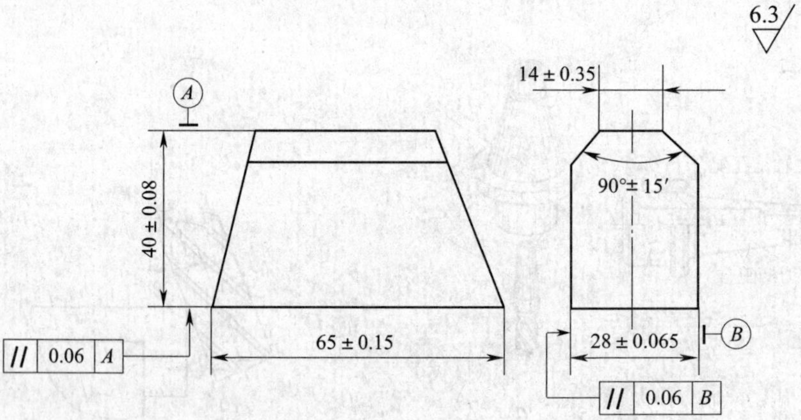

图 2—73 斜面零件图（三）

1. 用一把单角铣刀铣斜面

（1）铣刀选择及安装。

1）角度铣刀的种类。角度铣刀有单角铣刀、不对称双角铣刀、对称双角铣刀，如图 2—74 所示。

2）选择铣刀。选择铣刀时应根据斜面的宽度及角度要求决定铣刀规格，一般采用单角铣刀加工。现选用外径 $D = 63$ mm、内径 $d = 22$ mm、角度 $\theta = 45°$、$z = 20$ 的单角铣刀。

a)　　　　b)　　　　c)

图 2—74　角度铣刀

a）单角铣刀　b）不对称双角铣刀　c）对称双角铣刀

3）安装铣刀。将单角铣刀装入 ϕ22 mm 刀杆的中间位置上，然后扳紧。

4）选择铣削用量。由于角度铣刀的刀尖强度差，排屑较困难，易损坏，所以应选择较小的铣削用量。调整主轴转速 n = 75 r/min（$v_c \approx$ 15 m/min），进给速度 v_f = 23.5 mm/min。

（2）工件装夹及找正。将平口钳安放在工作台中间位置，校正固定钳口与工作台纵向进给方向平行后压紧。工件装夹在钳口中，垫上适当高度的平行垫铁，用铜棒轻轻敲击，使之与平行垫铁贴紧。

（3）斜面的铣削步骤。

1）对刀。沿垂向升高工作台，使单角铣刀外径高出工件顶面约 9 mm，开动机床，横向摇动工作台，使单角铣刀的斜面齿刃与工件的交角处相接触（见图 2—75a），在横向刻度盘上做好标记，退出工件。

2）铣一侧斜面。根据刻度盘标记，工作台横向移动 7 mm 后紧固，纵向机动进给铣出一侧斜面（见图 2—75b）。

3）铣另一侧斜面。松开工件，将工件转过 180°装夹，铣出另一侧斜面，如图 2—75c 所示。

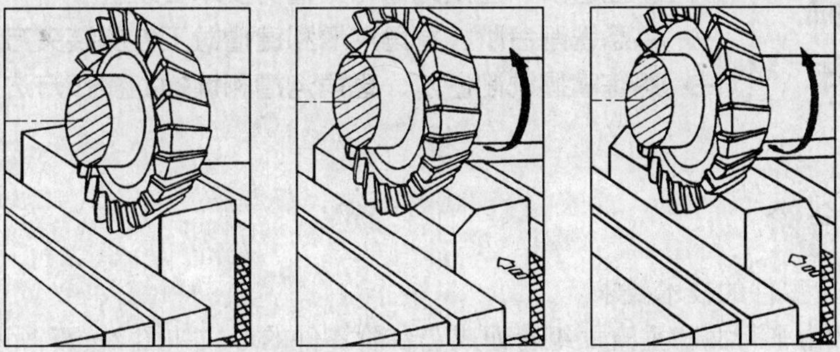

a)　　　　b)　　　　c)

图 2—75　单角铣刀铣削斜面

a）对刀　b）铣一侧斜面　c）铣另一侧斜面

4）测量。用游标卡尺测量两斜面间距离为 14 mm ± 0. 35 mm，用游标万能角度尺测量角度为 45°。

（4）注意事项。

1）由于角度铣刀的刀齿强度差，容屑槽较小，应选用较小的进给量。

2）铣削时一般应采用逆铣。

3）铣削钢件时应冲注足够的切削液。

2. 组合铣削加工斜面

当工件数量较多时，可用两把 ϕ63 mm × 45°的单角铣刀一次进给铣出两个斜面，如图 2—76 所示。

（1）铣刀选择及安装。

1）选择铣刀。组合铣削加工时选用两把 ϕ63 mm × 45°的单角铣刀，刃口则分别是左切和右切。

2）安装铣刀。将两把单角铣刀装到 ϕ22 mm 长刀杆上，使两斜面刃口相对（见图 2—76），中间用 10 mm 厚的垫圈隔开后并紧固。

3）选择铣削用量。与用一把单角铣刀铣斜面时相同。

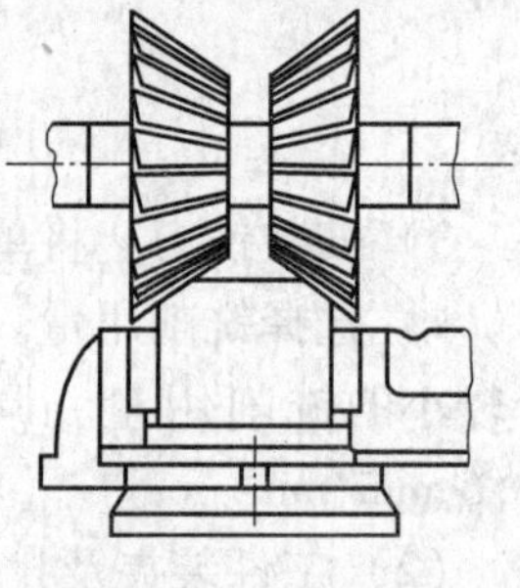

图 2—76　组合铣削斜面

（2）斜面的铣削步骤。

1）对刀。操纵机床各手柄，经目测使工件处于两把单角铣刀中间，沿垂向升高工作台，使铣刀同时切到工件交角处，若有偏差则横向调整工作台，然后紧固横向溜板。

2）调整铣削层深度。开动机床，使铣刀刚好擦到工件，在垂向刻度盘上做好标记，纵向退出工件，沿垂向分两次升高工作台进给，第一次为 5 mm，第二次为 2 mm，纵向机动进给铣出斜面。

第二节　铣削台阶、直角沟槽、轴上键槽

培训目标

- 掌握台阶、直角沟槽和键槽的技术要求。
- 熟悉铣削台阶、直角沟槽和键槽时工件的装夹方法。
- 熟练掌握铣削台阶、直角沟槽和键槽的操作方法。

一、铣削台阶

1. 对台阶零件的技术要求

台阶一般由平行面和垂直面组合而成，台阶零件的形式如图 2—77 所示。台阶的技术要求如图 2—78 所示。

（1）尺寸精度。当台阶与其他零件的相应部位相配合时，其尺寸精度一般要求较高。

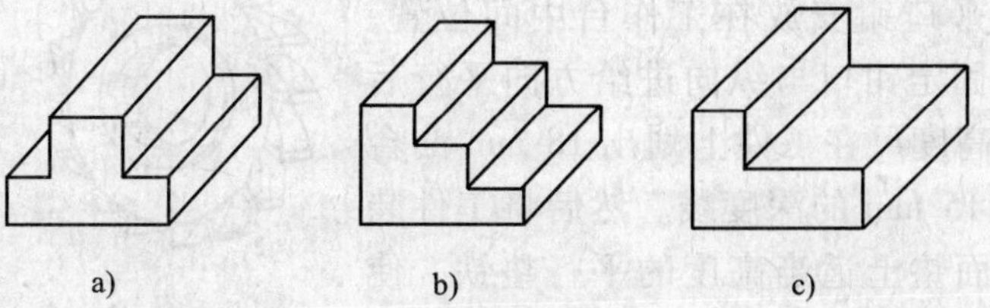

图 2—77　台阶零件的形式

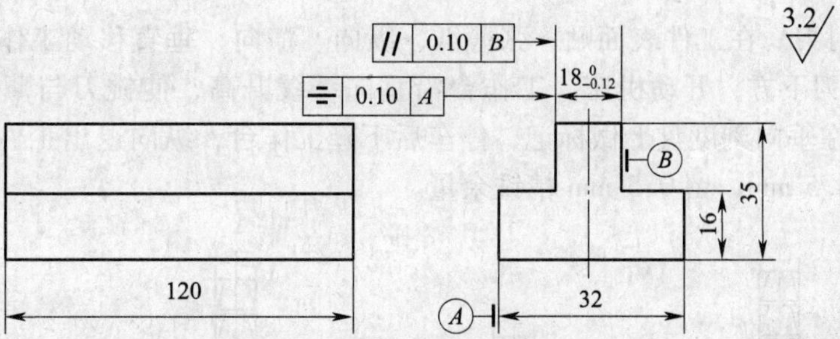

图 2—78　台阶的技术要求

（2）形状、位置精度。台阶各面的平面度、台阶侧面与基准面的平行度以及双台阶对中心线的对称度等一般都有较高的要求。

（3）表面粗糙度。台阶的各平面和两侧配合面一般都要求表面粗糙度值较小。

2．用一把三面刃铣刀铣台阶

现以图 2—79 所示工件（材料为 45 钢）为例，介绍在 X6132 型卧式万能升降台铣床上用一把三面刃铣刀铣削台阶的操作方法。

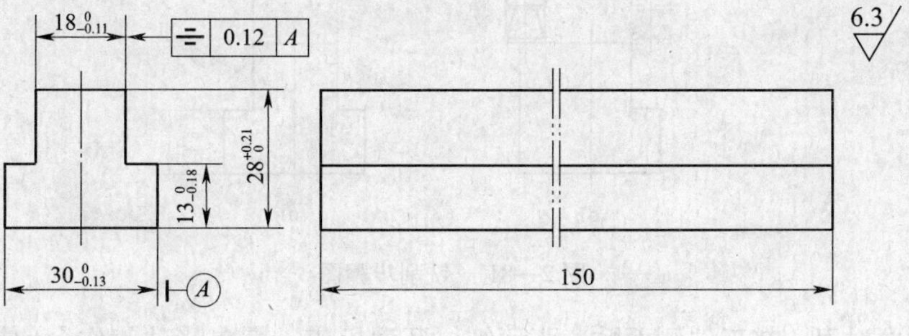

图 2—79　台阶零件图（一）

（1）铣刀的选择。根据台阶的宽度和深度，现选用外径 $D=80$ mm、厚度 $L=8$ mm、内径 $d=27$ mm、齿数 $z=16$ 的直齿三面刃铣刀，如图 2—80 所示。

（2）铣刀的安装。将三面刃铣刀安装在 $\phi 27$ mm 长刀杆中间位置后紧固。

（3）选择铣削用量。调整铣床主轴转速 $n=75$ r/min（$v_c\approx 19$ m/min），进给速度 $v_f=37.5$ mm/min。

（4）工件的装夹与找正。根据工件形状采用平口钳装夹。将平口钳安放在工作台中间位置，并用百分表校正固定钳口与纵向进给方向平行后压紧。装夹前用高度尺在工件上划出 18 mm 凸台对称尺寸线以及 15 mm 的深度线。然后将工件装夹在钳口内，下面垫上适当高度的平行垫铁，使工件的上平面高出钳口约 16 mm 后夹紧，用铜棒轻轻敲击使之与平行垫铁贴紧。

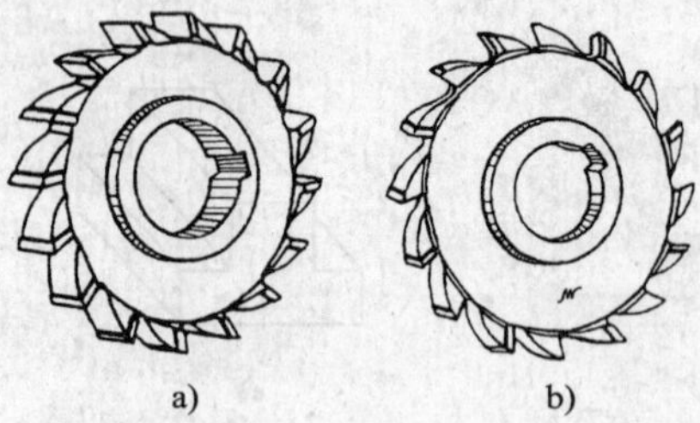

图 2—80　三面刃铣刀

a）直齿三面刃铣刀　b）错齿三面刃铣刀

（5）对刀。

1）深度对刀。在工件表面贴一张薄纸，纵向、横向、垂直移动工作台，使工件铣削部位处于铣刀下方，开动机床，工作台沿垂向缓缓升高，使铣刀与薄纸相接触（见图 2—81a），在垂向刻度盘上做标记，停车后下降工作台，纵向退出工件，然后沿垂向升高工作台 14.5 mm，留 0.5 mm 精铣余量。

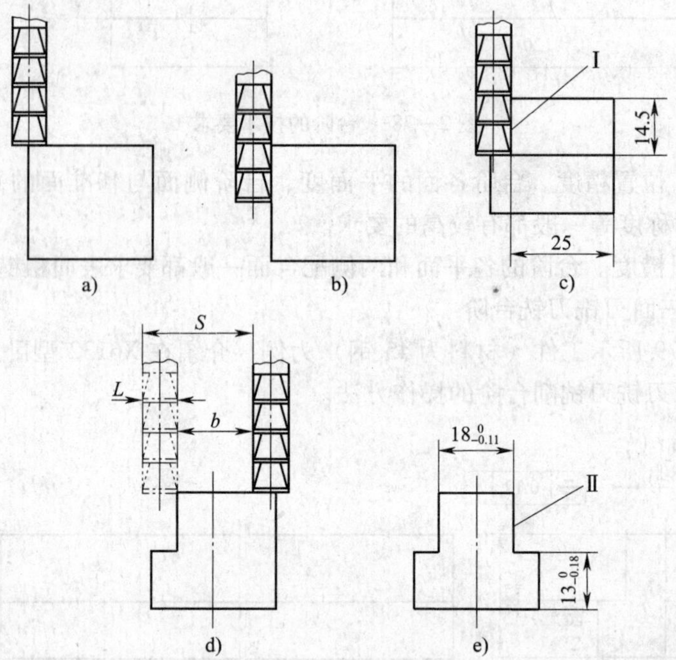

图 2—81　铣削步骤图

2）侧面对刀。在工件侧面贴一张薄纸，开动机床，横向移动工作台使旋转的铣刀缓缓与薄纸相接触（见图 2—81b），在横向刻度盘做好标记，纵向退出工件，根据标记，横向移动工作台 5 mm，留 1 mm 精铣余量，并紧固横向溜板。

（6）铣削台阶（见图 2—82）。

1）粗铣台阶 I 面。上述工作完成后，开动机床，纵向机动进给，粗铣出台阶 I 面（见图 2—81c）。用千分尺测量工件的一侧面至铣出台阶的实际尺寸为 25 mm，用深度游标尺测得深度为 14.5 mm。

2）精铣台阶Ⅰ面。根据实测尺寸，松开横向溜板，横向移动工作台 1 mm 后紧固，沿垂向升高工作台 0.5 mm，铣削后，测量出工件实际尺寸达 $24_{-0.84}^{\ 0}$ mm 及 $13_{-0.18}^{\ 0}$ mm。

3）粗铣台阶Ⅱ面。松开横向溜板，横向移动工作台，移动量 $S = L + b = 8$ mm + 18 mm = 26 mm，先移动 27 mm，留 1 mm 精铣余量（见图 2—81d），紧固横向溜板，沿垂向下降 0.5 mm，纵向机动进给，粗铣出台阶Ⅱ面。用千分尺测量台阶实际宽度为 19 mm。

4）精铣台阶Ⅱ面。松开横向溜板并移动 1 mm（注意消除工作台丝杠与螺母间隙），垂向升高 0.5 mm。精铣后，测量台阶宽度达 $18_{-0.11}^{\ 0}$ mm，尺寸达 $13_{-0.18}^{\ 0}$ mm，表面粗糙度 $R_a < 6.3$ μm，如图 2—81e 所示。

（7）检测。

1）测量台阶宽度。可用游标卡尺或千分尺测量出台阶宽度应为 17.89 ~ 18 mm。

2）测量台阶尺寸。可用游标卡尺或千分尺测量出台阶尺寸应为 12.82 ~ 13 mm。

3）测量对称度。将台阶基面放在平板上，用杠杆百分表测量（见图 2—83）。使百分表测头与台阶一侧面相接触回缩约 0.2 mm，然后转动表盘，使指针对准“0”位，将工件翻转 180°，测量台阶另一侧面，两次读数的差值即为对称度偏差。

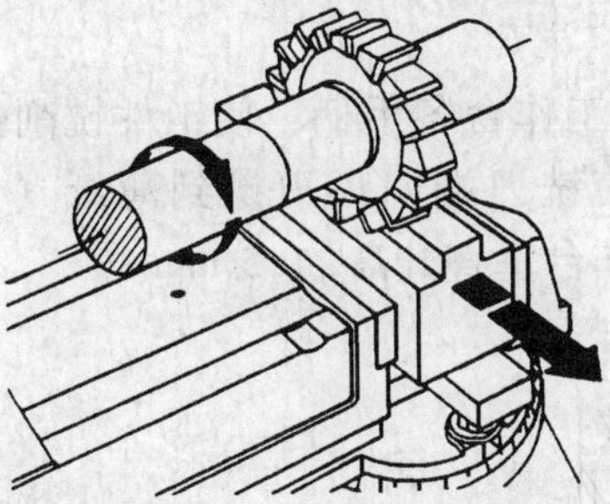

图 2—82　铣削台阶

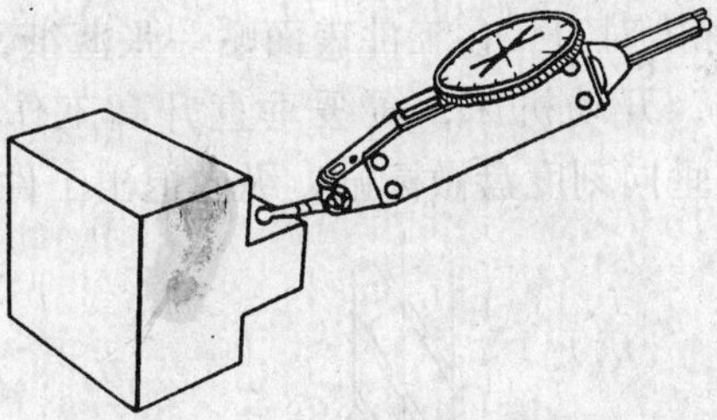

图 2—83　测量台阶对称度

3. 用立铣刀铣台阶

现以图 2—84 所示工件（材料为 HT200）为例，介绍在 X5032 型立式铣床上用锥柄立铣刀铣削台阶的操作方法。

（1）铣刀的选择及安装。用立铣刀铣削台阶时，应考虑台阶面的宽度及刀具的刚度，因此选用 $\phi 25$ mm 锥柄立铣刀，将锥柄立铣刀连同变径套装入主轴内锥孔，用拉紧螺杆紧固。

（2）选择铣削用量。调整铣床主轴转速 $n = 235$ r/min（$v_c \approx 18$ m/min），进给速度 $v_f = 30$ mm/min。

（3）工件的装夹与找正。将平口钳安装在工作台中间位置，用百分表校正固定钳口与工作台纵向进给方向平行后压紧。工件装夹在钳口内，垫上适当高度的平行垫铁，使工件上平面高出钳口略大于 24 mm，然后夹紧，并用铜棒轻轻敲击，使之与平行垫铁贴紧。

（4）铣第一级台阶。

1）粗、精铣台阶Ⅰ面。

①对刀。

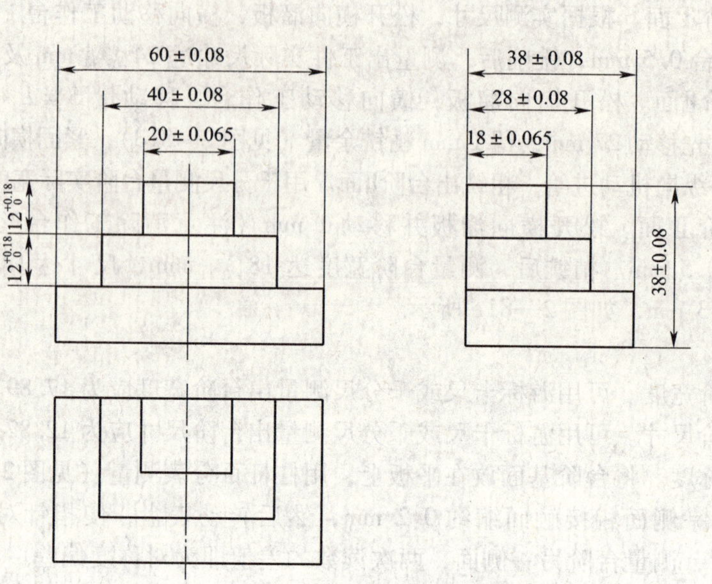

图 2—84　台阶零件图（二）

a. 深度对刀。在工件表面贴一张薄纸，摇动工作台各手柄，使工件铣削部位处于铣刀下方，开动机床，缓缓垂直升高工作台，使铣刀端面齿刃擦到薄纸（见图 2—85a），在垂向刻度盘做标记，纵向退出工件后工作台垂直升高 11. 5 mm。

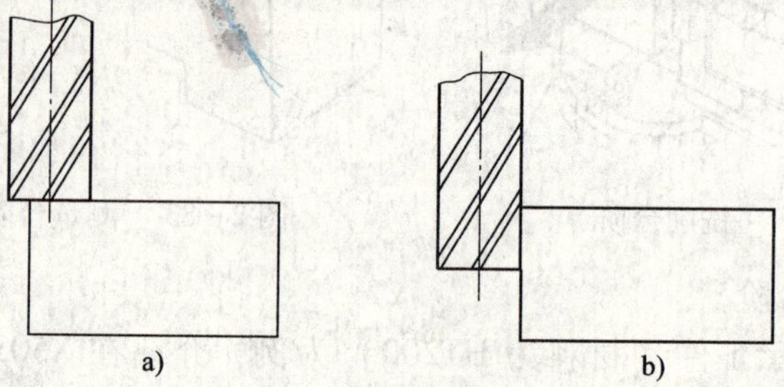

图 2—85　对刀

a）深度对刀　b）侧面对刀

b. 侧面对刀。在工件的侧面贴一张薄纸，开动机床，缓缓纵向移动工作台，使铣刀的周边齿刃刚好擦到薄纸（见图 2—85b），在纵向刻度盘做好标记后，横向退出工件。

②粗铣。根据刻度盘标记，工作台纵向移动 19 mm，紧固纵向进给机构并重新做好标记；横向机动进给，粗铣出台阶Ⅰ面（见图 2—86a）。用千分尺测得工件另一侧至已加工表面尺寸为 41 mm，用深度游标尺测得深度为 11. 5 mm。

③精铣。根据粗铣后测得尺寸，松开纵向进给机构紧固螺钉后移动 1 mm，并重新做好标记，紧固纵向进给机构；工作台垂直升高 0. 5 mm，精铣出台阶Ⅰ面，测量工件尺寸达 40 mm ±0. 065 mm，深度达 $12^{+0.18}_{0}$ mm。

2）粗、精铣台阶Ⅱ面。

①调整工作台位置。工作台垂直下降 0. 5 mm，纵向移动工作台，移动量 $S = d + b = 25\ \text{mm} + 20\ \text{mm} = 45\ \text{mm}$，现移动 46 mm，留 1 mm 精铣余量，如图 2—86b 所示。

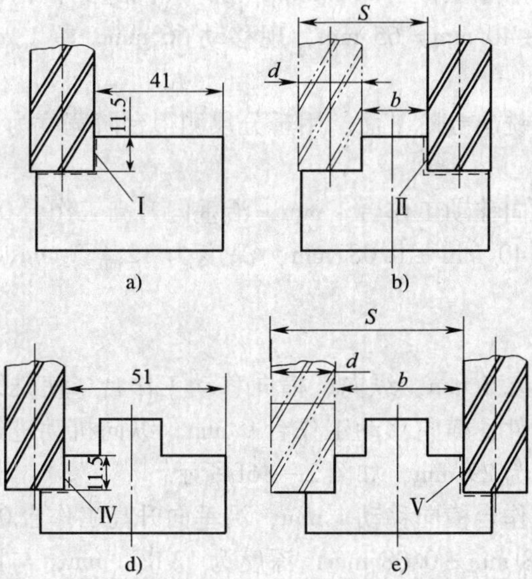

图2—86　铣削双层台阶步骤图

②粗铣。横向机动进给，铣出台阶Ⅱ面，用千分尺测得台阶宽度为21 mm，用深度游标尺测得深度为11.5 mm。

③精铣。沿垂向升高工作台0.5 mm，根据测得尺寸纵向移动工作台1 mm，铣削后使台阶尺寸达20 mm ±0.065 mm，深度为$12^{+0.18}_{0}$ mm，表面粗糙度 R_a <6.3 μm。

3）粗、精铣台阶Ⅲ面。

①粗铣。沿垂向下降工作台0.5 mm，松开纵向进给机构，纵向、横向移动工作台，使铣刀的周边齿刃擦着工件侧面，纵向退出工件，横向移动工作台19 mm，紧固横向溜板；向左纵向机动进给，粗铣出台阶Ⅲ面。用千分尺测量台阶尺寸为19 mm，台阶深度为11.5 mm，如图2—86c所示。

②精铣。松开横向溜板，根据测得尺寸横向移动工作台1 mm后紧固，工作台沿垂向升高0.5 mm，精铣出台阶Ⅲ面。测量出台阶尺寸为18 mm ±0.065 mm，并与台阶Ⅰ、Ⅱ底面接平，表面粗糙度 R_a <6.3 μm。

（5）铣第二级台阶。

1）粗、精铣台阶Ⅳ面。

①对刀。沿垂向升高工作台11.5 mm，横向、纵向移动工作台，使铣刀周边齿刃刚好擦着工件侧面后横向退出工件。

②粗铣。工作台纵向移动9 mm，紧固纵向进给机构，横向机动进给，粗铣出台阶Ⅳ面（见图2—86d）。用游标卡尺测量Ⅳ面至工件侧面尺寸为51 mm，深度为11.5 mm。

③精铣。根据测得尺寸，纵向移动工作台1 mm，沿垂向升高工作台0.5 mm，精铣出台阶Ⅳ面。测得Ⅳ面至工件侧面尺寸达50 mm ±0.08 mm，深度达$12^{+0.18}_{0}$ mm，表面粗糙度 R_a <6.3 μm。

2）粗、精铣台阶Ⅴ面。

①调整工作台位置。沿垂向下降工作台 0.5 mm，松开纵向进给机构，纵向移动工作台，移动量 $S=d+b=25\ mm+40\ mm=65\ mm$，现移动 66 mm，留 1 mm 精铣余量，如图 2—86e 所示。

②粗铣。横向机动进给，粗铣出台阶Ⅴ面。用千分尺测得台阶宽度为 41 mm，深度为 11.5 mm。

③精铣。根据测得尺寸，纵向移动工作台 1 mm，沿垂向升高工作台 0.5 mm，精铣出台阶Ⅴ面。测得台阶宽度为 40 mm ± 0.08 mm，深度为 $12^{+0.18}_{0}$ mm，表面粗糙度 $R_a<6.3\ \mu m$。

3）粗、精铣台阶Ⅵ面。

①粗铣。沿垂向下降工作台 0.5 mm，纵向、横向移动工作台，使铣刀的周边齿刃刚好擦到工件侧面。纵向退出工件，横向移动工作台 9 mm，纵向机动进给，粗铣出台阶Ⅵ面。用千分尺测得台阶尺寸为 29 mm，如图 2—86f 所示。

②精铣。根据测得尺寸，工作台横向移动 1 mm，沿垂向升高工作台 0.5 mm，精铣出台阶Ⅵ面。测得台阶尺寸达 28 mm ± 0.08 mm，深度为 $12^{+0.18}_{0}$ mm，与Ⅳ、Ⅴ台阶底面接平，表面粗糙度 $R_a<6.3\ \mu m$。

（6）注意事项。

1）应尽量选择较大直径的立铣刀，安装时减小伸出长度，增大刚度，以免铣削时影响表面粗糙度、台阶的对称度以及尺寸精度。同时，应分粗、精铣加工。

2）立铣刀安装应牢固，否则容易造成深度超差。

3）由于铣削力较大，因此对不进给的方向应预紧固。

4）应尽量不采用顺铣，以防铣刀折断。

4. 组合铣削加工台阶

现仍以图 2—79 所示工件为例，介绍在 X6132 型卧式万能升降台铣床上用组合铣削加工，一次进给铣出台阶。

（1）铣刀的选择及安装。

1）铣刀的选择及安装。

①选择铣刀。根据铣削宽度和深度要求，选用两把尺寸相同的 $\phi80\ mm\times8\ mm$ 直齿三面刃铣刀。

②安装铣刀。先调整好两把铣刀齿刃间的距离，调整方法有以下两种：

a. 用百分表测量调整。将直齿三面刃铣刀安放在平板上，用百分表测量出铣刀孔的端面至端面齿刃最高点的距离 H（见图 2—87a）。两铣刀间垫圈的尺寸，即台阶宽度尺寸加上（或减去）两把铣刀的 H 距离。

b. 用游标卡尺测量调整。将两把铣刀中间用垫圈隔开，用卡尺测量，保证两齿刃最高点间的距离等于台阶宽度尺寸，如图 2—87b 所示。

c. 试切。铣刀安装好后，经试切若尺寸不符，则应根据实际尺寸再调整垫圈厚度。

2）选择铣削用量。调整铣床主轴转速 $n=75$ r/min（$v_c\approx19$ m/min），进给速度 $v_f=37.5$ mm/min。

（2）铣削台阶。

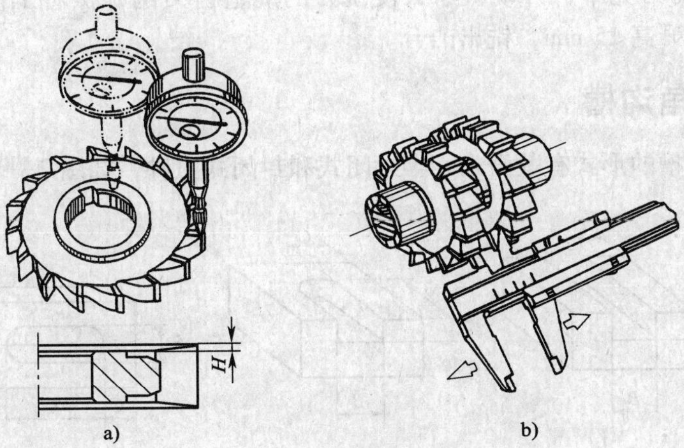

图 2—87　铣刀间的距离调整

1）工件的装夹及找正。装夹及找正工件的方法与前文所述方法相同。

2）对刀。

①划线对刀法。先划出 18 mm 台阶尺寸线，然后将工件装夹在平口钳内，摇动机床各手柄，开动机床，目测两把铣刀的内侧齿刃落在两划线边缘上（见图 2—88a），工作台垂直缓缓升高，使铣刀在工件表面切出刀痕，垂直下降工作台，观察切痕是否处于两划线上（见图 2—88b），若有偏差则应横向调整工作台。

②侧面对刀法。操纵机床各手柄，使铣刀处于工件侧面，开动机床，使铣刀侧刃刚好擦着工件侧面，垂直下降工作台，横向移动工作台，移动量 $S=L+\frac{b}{2}+\frac{B}{2}=8\ \text{mm}+\frac{18}{2}\ \text{mm}+\frac{30}{2}\ \text{mm}=32\ \text{mm}$，如图 2—89 所示。

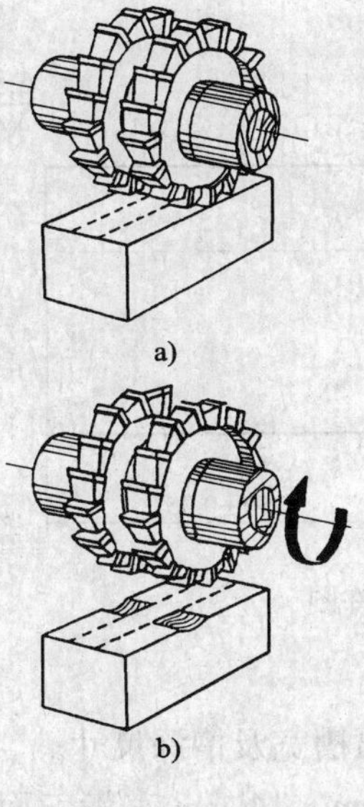

图 2—88　划线对刀

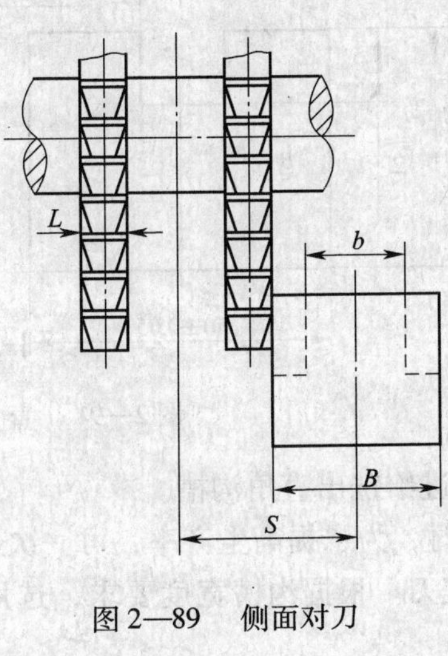

图 2—89　侧面对刀

3）铣削。对刀完毕，开动机床，使铣刀的周边齿刃刚好擦着工件表面，退出工件，工作台垂直升高 15 mm，铣出凸台。

二、铣削直角沟槽

常见直角沟槽的形式有敞开式、半封闭式和封闭式三种，如图 2—90 所示。

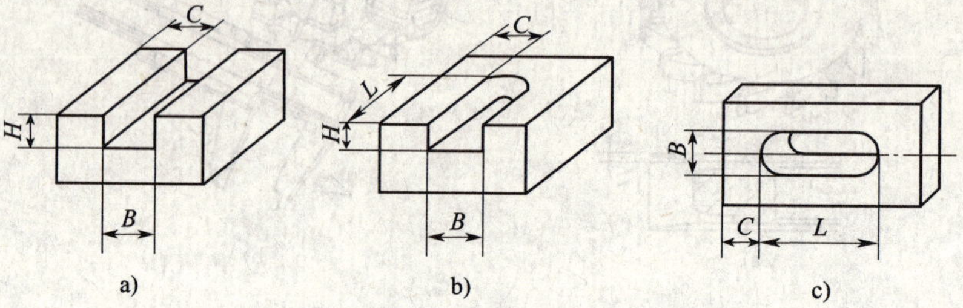

图 2—90　直角沟槽的形式

a）敞开式　b）半封闭式　c）封闭式

1. 直角沟槽的技术要求

（1）尺寸精度。当沟槽与其他零件的相应部位配合时，其宽度、长度、深度尺寸要求较高。

（2）形状、位置精度。形状、位置精度包括沟槽各表面的平面度、沟槽侧面间的平行度、沟槽侧面与底面的垂直度以及沟槽两侧面与工件中心平面的对称度。

（3）表面粗糙度。沟槽各表面均有表面粗糙度要求。在配合时，要求表面粗糙度值较小。

2. 三面刃铣刀铣直角沟槽

现以图 2—91 所示工件（材料为 HT200）为例，介绍在 X6132 型卧式万能升降台铣床上铣削直角沟槽的操作方法。

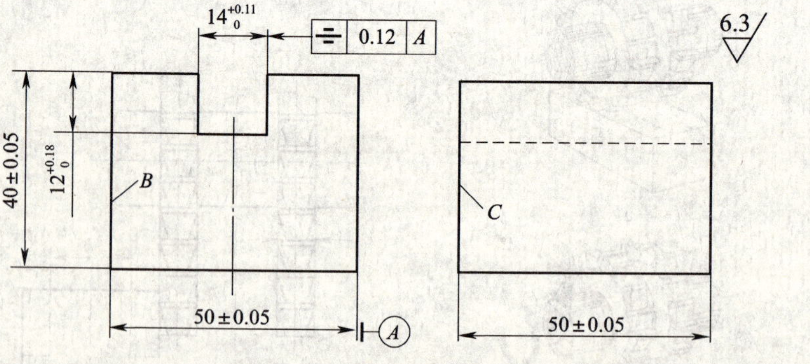

图 2—91　直角沟槽零件图

（1）一次进给铣出直角沟槽。

批量生产时，为了提高生产率，可一次进给铣出槽宽及槽深尺寸。

1）选择铣刀。根据沟槽宽度要求，选用 $\phi80$ mm × 14 mm 直齿三面刃铣刀，并用千分尺测量铣刀厚度在 14 ~ 14. 05 mm 以内，如图 2—92 所示。

2）安装铣刀。将铣刀安装在 ϕ27 mm 长刀杆的中间位置后扳紧。为了防止铣刀安装后径向和端面圆跳动过大影响加工质量，可用百分表校正铣刀的径向和端面圆跳动为 0. 05 mm（见图 2—93）。校正时，将主轴转速调整到 750 r/ min 左右，主轴换向开关转换至停止位置，使百分表测头与铣刀的周边齿刃接触（回缩约 0. 2 mm），转动表盘使指针对准“0”位，用手逆时针方向转动刀杆，观察每一齿刃的最高点，其读数差值即为径向圆跳动量。用同样方法校正端面圆跳动。若圆跳动过大，可松开刀杆螺母，检查刀杆及垫圈，并擦干净，重新安装后再进行校正，直至端面、径向圆跳动为 0. 05 mm。

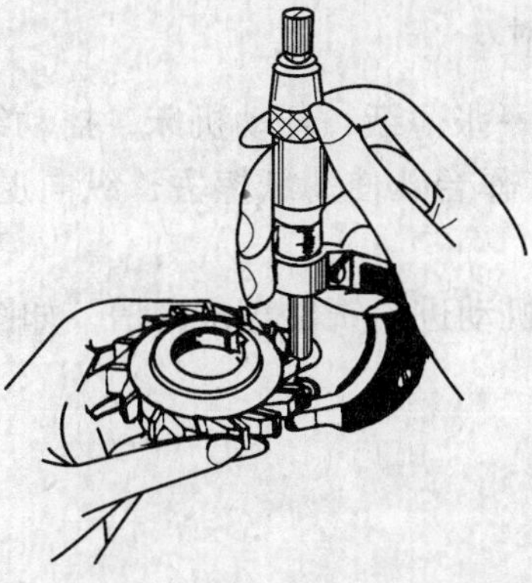

图 2—92　测量铣刀厚度

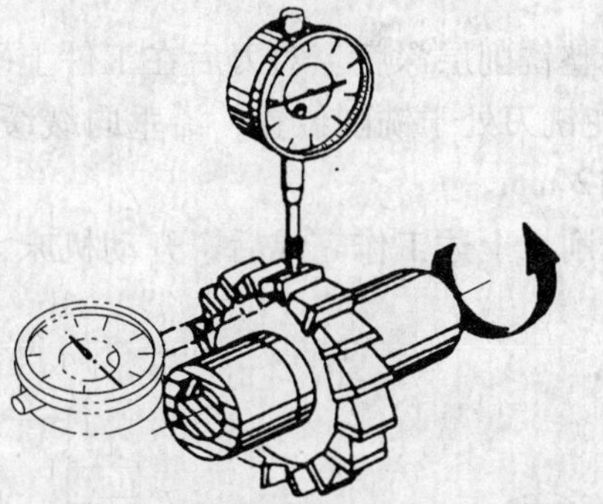

图 2—93　用百分表校正径向、端面圆跳动

3）选择铣削用量。调整铣床主轴转速 $n = 75$ r/min（$v_c \approx 19$ m/min），进给速度 $v_f =$ 37. 5 mm/min。

4）安装及校正平口钳。工件采用平口钳装夹，将平口钳安放在工作台中间位置，用百分表校正固定钳口与工作台横向进给方向平行后压紧。

5）装夹工件。

①划线。装夹前先在工件上划出 14 mm 对称槽宽线及 12 mm 槽深线，并打上样冲眼。

②装夹工件。工件以 C 面为基准，靠在固定钳口上，垫适当高度的平行垫铁，使工件高出钳口约 14 mm，夹紧后用铜棒轻轻敲击工件，使之与平行垫铁贴紧。

6）对刀。

①按划线对刀。移动工作台，使铣刀处于铣削部位，目测铣刀两侧刃与槽宽线相切（见图 2—94a）。开动机床，工作台沿垂向缓缓上升，切出刀痕（见图 2—94b）。停机后，垂直下降工作台，观察切痕是否与两线重合，若有偏差则横向调整工作台。

②侧面对刀。在 B 面上贴一张薄纸，移动工作台，使工件处于铣刀端面齿刃位置，开动机床，缓缓横向移动工作台使铣刀刚好擦到薄纸（见图 2—95a）。在横向刻度盘上做好标记，纵向退出工件，横向移动工作台，移动量 $S = \frac{B}{2} + \frac{L}{2} = \frac{50}{2}\text{ mm} + \frac{14}{2}\text{ mm} =$ 32 mm（见图 2—95b）。然后紧固溜板。

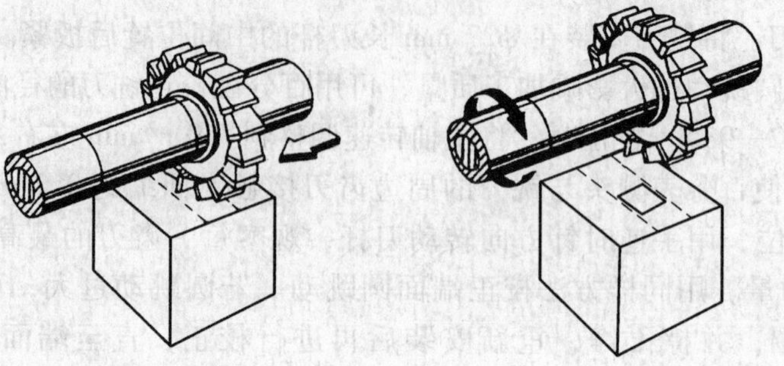

a)　　　　b)

图 2—94　按划线对刀

7）调整铣削层深度。对刀后在工件上平面贴一张薄纸，开动机床，摇动纵向、垂向手柄，使铣刀处于铣削位置，沿垂向缓缓升高工作台，使薄纸擦去，纵向退出工件，垂直升高 12 mm。

8）铣削。上述工作完成后，开动机床，纵向机动进给铣出直角沟槽，如图 2—95c 所示。

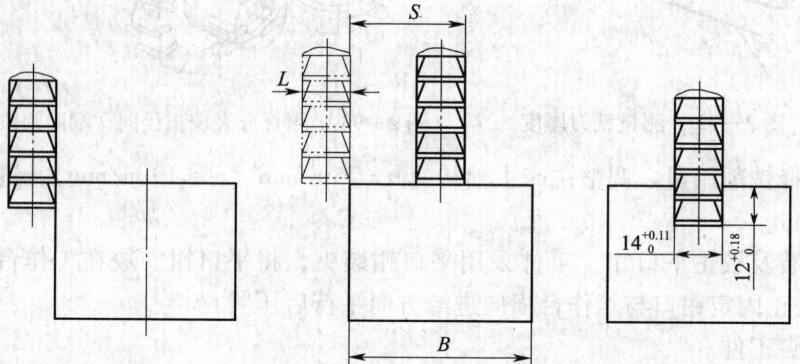

a)　　　　b)　　　　c)

图 2—95　侧面对刀与铣沟槽

9）检测。

①测量槽宽。用游标卡尺测量槽宽应为 14 ~ 14. 11 mm。

②测量槽深。用游标深度尺测量槽深应为 12 ~ 12. 18 mm。

③测量对称度。用千分尺测量沟槽两侧尺寸，两次读数差即为对称度偏差值。或用百分表测量，检测方法与检测台阶对称度相同。

（2）多次进给铣出直角沟槽。在单件生产中，可用小于槽宽尺寸的铣刀，多次横向调整工作台铣出槽宽。

1）铣刀的选择及安装。由于铣削时需多次调整工作台达到槽宽尺寸，因此铣刀厚度 L 应小于实际槽宽，现选用 $\phi80$ mm × 12 mm 直齿三面刃铣刀，安装方法与一次进给铣出直角沟槽相同。调整主轴转速 $n = 75$ r/min（$v_c \approx 19$ m/min），进给速度 v_f =

47. 5 mm/min。

2）铣中间槽（见图 2—96a）。

①对刀。常用对刀方法有划线对刀和侧面对刀两种，具体对刀方法与一次进给铣出直角沟槽相同。

②调整铣削层深度。对刀后，使铣刀与工件上平面刚好擦到，退出工件，工作台沿垂向升高 11. 5 mm，留 0. 5 mm 精铣余量，铣出中间槽。

③测量。用游标卡尺或千分尺测量槽两侧宽度为 19 mm（若有偏差则在铣削Ⅰ、Ⅱ面时再进行调整），槽宽为 12 mm，槽深为 11. 5 mm。

3）铣槽侧Ⅰ面（见图 2—96b）。

①调整铣削位置。松开横向溜板紧固手柄后，向外横向移动 1 mm，紧固横向溜板，垂直升高 0. 5 mm，纵向机动进给铣削出槽侧Ⅰ面。

②测量。用游标卡尺或千分尺测量工件侧面至槽侧Ⅰ面的尺寸，使其在允许的对称度范围内，并测量槽宽实际尺寸，槽深为 12 ~ 12. 18 mm。

4）铣槽侧Ⅱ面（见图 2—96c）。

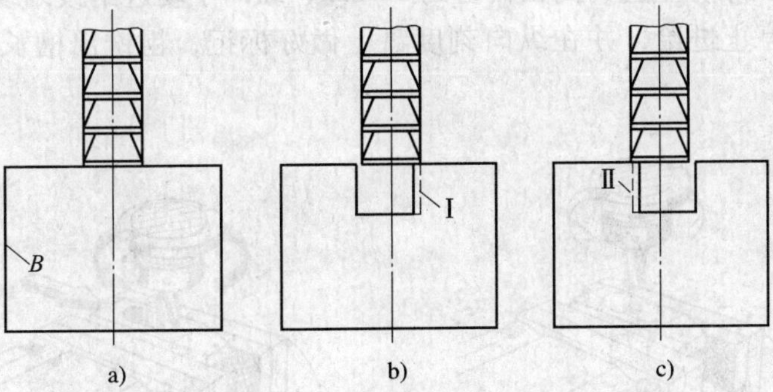

图 2—96　多次进给铣削步骤

①调整铣削位置。松开横向溜板，向内横向移动 2 mm，并消除工作台丝杠与螺母间隙，紧固横向溜板，纵向机动进给铣出槽侧Ⅱ面。

②测量。用游标卡尺测量槽宽达 14 ~ 14. 11 mm，表面粗糙度 $R_a < 6.3$ μm。

3. 立铣刀铣封闭式直角沟槽

现以图 2—97 所示工件（材料为 HT200）为例，介绍在 X5032 型立式铣床上铣削封闭式直角沟槽的操作方法。

（1）粗铣直角沟槽。

1）选择铣刀。因为直角沟槽宽度为 14 mm，粗铣时，铣刀外径 d 应小于直角沟槽的宽度，现选用 ϕ12 mm 锥柄立

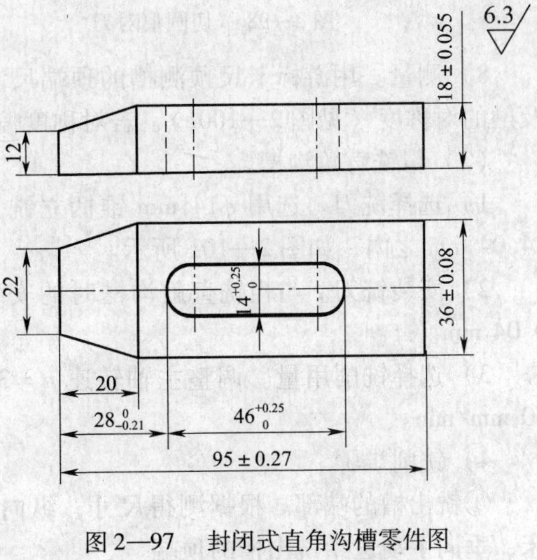

图 2—97　封闭式直角沟槽零件图

铣刀。

2）安装铣刀。将锥柄立铣刀连同变径套装入主轴内锥孔并用拉紧螺杆紧固。

3）选择铣削用量。调整主轴转速 $n=375$ r/min（$v_c \approx 14$ m/min），进给速度 $v_f=$ 23.5 mm/min。

4）划线。划出14 mm对称槽宽线，并划出距工件端面28 mm槽的起点线及46 mm槽长线，用圆规分别划出两边 $R7$ mm的圆弧线，并打上样冲眼。

5）装夹工件。该工件采用平口钳装夹，将平口钳安放在工作台中间位置，并用百分表校正固定钳口与工作台纵向进给方向平行，将工件装夹在钳口内，垫上适当高度的平行垫铁，使工件高出钳口约5 mm。夹紧工件后，将平行垫铁取出，以防铣坏垫铁。

6）对刀。铣削前，在槽的起点线28 mm处先钻好落刀孔。按划线对刀，移动工作台，使铣刀处于铣削位置，开动机床，铣刀旋转后，目测使铣刀外径处于划线的中间，工作台微量垂直上升使工件表面切出圆痕，观察圆痕周边与划线两边距离是否相等（见图2—98），调整后紧固横向溜板。

7）铣削（见图2—99）。摇动纵向进给手柄，将铣刀对准落刀孔，并在纵向刻度盘做好标记，开动机床，垂直升高工作台约20 mm，纵向手动进给按划线铣削，两端各离冲样眼1 mm处停止进给，并在纵向刻度盘上做好标记，粗铣出槽长，垂直下降工作台，退出工件。

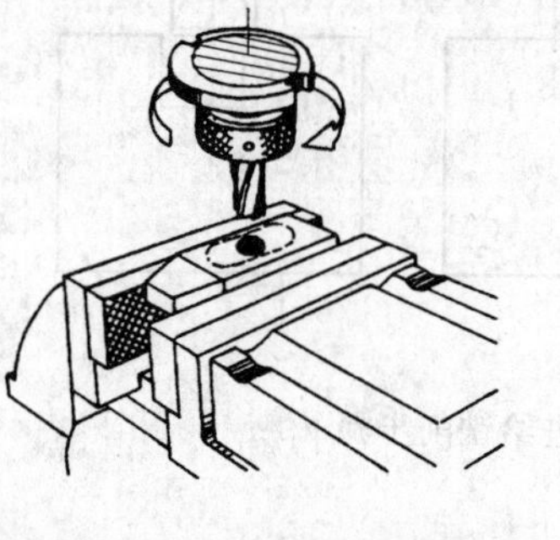

图2—98　切圆痕对刀

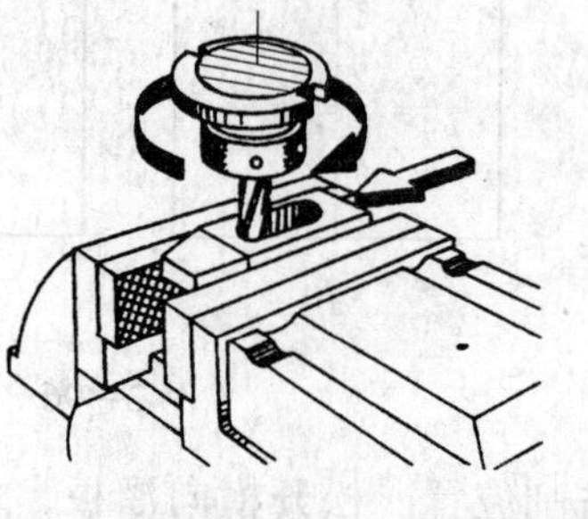

图2—99　铣封闭式直角沟槽

8）测量。用游标卡尺预测槽的顶端尺寸（见图2—100a）、槽长（见图2—100b）及槽的对称度（见图2—100c），若对称度偏差过大则横向调整工作台。

（2）精铣直角沟槽。

1）选择铣刀。选用 $\phi 14$ mm锥柄立铣刀，并用千分尺测量铣刀的直径，在14～14.04 mm之内，如图2—101所示。

2）安装铣刀。与粗铣直角沟槽时的安装方法相同，并校正铣刀的径向圆跳动为0.04 mm。

3）选择铣削用量。调整主轴转速 $n=375$ r/min（$v_c \approx 16$ m/min），进给速度 $v_f=$ 30 mm/min。

4）铣削步骤。

①铣出槽的端部。根据测得尺寸，纵向移动工作台至顶端标记处后紧固。开动机床，垂向手动进给铣出槽的顶端。

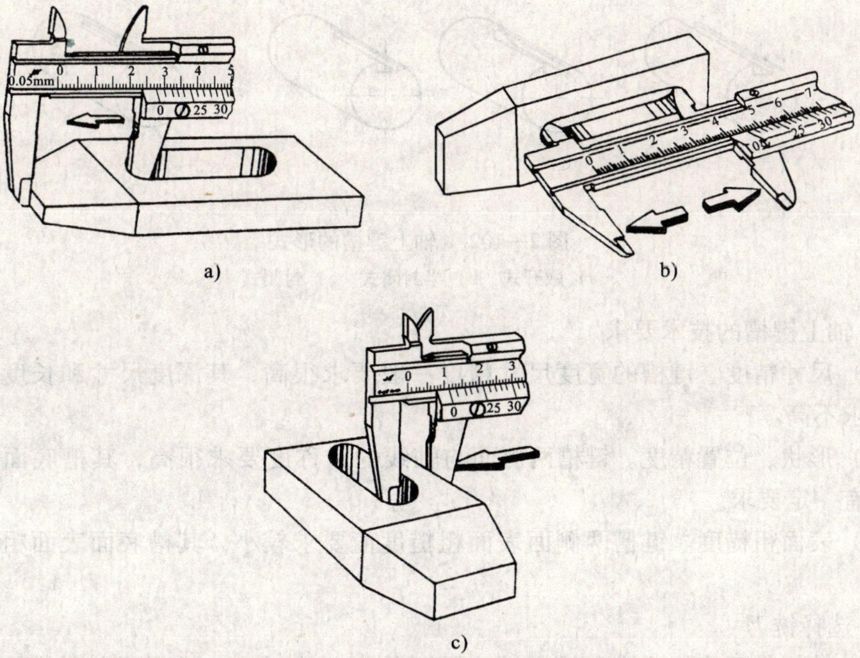

图 2—100　测量工件尺寸

②铣出槽长尺寸。松开纵向进给机构紧固螺钉，纵向机动进给至粗铣标记前改为手动进给，铣出槽长尺寸。

③测量。用游标卡尺测量 $28^{\ 0}_{-0.21}$ mm、$46^{+0.25}_{\ 0}$ mm 尺寸及对称度，表面粗糙度 R_a < 6.3 μm。

5）注意事项。使用立铣刀铣削时，应注意以下几点：

①选用立铣刀铣削时，外径尺寸要符合要求。

②立铣刀的径向圆跳动不宜过大。

③立铣刀铣削沟槽时，要考虑让刀。

④立铣刀装夹时必须牢固。

⑤铣削时应避免使用顺铣，以防折断铣刀。

⑥工作台在非机动进给方向应予紧固。

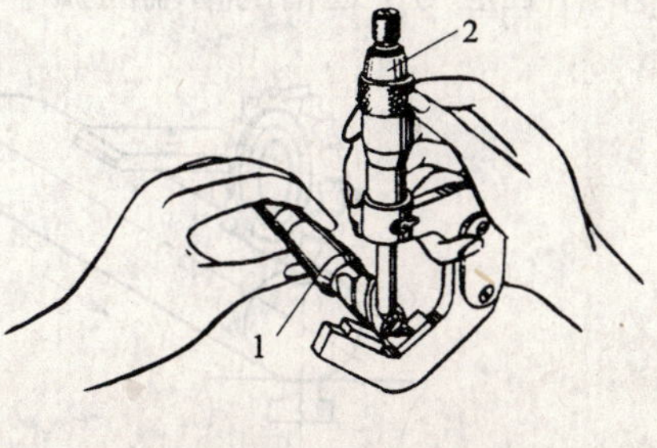

图 2—101　测量立铣刀直径

1—锥柄立铣刀　2—千分尺

三、铣削键槽

键槽也是直角沟槽，其形式有敞开式、半封闭式和封闭式三种，轴上键槽的形式如图 2—102 所示。

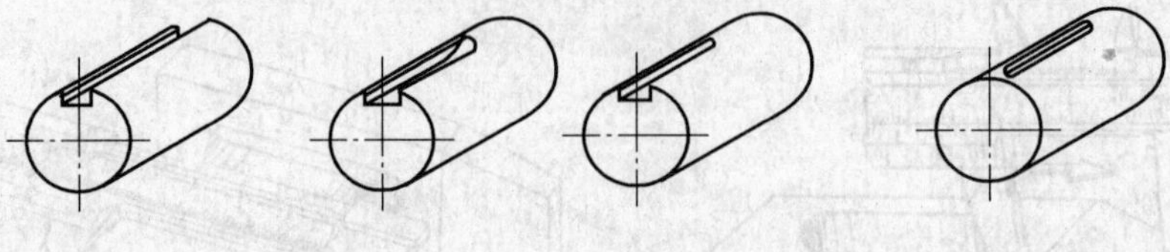

图2—102　轴上键槽的形式

a）敞开式　b）半封闭式　c）封闭式

1．轴上键槽的技术要求

（1）尺寸精度。键槽的宽度尺寸精度一般要求很高，其深度尺寸和长度尺寸精度一般要求不高。

（2）形状、位置精度。键槽两侧面与轴线的对称度要求很高，其槽底面对轴线的平行度有一定要求。

（3）表面粗糙度。键槽两侧面表面粗糙度值要求较小，其槽底面表面粗糙度要求一般。

2．选择铣刀

（1）铣削敞开式的通槽和槽一端为圆弧的半通槽时，一般选用盘形槽铣刀。如图2—103所示为用盘形槽铣刀铣削键槽。所选盘形槽铣刀的厚度应与键槽的宽度一致，铣刀的半径应与半通槽的槽端圆弧半径一致。

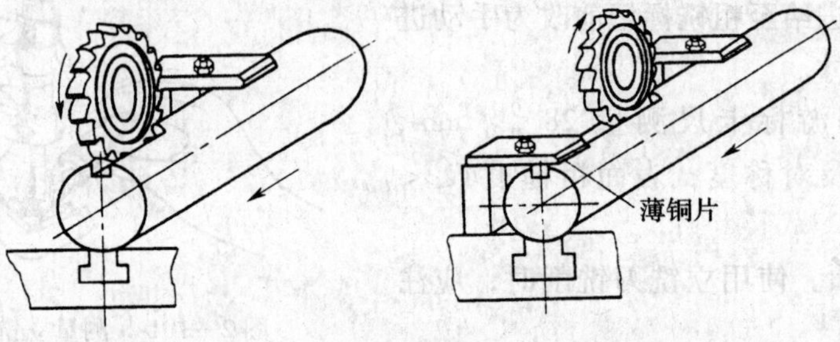

图2—103　用盘形槽铣刀铣削键槽

（2）铣削封闭槽和槽端底面与侧面为直角的半通槽时，应选用键槽铣刀。如图2—104所示为用键槽铣刀铣削键槽。键槽铣刀的直径应与键槽的宽度一致。

3．装夹轴类工件

（1）用平口钳装夹。用平口钳装夹轴类工件时（见图2—105）应进行校正，使固定钳口与铣床主轴轴线垂直并且与工作台纵向进给方向平行。装夹工件后，用划针校正，使工件的素线与工作台面平行。用平口钳装夹工件时，装夹简便、稳固，但对于一批直径大小不一的轴类工件，其键槽的中心位置会发生变化，如图2—105所示。因此，该方法适宜于单件生产或直径尺寸精度较高的工件的批量生产。

（2）用V形块和压板装夹。用V形块装夹轴类工件时（见图2—106），工件的中心线必定落在V形面的角平分线上。当工件直径不同时，工件的中心线只在V形面的角平分线上变动。因此，只要铣刀的轴线或对称线与V形面的角平分线对准，就能保证所加工键槽的对称度。在安装V形块时，应选择两块等高的V形块。用底面上带凸键的V形块装夹工件时，可将两块V形架的凸键置入工作台的T形槽内；用一般的V形块装夹工件时，可在工作台的T形槽内安放定位块，以保证两块V形块V形面的角平分线在同一直线上。

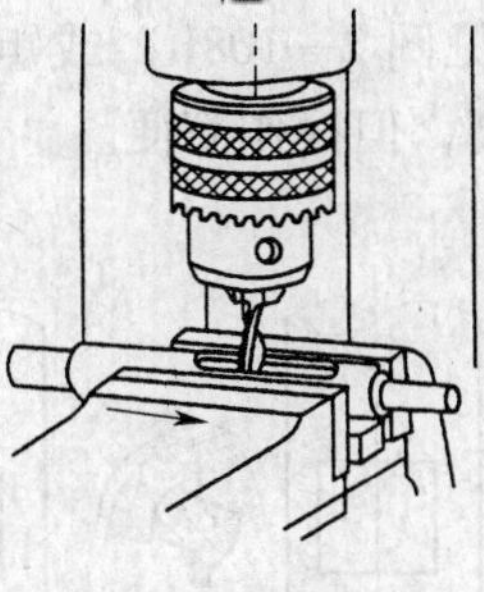

图2—104　用键槽铣刀铣削键槽

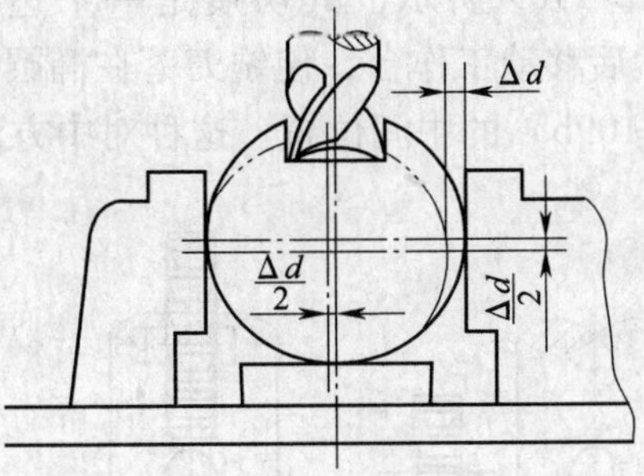

图2—105　用平口钳装夹轴类工件

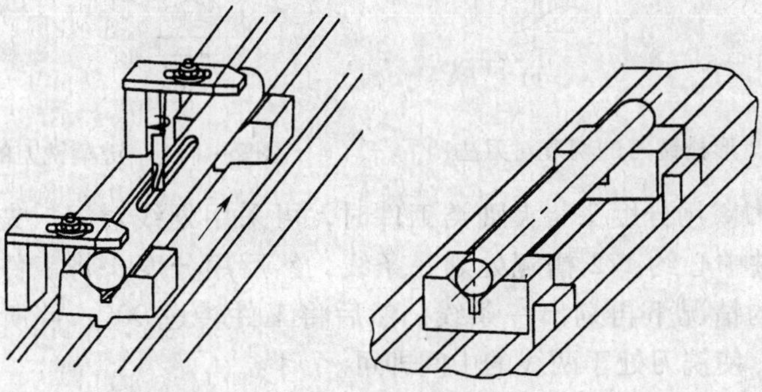

a)　　b)

图2—106　用V形块装夹轴类工件

a）用V形块凸键定位　b）用定位块定位

（3）用分度头装夹。装夹轴类工件时，还可利用装在分度头上的前顶尖或三爪自定心卡盘与装在尾座上的后顶尖一起装夹工件，如图2—107所示为用分度头装夹轴类工件。此装夹方法不会因为工件直径的变化而改变其轴线的位置。在安装分度头和尾座时，可采用两顶尖或一夹一顶方法，用标准量棒和百分表校准量棒上素线与工作台面和工作台纵向进给方向的平行度。

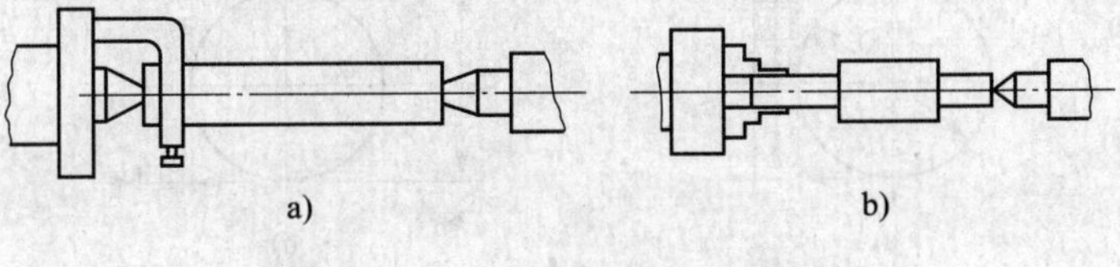

a)　　b)

图2—107　用分度头装夹轴类工件

a）两顶尖装夹工件　b）一夹一顶装夹工件

4. 对中心的方法

铣削键槽时，必须保证轴上键槽的两侧面对称于工件的轴线，其关键就是使键槽铣刀的轴线或盘形槽铣刀的对称平面通过工件的轴线。常用的对刀方法如下：

（1）按切痕对刀。装夹、校正工件后，适当调整工作台，使铣刀中心大致对准工件的中心线，然后开动机床，让铣刀轻轻划着工件。盘形槽铣刀的切痕对刀法如图 2—108 所示，其切痕是一个接近铣刀厚度的椭圆形（见图 2—108a）。键槽铣刀的切痕对刀法如图 2—109 所示，其切痕是一个边长等于铣刀直径的矩形小平面（见图 2—109a）。然后移动工作台，使铣刀落在椭圆形切痕（见图 2—108b）或矩形小平面切痕（见图 2—109b）的中间位置。这种对中方法精度不高，但操作简便。

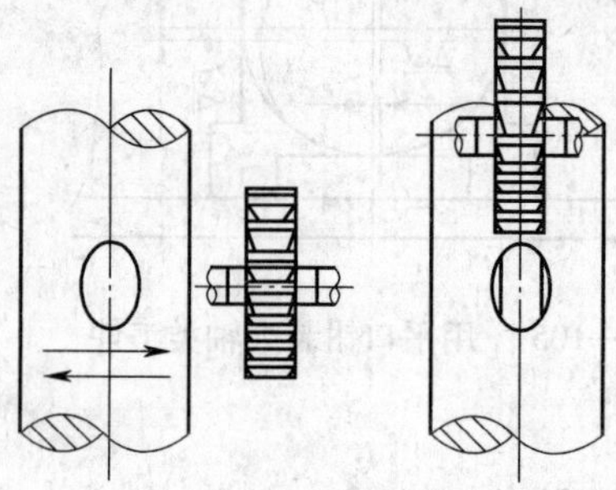

a)　　b)

图 2—108　盘形槽铣刀的切痕对刀法

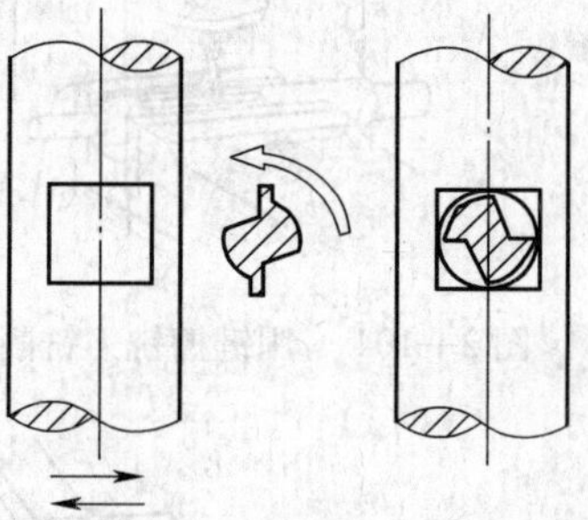

a)　　b)

图 2—109　键槽铣刀的切痕对刀法

（2）划线对刀。用分度头装夹轴类工件时，可采用划线对刀。先用划针的针尖在轴的侧面偏离工件中心约 1/2 槽宽处划一条线，然后用分度头将工件转过 180°，在划针针尖高度不变的情况下再划出一条线，然后将工件转过 90°，使所划线处于工件上方，调整工作台，使铣刀处于两线的中间即可。

（3）擦边对刀。擦边对刀法如图 2—110 所示，先在工件侧面贴一薄纸，开动铣床，使铣刀逐渐靠向工件，当铣刀切削刃擦到薄纸后，下降工作台退出工件，再使工作台横向移动距离 A，实现铣刀的对中。距离 A 可按下式计算。

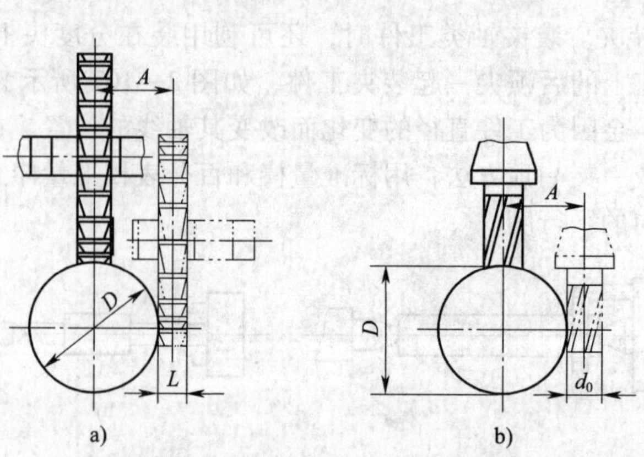

a)　　b)

图 2—110　擦边对刀法

用盘形槽铣刀时：

$$A = \frac{D + L}{2} + \delta$$

用键槽铣刀时：

$$A = \frac{D + d_0}{2} + \delta$$

式中 A——工作台横向移动距离，mm；

D——工件直径，mm；

L——盘形槽铣刀的厚度，mm；

d_0——键槽铣刀的直径，mm；

δ——纸厚，mm。

（4）用百分表测量对刀。用百分表测量对刀法如图 2—111 所示，将杠杆百分表固定在铣床主轴上，移动工作台，使杠杆百分表的测头与工件外圆一侧的素线相接触，记下百分表的最小读数，然后下降工作台，退出工件，并将主轴转 180°，用同样的方法测得工件另一侧百分表的最小读数，比较两次读数。如果相等，则主轴轴线已对准工件中心；否则，应按百分表读数差值的大小横向调整工作台，直至读数差不超过允许范围（见图 2—111a）。工件若用平口钳或 V 形架装夹时，用手转动主轴，适当横向调整工作台，使百分表的读数在钳口两内侧或 V 形架两内侧一致，实现铣刀的对中（见图 2—111b、c）。这种对中方法精度较高，适用于加工精度要求较高的单键槽或多键槽。

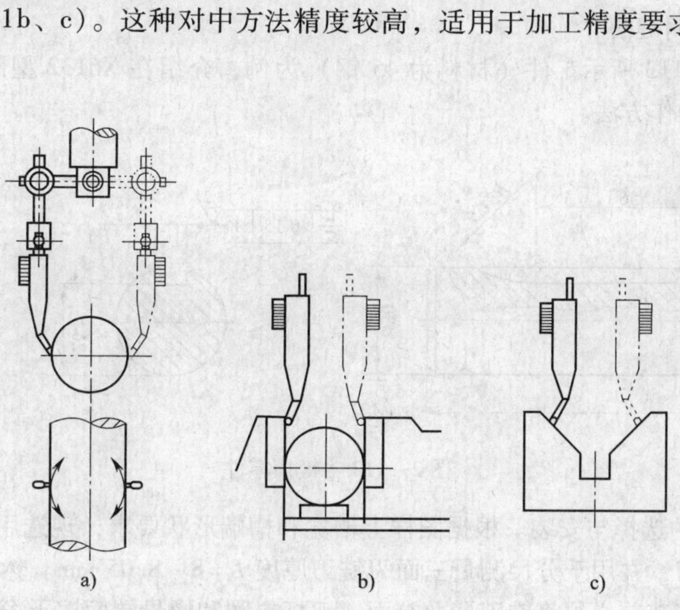

图 2—111　用百分表测量对刀法

5. 铣削操作方法

铣削键槽时主要是在深度上加以控制，因此，其加工方法有一次铣出、分层铣出和粗、精铣削三种，如图 2—112 所示。

（1）一次铣出。在通用铣床上一般采用此方法。当工件装夹、对中后，开动铣床，上升工作台，使铣刀的切削深度与键槽深度相等，手动纵向移动工作台，铣出键槽（见图 2—112a）。这种方法对铣刀较不利，铣刀的磨损长度与键槽深度相等，因此，在铣削之前需用千分尺测量键槽铣刀的直径。

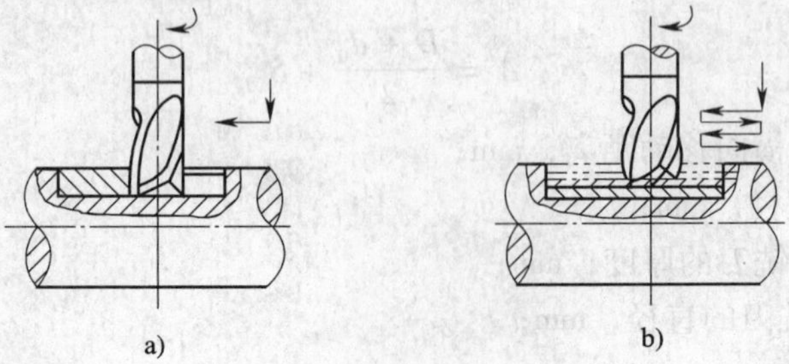

图 2—112　键槽的铣削方法

（2）分层铣出。在键槽铣床上大都采用此方法。分层铣出是采用每次铣削深度为 0.5 ~ 1 mm 和较大进给量自动往返进行铣削，一直铣到预定的深度为止（见图 2—112b）。这种铣削方法生产率很低。

（3）粗、精铣削。对于精度要求很高的键槽，可用两把铣刀加工，一把用于粗铣，一把用于精铣。粗铣后键槽宽度尺寸留 0.3 ~ 1 mm、深度尺寸留 0.1 ~ 0.2 mm 的精铣余量，再精铣至要求的尺寸。

6. 铣半封闭键槽

现以图 2—113 所示工件（材料为 45 钢）为例，介绍在 X6132 型卧式铣床上铣削半封闭键槽的操作方法。

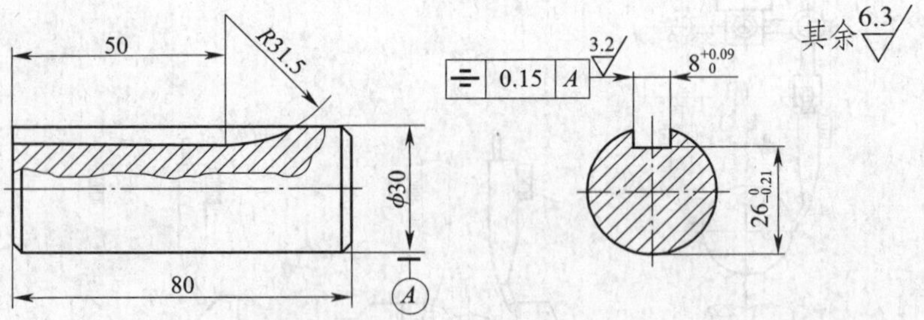

图 2—113　键槽零件

（1）铣刀的选择与安装。根据图样上槽宽和槽端形状要求，现选用 ϕ63 mm × 8 mm 直齿三面刃铣刀，并用千分尺测量三面刃铣刀厚度 $L = 8 \sim 8.05$ mm。然后安装在刀杆的中间位置上。安装前必须将铣刀孔及端面、刀杆垫圈和螺母端面擦干净。调整主轴转速 $n = 95$ r/min（$v_c \approx 18$ m/min），进给速度 $v_f = 47.5$ mm/min。

（2）工件的装夹及找正。选用平口钳装夹工件。将平口钳安放在工作台中间，用百分表校正固定钳口与工作台纵向进给方向平行后压紧。装夹工件时，可在平口钳导轨面上垫适当高度的平行垫铁（见图 2—114）。为了保证工件圆柱面上素线与工作台面平行，可用铜棒敲击工件，使之紧贴平行垫铁。

（3）铣削加工。

1）对刀。通常采用切痕对刀法。开动机床，摇动纵向、横向和垂向手柄使工件铣削部位处于铣刀下方，工作台垂直缓缓上升，铣刀切削刃擦到工件表面后，横向往复移动工作台，在工件表面切出略大于铣刀厚度的椭圆形刀痕（见图2—115a）。目测使铣刀处于切痕中间，再微量垂直升高工作台，使之切出浅痕（见图2—115b）。停机察看浅痕与椭圆两边线距离是否相等，若有偏差，则再横向调整工作台，然后紧固横向溜板。

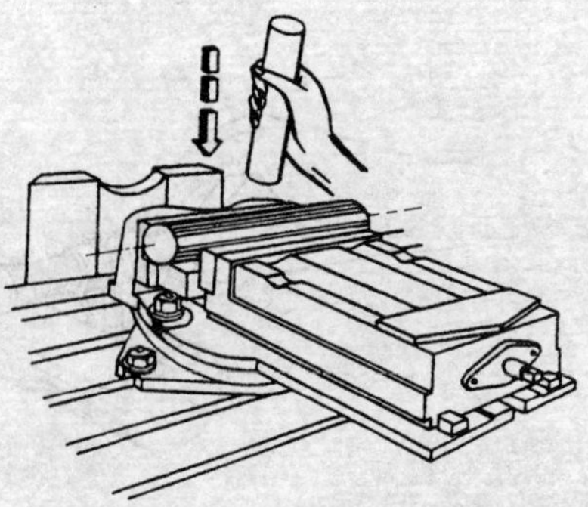

图2—114　装夹工件

2）调整铣削长度。对刀后，摇动纵向进给手柄，用钢直尺测量工件端面到铣刀中心的距离为50 mm，并在纵向刻度盘上做好标记。开动机床，垂直少量升高工作台，再次留下切痕。停机，下降工作台，用钢直尺测量工件端面到切痕中心的距离是否等于50 mm，如有偏差，再作调整。然后安装好自动停止挡铁。

3）调整铣削层深度。根据垂向刻度标记，工作台垂直上升，铣削层深度 $H = 30\ \text{mm} - 26\ \text{mm} = 4\ \text{mm}$（如外径还需磨削则铣削层深度应增加预留磨削量的一半）。

4）铣削（见图2—116）。摇动纵向进给手柄使工件接近铣刀，待铣刀少量切入后，改为机动进给，铣削至纵向刻度盘标记前，再用手动进给至标记。为了不使首件键槽尺寸超差，最好在铣刀安装后先用废料试铣，待合格后正式铣削。

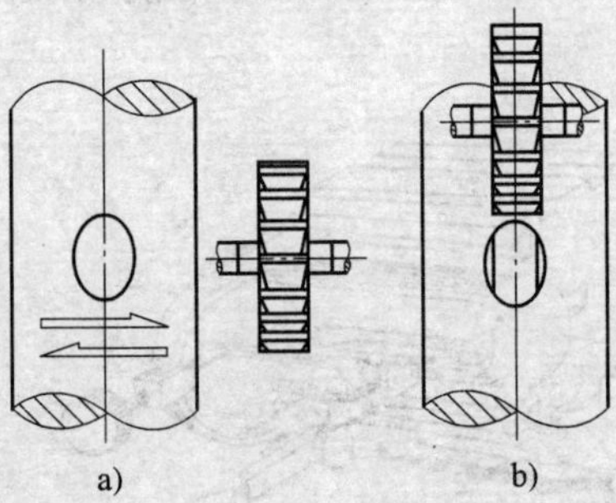

图2—115　切痕对刀法

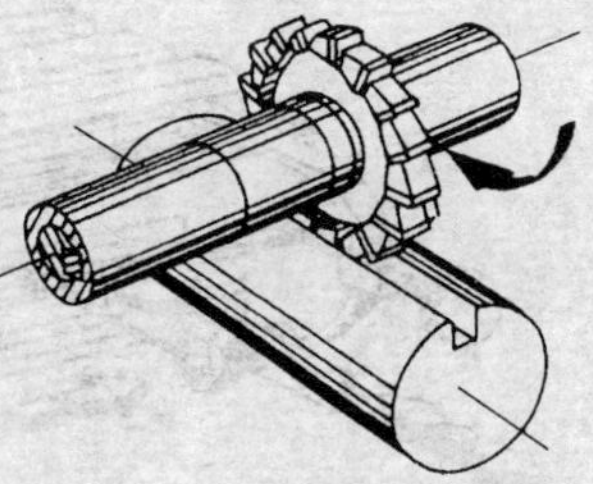

图2—116　铣半封闭键槽

（4）检测。

1）测量键槽宽度。

①用内径千分尺测量。测量时左手拿内径千分尺顶端，右手转动微分筒，使两内测量爪测量面略小于槽宽尺寸，平行放入槽中，以一个量爪作支点，另一个量爪作少量转动，找出最小点，改为转动测力装置直至发出响声，然后直接读数（见图2—117a）。如要取出后再读数，应将紧固螺钉旋紧后平行取出。

②用塞规检测。选用与槽宽公差等级相同的塞规，拿住塞规中部，过端能塞进，止端不能塞进即为合格品（见图2—117b）。

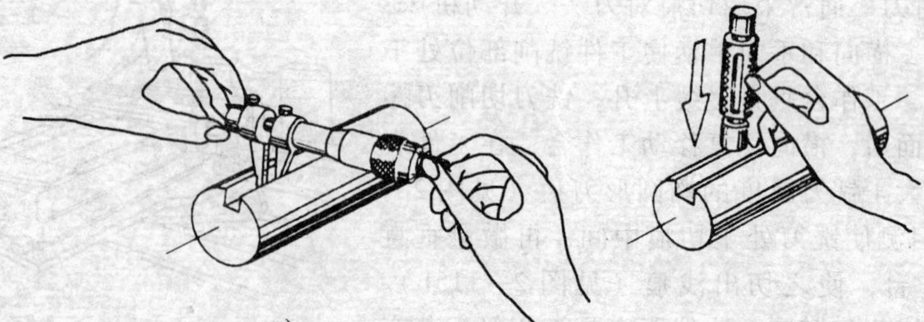

a)　　b)

图 2—117　测量键槽宽度

2）测量槽深。用游标卡尺直接测量槽底至圆柱面下素线的距离，为 25.79～26 mm，如图 2—118 所示。

3）测量对称度。将工件装夹在测量 V 形架上，用高度尺和百分表将槽侧一面校平，使指针接触工件回缩约 0.20 mm，然后转动表盘，将指针对准“0”位。将 V 形架翻转 180°，测量槽的另一侧面，如指针也对准“0”位，说明对称度较好。如指针不对准“0”位，读数值即为对称度的偏差值（见图 2—119）。

4）测量键槽长度及位置。这两项均可用钢直尺或游标卡尺直接量出。

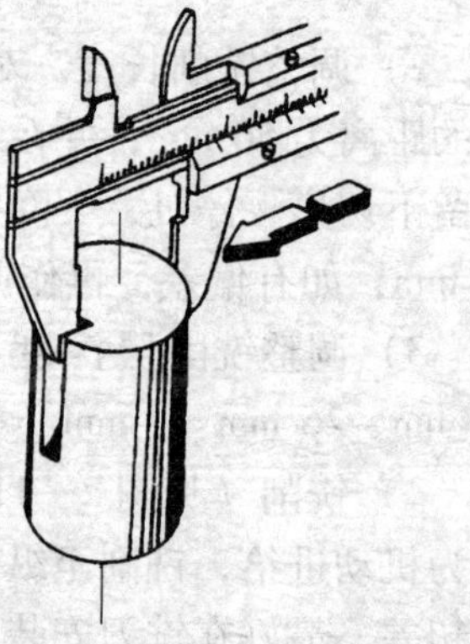

图 2—118　用游标卡尺测量槽深

a)　　b)

图 2—119　键槽对称度测量

7. 铣封闭键槽

现以图 2—120 所示工件（材料为 45 钢）为例，介绍封闭键槽的铣削方法。

（1）选择铣刀。现确定该工件在 X5032 型立式铣床上铣削。根据图样上的槽宽要求，选用直径 $d = 8^{-0.025}_{-0.047}$ mm 直柄键槽铣刀。

1）测量铣刀直径。用千分尺测量铣刀刃口直径为 7.953～7.975 mm（见图 2—121）。测量时左手拿键槽铣刀，右手握千分尺并转动微分筒，将键槽铣刀放入两测量面中间，再转动微分筒，测量出两圆周齿刃最大直径。

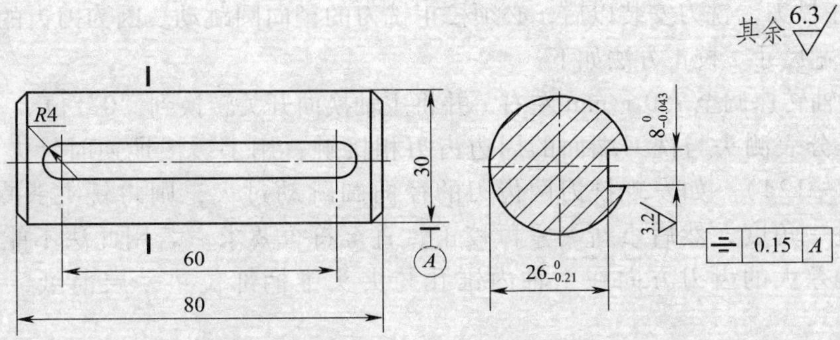

图 2—120　封闭键槽零件

2）检查铣刀。铣刀刀齿要锋利，刃口无缺口损伤及退火现象。

（2）安装及校正铣刀。

1）安装铣刀。一般采用铣夹头（见图 2—122）或快换铣夹头（图 2—123）安装。本例采用铣夹头安装铣刀。

①将主轴内锥孔及夹头体 1 锥柄部位擦干净。

②将夹头体 1 装入主轴内锥孔中，并使主轴内锥孔端部键对准夹头体上的槽，用拉紧螺杆紧固。

③选用与铣刀柄部直径相同的弹性套 2，装入夹头体内。

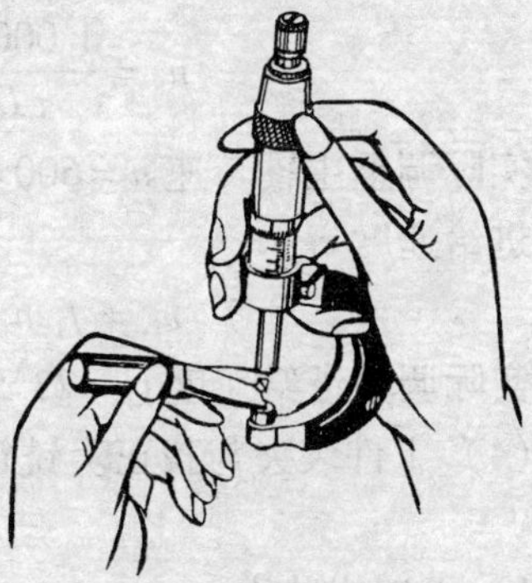

图 2—121　测量铣刀刃口直径

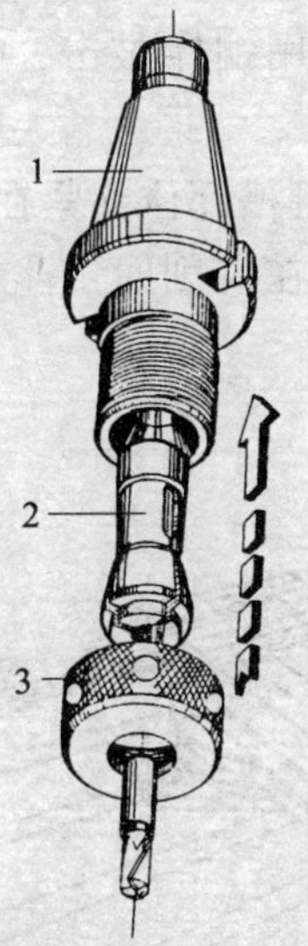

图 2—122　铣夹头

1—夹头体　2—弹性套　3—螺母

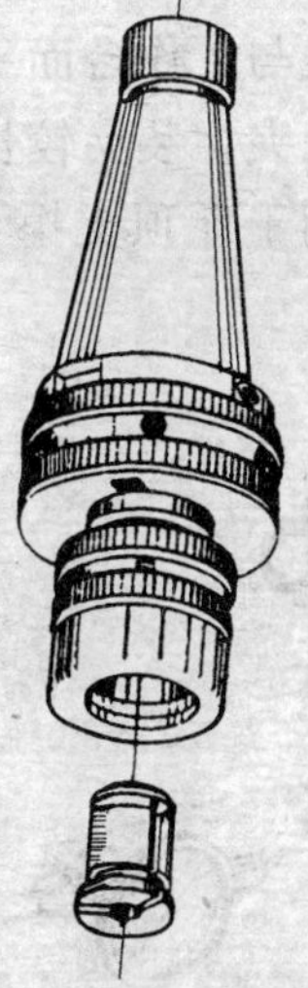

图 2—123　快换铣夹头

④将铣刀装入弹性套 2 中，伸出长度约 20 mm，以使铣刀有足够的刚度。

⑤旋入螺母 3，用柱销钩形扳手扳紧。

2）校正铣刀。铣刀安装以后，必须校正铣刀的径向圆跳动。因为刀齿的径向圆跳动会影响槽宽尺寸。校正方法如下：

①将主轴转速调至 750 r/min 左右，并将主轴换向开关转换到“0”位。

②使百分表测头与铣刀端面的周边齿刃相接触，用手缓慢地逆时针方向转动主轴（见图 2—124）。如发现铣刀两齿刃的径向圆跳动过大，则将铣夹头螺母松开，使铣刀转过一角度，然后重新夹紧再校正，直至符合要求。若用此法不能达到要求时，可沿偏差大的齿刃方向在主轴内锥孔与夹头锥柄部位垫一层薄纸，再进行校正。

（3）选择铣削用量。铣削速度取 $v_c \approx 15$ m/min，每齿进给量 $f_z = 0.02$ mm/z。计算主轴转速 n：

$$n = \frac{1\,000 v_c}{\pi D} = \frac{1\,000 \times 15}{3.14 \times 8} = 597.13 (\text{r/min})$$

实际调整主轴转速 $n = 600$ r/min。

进给速度 v_f：

$$v_f = f_z z n = 0.02 \times 2 \times 600 = 24 (\text{mm/min})$$

实际调整进给速度 $v_f = 23.5$ mm/min。

（4）工件装夹与找正。铣键槽时装夹工件的方法较多。常用的装夹方法有以下三种：

1）平口钳装夹。

单元 2

①一般工件装夹。根据本工件形状采用平口钳装夹。将平口钳安放在工作台中间，并校正固定钳口与工作台纵向进给方向平行后压紧，然后将工件装夹在钳口中，工件下面垫适当厚度的平行垫铁（宽度应小于工件直径）。用铜棒敲击，使工件紧贴平行垫铁，保证工件轴线与工作台面平行。

②较长工件装夹。装夹较长工件时，应把需铣削键槽部位夹紧在钳口中，伸出钳口外较长的一段可用千斤顶支撑（见图 2—125），防止在铣削时产生位移，影响铣削质量。

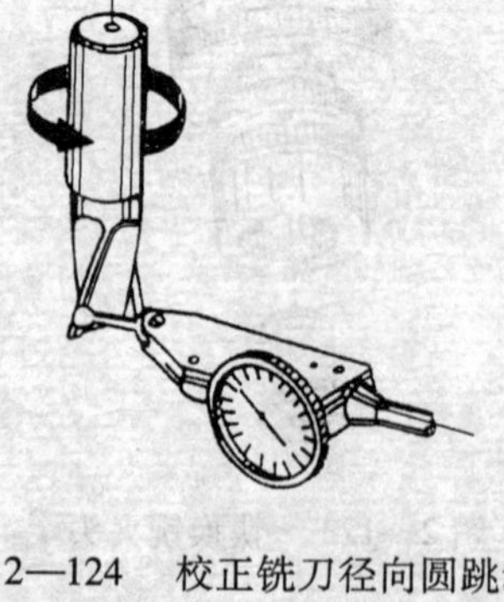

图 2—124　校正铣刀径向圆跳动

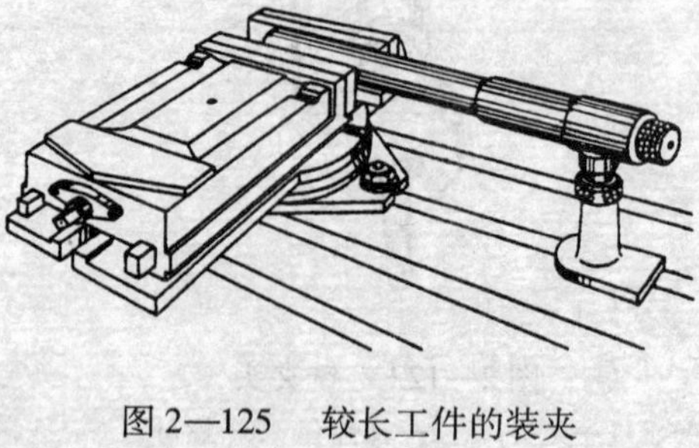

图 2—125　较长工件的装夹

2）轴用虎钳装夹（见图 2—126）。轴用虎钳可水平或垂直放置，在卧式铣床上或立式铣床上使用都比较方便，并且加工出来的键槽中心位置不会因工件直径变化而造成偏移，仅槽深略受影响，所以加工精度较高。

3）V 形块装夹。用 V 形块装夹工件时，应选用两块高度相同的 V 形块，用压板将工件压紧，如图 2—127 所示。

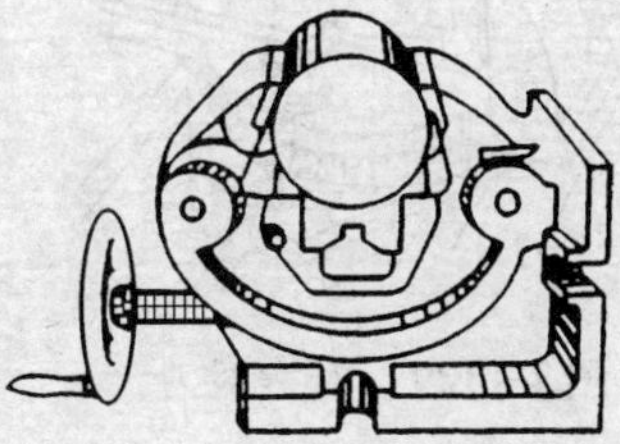

图 2—126　轴用虎钳装夹

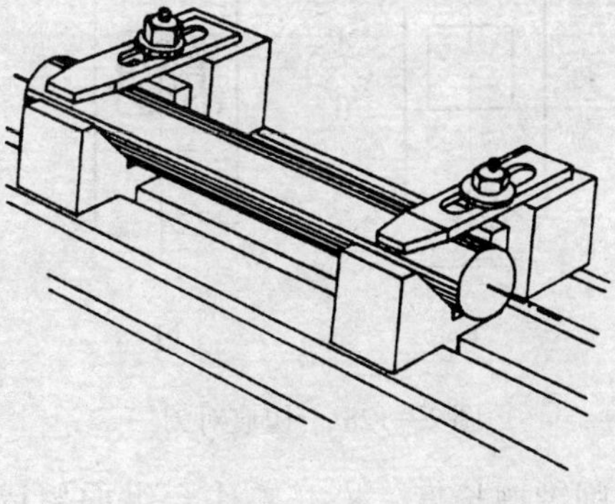

图 2—127　用 V 形块装夹

（5）铣削。

1）对刀。铣键槽时，铣刀与工件相对位置调整得准确与否，是保证键槽对称度的关键。

①切痕对刀。将工件铣削部位大致调整到铣刀的中心位置下面，紧固工作台纵向进给机构。开动机床，工件垂直上升，使铣刀端面齿刃擦到工件表面，再略微上升一个高度，工作台横向往复移动，在工件表面切出一个方形切痕（见图 2—128a），其宽度略大于铣刀直径 0. 3 ~ 0. 7 mm，停机。摇动横向进给手柄，目测使铣刀处于切痕中间，紧固横向溜板，垂直微量上升切出圆痕后停机。下降工作台仔细观察方形切痕的两边至圆痕的距离是否相等（见图 2—128b）。如果相等即对刀已准，如果不等则根据两边偏差值的一半横向调整工作台，换一个部位再进行对刀，直至两边相等。

②环表对刀（见图 2—129）。将工件装夹在平口钳中，在主轴上装上杠杆百分表，目测主轴对准工件中心后，将百分表测头转至固定钳口一侧，工作台垂直上升，使百分表测头与固定钳口相接触回缩约 0. 20 mm，用手正反扳转主轴，找出最小点，然后转动表盘使指针对准“0”位。垂直下降工作台至百分表测头不碰工件，将主轴转过 180°。使百分表测头在活动钳口一侧，再次垂直上升工作台，转动主轴观察活动钳口一侧最小点与测头相接触指针是否也对准“0”位，若不对准“0”位，则横向调整工作台，调整量为读数值的一半。

2）调整铣削位置。可在装夹前划出键槽位置线，根据划线在起铣处及槽长处对刀并在纵向刻度盘上做好标记。也可用在纵向刻度盘上做标记的方法来控制键槽铣削长度。

3）调整铣削层深度。将工件调整到键槽起铣位置（见图 2—130）。纵向锁紧工作台，开动机床，升高工作台，使铣刀擦到工件表面。冲注切削液，垂直缓慢上升至铣削层深度（如工件留磨削余量，则铣削层深度应加上预留磨削量的一半）。

单元 2

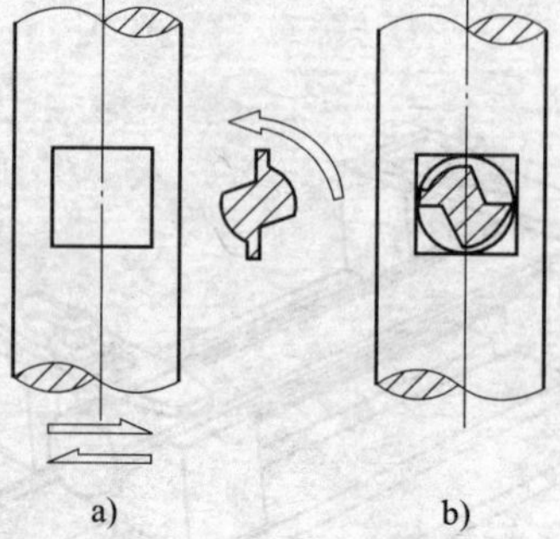

图 2—128　切痕对刀

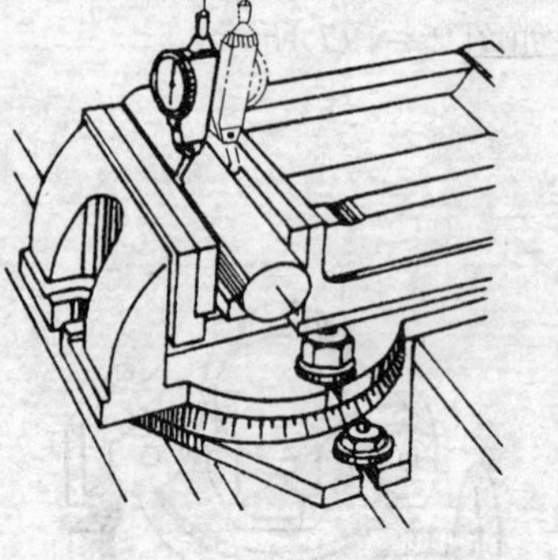

图 2—129　环表对刀

4）铣削键槽长度。松开工作台纵向紧固螺钉，用机动进给铣完键槽全长（见图 2—131）。关闭切削液，垂直下降工作台，停机。在机床上对键槽的宽度、长度、深度初测一次，如小于图样尺寸，可根据情况进行修正。

如键槽精度要求较高时，可在装好铣刀后用废料试铣，测量槽宽合格后再正式铣削，也可用两把铣刀分粗、精铣加工（即用 ϕ7 ~ 7.5 mm 铣刀粗铣，再换上 ϕ8 mm 铣刀精铣）。若机床精度较好，也可用分层铣削法，分别选择铣削层深度在 0.05 ~ 1 mm 之间多次进给完成铣削。

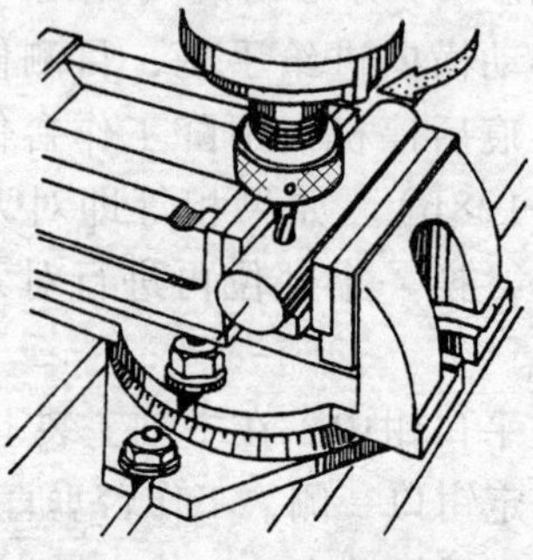

图 2—130　铣刀起铣位置

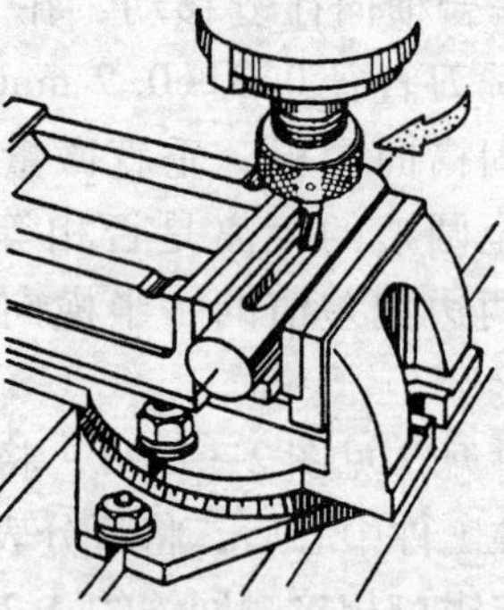

图 2—131　铣全长

5）检测。

①槽宽、对称度测量。其检测方法与半封闭键槽相同。

②位置测量。可用游标卡尺测量出轴端至槽端距离为 6 mm，槽全长为 68 mm。

③槽深测量。

a. 当槽宽大于千分尺测微螺杆直径时，可用千分尺将测微螺杆旋入槽中直接测量，如图 2—132a 所示。

b. 当槽宽小于千分尺测微螺杆直径时，可在槽内放一块宽度略小于槽宽、厚度大于槽深的键块，然后用游标卡尺或千分尺测量（见图 2—132b）。将测得读数减去键块厚度，即为槽深尺寸。

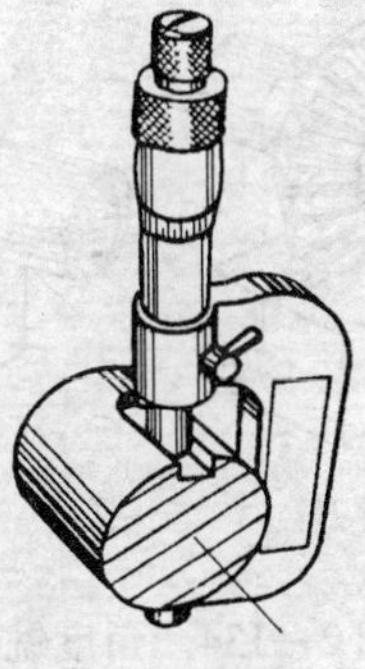
a)

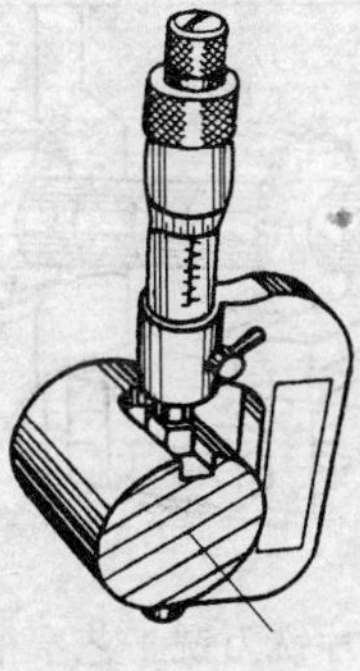
b)

图 2—132　键槽深度测量

第三节　铣削特形沟槽、窄槽及切断

- 掌握 V 形槽的铣削方法。
- 掌握 T 形槽的铣削方法。
- 掌握燕尾槽和燕尾块的铣削方法。
- 掌握铣削窄槽和工件切断的方法。
- 掌握半圆键槽和圆弧槽的铣削方法。

一、铣削 V 形槽

1. V 形槽的技术要求

（1）V 形槽的中心平面应垂直于工件的基准面。

（2）工件的两侧面对称于 V 形槽的中心平面。

（3）V 形槽窄槽两侧面对称于 V 形槽的中心平面，窄槽槽底应略超出 V 形槽两侧面的延长交线。

2. V 形槽的铣削步骤

（1）校正夹具，安装工件，铣工艺窄槽。如图 2—133 所示，铣 V 形槽前，根据图样上槽宽和槽深的要求，选用相应规格的锯片铣刀铣出工艺窄槽。

（2）铣削 V 形槽斜面。

1）角度铣刀铣削。如图 2—134 所示，角度铣刀适于铣削槽角不大于 90°的小型 V 形槽。对刀时，使双角铣刀在窄槽两侧切痕相同。铣削时，可采用角度与槽角相同的对称双角铣刀，也可采用两把刃口相反、规格相同的单角铣刀进行铣削。

2）立铣刀铣削。如图 2—135 所示，立铣刀适于铣削槽角不小于 90°，且外形较大的 V 形槽。对刀时，使立铣刀在窄槽两侧切痕相同。铣削时，可按槽角的 1/2 倾斜立铣头。铣完一侧的槽面后，将工件掉转 180°，再铣另一侧面。

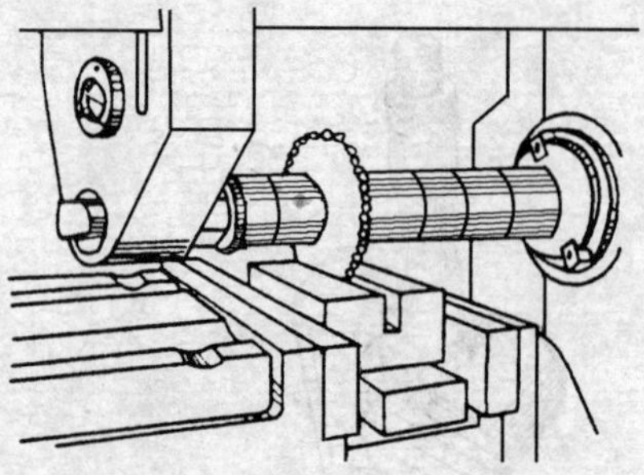

图 2—133　锯片铣刀铣工艺窄槽

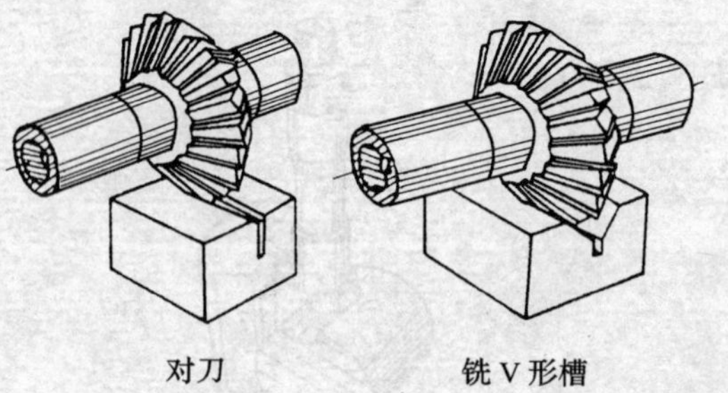

图 2—134　角度铣刀铣削

3）三面刃铣刀铣削。图 2—136 所示为在卧式铣床上用三面刃铣刀倾斜工件铣削，适于槽角不小于 90°，工件外形尺寸较小，精度要求不高的 V 形槽。铣完一侧的槽面后，重新校正，再铣削另一侧面即可。

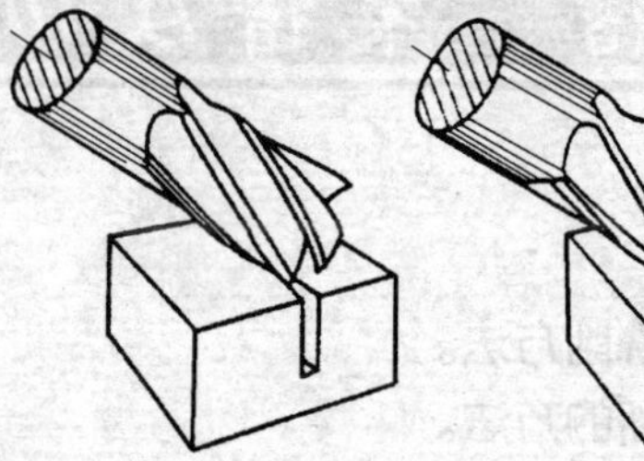

图 2—135　立铣刀铣削

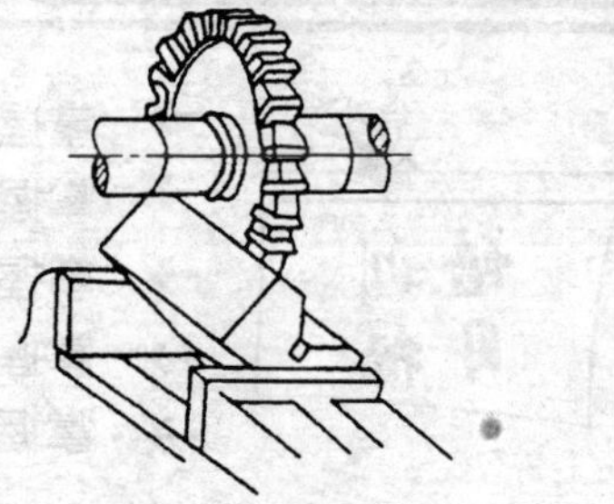

图 2—136　三面刃铣刀铣削

3. 用双角铣刀铣 V 形槽

现以图 2—137 所示工件（材料为 HT200）为例，介绍用双角铣刀铣 V 形槽。在 X6132 型卧式铣床上分两个步骤进行。

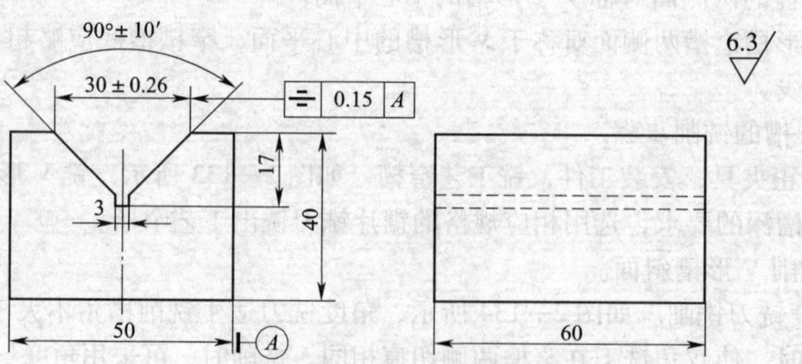

图 2—137　V 形槽零件图

（1）铣削准备。

1）铣刀选择与安装。

①选择锯片铣刀。根据图样上槽宽及槽深的要求，选用 ϕ100 mm × 3 mm 中齿锯片

铣刀。

②安装铣刀。安装前，必须将铣刀内孔及端面、刀杆垫圈和螺母端面擦干净，然后将锯片铣刀安装在刀杆中间，并使铣刀的端面圆跳动为0.05 mm。

③选择铣削用量。调整主轴转速 $n = 60$ r/min（$v_c \approx 18$ m/min）。

2）工件装夹与校正。工件装夹前，按图样划出对称的窄槽和V形槽线。将平口钳安放在工作台上，校正固定钳口与工作台纵向进给方向平行并压紧。工件装夹在钳口中，校正工件上平面与工作台面平行，如图2—138所示。

3）铣削工艺窄槽。

①对刀。调整纵向、横向、垂向手柄，使工件铣削位置处于铣刀下方，目测使锯片铣刀对准3 mm窄槽线，开动机床，工作台垂直上升，在工件表面切出刀痕。用游标卡尺测量切痕到两边划线距离是否相等（见图2—139），如有偏差则横向调整工作台。用上述方法再试铣，使窄槽位置符合要求。也可用换面法对刀，即第一次切痕后，将工件转180°后再次切痕，停机，退出工件，观察两次切痕是否重合。如有偏差则按偏差的一半横向调整工作台，再行试切，直至两切痕重合。

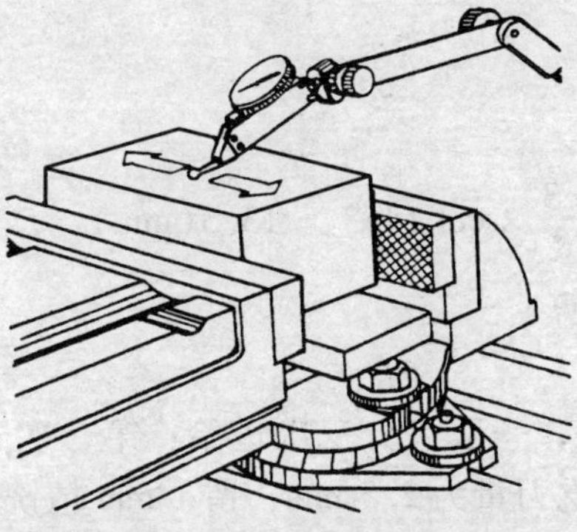

图2—138　工件装夹与校正

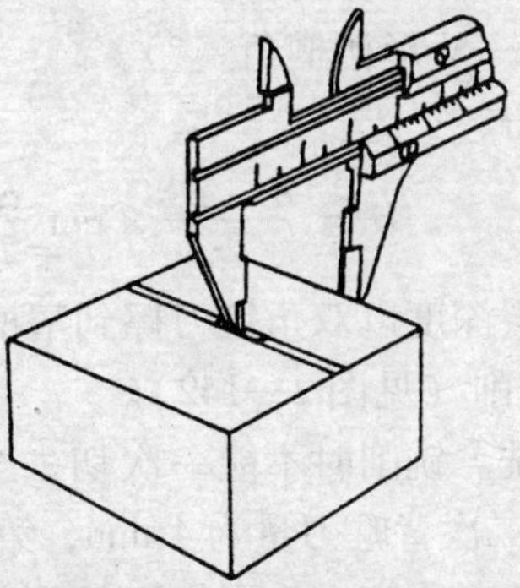

图2—139　切痕对刀

②调整铣削层深度。对刀后紧固横向溜板，根据图样尺寸，工作台上升17 mm。

③铣削。用手动进给铣出工艺窄槽，如图2—140所示。

（2）铣V形槽。

1）选择铣刀。按V形槽的宽度及槽角，选用外径 $D = 100$ mm，角度 $\theta = 90°$，厚度 $L = 32$ mm的对称双角铣刀。

2）安装铣刀。在不影响工作台横向移动的前提下，铣刀尽量靠近主轴处，以增强刀杆刚度。

3）选择铣削用量。调整主轴转速 $n = 60$ r/min（$v_c \approx 18$ m/min），进给速度 $v_f = 37.5$ mm/min。

4）对刀。开动机床，目测使双角铣刀刀尖处于窄槽中间，工作台少量上升，使铣刀在窄槽两侧切出刀痕。观察两边的刀痕是否相同（见图2—141）。如不一致，再横向调整工作台。

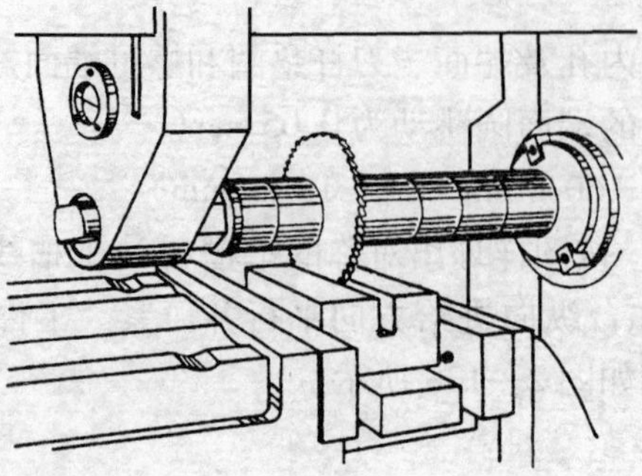

图 2—140　铣工艺窄槽

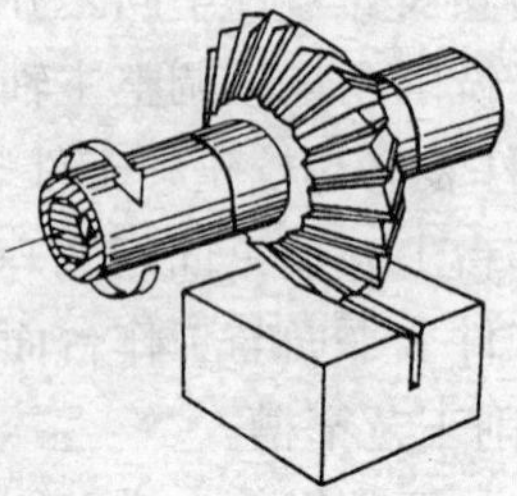

图 2—141　切痕对刀

5）调整铣削层深度。铣削层深度 H 按下式计算：

$$H = \frac{B - B'}{2}\cot\frac{\alpha}{2}$$

式中　H——铣削层深度，mm；

B——V 形槽宽度，mm；

B'——窄槽宽度，mm；

α——V 形槽槽角（°）。

代入数据得：

$$H = \frac{B - B'}{2} \times \cot\frac{\alpha}{2} = \frac{30 - 3}{2} \times \cot 145° = 13.5(\mathrm{mm})$$

铣削层深度以双角铣刀擦到窄槽开始计算。

6）铣削（见图 2—142）。

①粗铣。铣削时不能一次切去全部余量，一般可分三次进给：第一次背吃刀量为 6 mm，第二次背吃刀量为 4 mm，第三次背吃刀量为 2.5 mm，留 1 mm 精铣余量。

②预检对称度。为了保证 V 形槽的对称度，在第一、第二次粗铣后，可用游标卡尺测量 V 形槽的对称度，如图 2—143 所示。

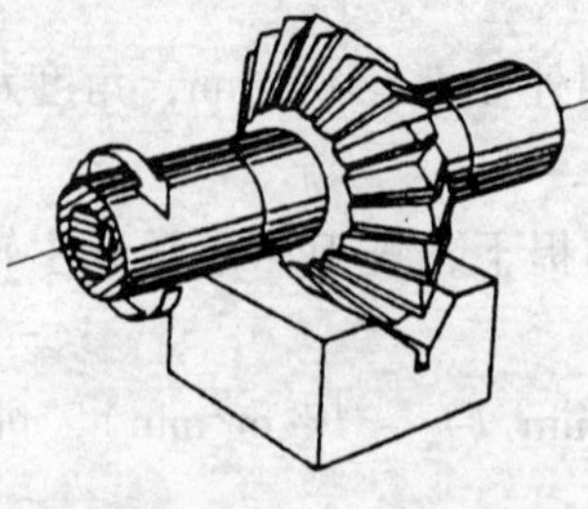

图 2—142　铣 V 形槽

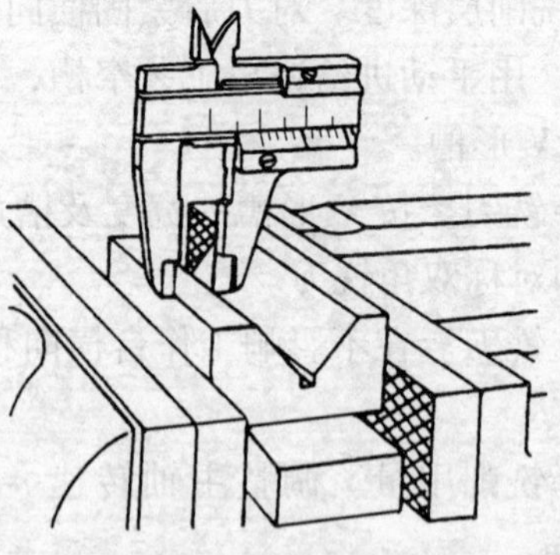

图 2—143　预检对称度

③测量对称度（见图 2—144）。粗铣完成后，取下工件，在平板上测量对称度。测量时以工件两侧面为基准，放在平板上，在 V 形槽内放入标准圆棒，用百分表测

出圆棒最高点，转动表盘，使指针对准“0”位。然后将工件转 180°再用百分表测量圆棒最高点。如读数不一致，需按误差值的一半横向调整工作台，再试铣，直至符合要求。

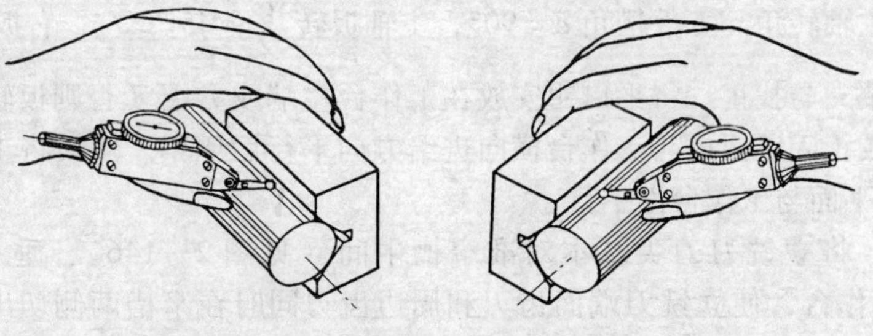

图 2—144　测量对称度

④精铣。精铣时为了提高 V 形槽质量，可将铣削层深度、进给量适当减小，而铣削速度略微提高。可用游标卡尺测量 V 形槽宽度。

7）检测。

①测量槽宽。用游标卡尺测出槽口宽度。

②测量槽角。用游标万能角度尺测出半个槽形角为 45°（见图 2—145a）；用刀口形 90°角尺测量 90°槽角（见图 2—145b）。

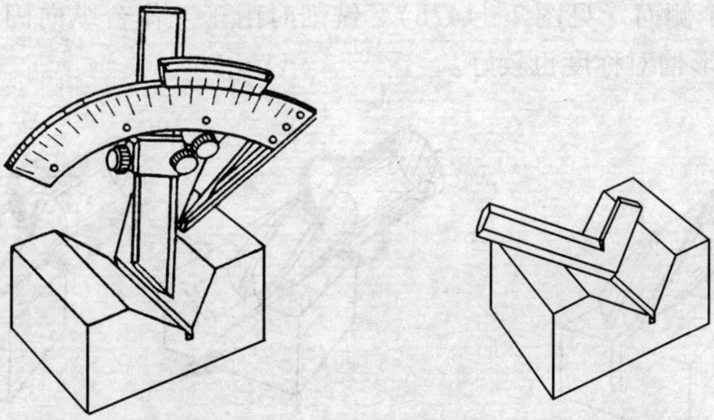

图 2—145　测量 V 形槽槽角

③测量对称度。与 V 形槽精铣时的测量方法相同。

4．调整主轴转角铣削 V 形槽

现仍以图 2—137 所示工件为例，介绍在 X5032 型立式铣床上调整立铣头主轴转角铣削 V 形槽的方法。

（1）铣工艺窄槽。一般在卧式铣床上用锯片铣刀加工。

（2）铣 V 形槽。

1）铣刀选择与安装。

①根据槽宽尺寸，选用 $\phi35$ mm 莫氏锥柄立铣刀。

②用变径套及拉紧螺杆安装立铣刀，安装方法与铣斜面时相同。

③调整主轴转速 $n=150$ r/min（$v_c\approx16$ m/min），进给速度 $v_f=37.5$ mm/min。

2）调整主轴转角。工件槽角 $\alpha=90°$，主轴扳转 $\frac{\alpha}{2}=45°$，左、右扳转均可。

3）工件装夹与找正。将平口钳安放在工作台左端或右端（否则扳转角度后无法加工），安装并校正固定钳口与工作台横向进给方向平行后压紧。然后将工件装夹在平口钳内，校正上平面与工作台面平行。

4）对刀。将立铣刀刀尖基本对准窄槽中间（见图 2—146），垂直升高工作台，并纵向调整工作台，使立铣刀端面齿刃和周边齿刃同时在窄槽两侧切出刀痕。观察两边切痕是否一致，如不一致，则纵向调整工作台。对刀完成后紧固工作台纵向进给方向。

5）调整铣削深度。与双角铣刀铣 V 形槽相同。

6）粗铣。横向进给按铣削层深度分几次切去大部分余量。粗铣后可用游标万能角度尺测量 V 形槽半角，以确定主轴扳转角度是否准确。如果不准确，则重新调整主轴转角，直至符合要求。

7）精铣。精铣时可适当提高铣削速度，减小进给量，减小切削层深度，以保证加工质量。

8）换面法铣削。精铣时，也可以铣出 V 形槽一侧后（见图 2—147a），将工件转 180°再铣削另一个侧面（见图 2—147b）。铣削时由于工作台纵向固定不动，铣削层深度一致，因此 V 形槽对称度也较好。

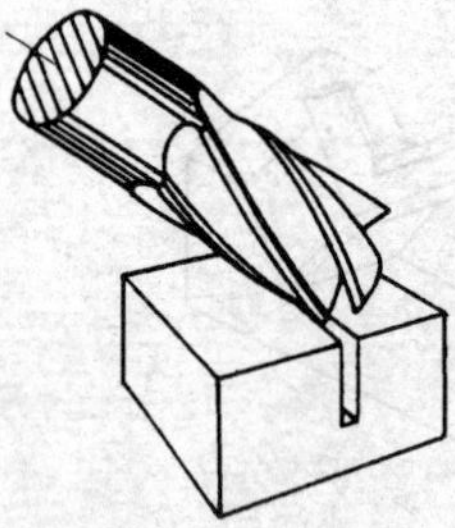

图 2—146　对刀

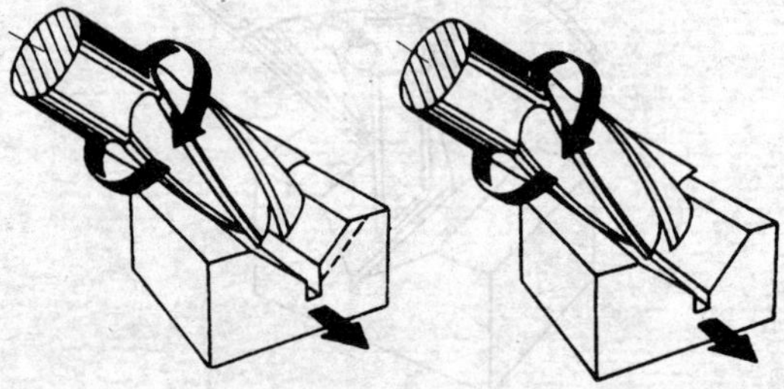

a)　　b)

图 2—147　换面法铣削 V 形槽

5. 铣削圆盘上 V 形槽

如图 2—148a 所示是在圆盘零件上带有的 V 形槽结构，当用 90°对称双角度铣刀铣削时，只要使刀尖对准工件中心，就能铣出圆盘上的 V 形槽。

在没有合适的对称双角度铣刀时，也可用角度与 V 形槽槽角相等的单角度铣刀铣削。当 $\alpha=90°$时，还可用三面刃铣刀或立铣刀铣削，如图 2—148b 所示。铣削时只要使三面刃铣刀或立铣刀的侧面切削刃偏移工件中心一个距离 S 即可。

$$S=a\sin\frac{\alpha}{2}$$

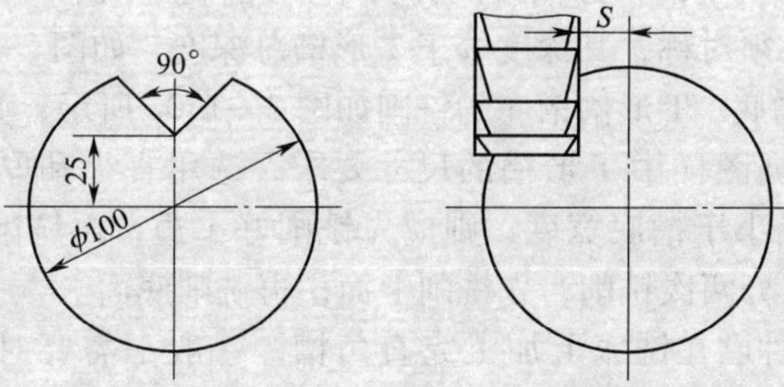

a)　　b)

图 2—148　铣削圆盘上 V 形槽

式中　S——铣刀侧刃偏移距离，mm；

a——槽底至圆盘中心的距离，mm；

α——V 形槽槽角（°）。

即：

$$S = 25\sin\frac{90°}{2} = 25 \times 0.7071 = 17.68(\text{mm})$$

工作台上升的距离为 50 mm − 17.68 mm = 32.32 mm。

在三面刃铣刀侧刃对准工件中心后，使工作台连同工件偏移 17.68 mm，工作台上升的距离为 32.32 mm。

二、铣削 T 形槽

T 形槽主要是机床工作台或夹具上的定位槽，用以安装 T 形螺栓来夹紧工件。常见的是两端穿通的 T 形槽，如图 2—149 所示。

1. T 形槽的技术要求

（1）尺寸精度。直角沟槽的宽度一般有尺寸要求，T 形槽的总深度、槽底尺寸及槽口倒角也有尺寸要求。

（2）位置精度。T 形槽槽口的对称平面与工件中心平面的对称度有要求。

（3）表面粗糙度。T 形槽槽口两侧面一般都要求表面粗糙度值较小。

2. 铣削 T 形槽的方法

铣削 T 形槽一般在立式铣床上进行，其加工步骤如图 2—150 所示。

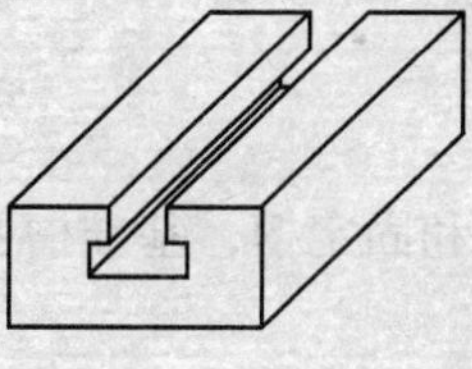

图 2—149　两端穿通的 T 形槽

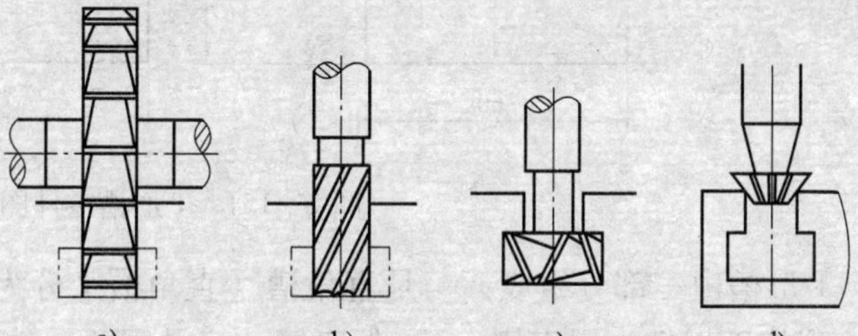

a)　　b)　　c)　　d)

图 2—150　T 形槽的加工步骤

a)、b) 铣削直角槽　c) 铣削槽底　d) 槽口倒角

（1）铣削直角槽。铣削前，必须按图样要求在坯料上划出T形槽的轴线。直角槽两侧面与T形槽轴线必须对称，其深度等于T形槽总深度，如图2—150a、b所示。

（2）铣削T形槽槽底。T形槽槽底的铣削如图2—150c所示，其具体过程为：

1）选择铣刀。根据图样中T形槽的尺寸要求，选用直径和厚度合适的T形槽铣刀。若T形槽铣刀直径小于槽底宽度，则应先铣削好一边，再铣削另一边。若铣刀厚度比槽底厚度小，可以分两次铣削，先铣削上面，再铣削底面。

2）对刀。因为工件已在铣床上加工完直角槽，一般不需要对工件重新装夹和找正。如果工作台横向未移动，则换上T形槽铣刀后不必对刀。如果工作台横向已移动或者工件已重新装夹，这时就必须对刀。对刀的方法是：调整各工作手柄，使T形槽铣刀端面与直角槽的槽底对齐，退出工件，开动铣床，用铣刀在直角槽两侧切出切痕，停机检查，如果两侧切痕相等，表明铣刀位置已对准。

3）铣削。选择合理的铣削用量，调整好铣削深度，开动铣床开始铣削。铣削时先用手动进给，待铣刀一半以上进入工件后再改用机动进给。

（3）槽口倒角。槽口倒角的加工如图2—150d所示。

T形槽槽底铣削完毕后，拆下铣刀，根据直角槽宽度和图样标注的倒角角度来选择并安装倒角铣刀。如果槽底铣削后工作台未横向移动过，则不需对刀。铣削时，选用合适的铣削用量，并根据倒角大小调整好铣削深度，开动铣床一次进给完成。

在机械制造中，还经常遇到两头不通的T形槽，铣削时，应先在T形槽的两端加工铣刀落刀孔，落刀孔的直径应大于T形槽铣刀切削部分的直径，落刀孔的深度应略大于T形槽总深度，以改善排屑条件，减小铣刀端面与槽底面的摩擦。

3. 铣T形槽实例

现以图2—151所示工件（材料为HT200）为例，介绍在X5032型立式铣床上铣削T形槽的操作方法。

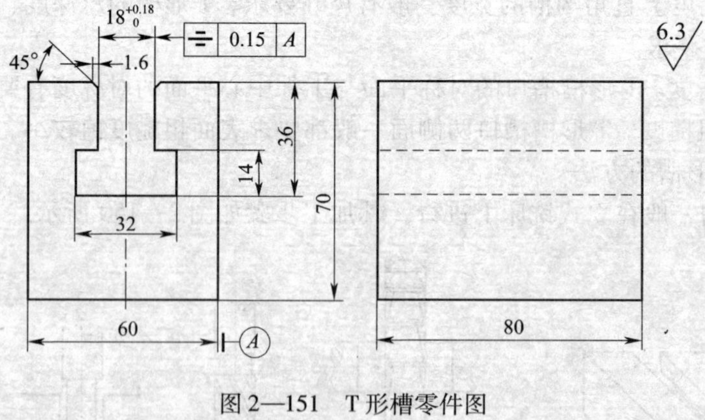

图2—151　T形槽零件图

T形槽由三部分组成：一是直角槽（直角槽又分为基准槽和固定槽，基准槽要求较高。现加工工件为固定槽），二是底槽，三是倒角。

（1）加工直角槽。

1）铣刀选择及安装。

①选择铣刀。选用 $\phi18$ mm 立铣刀或键槽铣刀。如是通槽也可选用三面刃铣刀在卧式铣床上铣出直角槽。

②安装铣刀。直柄立铣刀或键槽铣刀可用铣夹头或快换铣夹头安装。锥柄铣刀则需用变径套连同铣刀一起由拉紧螺杆紧固在主轴内锥孔中。

③选择铣削用量。调整主轴转速 $n=250$ r/min（$v_c\approx15$ m/min），进给速度 $v_f=30$ mm/ min。

2）工件装夹及找正。较大的工件可直接用压板装夹在工作台上，较小的工件可用平口钳装夹。该工件采用平口钳装夹，先校正固定钳口与工作台纵向进给方向平行后压紧，然后将工件装夹在平口钳内，校正工件上平面与工作台面平行。

3）对刀。先在工件表面划出对称槽宽线，将铣刀调整到铣削部位，目测与槽宽线对准，开动机床，工作台垂直缓缓上升，使工件表面切出刀痕，下降工作台，停机，用游标卡尺测出槽的位置。如有偏差，则横向调整工作台，直至达到图样要求。

4）调整铣削层深度。T 形槽总深度为 36 mm。所以铣直角槽时应铣至 T 形槽全深。因为立铣刀刚度较差，加工余量分两次切去。

5）铣削（见图 2—152）。对刀后第一次工作台升高 22 mm，第二次工作台升高 14 mm。铣削时先手动进给，待铣刀切入工件后改为机动进给，并使两次进给方向相同。

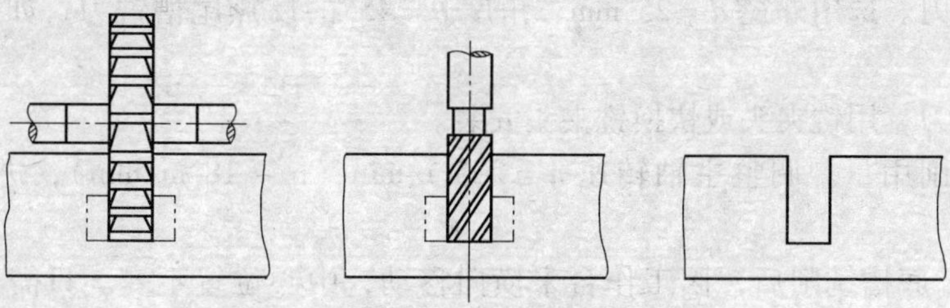

图 2—152　铣直角槽

（2）加工底槽。

1）铣刀选择及安装。

①选择铣刀。选用直柄 T 形槽铣刀，铣刀直径 $d=32$ mm，厚度 $L=14$ mm，如图 2—153 所示。

②安装铣刀。与直柄立铣刀安装方法相同。

③选择铣削用量。因为 T 形槽铣刀强度较低，排屑又困难，故选择较小的铣削用量。现调整主轴转速 $n=118$ r/min（$v_c\approx12$ m/min），进给速度 $v_f=23.5$ mm/min。

2）工件的装夹及找正。工件已在立式铣床上加工完毕，所以不需要再装夹及找正。如果直角槽是在卧式铣床上加工的，则须重新装夹及找正。

3）对刀。直角槽铣削后，因工作台未横向移动，换装 T 形槽铣刀后，不必重新对刀。如果工件是重新安装或工作台已经横向移动，其对刀方法是：

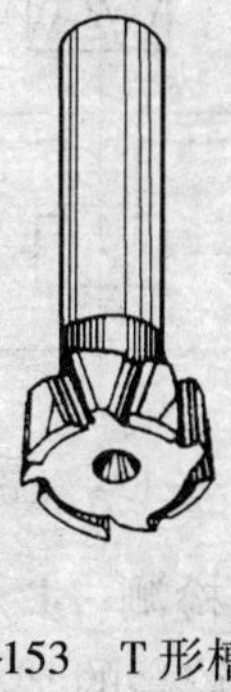

图 2—153　T 形槽铣刀

①刀柄对刀。将 ϕ18 mm 直柄立铣刀掉头安装在铣夹头内，露出一段柄部，目测柄部对准直角槽，转动主轴使刀柄能通畅地进入槽内，即主轴已与直角槽对准。然后拆下立铣刀换装 T 形槽铣刀。

②目测对刀。使 T 形槽铣刀的端面齿刃大致与直角槽底相接触，目测使 T 形槽铣刀与直角槽对准，开动机床，缓缓摇动纵向进给手柄，并使直角槽两侧同时接触铣刀，切出相等的切痕。

4）调整铣削层深度。

①贴纸试切。工件表面贴一张薄纸，工作台缓缓上升，待铣刀擦去薄纸时，工件退离铣刀，工作台上升 36 mm（视情况考虑薄纸厚度 δ）。

②擦刀试切。铣直角槽时已将深度铣到 36 mm，只需使 T 形槽铣刀擦出的刀痕与直角槽底接平即可。

5）铣削。先手动进给，待底槽铣出一小部分时，测量槽深，如符合要求可继续手动进给，当铣刀大部分进入工件后改用机动进给。铣削时要及时清除切屑，以免铣刀折断，如图 2—154 所示。

（3）铣倒角。

1）铣刀选择与安装。

①选择铣刀。选用外径 $d = 25$ mm、角度 $\theta = 45°$ 的反燕尾槽铣刀，如图 2—155 所示。

②安装铣刀。用铣夹头或快换铣夹头安装。

单元 2

③选择铣削用量。调整主轴转速 $n = 235$ r/min（$v_c \approx 18$ m/min），进给速度 $v_f = 47.5$ mm/min。

2）对刀。底槽铣削后，因工作台未横向移动，中心位置不变。只需工作台上升，使铣刀与槽口接触后退离工件。

3）铣削。工作台上升 1.6 mm，机动进给铣削，如图 2—156 所示。

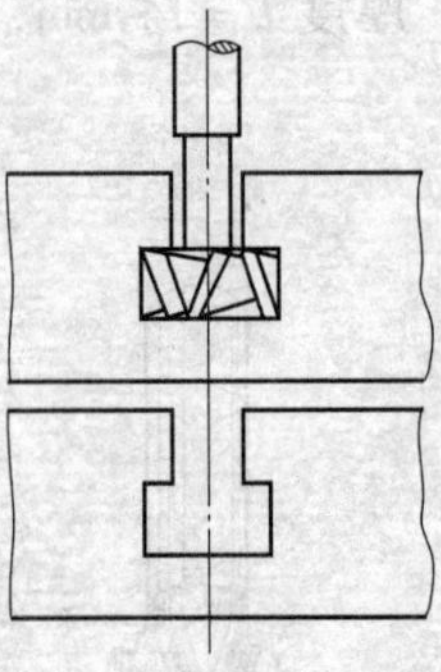

图 2—154　铣底槽

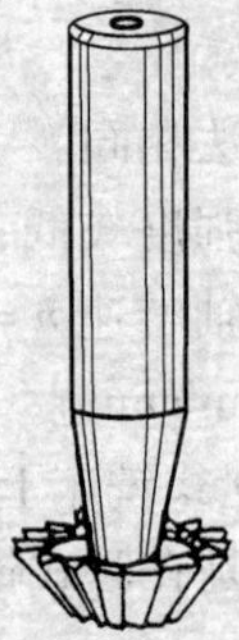

图 2—155　反燕尾槽铣刀

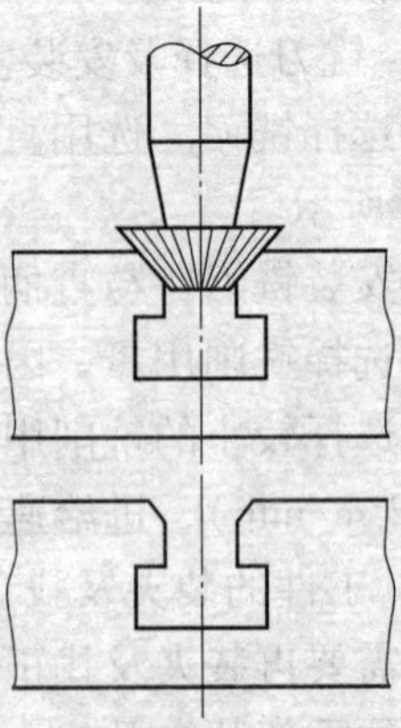

图 2—156　铣倒角

（4）检测。T 形槽检测比较简单，要求不高的 T 形槽用游标卡尺可以测量全部项目。要求较高的基准槽需要用内径千分尺或塞规检测。

三、铣削燕尾槽和燕尾块

1．技术要求

燕尾槽与燕尾块组成的燕尾结构，主要用于机床导轨或其他导向零件，如铣床中的燕尾导轨就是采用燕尾结构作为直线运动的引导件（见图2—157）。作为引导件，燕尾结构对角度、宽度和深度应具有较高的精度要求，尤其对其斜面的平面度和表面粗糙度要求更高。燕尾结构斜面的角度有45°、50°、55°、60°等多种，一般采用55°或60°。燕尾槽还常带有1∶50的斜度，可用来安装镶条，以调整机床导轨的配合间隙。精度较高的燕尾槽导轨还需经磨削、刮削等精加工。

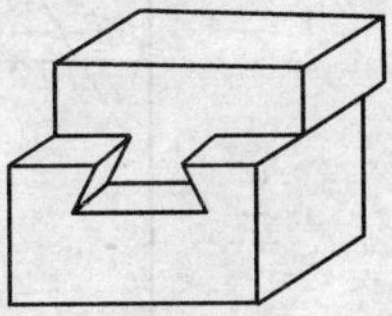

图2—157　燕尾槽与燕尾块

2．铣削燕尾槽和燕尾块的方法

燕尾槽和燕尾块的铣削如图2—158所示。

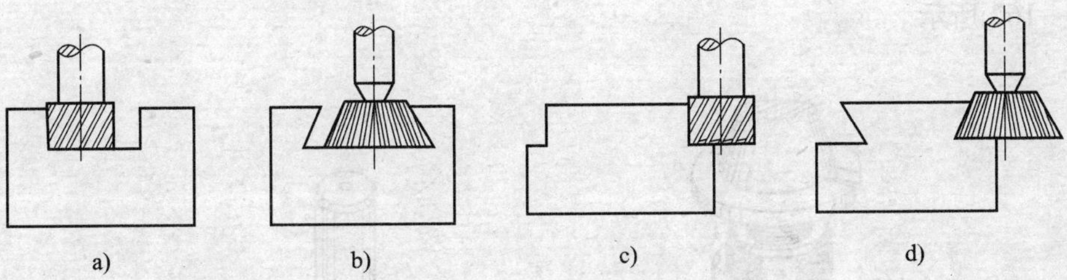

图2—158　燕尾槽和燕尾块的铣削

（1）铣削直角沟槽或台阶。一般情况下，直角沟槽或台阶的铣削多在立式铣床上用立铣刀或端铣刀铣削，如图2—158a、c所示。

（2）铣削燕尾槽或燕尾块。燕尾槽和燕尾块用燕尾槽铣刀铣削，铣刀的角度与燕尾槽或燕尾块的角度相等，铣刀的直径和厚度根据燕尾槽的宽度和深度来选择，其加工方法与T形槽和台阶的加工方法类似（见图2—158b、d）。铣削带斜度的燕尾槽时（见图2—159），第一步，先铣削燕尾槽不带斜度的一侧；第二步，按图样要求调整工件，使其与工作台进给方向成一定斜度，经固定后铣出带斜度的一侧。

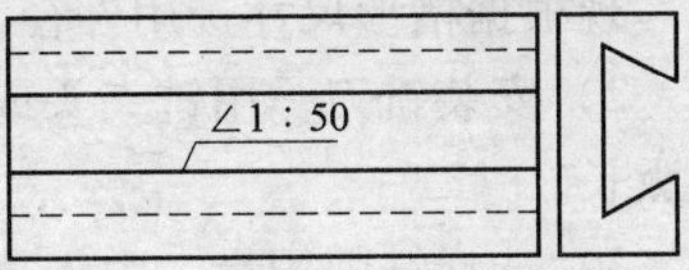

图2—159　带斜度的燕尾槽

3．铣燕尾槽

现以图2—160所示工件（材料为HT200）为例，介绍在X5032型立式铣床上铣削燕尾槽的操作方法。

（1）铣直角槽（见图2—161）。可在卧式铣床上用三面刃铣刀或在立式铣床上用立铣刀铣削直角槽。现燕尾槽深度为8 mm，槽形最窄处为25 mm，所以应铣出25 mm×8 mm的直角槽，粗铣深度为7.8 mm，留0.2 mm精铣余量。

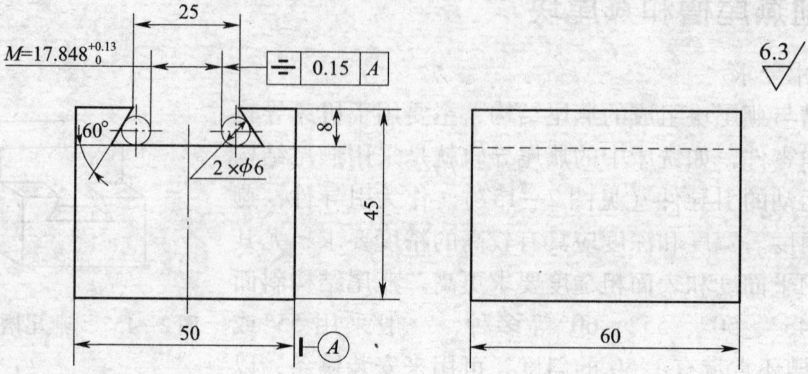

图 2—160　燕尾槽零件图

（2）燕尾槽铣削。

1）选择铣刀。燕尾槽铣刀有直柄与锥柄两种。铣刀的切削部分与单角铣刀相似，如图 2—162 所示。

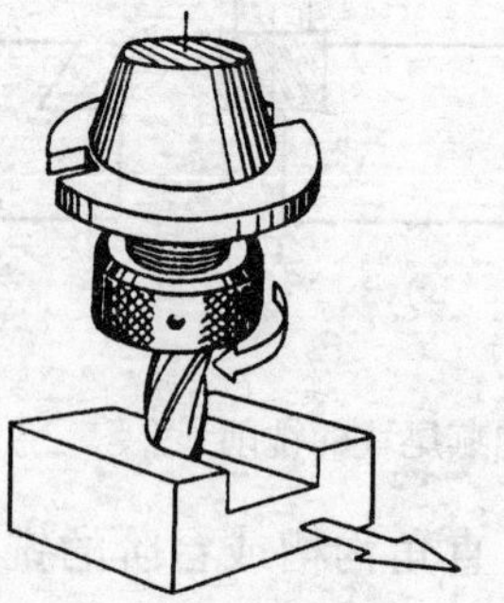

图 2—161　铣直角槽

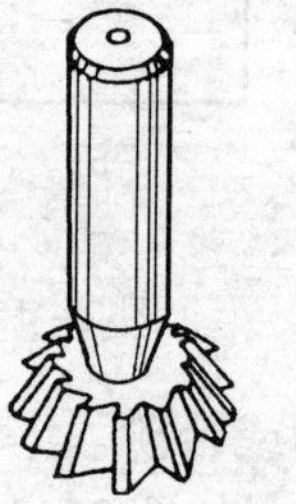

图 2—162　燕尾槽铣刀

现根据槽形尺寸选用外径 $d=25$ mm、角度 $\theta=60°$ 的 I 型直柄燕尾槽铣刀。

2）安装铣刀。用铣夹头或快换铣夹头装夹。为使铣刀有较好的刚度，刀柄不应伸出太长。

3）选择铣削用量。由于燕尾槽铣刀的刀齿较密，刀尖强度较弱，颈部又较细，刀具刚度较差，所以铣削用量都取较小值，但铣削速度也不宜太低。调整主轴转速 $n=190$ r/min（$v_c \approx 15$ m/min），进给速度 $v_f=23.5$ mm/min。

4）工件装夹与找正。先在工件上划出槽形线。将平口钳安装在工作台上，找正固定钳口与工作台纵向进给方向平行后压紧。工件夹入平口钳，找正工件上平面与工作台面平行。

5）对刀。开动机床，目测使燕尾槽铣刀轴线与直角槽中心大致对准，上升工作台，使工件槽底与铣刀端面齿相接触，工作台升高 0.2 mm，然后缓慢摇动纵向进给手柄，使直角槽侧刚好被切到，停机，退出工件，测量槽深应为 8 mm。

6）铣削。对刀后，工作台横向移动距离 S，S 按下式计算：

$$S = t\cot\alpha$$

式中 S——工作台横向移动量，mm；

t——燕尾槽深度，mm；

α——燕尾槽槽角（°）。

代入数据得：

$$S = t\cot\alpha = 8\ \text{mm} \times \cot 60° = 4.618\ \text{mm}$$

7）铣燕尾槽一侧（见图 2—163a）。工作台横向移动量 S 为 4.618 mm，因为铣刀强度较差，所以不能一次铣去全部余量，可分三次横向调整工作台，粗铣分别为 2.5 mm、1.6 mm。然后缓慢纵向移动工作台，待铣刀切入工件后，纵向机动进给完成铣削。放入 ϕ6 mm 标准圆棒，测量工件侧面至圆棒间的距离（见图 2—163b）应是工件实际宽度的 1/2 减 M 值的 1/2（M 为图示燕尾槽测量值）。根据测得数据，横向调整工作台后进行精铣。

应该注意，铣燕尾槽时不得采用顺铣，以免折断铣刀。

8）铣燕尾槽另一侧面（见图 2—163c）。横向移动工作台，使铣刀尖角与另一侧直角槽相接触后退出工件，然后横向调整工作台，分粗、精铣完成，并测量尺寸，方法同上所述。

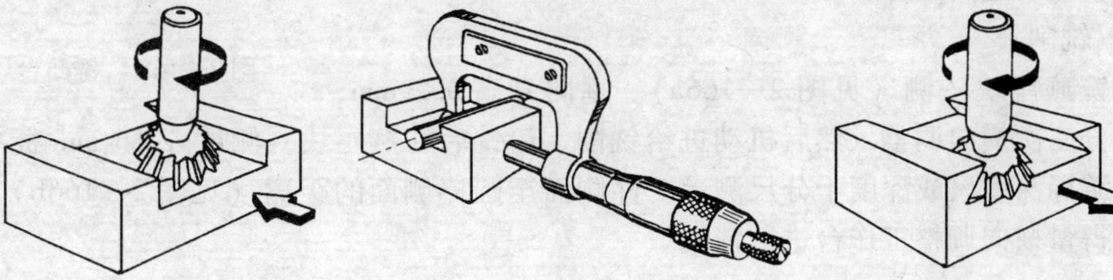

a)　　b)　　c)

图 2—163　铣燕尾槽

a）铣一侧　b）预检　c）铣另一侧

9）燕尾槽的检测。

①测量槽角。可用样板或游标万能角度尺进行测量。

②测量槽宽。用两根 ϕ6 mm 标准圆棒放入槽中，用游标卡尺或内径千分尺测量，燕尾槽测量基准 M 值应满足尺寸 17.848 ~ 17.978 mm。

4. 铣燕尾块

现以图 2—164 所示工件（材料为 HT200）为例，介绍燕尾块的铣削方法。

（1）铣凸台（见图 2—165）。铣凸台时，可在卧式铣床上用三面刃铣刀或在立式铣床上用立铣刀铣出。现燕尾块根部宽度为 25 mm，深度为 8 mm。根据燕尾槽横向铣削层深度 S = 4.618 mm，所以凸台上端尺寸应为：

$$25\ \text{mm} + 4.618\ \text{mm} \times 2 = 34.236\ \text{mm}$$

先铣出宽 34.236 mm、深 7.8 mm 凸台，留 0.2 mm 铣燕尾块。凸台位置应与工件两侧面对称。

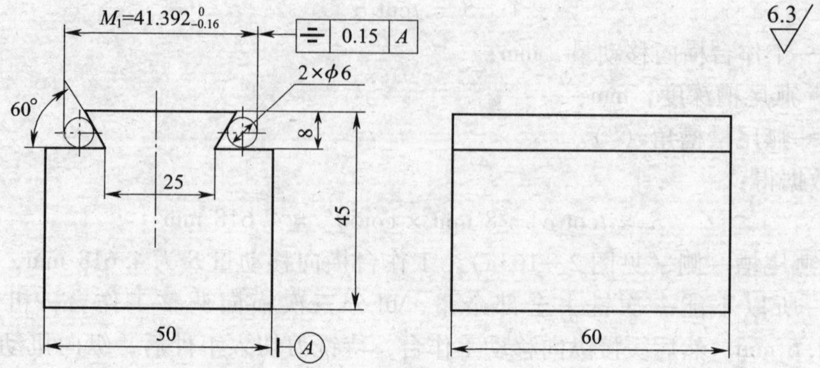

图 2—164　燕尾块零件图

（2）铣燕尾块。铣燕尾块时，铣刀的选择与安装、工件的装夹及找正和铣削用量的选择与铣燕尾槽相同。

1）对刀。将铣刀调整到凸台一侧，开动机床，工作台缓缓上升，使铣刀端面齿刃擦到凸台底面。然后横向调整工作台，使齿刃尖角与凸台侧面接触后在垂向、横向刻度盘上做标记，铣刀退离工件。

图 2—165　铣凸台

2）铣削。

①铣燕尾块一侧（见图 2—166a）。垂向升高 0.2 mm，工作台分三次横向调整，然后机动进给铣削，粗铣后在燕尾块一侧放入 ϕ6 mm 标准圆棒，用游标深度尺或深度千分尺测量工件侧面至圆棒侧面的距离（见图 2—166b），再根据测得量横向调整工作台进行精铣。

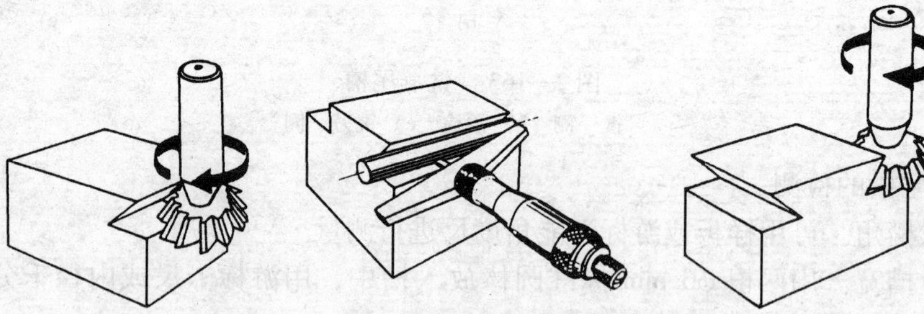

a)　b)　c)

图 2—166　铣燕尾块

a）铣一侧　b）预检　c）铣另一侧

②铣燕尾块另一侧（见图 2—166c），将铣刀移至另一侧，对刀后分粗、精铣，并用千分尺测量尺寸 M_1（ϕ6 mm 标准圆棒间尺寸）41.232 ~ 41.392 mm，如图 2—167 所示。

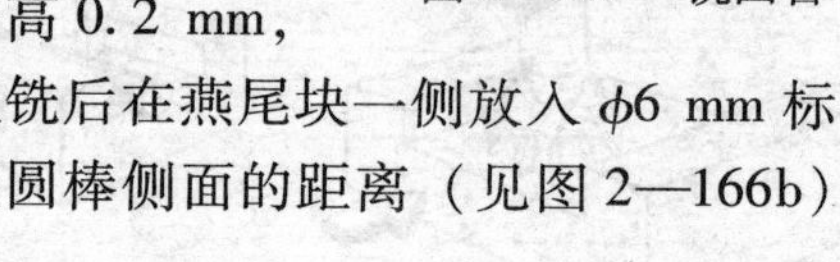

图 2—167　燕尾块测量

四、铣削半圆键槽

现以图 2—168 所示工件（材料为 45 钢）为例，介绍在 X6132 型卧式铣床上铣削半圆键槽的操作方法。

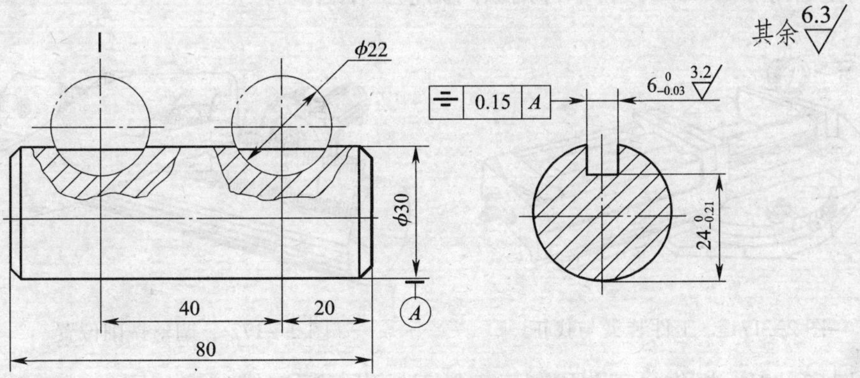

图 2—168　半圆键槽零件图

1．选择铣刀及装夹工件

（1）铣刀的选择与安装。

1）选择铣刀。半圆键槽铣刀的形状与 T 形槽铣刀相似（见图 2—169）。现根据键槽的基本尺寸选用外径 $d=22$ mm、厚度 $L=6$ mm、Ⅲ型半圆键槽铣刀。因为槽宽要求较高，所以可用千分尺测量铣刀的厚度是否符合要求。

2）安装铣刀。用铣夹头或快换铣夹头安装，然后用百分表校正铣刀端面圆跳动为 0.03 mm（见图 2—170）。校正方法与校正键槽铣刀径向圆跳动相同。

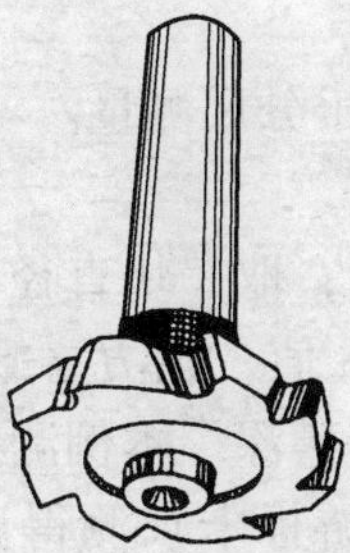

图 2—169　半圆键槽铣刀

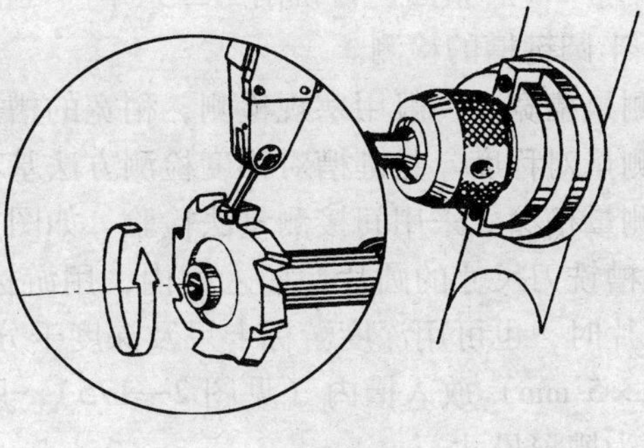

图 2—170　校正铣刀端面圆跳动

3）选择铣削用量。调整主轴转速 $n=190$ r/ min，采用手动进给。

（2）工件的装夹与找正。

1）装夹工件。一般用平口钳装夹工件。安装平口钳时，使固定钳口与工作台横向进给方向平行，将工件两端面装夹在钳口两端，如图 2—171 所示。

2）找正工件。用百分表校正工件上素线与工作台面平行，侧素线与纵向进给方向平行，如图 2—171 所示。

2. 铣削半圆键槽

（1）对刀。

1）调整铣削位置。用钢直尺确定铣刀中心至工件端面距离为 20 mm（见图 2—172）。然后工作台微量上升，切出浅痕，用钢直尺或游标卡尺测量工件端面至切痕中心的距离是否等于 20 mm，若不符则纵向调整工作台。

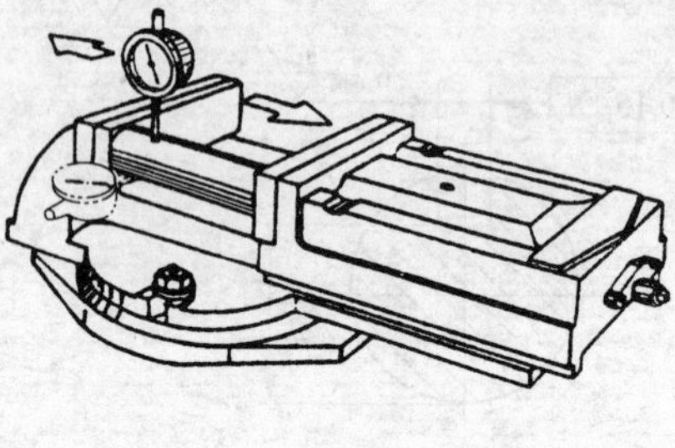

图 2—171　工件装夹与找正

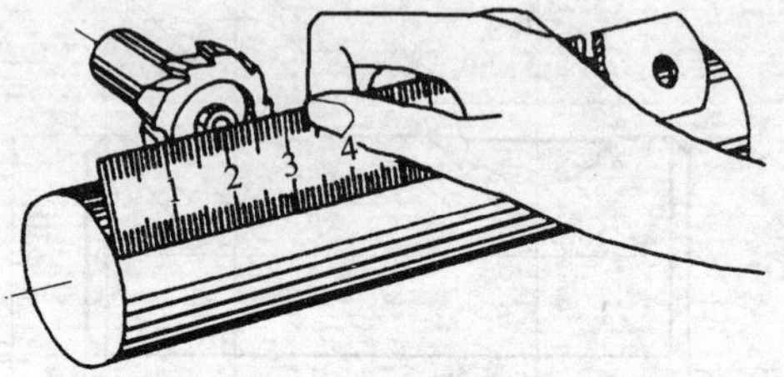

图 2—172　调整铣削位置

2）切痕对刀。操作过程与用三面刃铣刀铣半封闭键槽对刀相同，对刀后将工作台横向及纵向进给方向紧固。

（2）调整铣削层深度。铣刀擦到工件后，工作台升高距离 $H = 30\ \text{mm} - 24\ \text{mm} = 6\ \text{mm}$。

（3）铣削（见图 2—173）。由于半圆键槽铣刀的铣削面由小到大，铣刀强度又较差，所以一般用手动进给铣削。铣至尺寸后让铣刀空转数转后停机，以提高表面质量。因为刀具刚度较差，排屑困难，所以铣削过程中应充分冲注切削液。

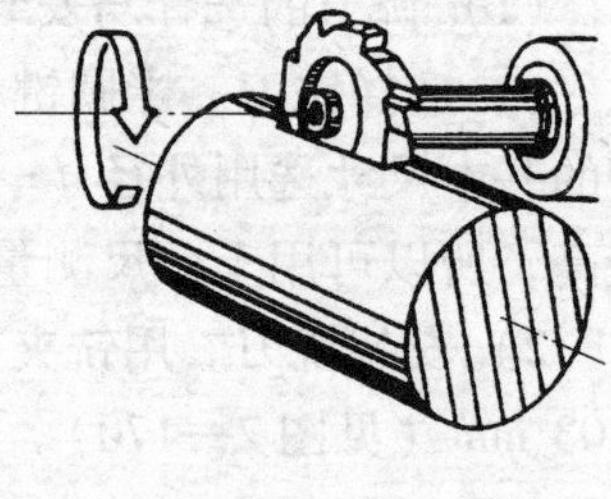

图 2—173　铣半圆键槽

铣削完第一条半圆键槽后，工作台下降，松开工作台，纵向移动 40 mm 后紧固，再铣削第二条半圆键槽。

（4）半圆键槽的检测。

1）测量槽宽。一般用塞规检测，稍宽的槽也可用内径千分尺测量。

2）测量对称度。与键槽对称度检测方法基本相同。

3）测量槽深。采用间接测量法检验。如图 2—174 所示，取一块直径和厚度都略小于半圆键槽铣刀尺寸的圆片，插入槽内，用游标卡尺测出 S 值，则 $H = S - d$。在没有合适的圆片时，也可用深度游标卡尺及深度千分尺直接测量槽深。本例测量时，将圆片（ϕ21 mm×5 mm）放入槽内（见图 2—175），用千分尺或游标卡尺测得读数后减去圆片直径即为槽深尺寸。

五、铣削圆弧槽

现以图 2—176 所示工件（材料为 HT200）为例，介绍在 X6132 型卧式铣床上铣削圆弧槽的方法。

1. 铣刀的选择与安装

（1）选择铣刀。根据槽形的要求，选用半径 $R8$ mm 的凸半圆铣刀。铣刀的半径是否正确，可用半径样板进行校对，如图 2—177 所示。

单元 2

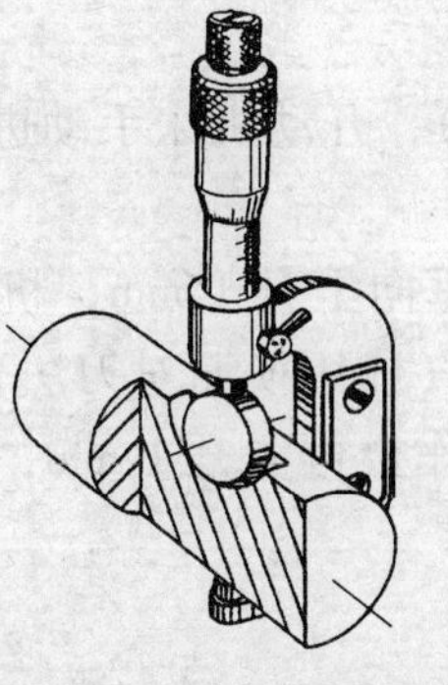

图 2—174　半圆键槽深度的检测

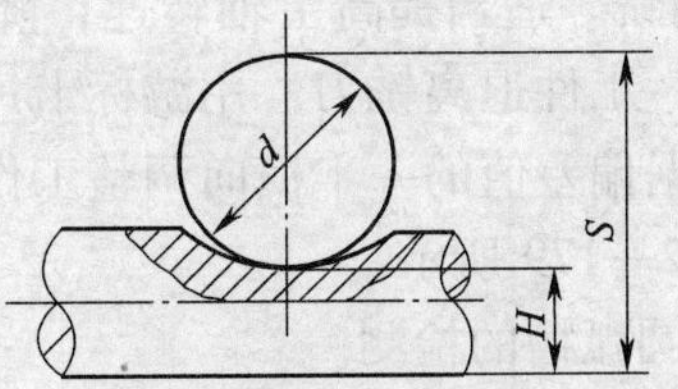

图 2—175　测量槽深

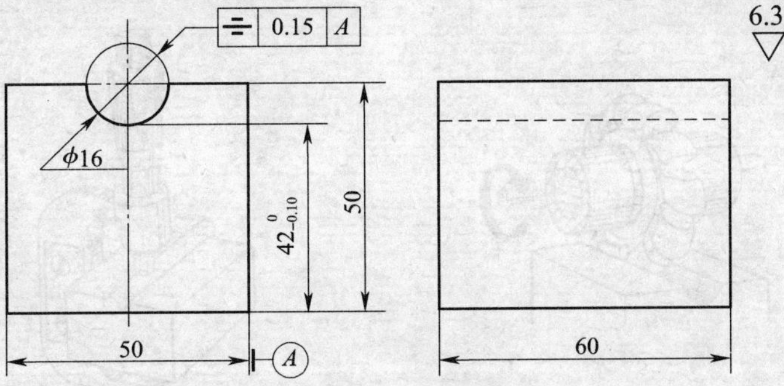

图 2—176　圆弧槽零件图

（2）安装铣刀。安装前应擦净铣刀内孔及两端面、垫圈、螺母端面及刀杆，然后将铣刀安装在刀杆中间。检查铣刀端面圆跳动，如圆跳动过大，则会影响铣削精度。

（3）选择铣削用量。调整主轴转速 $n=60$ r/min（$v_c \approx 1.5$ m/min），进给速度 $v_f=30$ mm/min。

2．工件的装夹及找正

采用平口钳装夹工件，并校正固定钳口与工作台纵向进给方向平行。工件装夹前先划好圆弧槽线。

3．铣削步骤

（1）对刀。将工件调整到铣刀下方，目测使圆弧槽划线对准铣刀。开动机床，上升工作台，使铣刀在工件上切出刀痕，停机。工件退离铣刀，测量切痕到两划线的距离（见图 2—178）。如有偏差，则横向调整工作台，调整量为偏差值的一半。

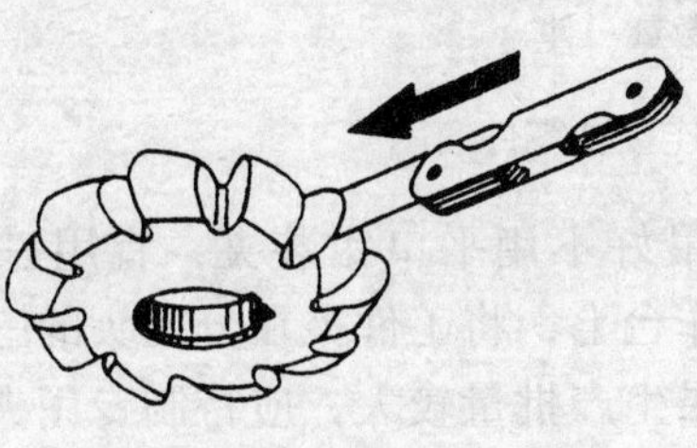

图 2—177　校对铣刀半径

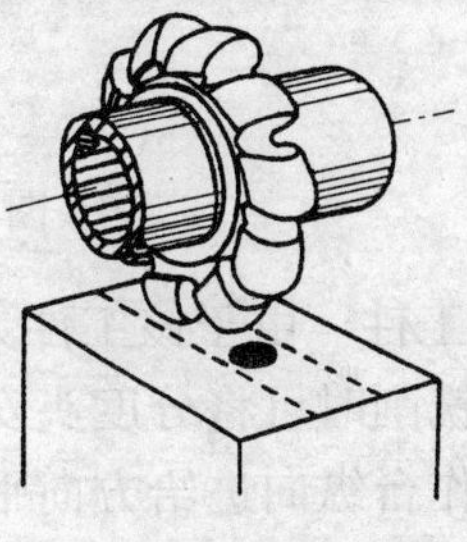

图 2—178　切痕对刀

（2）铣削。

1）粗铣。调整铣削层深度（工作台上升 6 mm），开动机床手动进给，待铣刀切入工件后改用机动进给铣削。

2）精铣。适当提高主轴转速，降低进给量，垂向上升 1 mm，机动进给完成半精铣。停机，工件退离铣刀。用游标卡尺测量对称度（或用换面对刀法），如尚有少量偏差，再根据偏差值的一半横向调整工作台。然后工作台再上升 1 mm，机动进给完成精铣，如图 2—179 所示。

（3）圆弧槽的检测。

1）用半径样板检验圆弧槽半径。

2）用小于圆弧槽半径的圆棒放入槽内测量槽深，如图 2—180 所示。

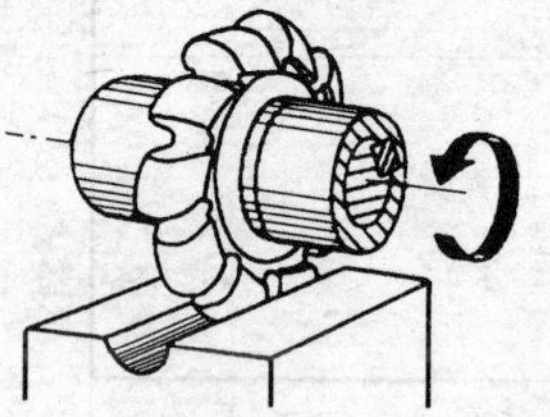

图 2—179　铣圆弧槽

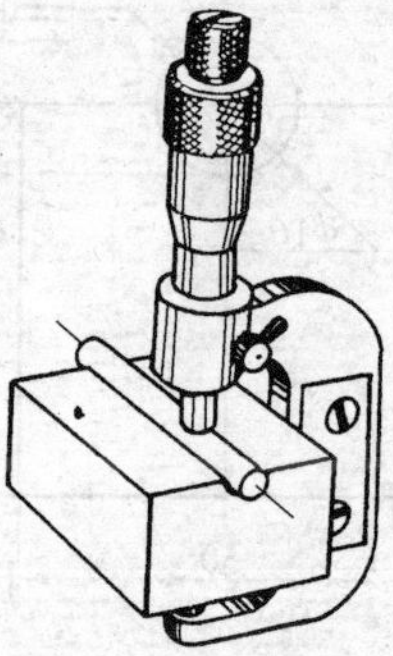

图 2—180　测量槽深

3）对称度的检测方法与 V 形槽检测相同。

六、铣削窄槽及工件的切断

1．铣小轴两端的窄槽

如图 2—181 所示为一连接轴，轴的两端用窄槽与主动件和从动件连接，工件的各部位尺寸在图中已标出，现要铣出两端的槽。

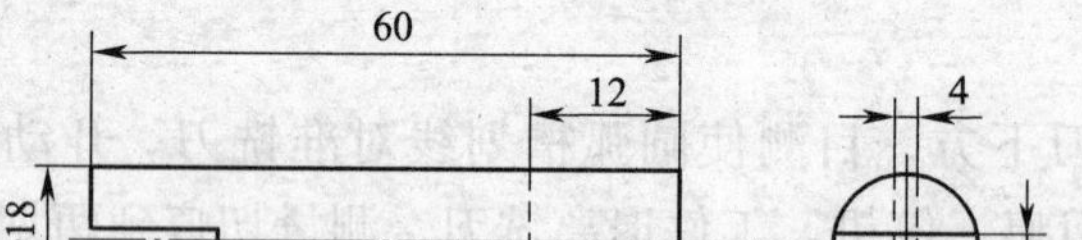

技术要求

1. 该轴的传动槽宽度公差为 0~0.12mm。
2. 槽应位于轴的中心，位置偏差应小于0.15mm。
3. 两槽夹角成90°± 1°。

材料　Q235

数量　1件

图 2—181　连接轴零件简图

（1）装夹工件。由于该工件为圆形，最好不用平口钳装夹，宜用三爪自定心卡盘装夹。因此，铣削时可将分度头安装在工作台上，将工件夹在分度头的三爪自定心卡盘上。槽向与工作台纵向进给方向平行。如果生产批量较大，应特制专用夹具，以提高工作效率。夹紧时应夹在工件的中部，上面留出 15 ~ 20 mm 即可。在加工另一端时，由于夹紧力易使窄槽变形，故应注意要夹在工件的中部，以保护已铣好的一端。

（2）选择铣刀。根据所加工的槽的深度，铣刀厚度为 4 mm、外径为 80 mm、内径为 22 mm。

（3）确定切削用量。该槽应一次铣出，调整主轴转速 $n = 95$ r/min（$v_c = 22$ m/min），进给速度 $v_f = 47.5$ mm/min。

（4）对刀并铣削。横向移动工作台，使铣刀对准槽的位置。然后上升工作台，使铣刀的刀尖与槽底处于同一高度，开始铣削。

开始铣削时，用手摇动纵向手柄缓慢进给，以防止打刀；当铣削面上同时有几个齿工作时，可转为自动进给，直至切削结束。

一端的槽铣完后，测量槽的深度和宽度，合格后取下工件，将工件掉转 180°装夹，铣削另一端的槽。装夹时应注意槽的方向，即已加工完的槽应处于横向。其他操作与前述相同。

2. 铣传动轴两端的窄槽

如图 2—182 所示是一个传动轴，轴的两端用窄槽与传动件连接，小端槽的宽度为整数（4 mm）。选这种规格的铣刀，铣削操作比较简单，按前例操作即可。大端的槽宽不是整数，没有这种规格的铣刀，铣削时需要特殊处理。具体操作步骤如下：

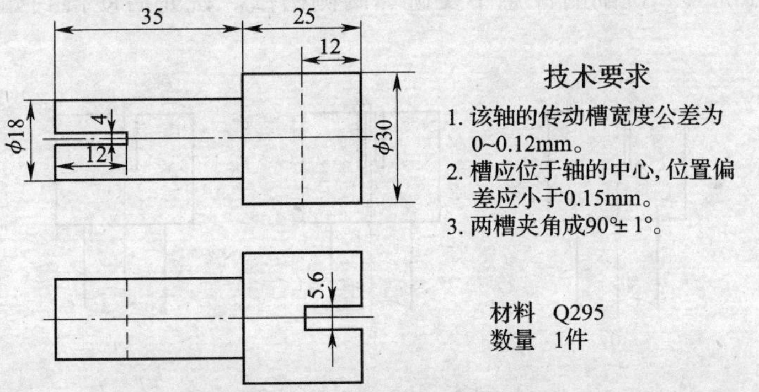

图 2—182 传动轴零件简图

（1）装夹工件。由于该工件为圆形，适宜用三爪自定心卡盘装夹。因此，铣削时可借助分度头装夹，槽的方向与工作台纵向进给方向平行。如果生产批量较大，应特制专用夹具，以提高工作效率。

铣削时宜先铣大端，因其工艺复杂，一旦铣废小端就不用铣了；若先铣小端，一旦大端废了，小端的加工就浪费了。夹紧时卡盘紧贴在大端，既保证装夹的牢固，也能满足上面所留的长度要求。大端铣削合格后，将工件掉转 180°装夹，此时只能夹在工件的大端，切削时注意切削用量不能太大，以免工件振动而影响加工精度。如果生产批量较大，不宜如此装夹，应制作（车削）一个内径 18.2 mm、外径 32 mm、长度 20 ~ 25 mm的套管，并在套管上锯出一条豁口，使装夹时管的内径能收缩。用套管装夹，铣削时就不会出现振动了。

（2）选择铣刀。大端的槽宽为 5.6 mm，没有合适规格的铣刀，铣削时有两个方案可供选择。

第一方案是取一个厚度为 6 mm 的高速钢铣刀，在磨床上磨至 5.6 mm，在批量较大时或以后常用时宜采用此方案。但若只是单件加工，则不宜采用此方案。

第二方案是选择厚度为 2 mm 的铣刀，通过多次铣削完成。对于单件生产宜采用此方案。刀盘直径以 60 mm 为宜。

（3）确定切削用量。铣削用量参照上例选择。

（4）对刀并铣削。大端槽铣削时，由于没有与槽宽同规格的铣刀，应分多次铣削。首先在工件上划好加工线，以便铣削时观察，将厚度为 2 mm 的铣刀装夹好。

横向移动工作台，使铣刀一侧对准槽的边缘位置，然后上升工作台，使铣刀的刀尖与槽底处于同一高度，开始铣削。

用手摇动纵向手柄缓慢进给，并观察铣削位置是否正确。当铣削面上同时有几个齿工作时，可转为自动进给，直至切削结束。此时可铣出如图 2—183a 所示形状的工件。

反向摇动纵向手柄退刀，再横向移动工作台使铣刀的另一面对准槽的另一侧边缘进行铣削，操作方法同上。此时工件的形状如图 2—183b 所示。

此时形成两个窄槽，中间有 1.6 mm 的金属没有去掉，因此还需要铣一次，以将中间部分铣去。若用原来的铣刀铣削，其对刀难度较大，此时应更换厚度为 4 ~ 5 mm 的铣刀将中间部分铣去。铣削时注意不要碰坏两侧槽壁。铣完后便得到如图 2—183c 所示的形状。

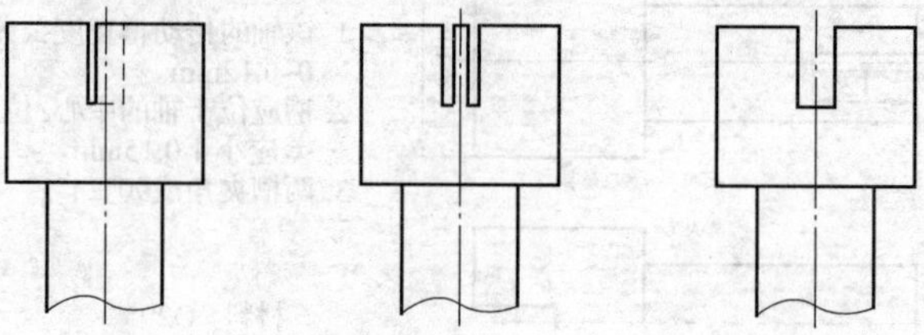

图 2—183　铣削过程

一端的槽铣完后，取下工件，测量槽的深度和宽度，合格后将工件掉转 180°，套上已制作好的套管再装夹，铣削另一端的槽。装夹时应注意槽的方向，即已加工完的槽应处于横向。其他操作与前一工件一样。

需要强调的是：铣削较宽的槽时，铣刀的宽度不得超过槽宽的 1/2，最好为槽宽的 45% 以上，否则会影响加工精度。

3. 工件的切断

在铣床上常用锯片铣刀进行毛坯下料、切断半成品。用这种方法效率较高，切口质量较好，还能获得较准确的长度。

（1）条料的切断。在铣床上切断的条料有很多种类，如圆钢、角铁、槽钢等。如图 2—184 所示为切断已加工好的平键。这时平键装夹在平口钳内，用逆铣的方法进行切断。

1）铣刀的选择。选择铣刀，主要是合理地选择铣刀的宽度、直径和齿数。

①铣刀的宽度要合适。太宽时，切口大，浪费材料；太薄时，则易打刀。应根据工件的大小、材料的种类和长度合理选择。一般铣刀的厚度可根据下式求出：

$$B \leqslant \frac{L - ln}{n - 1}$$

式中　B——铣刀厚度，mm；

L——毛料总长，mm；

l——每段长度，mm；

n——段数。

例如，将一条100 mm长的平键切成3段，每段长$32_{-0.5}^{\ 0}$ mm，则铣刀的厚度为：

$$B \leqslant \frac{100\ \text{mm} - 32\ \text{mm} \times 3}{3 - 1} = 2\ \text{mm}$$

②铣刀的直径要适当。直径太小，无法切断工件；直径太大，会引起振动，铣刀容易折断。铣刀直径可按下式选择：

$$D > 2\delta + d'$$

式中　D——铣刀外径，mm；

δ——工件厚度，mm；

d′——刀杆垫圈外径，mm。

③铣刀的齿数。关于锯片铣刀的齿数，在使用中一般选择较少的为好，特别是在铣削有色金属或非金属材料时更应如此。原因是齿数少时，容屑槽大，排屑容易，切削比较快。

2）铣刀的安装。锯片铣刀的厚度不大于3 mm时，在铣刀与刀杆之间一般不安装键。在重切削时，可用键将铣刀固定在刀杆上，以传递较大扭矩。在依靠摩擦力带动铣刀进行铣削时，应在铣刀到紧固螺母之间的任一垫圈内安装键，以防螺母松动。

3）条料的安装。工件必须装夹牢固，避免因工件松动造成工件报废、铣刀折断及发生人身事故。在生产中，可根据工件不同形状选用各种装夹方法。在成批生产中可设计专用夹具装夹工件，在单件生产中一般采用平口钳装夹。另外，切断处要尽量靠近夹紧点。若条料不太厚时，可同时装夹几件。

4）铣削用量。铣削时铣刀的转速要低，进给量要小，最好采用手动进给，以防打刀。

5）操作方法。在进行切断前，可用钢直尺或标准长度的工件来定出工件与铣刀的相对位置，然后进行切断，并根据情况充分使用切削液。

（2）板料的切断。板料切断与条料切断有许多相同处，但也有不同点。现将特点介绍如下：

1）板料切断时，一般是用螺栓和压板装夹工件，这时应注意使切口对准工作台的T形槽，以防铣刀切坏台面，如图2—185所示。

2）对于较厚的板料，铣削时需用逆铣，常常不直接切透，留约0.5 mm余量，待整块板料加工完毕，从机床上拿下便可折断，这样铣削还可防止振动。对于薄料，铣削时可用顺铣。

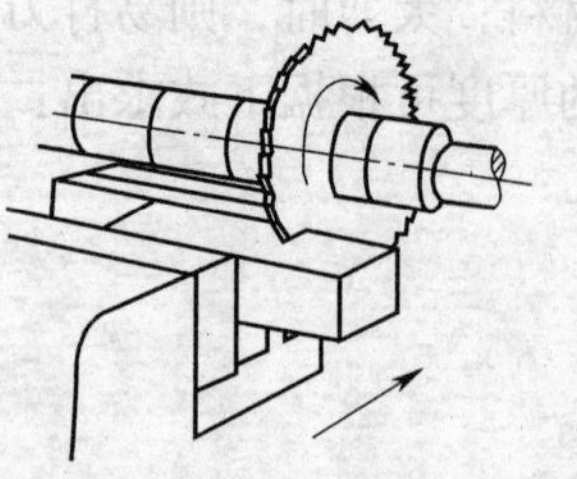

图 2—184　条料的切断

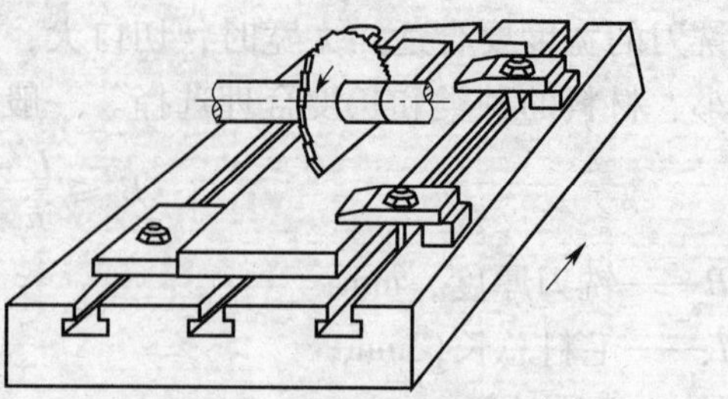

图 2—185　板料的切断

3）锯片铣刀一般均无侧刃，为了减少切口两侧对铣刀的挤压，当铣刀切过一定长度后，应在切口之间塞上一块适当厚度的垫块。

4）铣削过程中应充分使用切削液进行冷却和润滑，以减少刀具磨损和避免出现打刀现象。

4．切断台阶键

现以图 2—186 所示工件（材料为 45 钢）为例，介绍在 X6132 型卧式铣床上切断工件的操作方法。

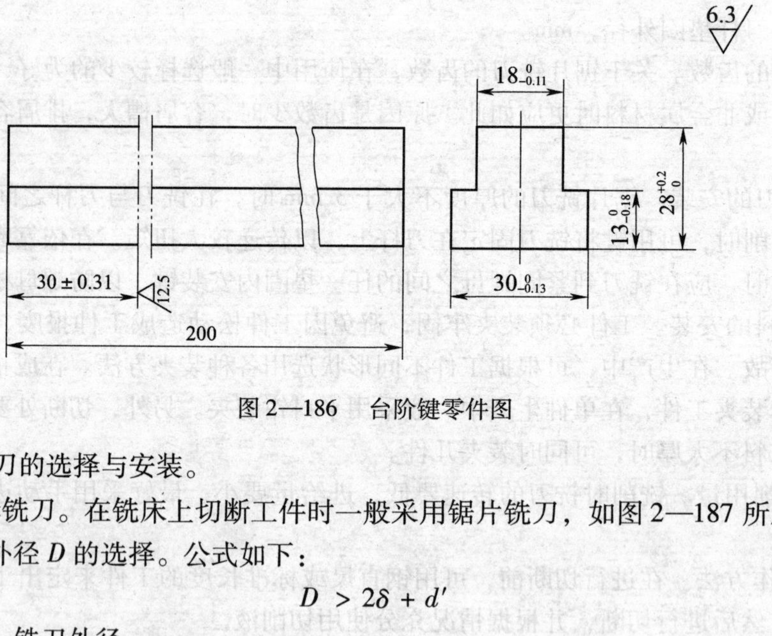

图 2—186　台阶键零件图

（1）铣刀的选择与安装。

1）选择铣刀。在铣床上切断工件时一般采用锯片铣刀，如图 2—187 所示。

①铣刀外径 D 的选择。公式如下：

$$D > 2\delta + d'$$

式中　D——铣刀外径，mm；

δ——工件厚度，mm；

d'——刀杆垫圈外径，mm。

该工件厚度 $\delta = 28$ mm，刀杆垫圈外径 $d' = 40$ mm。所以：

$$D > 2\delta + d' = 2 \times 28\ \text{mm} + 40\ \text{mm} = 96\ \text{mm}$$

②铣刀厚度 B 的选择。公式如下：

$$B \leqslant \frac{L - ln}{n - 1}$$

式中　B——铣刀厚度，mm；

L——工件总长，mm；

l——每件总长，mm；

n——要切件数。

该工件 $L=200$ mm，$l=30$ mm，$n=6$。所以：

$$B \leqslant \frac{L-ln}{n-1} \leqslant \frac{200\ \text{mm}-30\ \text{mm}\times 6}{6-1}=4\ \text{mm}$$

现选用外径 $D=125$ mm，$B=3$ mm、内径 $d=27$ mm，齿数 $z=48$ 的中齿锯片铣刀。

2）安装铣刀。将锯片铣刀安装在 $\phi 27$ mm 的长刀杆上，在保证能切断工件的情况下尽可能靠近主轴，并要控制铣刀的径向圆跳动和端面圆跳动误差为 0.06 mm，避免铣刀折断。

3）选择铣削用量。调整主轴转速 $n=60$ r/min（$v_c\approx 23$ m/min），进给速度 $v_f=30$ mm/min。

（2）工件的装夹及找正。该工件采用平口钳装夹，将平口钳安放在工作台中间位置，并校正固定钳口与工作台横向进给方向平行后压紧。工件装夹在钳口内，垫上适当高度的平行垫铁，工件上平面与钳口等高，端面伸出钳口约 35 mm 后夹紧（见图 2—188）。工件夹持部分较少时，可在钳口另一端垫一块已锯下的工件一起夹紧。

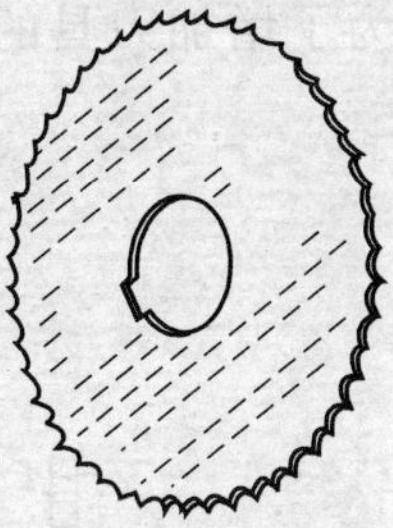

图 2—187　锯片铣刀

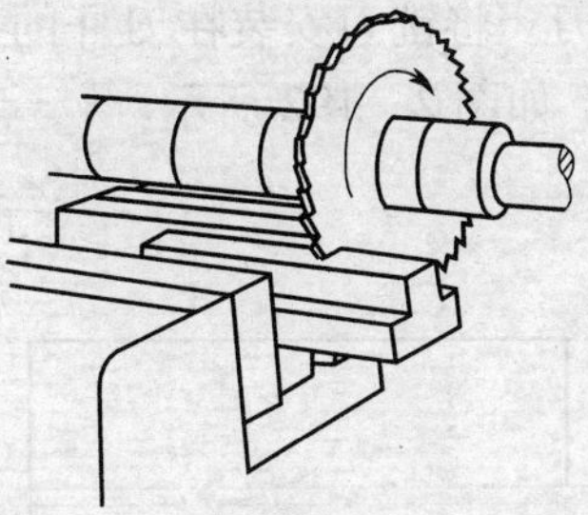

图 2—188　工件的装夹及铣削

（3）切断方法。

1）对刀。

①侧面对刀。移动工作台，使工作台升高至超出工件厚度约 1 mm，横向移动工作台使铣刀侧面与工件端面相接触（见图 2—189a）。纵向退出工件，然后横向移动工作台，移动量 $S=B+L=3\ \text{mm}+30\ \text{mm}=33$ mm（见图 2—189b），再紧固横向溜板。

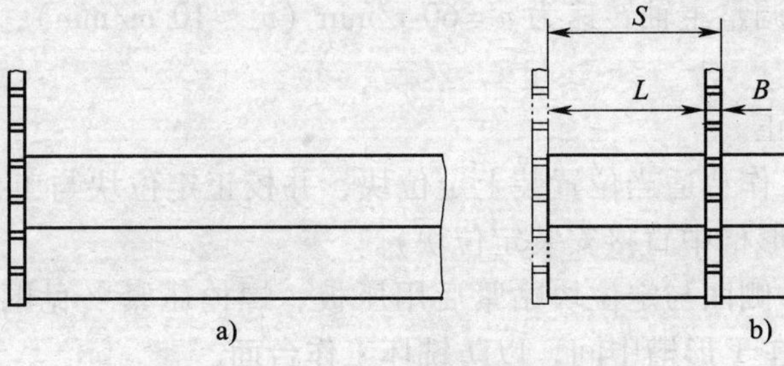

图 2—189　侧面对刀

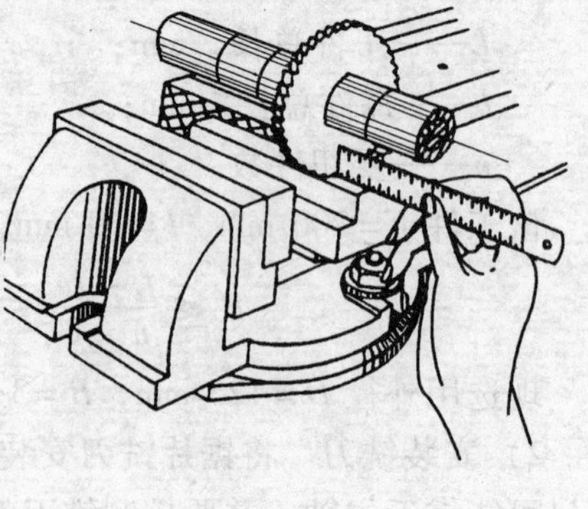

图 2—190　测量对刀

②测量对刀。移动工作台，使工作台升高至工件上平面，将钢直尺端面靠向铣刀的侧面，横向移动工作台，使钢直尺 30 mm 刻线处与工件端面对齐（见图 2—190）。再紧固横向溜板，纵向退出工件，工作台升高 29 mm。

2）切断。开动铣床，摇动纵向手柄，当铣刀切到工件后，缓慢均匀手动进给，切断一件后松开平口钳，移动工件，再按上述方法装夹及对刀，依次进行切断。

3）测量。切断后，用游标卡尺测量工件长度为 30 mm ± 0. 31 mm，并用宽座 90° 角尺检查切口与基面的垂直度。

5. 切断薄板工件

现以图 2—191 所示工件（材料为 45 钢）为例，介绍将工件直接装夹在工作台面上进行切断的操作方法。

（1）选择铣刀。用压板装夹工件时，要防止螺栓碰及刀杆垫圈，所以铣刀直径要稍大些，现选用 ϕ32 mm × 3 mm 中齿锯片铣刀。

（2）安装铣刀。将铣刀安装在刀杆的中间位置，为了增加刀具的刚度，可在铣刀的两边安装夹板，如图 2—192 所示。

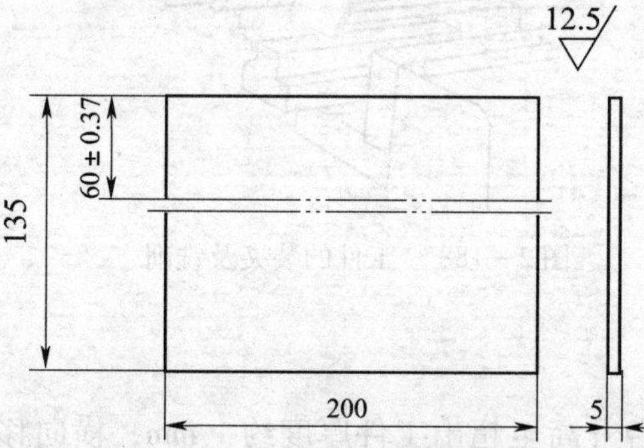

图 2—191　薄板零件图

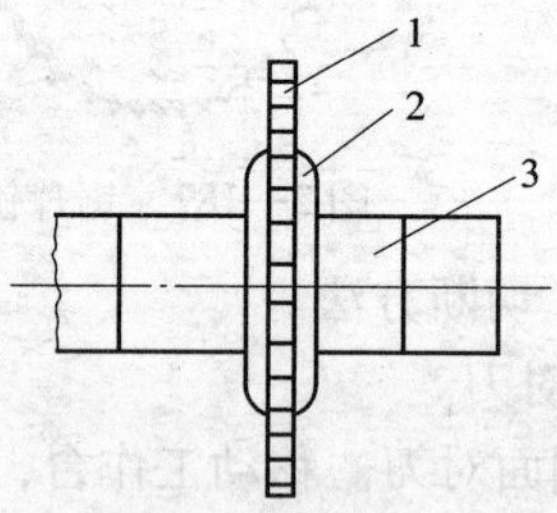

图 2—192　用夹板装夹铣刀
1—锯片铣刀　2—夹板　3—刀杆

（3）选择铣削用量。调整主轴转速为 $n = 60$ r/min（$v_c \approx 10$ m/min），进给速度 v_f = 23. 5 mm/min。

（4）工件的装夹及找正。

1）安装定位块。在工作台适当位置装上定位块，并校正定位块与工作台纵向进给方向平行后夹紧（或在 T 形槽中直接安装定位块）。

2）装夹工件。将工件侧面与定位块贴紧后用压板、螺栓压紧（见图 2—193）。注意必须使铣刀的切口位置在 T 形槽中间，以防铣坏工作台面。

（5）对刀。移动工作台，使工件上平面与锯片铣刀接近，将钢直尺的端面靠向铣刀侧面，横向移动工作台，使工件的端面与钢直尺 60 mm 刻线处对齐（见图 2—194）。紧固横向溜板，纵向退出工件。

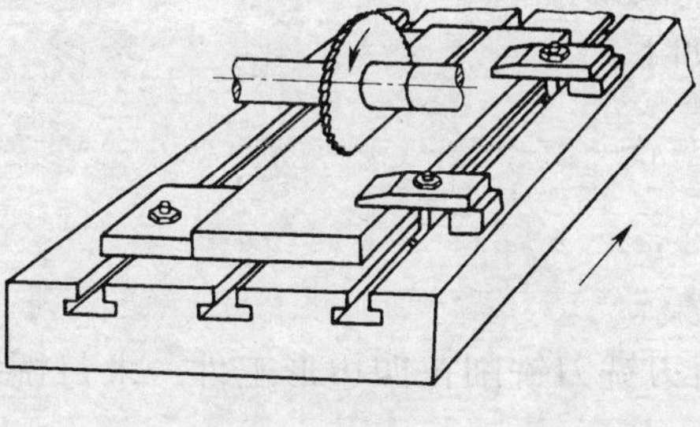

图 2—193　工件装夹及铣削

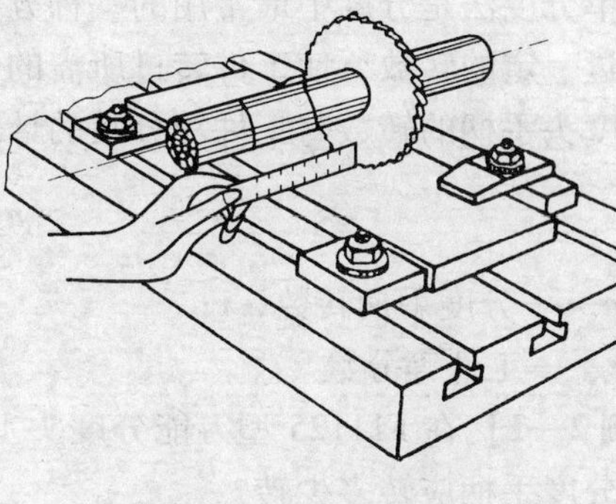

图 2—194　薄板工件对刀

（6）铣削。调整铣削距离并安装好纵向自动停止挡铁，工作台升高 8 mm，开动机床，摇动纵向进给手柄，铣刀将要切到工件时顺铣机动进给（见图 2—193）。因为逆铣时铣削力向上拉起工件，容易造成薄板工件变形，所以切断薄板工件大都采用顺铣。

6. 注意事项

（1）装夹工件前必须校正固定钳口与工作台横向进给方向平行。

（2）装夹工件时，工件的上平面必须与工作台台面平行，切断处应尽量靠近夹紧点。

（3）工件必须装夹牢固，并使铣削力朝向固定钳口。

（4）安装铣刀应尽量靠近主轴，并可在靠近螺母处的垫圈内安装平键，以防垫圈转动折断铣刀。

（5）切断工件时，通常采用逆铣，并缓慢均匀地手动进给。

（6）切断钢件材料时，自始至终都要充分浇注切削液。

（7）锯片铣刀只能用于切断及铣削窄槽，不得用于铣削端面。

第四节　常用分度方法及应用

培训目标

- 掌握简单分度、角度分度、差动分度、直线移距分度的方法。
- 掌握用分度头刻线的操作方法。
- 掌握用分度头铣削六角形零件的操作方法。
- 掌握圆柱零件斜面铣削操作方法。

简单分度法和角度分度法的分度原理是相同的，都是按照分度头的传动原理来进行分度的，只是分度的依据有所不同。简单分度法的分度依据是工件的等分数 z，角度分度法的分度依据是工件所需转过的角度 θ。

一、简单分度法

简单分度法是分度中最常用的一种方法。分度时先将分度盘固定，分度手柄相对分度盘转过一定的转数，使工件转过所需的等分数或度数。

分度头手柄的转数与工件等分数的计算公式如下：

$$n = \frac{40}{z}$$

式中　n——分度手柄转数，r；

　z——工件等分数。

【例2—1】 在F11125型万能分度头上用三面刃铣刀铣削正四边形工件，求每铣完一边后分度手柄应转多少转？

解：以 $z=4$ 代入计算公式得：

$$n = \frac{40}{z} = \frac{40}{4} = 10(\mathrm{r})$$

即每铣完一边后，分度手柄应转过10 r。

【例2—2】 在F11125型万能分度头上用三面刃铣刀铣削正六角形螺母，求每铣完一边后分度手柄应转多少转？

解：以 $z=6$ 代入计算公式得：

$$n = \frac{40}{z} = \frac{40}{6} = 6\frac{2}{3} = 6\frac{44}{66}(\mathrm{r})$$

单元
2

即每铣完一边后，分度手柄应在66孔的孔圈上转过6 r后再转44个孔距（分度叉之间包含45个孔）。

【例2—3】 在F11125型万能分度头上铣削 $z=56$ 的直齿轮，求每铣完一齿后分度手柄应转多少转？

解：以 $z=56$ 代入计算公式得：

$$n = \frac{40}{z} = \frac{40}{56} = \frac{5}{7} = \frac{35}{49}(\mathrm{r})$$

即每铣完一齿后，分度手柄应在49孔的孔圈上转过35个孔距（分度叉之间包含36个孔）。

由例2—2和例2—3可知，当分度手柄的转数带分数时，可使分子、分母同时缩小或扩大整数倍，使最后得到的分母值为分度盘上孔圈的孔数。一般情况下，尽可能用孔数较多的孔圈。因为孔数多的孔圈离轴心较远，不但操作比较方便，且准确度比较高。

二、角度分度法

角度分度法是简单分度法的另一种形式。从分度头的结构可知，其传动比为1∶40，也就是分度手柄每转过1 r，工件只转动了$\frac{1}{40}$ r，即只转过了9°，由这一关系可得：

$$n = \frac{\theta}{9°}$$

或：

$$n = \frac{\theta}{540'}$$

式中　n——分度手柄转数，r；

θ——工件所需转动的角度（°或′）。

【例 2—4】 在 F11125 型万能分度头上铣削夹角为 116°的两条槽，求分度手柄应转过的转数。

解：以 $\theta = 116°$ 代入计算公式得：

$$n = \theta/9° = 116°/9° = 12\frac{8}{9} = 12\frac{48}{54}(\mathrm{r})$$

即铣完一条槽后，分度手柄应在 54 孔的孔圈上转过 12 r 后再转过 48 个孔距（分度叉之间包含 49 个孔），然后铣削第二条槽。

【例 2—5】 在 F11125 型万能分度头上铣削两条夹角为 24°20′的槽，求分度手柄应转过的转数。

解：$\theta = 24°20' = 24 \times 60' + 20' = 1\,460'$，代入计算公式得：

$$n = \theta/540' = 1\,460'/540' = 2\frac{38}{54}(\mathrm{r})$$

即铣完一条槽后，分度手柄应在 54 孔的孔圈上转过 2 r 后再转过 38 个孔距（分度叉之间包含 39 个孔），然后铣削第二条槽。

三、差动分度法

在分度时，常会遇到工件的等分数 z 与 40 不能约分（如 $z = 109$，$n = 40/109$）或约分后分度盘上没有所需要的孔圈（如 $z = 126$，$n = 40/126 = 20/63$）。这时，用简单分度和角度分度法就不能解决工件的分度问题，这是由于受到分度盘孔圈孔数的限制所造成的。此时应采用差动分度法。差动分度法涉及交换齿轮问题，因此必须先学习轮系的相关知识。

1．轮系

在齿轮传动中，两个以上的齿轮组成的传动系统称为轮系。根据传动齿轮的啮合方式，轮系分为单式轮系和复式轮系两种。其相关知识见表 2—2。

表 2—2　　轮系

类别	图示与说明
轮系啮合简图的识读	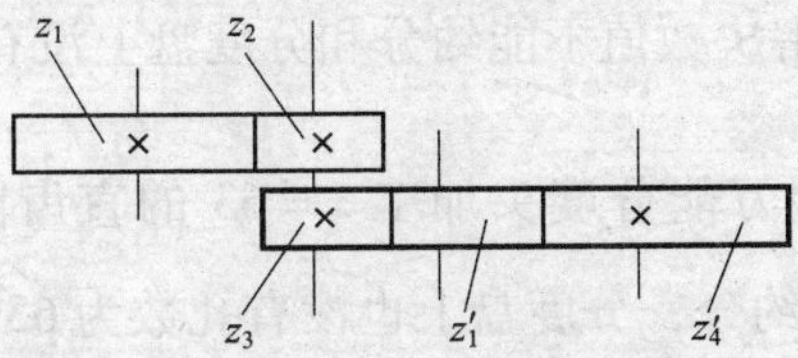 z_1，z_3，…，z_{n-1} 表示主动轮齿数，z_2，z_4，…，z_n 表示从动轮齿数，z'_1，z'_2，…，z'_n 表示中间轮齿数 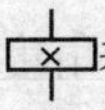表示固定齿轮，表示非固定齿轮和中间轮

续表

类别	图示与说明
单式轮系	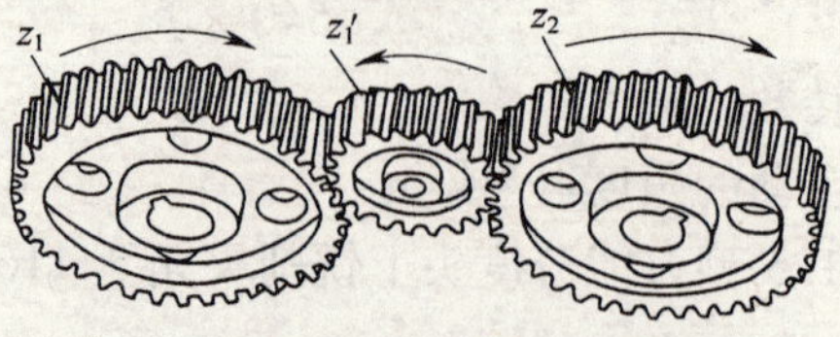 由一个主动轮、一个从动轮和若干个中间轮组成的轮系为单式轮系
复式轮系	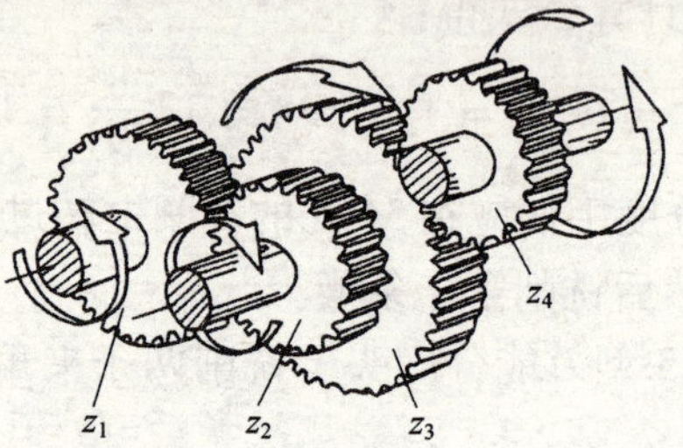 在轮系传动中，除了第一根主动轴和最后一根从动轴外，中间轴中至少有一根轴上有两个齿轮，一个为主动轮，一个为从动轮，这种轮系为复式轮系
齿轮转向、传动比计算及中间轮的作用	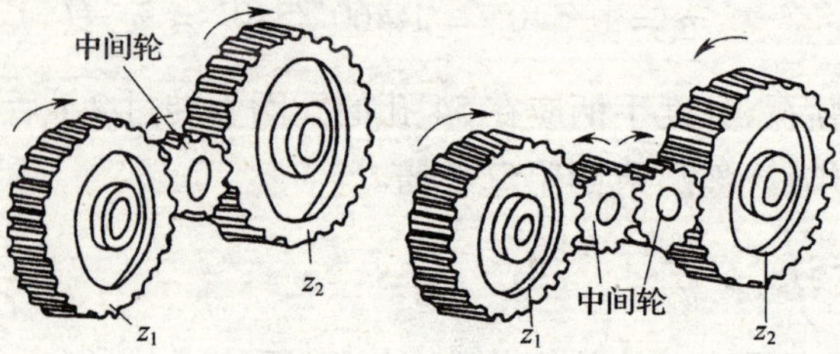 $i=\frac{n_{从}}{n_{主}}=\frac{z_1}{z_2}$　$i=\frac{n_{从}}{n_{主}}=\frac{z_1z_3}{z_2z_4}$ （1）传动比 i：从动轮与主动轮转数之比或主动轮与从动轮齿数之比 （2）两齿轮直接啮合时，它们的转向相反 （3）中间轮的作用： 中间轮（在复式轮系中为中间轴）的个数能改变从动轮的旋转方向，中间轮（或中间轴）为奇数时，从动轮与主动轮的转向相同；中间轮（或中间轴）为偶数时，从动轮与主动轮的转向相反

2．差动分度原理

差动分度法的原理是通过交换齿轮将分度头的主轴与侧轴连接起来，其传动系统如图 2—195 所示。松开分度盘紧固螺钉，当转动分度手柄分度时，分度盘随着分度手柄以相反或相同的方向转动，则手柄的实际转数等于分度手柄相对分度盘的转数与分度盘本身转数之和，从而可解决数值不能约分和分度盘上没有相应孔圈的问题，差动分度的原理如图 2—196 所示。

例如，用 F11125 型万能分度头加工 $z=63$ 的直齿圆柱齿轮，分度头手柄应转过 $n=\frac{40}{63}$ r，63 与 40 无法约分，分度盘上也没有孔数为 63 的孔圈，这时应采用差动分度法。先假定一个与 z 相近且分度盘上有相应孔数的等分数 z_0（取 $z_0=60$），然后按 $n_0=\frac{40}{60}$ r $=\frac{44}{66}$ r 摇分度手柄，从图 2—196 中可看出，它比 $n=\frac{40}{63}$上多转了一个角度 E。

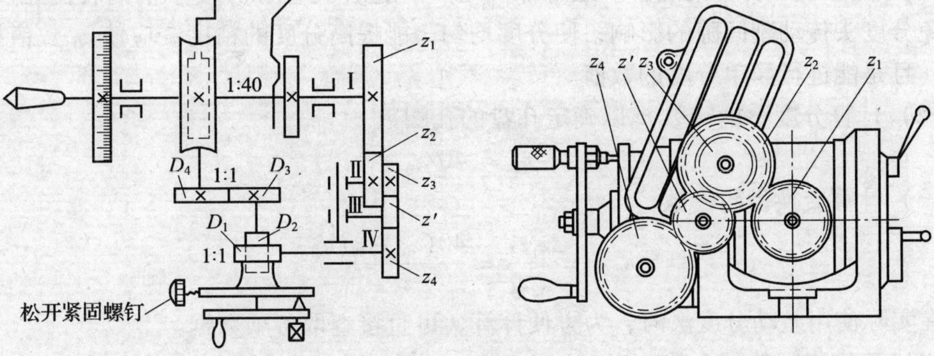

图 2—195　差动分度的传动系统

$$E=\frac{40}{63}-\frac{40}{60}=\frac{40\times(60-63)}{63\times 60}$$

由此结果可知，按 $n=\frac{40}{60}$ r 摇动分度手柄，同时使分度盘上 66 孔的孔圈的第 44 个孔从 a 点转回到 a'点，即倒转一个角度 E，则分度手柄就转过了 $\frac{40}{60}$ r。

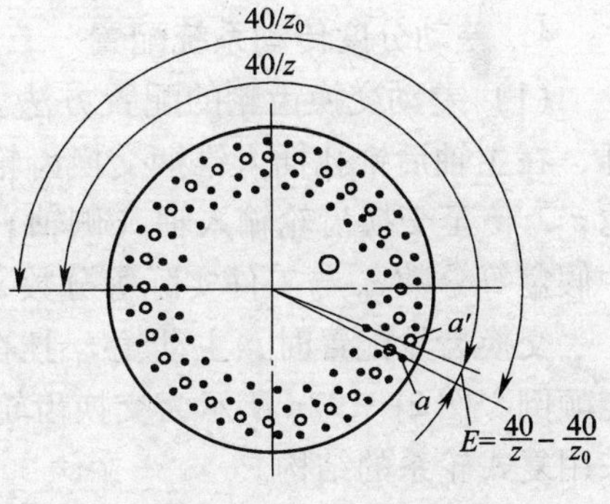

图 2—196　差动分度的原理

差动分度的关键就是要正确转回角度 E。由图 2—195 所示差动分度的传动系统中可以看出，分度手柄是通过一对齿数相等的直齿轮（D_3、D_4）和一对传动比为 1∶40 的蜗轮蜗杆副带动主轴转动的。同时，交换齿轮 z_1 和 z_3 以及 z_2 和 z_4 利用主轴的转动，通过一对齿轮相等的交错轴斜齿轮（D_1、D_2）使分度盘转动。由此可得：

$$n_{主}=\frac{z_1z_3}{z_2z_4}=n_{盘}$$

上例中，工件的等分数为 63，即工件每分一等分时，主轴应转过 $\frac{1}{63}$ r，分度盘就应转 $\frac{40\times(60-63)}{63\times 60}$ r，因此，代入上式中得：

$$\frac{1}{63}\times\frac{z_1z_3}{z_2z_4}=\frac{40\times(60-63)}{63\times 60}$$

即

$$\frac{z_1z_3}{z_2z_4}=\frac{40\times(60-63)}{63\times 60}\times 63=-\frac{60}{30}$$

式中负号表示分度手柄与分度盘的转向相反，若为正号则表示转向相同。如果要改变分度盘的转向，则可通过增加中间齿轮的方法来实现。

3．交换齿轮的计算

（1）假定等分数 z_0 的选择。最好取 $z_0 < z$，这样孔盘和分度手柄的转向相反，可以避免分度头传动副间隙的影响，使分度均匀，能提高分度的精度。应使 z_0 数值接近 z 数值，且是能进行简单分度的数值。

（2）计算分度手柄转数 n_0 以确定孔盘的孔圈数。

$$n_0 = 40/z_0$$

（3）计算交换齿轮齿数。

$$i = \frac{z_1 z_3}{z_2 z_4} = \frac{40(z_0 - z)}{z_0}$$

在实际使用差动分度法时，为方便计算，可直接查取各项数据。

（4）确定中间轮的个数。当 $z_0 < z$ 时（i 为负值），中间轮 z' 的个数应保证从动轮 z_4 与主动轮 z_1 的转向相反；当 $z_0 > z$ 时（i 为正值），中间轮 z' 的个数应保证从动轮 z_4 与主动轮 z_1 的转向相同，但一般不采用。

4．差动分度传动系统配置

（1）差动交换齿轮的配置方法。使用差动分度时，必须将孔盘左侧的紧固螺钉松开，在主轴后锥孔插入锥柄交换齿轮心轴。按计算值配置交换齿轮 z_1、z_2、z_3、z_4 及中间轮 z'，传至交换齿轮输入轴（侧轴），带动孔盘产生正（或反）方向微动，来补偿计算中假定等分数 z_0 与工件实际等分数 z 的差值。

交换齿轮配置时，主动轮 z_1 挂在分度头主轴上，从动轮 z_4 挂在分度头侧轴上，不能颠倒。图 2—197a 所示为交换齿轮采用单式轮系的结构，图 2—197b 所示为交换齿轮采用复式轮系的结构。

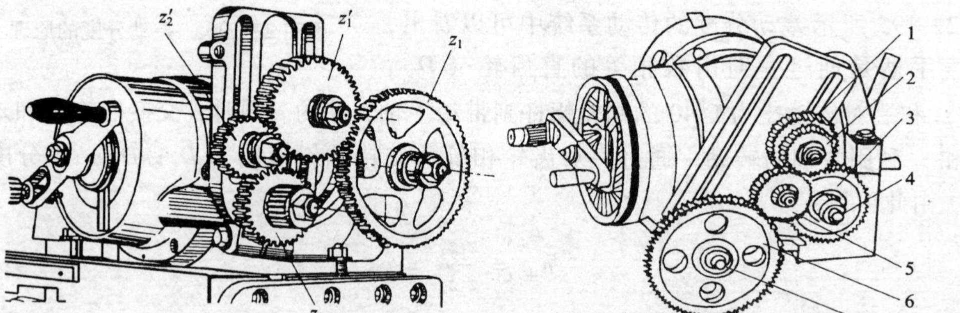

图 2—197　差动交换齿轮的配置方法

a）交换齿轮采用单式轮系　b）交换齿轮采用复式轮系

1—从动轮 z_2　2—主动轮 z_3　3—主动轮 z_1　4—锥度交换齿轮心轴　5—中间轮 z'　6—从动轮 z_4　7—侧轴

（2）差动交换齿轮的安装方法。图 2—198 所示为单式轮系的交换齿轮安装方法，其安装步骤如下：

1）将锥柄交换齿轮心轴 1 装入分度头主轴后锥孔内，装上主动轮 z_1、套圈 7、垫圈 8 和螺母 9 并紧固，以防传动时脱落。

2）在侧轴上装上交换齿轮架 14、从动轮 z_2、套圈 13、垫圈 11 和螺母 10，紧固交换齿轮架 14，并在其上装入交换齿轮轴 15、垫圈 16、螺母 17、齿轮套 2 及中间轮 z'_2，使中间轮 z'_2 与从动轮 z_2 啮合，再紧固螺母 17，然后装上垫圈 3 和螺母 12。

3）装上交换齿轮轴 15、齿轮套 4、中间轮 z'_1，再装上垫圈 5 和螺母 6。松开交换齿轮架 14，使中间轮 z'_1 与主动轮 z_1、中间轮 z'_2 啮合，然后紧固交换齿轮架 14。

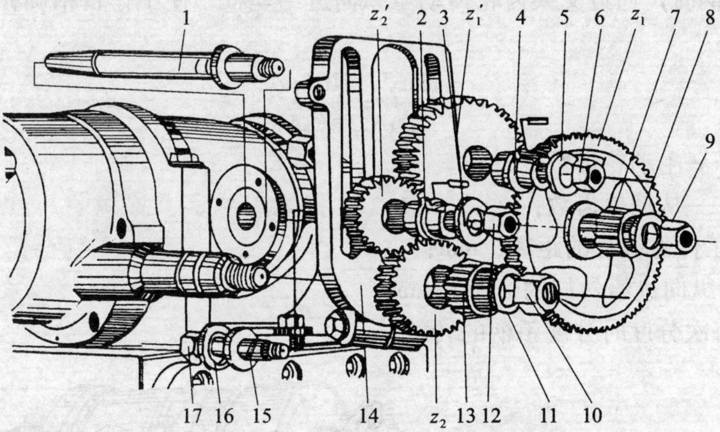

图 2—198　单式轮系的交换齿轮安装方法

1—锥柄交换齿轮心轴　2、4—齿轮套　3、5、8、11、16—垫圈　6、9、10、12、17—螺母　7、13—套圈　14—交换齿轮架　15—交换齿轮轴

4）检查交换齿轮的啮合间隙，切勿过紧或过松，并观察分度手柄转向是否与分度盘转向相反，如不对，则通过增减中间轮进行调整。

5. 注意事项

（1）工件的等分数，凡是能用简单分度法分度的，绝不用差动分度法。

（2）差动分度时，必须预先松开孔盘左侧的紧固螺钉；定位销应始终脱离孔盘孔眼，而不能插入孔盘孔眼中，否则分度无法进行。

（3）为了使齿轮在传动时情况良好，一般齿轮副的传动比不应大于 6。因此，当传动比大于 6 时，采用复式轮式比较合适。

（4）交换齿轮齿数的调整方法：主动轮之间或从动轮之间可以互借倍数，主动轮与从动轮可以同时增大或缩小倍数，主动轮之间或从动轮之间可以互换位置。

（5）交换齿轮的啮合条件：

$$z_1 + z_2 > z_3 + (15 \sim 20)$$

$$z_3 + z_4 > z_2 + (15 \sim 20)$$

只有符合上述条件，交换齿轮才能搭配，否则齿轮会与交换齿轮轴产生碰撞而无法搭配。

四、直线移距分度法

在工作中，有些工件需要在直线上进行等分，如铣削齿条和直尺刻线时的移距。在通常情况下，直线移距可直接转动纵向进给丝杠，并以手柄刻度盘作为移距的依据。但这种移距方法精度不高，同时在操作时容易造成差错。如果利用分度头作直线移距，不仅操作简便，而且移距精度高。

常用的直线移距分度法分为主轴交换齿轮法和侧轴交换齿轮法。

1. 主轴交换齿轮法

主轴交换齿轮法是利用交换齿轮使主轴与纵向进给丝杠连接，如图 2—199 所示。当转动分度手柄时，通过交换齿轮传动至纵向进给丝杠，使工作台精确移距。其交换齿轮按下式计算：

$$\frac{z_1 z_3}{z_2 z_4} = \frac{40L_{\rm I}}{nP_{丝}}$$

式中 z_1、z_3——主动轮齿数；

z_2、z_4——从动轮齿数；

$L_{\rm I}$——工件每等分的距离，mm；

$P_{丝}$——纵向进给丝杠的螺距，mm；

n——每次分度时分度手柄的转数。

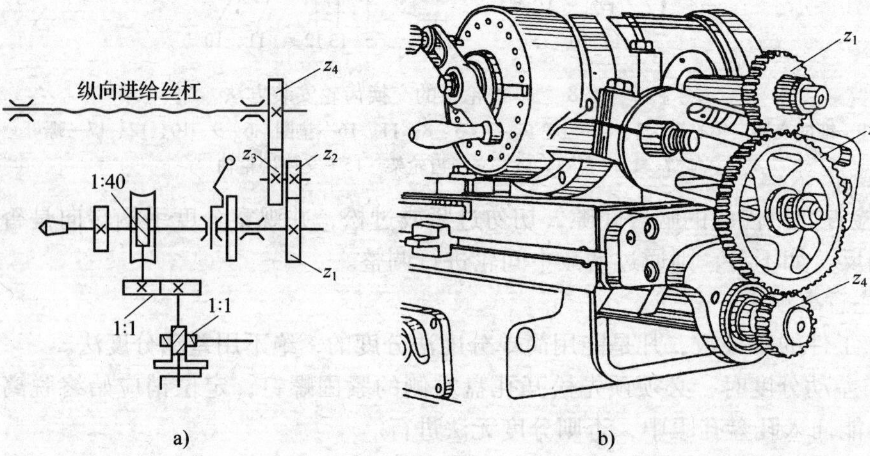

图 2—199 主轴交换齿轮法

a）传动路线示意图 b）传动系统

【例 2—6】 在 F11125 型万能分度头上采用主轴交换齿轮法直线移距加工刻线，刻线每格距离 $L_{\rm I}=0.35$ mm，纵向进给丝杠的螺距 $P_{丝}=6$ mm，求分度手柄转数和交换齿轮齿数。

解：取 $n = 1$ r，由公式得：

$$\frac{z_1 z_3}{z_2 z_4} = \frac{40L_{\rm I}}{nP_{丝}} = \frac{40\times 0.35}{1\times 6} = \frac{14}{6} = \frac{70}{30}$$

即主动轮齿数 $z_1 = 70$，从动轮齿数 $z_4 = 30$，每次分度时只需拔出定位销，将分度手柄转过 1 r，再把定位销插入即可。

必须指出，计算交换齿轮时，式中的 n 虽然可任意选取，但一般情况下应取整数转数，并使交换齿轮的传动比尽可能不大于 2.5，以使传动平稳，一般 n 在 1 ~ 10 之间选取。

交换齿轮配置方法如图 2—200 所示。

（1）将分度头安装在工作台中间 T 形槽右侧顶端处，拆下纵向进给丝杠的端盖。

（2）在纵向进给丝杠右端装上轴套 11、从动轮 z_4、垫圈 9 及螺钉 8，以防齿轮传动时脱落。再将锥柄交换齿轮心轴 1 装入分度头主轴后锥孔内，装上主动轮 z_1、套圈 2、垫圈 3 和螺母 4。

（3）在分度头侧轴装上交换齿轮架 12，并在交换齿轮架 12 上装上交换齿轮轴 10、齿轮套 7、中间轮 z'、垫圈 5 和螺母 6，使中间轮 z'与主动轮 z_1、从动轮 z_4 啮合。

（4）最后将各螺母紧固，加注润滑油，摇动分度手柄检查啮合情况。

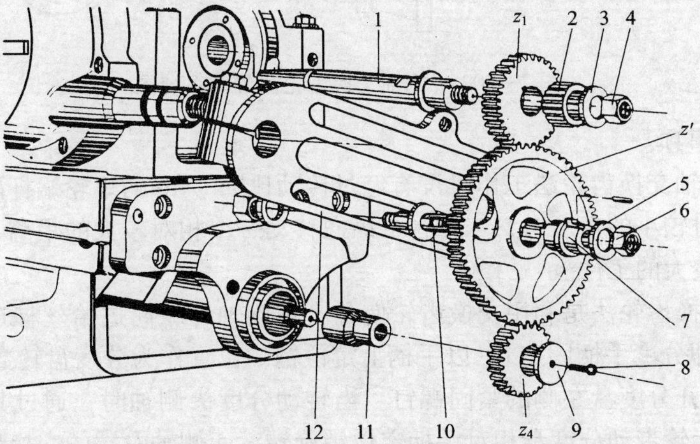

图 2—200　主轴交换齿轮法交换齿轮配置方法

1—锥柄交换齿轮心轴　2—套圈　3、5、9—垫圈　4、6—螺母　7—齿轮套　8—螺钉　10—交换齿轮轴　11—轴套　12—交换齿轮架

2．侧轴交换齿轮法

（1）侧轴交换齿轮法原理。侧轴交换齿轮法如图 2—201 所示，其原理是把分度头的侧轴和纵向进给丝杠用交换齿轮连接起来，移距时只需转动分度手柄，通过交换齿轮的传动使工作台作精确移距。

（2）交换齿轮计算。由侧轴交换齿轮法传动系统图（见图 2—202）可知，交换齿轮的计算公式为：

$$\frac{z_1 z_3}{z_2 z_4} = \frac{L_{工}}{nP_{丝}}$$

式中　z_1、z_3——主动轮齿数；

z_2、z_4——从动轮齿数；

$L_{工}$——工件每等分的距离，mm；

$P_{丝}$——纵向进给丝杠的螺距，mm；

n——每次分度时分度手柄的转数。计算时，n 尽可能取 1 ~ 10 之间的整数。

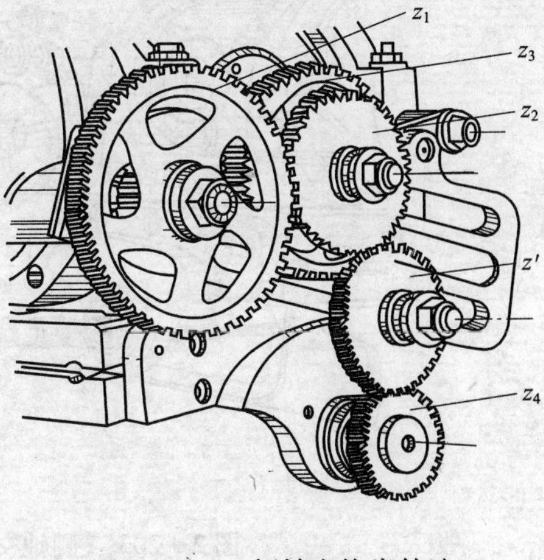

图 2—201　侧轴交换齿轮法

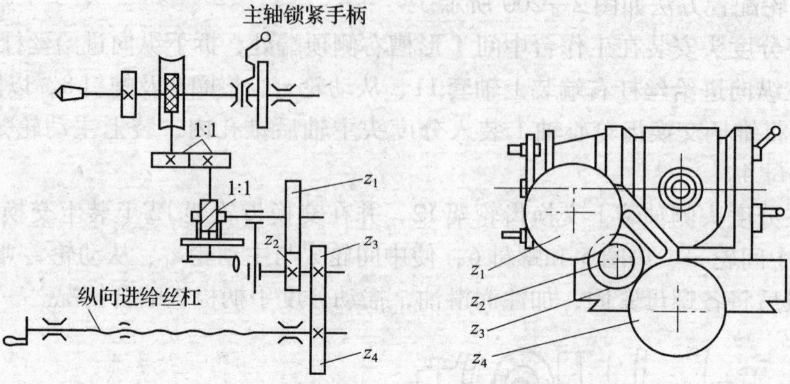

图 2—202　侧轴交换齿轮法传动系统图

（3）注意事项。

1）采用侧轴交换齿轮法工作时没有经过传动比为 1∶40 的蜗轮蜗杆副减速，故分度盘转过一个相对较小的角度时，工作台可纵向移动一个相对较大的距离，此方法适用于加工移距间隔较大的工件。

2）侧轴交换齿轮法是利用交换齿轮使分度头侧轴与纵向进给丝杠连接，并将分度头主轴锁紧（即分度手柄固定），以手柄上定位销的位置作为分度盘转数的依据。

3）必须松开分度盘左侧的紧固螺钉。当转动分度头侧轴时，通过其左端的一对交错轴斜齿圆柱齿轮带动分度盘相对手柄定位销旋转，而侧轴右端的交换齿轮带动纵向进给丝杠旋转，根据分度盘相对定位销转动的角度值，使工作台纵向移动较精确的距离。

单元 2

4）侧轴交换齿轮法的交换齿轮配置方法与主轴交换齿轮法的交换齿轮配置方法基本相同。不同之处在于：主动轮 z_1 挂在分度头侧轴上，从动轮 z_4 挂在纵向进给丝杠上。利用交换齿轮架使各交换齿轮啮合。最后将各螺母紧固，加注润滑油，摇动分度手柄检查啮合情况，如图 2—203 所示。

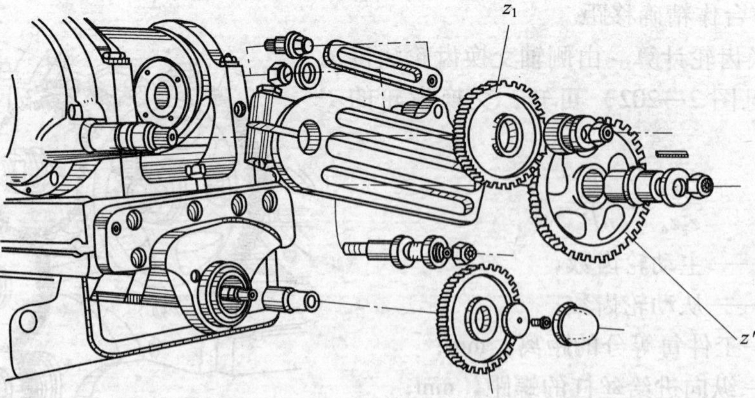

图 2—203　侧轴交换齿轮法的交换齿轮配置方法

五、铣六角形

现以图 2—204 所示工件（材料为 45 钢）为例，介绍在卧式和立式铣床上铣削六角形零件的操作方法。

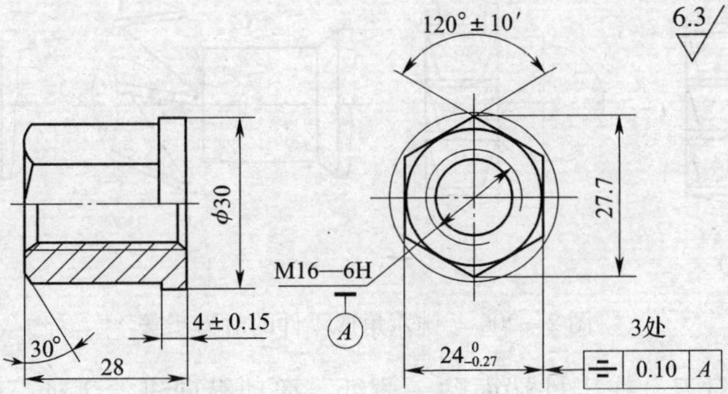

图 2—204　六角形零件图

1．在卧式铣床上铣六角形零件

确定该工件在 X6132 型卧式铣床上用三面刃铣刀加工，操作步骤如下：

（1）铣刀的选择与安装。根据图样要求，铣削长度为 24 mm，因此选用 $\phi100$ mm × 12 mm 直齿三面刃铣刀，并安装在铣刀杆的中间位置上，铣刀顺时针方向旋转。

（2）调整铣削用量。调整主轴转速 $n = 75$ r/min（$v_c \approx 23$ m/min），进给速度 $v_f =$ 95 mm/min。

（3）工件的装夹与找正。将分度头水平安放在工作台中间 T 形槽偏右端，校正方法与三爪自定心卡盘夹持圆棒相同。将带有螺纹的专用心轴装夹在三爪自定心卡盘上，校正心轴的同轴度为 $\phi0.05$ mm，如图 2—205 所示，然后将工件用管钳扳紧在心轴上。

（4）分度计算及分度定位销和分度叉的调整。

1）根据简单分度公式计算分度：

$$n = 40/z = \frac{40}{6} = 6\frac{4}{6} = 6\frac{44}{66}(\mathrm{r})$$

即每铣完一面后，分度手柄应在 66 孔圈上转过 6 转又 44 个孔距。

2）调整分度定位销和分度叉。将分度定位销调整到 66 孔圈的位置上，调整分度叉脚间为 45 个孔。

（5）铣削步骤。

1）调整铣刀位置。铣削时为了使工件上受的铣削力与工件旋转方向一致，铣刀应调整在工件的外侧面。

2）侧面对刀。在工件侧面贴一薄纸，开动机床，摇动纵向和垂向手柄，使铣刀处于铣削位置，然后缓缓摇动横向手柄，使薄纸刚好擦去（见图 2—206a），

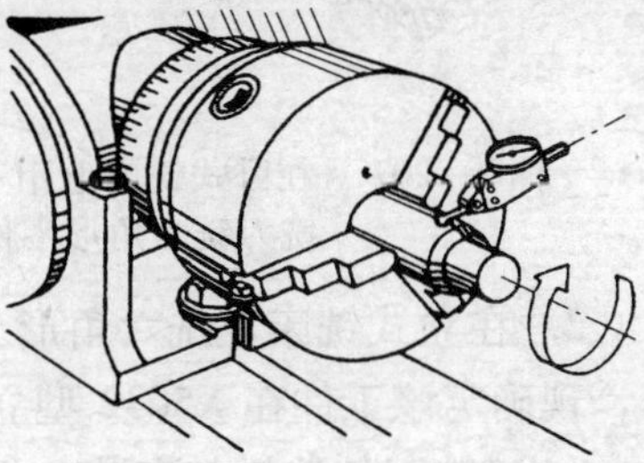

图 2—205　工件装夹与找正

在横向刻度盘上做标记，降下工作台。

3）根据标记调整侧面铣削深度，工作台横向移动量 S 为：

$$S = (30\ \text{mm} - 24\ \text{mm}) \div 2 = 3\ \text{mm}$$

摇进 2.5 mm（留 0.5 mm 待粗铣后调整），并紧固横向溜板，如图 2—206b 所示。

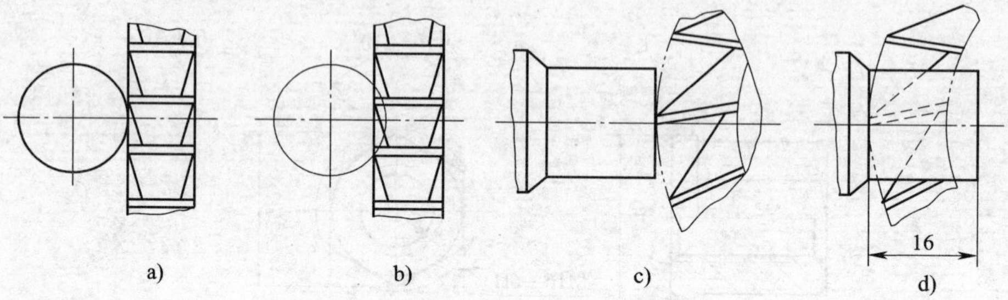

图 2—206　铣六角形零件的对刀步骤

4）铣削长度对刀。在工件端面贴一薄纸，摇动纵向进给手柄，使工件离开铣刀，垂直上升到刀杆中心位置，开动机床，缓缓摇动纵向进给手柄，使铣刀刚好擦到薄纸（见图 2—206c）。再在纵向刻度盘上做标记，降下工作台。

5）根据标记调整铣削长度。工作台纵向移动 23.5 mm（留 0.5 mm 精铣余量），如图 2—206d 所示，将工作台纵向进给机构紧固。

6）铣削。调整好铣削层深度和长度后，将横向、纵向进给机构紧固，垂向机动进给，铣完一面后，分度手柄在 66 孔圈上转过 20 r，铣出对应面，经测量后再进行调整。每铣完一面后，分度手柄在 66 孔圈上转过 6 r 又 44 个孔距，依次铣完六面，如图 2—207 所示。

（6）检测。用千分尺测量六角形对边尺寸为 $24_{-0.27}^{\ 0}$ mm，用游标卡尺测量台阶尺寸为 4 mm ±0.15 mm，用游标万能角度尺测量 120° ±10′，如图 2—208 所示。

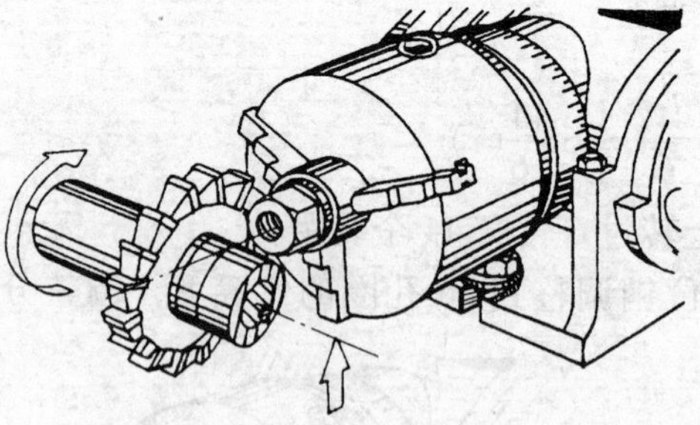

图 2—207　在卧式铣床上用三面刃铣刀铣六角形零件

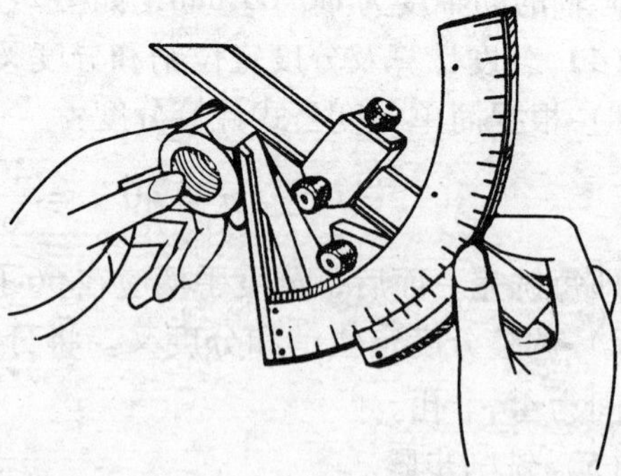

图 2—208　用游标万能角度尺测量六角形零件

2. 在立式铣床上铣六角形

现确定该工件在 X5032 型立式铣床上用锥柄立铣刀加工，操作步骤如下：

（1）铣刀的选择与安装。根据图样要求铣削宽度为 24 mm，选用 30 mm 锥柄立铣刀，用变径套将立铣刀安装于立铣头主轴内锥孔，并用拉紧螺杆拉紧。调整主轴转速

$n=190$ r/ min（$v_c \approx 17$ m/min），进给速度 $v_f=47.5$ mm/min。

（2）装夹与找正工件。分度计算及分度定位销、分度叉的调整均与在卧式铣床上铣六角形相同。

（3）铣削步骤。除与在卧式铣床上铣六角形的铣削步骤相同外，垂向控制$24_{-0.27}^{\ 0}$ mm 对边尺寸，纵向控制 4 mm ±0.15 mm 台阶尺寸，工作台横向进给铣削。

3．在卧式铣床上组合铣削加工六角形

铣削数量较多的六角形零件，可采用两把三面刃铣刀在卧式铣床上组合铣削，以保证产品质量和提高工效。现以图 2—204 所示工件为例，介绍组合铣削加工六角形的操作方法。

（1）选择铣刀。因铣削长度为 24 mm，选用直径完全相同的两把 ϕ100 mm × 12 mm 直齿三面刃铣刀。

（2）安装刀具。调整好两切削刃间的距离后安装，调整和安装方法与组合铣削加工台阶的刀具安装方法相同。

（3）试切。铣刀安装好后，还须试切，经试切如尺寸不符，应根据实际尺寸调整垫圈厚度。

（4）装夹工件。采用 F11 100 型分度头，主轴垂直安置。用三爪自定心卡盘夹持螺纹专用心轴（若采用 F11 125 型分度头，则可制成锥柄螺纹心轴直接装入分度头主轴内锥孔），将工件装夹在心轴上。

（5）对刀。

1）目测对刀。使铣刀两内侧刃刚好与工件外圆相切（即工件调整到铣刀两侧刃中间位置），开动机床，试切，观察外圆上是否同时切出刀痕，如图 2—209a 所示。如切痕大小不一致，则向切痕小的一侧横向移动工作台。

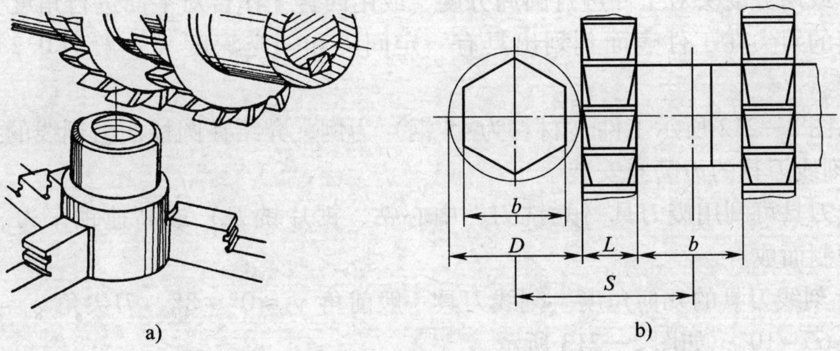

图 2—209　铣六角形零件时对刀

2）擦表面对刀。使铣刀外侧刃与工件外圆相接触，工作台横向移动距离 S（见图 2—209b）：

$$S=\frac{D}{2}+\frac{b}{2}+L=\frac{30\ \text{mm}}{2}+\frac{24\ \text{mm}}{2}+12\ \text{mm}=39\ \text{mm}$$

对刀后，调整铣削层深度约 1 mm，试切出 1 mm 深的对边，然后将工件转过 180° 纵向移动工作台，再次切痕，观察两次的切痕是否重合，根据切痕偏差值的 1/2 横向调整工作台。

（6）铣削。对刀后，调整好铣削层深度即可铣削，一次铣完后，分度手柄在66孔圈上摇过6转又44个孔距，依次铣削三次，如图2—210所示。

六、刻线

带有刻线的零件很多，如在工件表面上刻尺寸线、圆周等分线、角度线等，如图2—211所示。对于这类线距精确度要求不太高的刻线，都可以由普通铣床来完成。

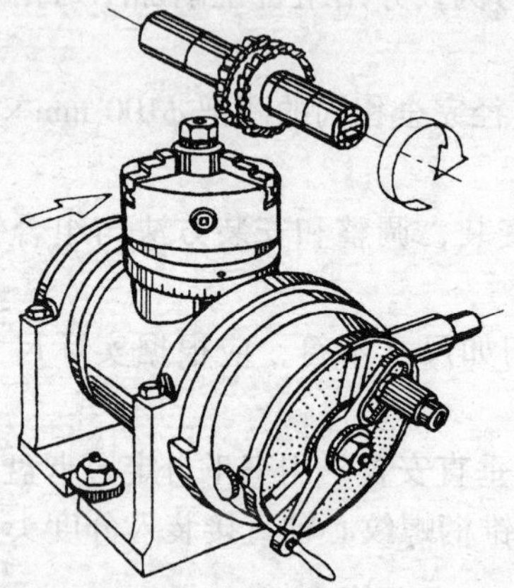

图2—210　组合铣刀加工六角形零件

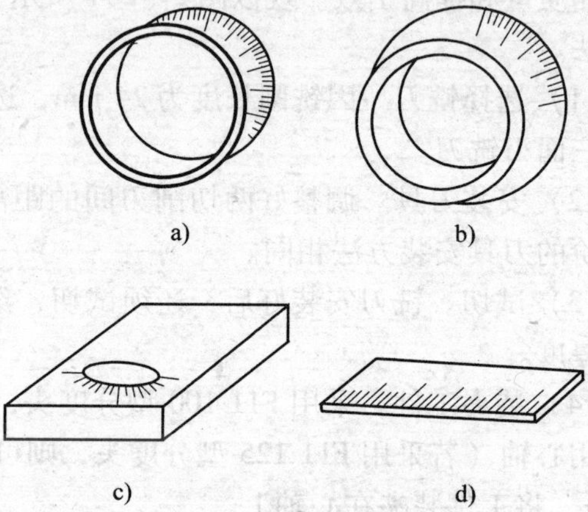

图2—211　常见的各种刻度线

a）圆周等分刻线　b）锥面等分刻线

c）角度等分刻线　d）平面直线尺寸线

刻线工作是在刻线刀处于静止状态下，手动使铣床工作台纵向（或横向）移动一定距离，或用分度头对工件进行圆周分度，或用回转工作台对平面进行角度分度，从而使刻线刀的刀尖在工件表面刻划出具有一定间隔和一定深度（一般为0.2～0.5 mm）的刻度线。

现以图2—212所示工件（材料为45钢）为例，介绍在圆柱面上刻线的操作方法。

1. 刻线刀具的刃磨与安装

刻线刀具可利用废刀具（立铣刀、中心钻、锯片铣刀）或高速钢车刀、硬质合金刀头等磨制而成。

（1）刻线刀具的几何角度。刻线刀具一般前角 $\gamma_o \approx 0° \sim 8°$、刀尖角 $\varepsilon_r \approx 45° \sim 60°$、后角 $\alpha_o \approx 6° \sim 10°$，如图2—213所示。

（2）刻线刀具的刃磨。刻线刀具可在普通砂轮机上刃磨。高速钢刀具用氧化铝（白色）砂轮刃磨，硬质合金刀具用碳化硅（绿色）砂轮刃磨。刃磨的步骤和要求如下：

1）刃磨刀尖角左面。两手握刀体，右手在前，左手在后，前刀面向上，刀体左侧面与砂轮圆周面相交约成25°夹角，刀体自然向上倾斜8°左右，使之磨成 $\varepsilon_r/2 \approx 25°$、后角 $\alpha_o \approx 8°$。刃磨时适当用力使刀头的后刀面与砂轮圆周接触，再左、右缓慢移动，刃磨出后刀面，同时磨出刀尖角左面，如图2—214a所示。

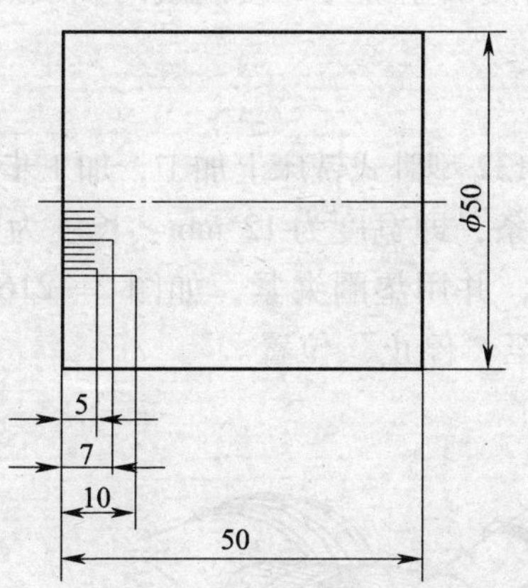

图 2—212　刻线零件图

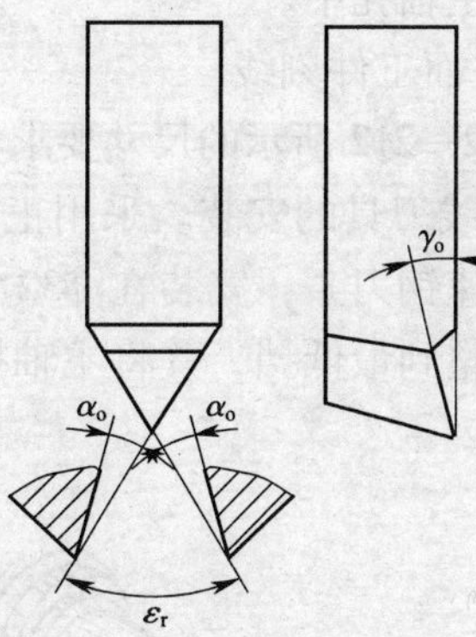

图 2—213　刻线刀具的几何角度

2）刃磨刀尖角右面。两手握刀体，左手在前，右手在后，前刀面向上，刀体右侧面与砂轮圆周相交约成 25°夹角，刀体自然向上倾斜 8°左右（见图 2—214b）。刃磨方法与磨左面相同。

3）刃磨前刀面。两手握刀体，左手在前，右手在后，刀体水平放置，前刀面靠向砂轮圆周，使柄部向前倾斜 7°左右，适当用力，磨出前刀面，如图 2—214c 所示。

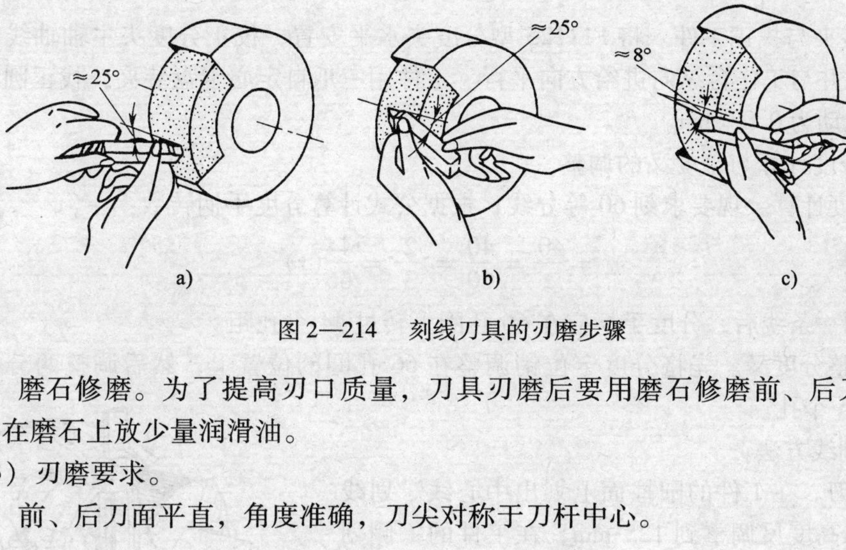

图 2—214　刻线刀具的刃磨步骤

4）磨石修磨。为了提高刃口质量，刀具刃磨后要用磨石修磨前、后刀面。修磨时，应在磨石上放少量润滑油。

（3）刃磨要求。

1）前、后刀面平直，角度准确，刀尖对称于刀杆中心。

2）刃口锋利，刀尖不允许有崩刃、钝口、退火等现象。

（4）安装刻线刀具。

1）卧式铣床。可用图 2—215 所示刀夹安装刀具。先把刀夹安装在刀杆上，然后将刻线刀插入方孔内，用螺钉紧固。此外，也可将刻线刀用垫圈直接夹紧在铣刀刀杆上。

图 2—215　刻线刀的刀夹

2）立式铣床。可用铣夹头、弹性套等，将由废旧立铣刀等改制成的刻线刀具安装在立铣头的主轴孔中。

2. 圆柱面工件刻线

根据图 2—212 所示的尺寸要求，现确定在 X6132 型卧式铣床上加工，加工步骤如下：

（1）刻线刀具的安装。采用正方形高速钢刀条，即宽度为 12 mm、长度为 100 mm 的正方形高速钢刀条，安装在 ϕ32 mm 长刀杆上，并用垫圈夹紧，如图 2—216a 所示。主轴转速调整到最低挡，并将主轴换向开关转换至“停止”位置。

图 2—216　刻线刀具安装与刻线

（2）装夹与找正工件。将 F11125 型分度头水平安置，校正分度头主轴轴线与工作台面平行，并与工作台纵向进给方向平行。工件用三爪自定心卡盘装夹，找正圆柱表面的径向圆跳动为 0.03 mm。

（3）分度计算与分度叉的调整。

1）分度计算。现要求刻 60 等分线，根据公式计算分度手柄转数：

$$n = \frac{40}{z} = \frac{40}{60} = \frac{2}{3} = \frac{44}{66}(\mathrm{r})$$

即每刻一条线后，分度手柄应在 66 孔圈上转过 44 个孔距。

2）调整分度叉。先将分度定位销调整在 66 孔圈的位置上，然后调整两分度叉之间孔数为 45 个孔。

（4）刻线方法。

1）对刀。在工件的圆柱面上划出中心线。划线时先将游标高度尺调整到 125 mm，在工件的一侧划出一条线，在另一侧也划出一条线，然后将分度头转过 180°，再重划一次（见图 2—217）。如两次划出的线重合，说明划线准确，如不重合，则按其偏差值的 1/2 进行调整，直至划出的线重合。然后，分度头转过 90°（手柄摇 10 r），使划出的线处于上方，将刻线刀的刀尖对准划出的线，紧固横向溜板。

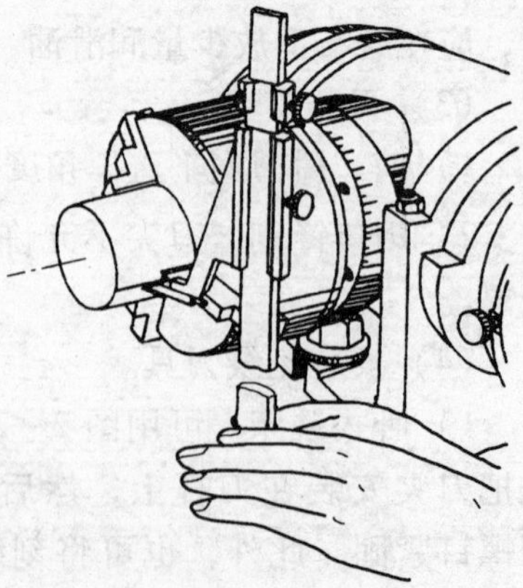

图 2—217　划中心线

2）调整划线长度。使刻线刀的刀尖刚好与工件端面对齐，然后在纵向进给刻度盘上做标记，工作台下降，根据标记摇动纵向手柄，长线 10 mm 用一种颜色粉笔在纵向刻度盘上做标记，中线 7 mm 用另一种颜色粉笔做标记，短线 5 mm 再用一种颜色粉笔做标记。

3）刻线。摇动纵向进给手柄，使刻线刀处于刻线部位，工作台微微上升，使刀尖与外圆刚好接触，在垂向刻度盘上做标记，工作台下降，纵向退出工件。工作台上升 0.1 mm 左右（注意，刻线的深浅程度随刀尖角大小、工件材料性质和刻线疏密等不同而有变化），刻出长线，观察线条粗细是否符合要求，若过细则再垂向调整工作台。刻完一条线后分度手柄在 66 孔圈上摇过 44 个孔距，再分别刻短线和中线，如图 2—216b 所示。

七、在平面上刻线

平面工件刻线可在立式铣床或卧式铣床上进行。若精度要求不高，可直接利用刻度盘移距；精度较高时，则可利用分度头作直线移距。现以图 2—218 所示工件（材料为 45 钢）为例，介绍在 X5032 型立式铣床上利用 F11 125 型万能分度头，采用主轴交换齿轮法直线移距分度进行刻线。

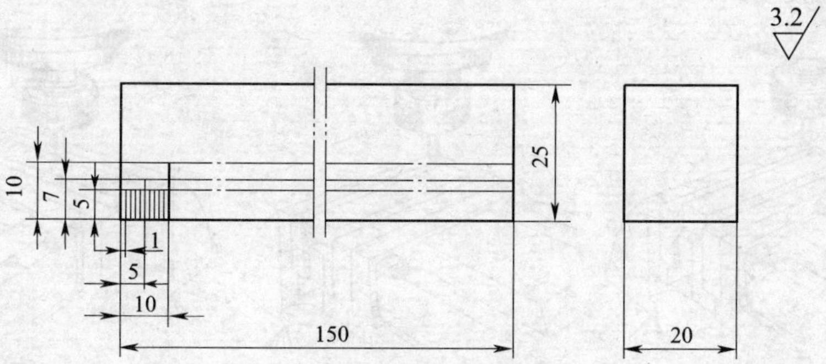

图 2—218　平面刻线零件图

1. 交换齿轮的计算

根据零件图要求，每条线间距 $S=1$ mm，机床纵向进给丝杠螺距 $P=6$ mm，取 $n=5$。根据公式计算交换齿轮：

$$\frac{z_1z_3}{z_2z_4}=\frac{40S}{nP}=\frac{40\times1}{5\times6}=\frac{40}{30}$$

即主动轮 $z_1=40$，从动轮 $z_4=30$，每次分度时分度手柄转 5 r。

2. 交换齿轮配置方法

主轴交换齿轮法的交换齿轮配置方法如图 2—200 所示。

（1）分度头底部安装定位键，与工作台中间 T 形槽贴合，用螺钉将分度头紧固在机床右侧顶端处。

（2）拆下纵向丝杠右端端盖，装上从动轮（$z_4=30$）。

（3）将锥柄交换齿轮心轴装入分度头主轴后端锥孔内，装上主动轮（$z_1=40$）。

（4）利用侧轴装交换齿轮架和交换齿轮轴，并选中间轮与主动轮和从动轮啮合。

3. 定位夹紧

将平口钳在工作台中间 T 形槽内定位，校正固定钳口与工作台纵向进给方向平行后压紧。在工件下面垫上适当高度的平行垫铁，使工件高出钳口约 5 mm，校正工件上平面与工作台面平行度为 0.03 mm。

4. 刻线方法

（1）端面对刀。摇动垂向、横向和分度手柄，使刻线刀刀尖与工件端面对齐（见图 2—219a）。并在分度盘上做标记，作为移距的起点。

（2）侧面对刀。横向退出工件，分度手柄摇 5 r，摇动横向手柄，使刻线刀刀尖与工件侧面对齐（见图 2—219b）。在横向刻度盘上做标记。

（3）调整刻线长度。根据标记调整长线 10 mm，用一种颜色粉笔在横向刻度盘上做标记；中线 7 mm，用另一种颜色粉笔做标记；短线 5 mm，再用一种颜色粉笔做标记。

（4）刻线（见图 2—219c）。摇动横向进给手柄，使刀尖处于刻线部位，工作台微微上升，使刀尖与工件上平面刚好接触，在垂向刻度盘上做好标记，下降工作台，横向退出工件，然后工作台上升 0.1 mm 左右，刻出第一条线后，分度手柄摇 5 r，依次刻完短线、中线和长线。

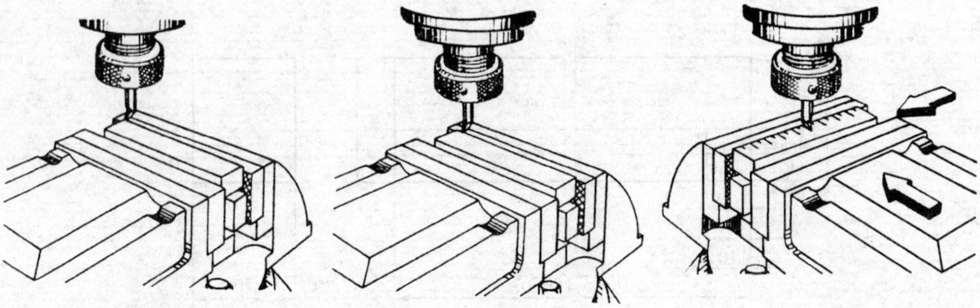

a)　　b)　　c)

图 2—219　在平面上刻线

八、斜面零件加工

1. 准备工作

（1）零件图分析。如图 2—220 所示的斜面零件，预制件的总长度为 130 mm，斜面所在外圆直径为 75 mm，键槽所在外圆直径为 30 mm，键槽宽度为 $8_{-0.043}^{\ 0}$ mm，槽底至轴外圆的尺寸为 $26_{-0.21}^{\ 0}$ mm，键槽侧面的对称度为 0.15 mm。斜面与轴上键槽中心平面的夹角分别为 35° ± 10′和 80° ± 10′。两斜面交线至工件轴线的尺寸为 30 mm。

（2）工件装夹方式。选用 F11 125 型万能分度头，采用三爪自定心卡盘装夹工件。考虑到工件找正斜面铣削位置时须以键槽为基准，但工件悬臂装夹伸出距离不宜过长，因此宜使键槽位置处于卡爪之间（见图 2—221）。在安装分度头和三爪自定心卡盘时，将分度头主轴水平对准工作台中间 T 形槽，位置居中。在装夹工件时，用百分表找正工件与分度头轴线的同轴度为 0.05 mm。

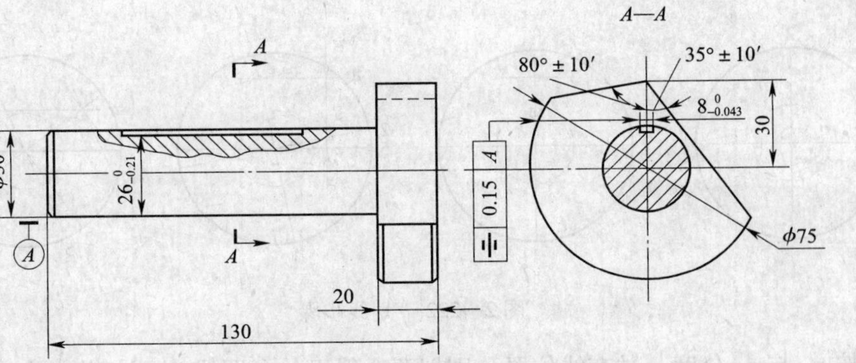

图 2—220 斜面零件图

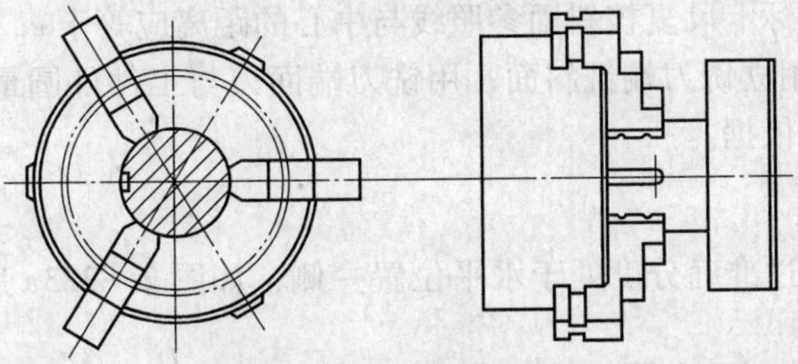

图 2—221 工件装夹

(3) 分度计算及分度定位销的调整。根据角度分度公式计算分度手柄转数 n。以键槽中间平面为基准。

$$n_1 = \frac{\theta_1}{9°} = \frac{35°}{9°} = 3\frac{8}{9} = 3\frac{48}{54}(\text{r})$$

$$n_2 = \frac{\theta_2}{9°} = \frac{80°}{9°} = 8\frac{8}{9} = 8\frac{48}{54}(\text{r})$$

铣削 35°斜面时，应先找正键槽处于一侧水平位置，然后分度手柄按 n_1 分度。铣削 80°斜面时，应找正键槽处于另一侧水平位置，然后按 n_2 分度。将分度定位销调整到 54 孔圈数，分度叉调整为 48 个孔距。

(4) 选择刀具。根据图样，斜面所在圆柱面的长度尺寸为 20 mm，选用直径为 28 mm的锥柄中齿标准立铣刀。安装铣刀时，采用变径套安装。

(5) 选择铣削用量。按工件材料（45 钢）和铣刀的规格选择铣削用量，调整主轴转速 $n = 235$ r/ min（$v_c \approx 20$ m/min）；进给速度 $v_f = 47.5$ mm/min（$f_z \approx 0.05$ mm/z）。

2. 铣削加工

(1) 工件划线对刀、粗铣。

1) 工件表面划线，如图 2—222 所示。

①用百分表测量对称度，校正工件键槽处于水平位置。

②用游标高度尺在工件端面划水平中心线 1 和垂直中心线 2。

③将垂直中心线 2 处于水平位置，距中心 30 mm 在键槽一侧划平行线，得出斜面交线 3 的位置。

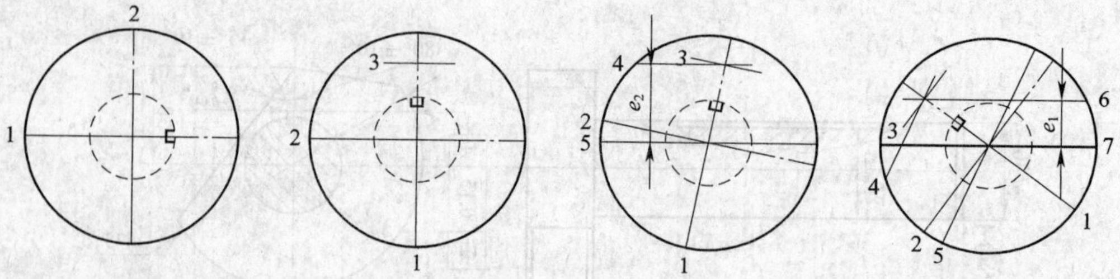

图 2—222　划线步骤

④按 n_1 与 n_2 分度，过交线位置分别划两个斜面的参照线 4、6，并过中心线交点划出两斜面参照线的平行线 5、7。

⑤划线后，用游标卡尺复核斜面参照线与中心的距离应等于 e_1、e_2。

2）对刀。确定用立铣刀端铣斜面，用铣刀端面刃与工件外圆最高处擦边对刀，作为控制 e_1、e_2 尺寸的依据。

3）粗铣斜面。

①将工件键槽通过准确分度处于水平位置一侧，如图 2—223a 所示。按 $n_1 = 3\frac{48}{54}$ r 进行角度分度，使 35°斜面参照线处于水平铣削位置，按 $\frac{D}{2} - e_1$ 调整工作台垂向进给量。为预检需要，可留 0.5 mm 作为精铣余量，使铣出的斜面至工件中心的尺寸为 18 mm，粗铣 35°斜面。

②将工件键槽通过准确分度处于水平位置另一侧，如图 2—223b 所示。按 $n_2 = 8\frac{48}{54}$ r 逆时针进行角度分度，使 80°斜面参照线处于水平铣削位置。为了预检需要，也可留 0.5 mm 作为精铣余量，使铣出的斜面至工件中心的尺寸为 30.06 mm，粗铣 80°斜面。

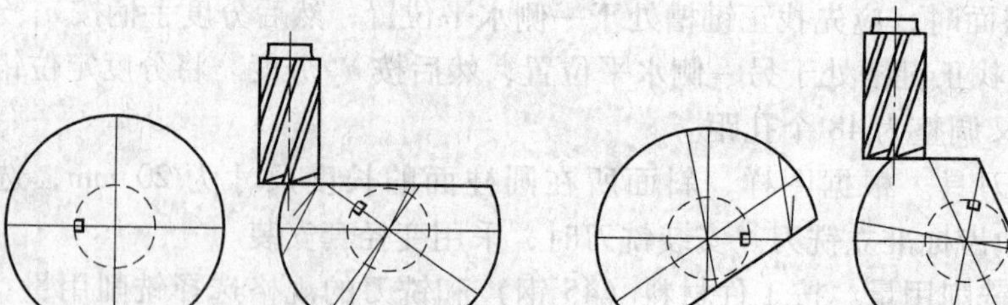

a）　　　b）

图 2—223　斜面铣削步骤

a）铣削 35°斜面　b）铣削 80°斜面

（2）精铣斜面。按预检尺寸与图样尺寸的差值移动工作台，准确调整精铣位置，分别精铣 35°、80°斜面。

3. 斜面零件检验

（1）斜面夹角精度检验需要借助分度头和百分表。斜面位置精度的测量步骤如图2—224所示。

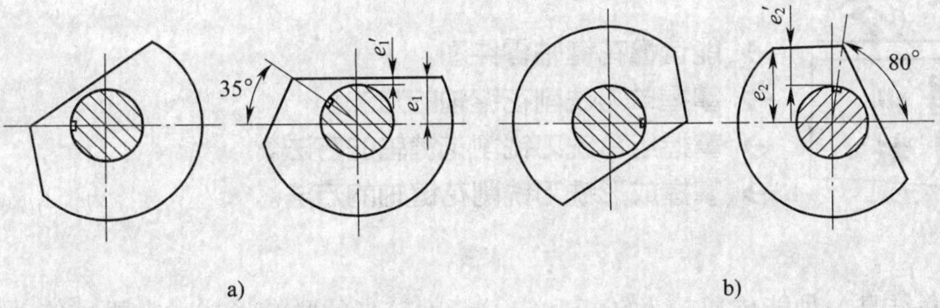

图2—224　斜面位置精度测量

a）35°斜面测量　b）80°斜面测量

（2）斜面与轴线的位置尺寸须先进行计算，按图样给定的斜面交线至轴线的尺寸30 mm，由几何关系经计算得到尺寸 e_1、e_2。然后借助百分表按计算所得的尺寸 e_1、e_2 测量。

$$e_1 = 30\ \text{mm} \times \sin 35° = 17.5\ \text{mm}$$

$$e_2 = 30\ \text{mm} \times \sin 80° = 29.54\ \text{mm}$$

借助键槽所在外圆测量斜面至外圆的尺寸为：

$$e'_1 = 17.20\ \text{mm} - 15\ \text{mm} = 2.20\ \text{mm}$$

$$e'_2 = 29.54\ \text{mm} - 15\ \text{mm} = 14.54\ \text{mm}$$

若测得斜面中心位置及夹角正确，即保证了交点位置尺寸。

（3）精度检验步骤。

1）用百分表和分度头进行角度检验。具体的操作过程与划线过程基本相同，所不同的是当工件的35°斜面处于水平位置时，用百分表测量斜面与工作台面的平行度，若测得平行度误差为0.03 mm，斜面长度约为23 mm，此时角度误差为：

$$\Delta\theta_1 = \arcsin(0.03/23) = 0.0747° = 4'29''$$

角度误差在公差范围内。用同样的方法可以对80°斜面进行检验。

2）因斜面至轴线的尺寸公差比较大，可用游标卡尺测量斜面至与之平行的中心线的距离，35°斜面至中心线的垂直尺寸为17.20 mm；85°斜面至中心线的垂直尺寸为29.54 mm。此时，斜面交线与中心线的距离应为30 mm。

3）通过目测类比法进行表面粗糙度的检验。

4. 铣削斜面工件的要点

（1）斜面夹角超差的主要原因可能是：划线错误和误差大、分度计算错误、分度时未消除分度机构传动间隙、铣削时未缩紧分度头主轴等。

（2）斜面交线位置尺寸误差过大的原因可能有：斜面夹角错误、斜面至工件中心线的尺寸计算错误、铣削位置调整失误等。

（3）斜面与工件轴线不平行的原因可能有：分度头主轴与工作台面不平行；横向进给铣削时，立铣头与工作台面不垂直等。

单元 2

第五节 铣削花键轴

培训目标

- 能读懂花键轴零件图。
- 掌握单刀铣削花键轴的方法。
- 掌握组合铣刀铣削花键轴的方法。
- 掌握成形铣刀铣削花键轴的方法。

花键联结是一种能传递较大转矩和定心精度较高的联结形式，在机械传动中应用广泛。机床、汽车、拖拉机等的变速箱内，大都用花键齿轮套与花键轴（见图 2—225）配合滑移实现变速传动，即花键联结由带键齿的轴（外花键）和轮毂（内花键）组成。

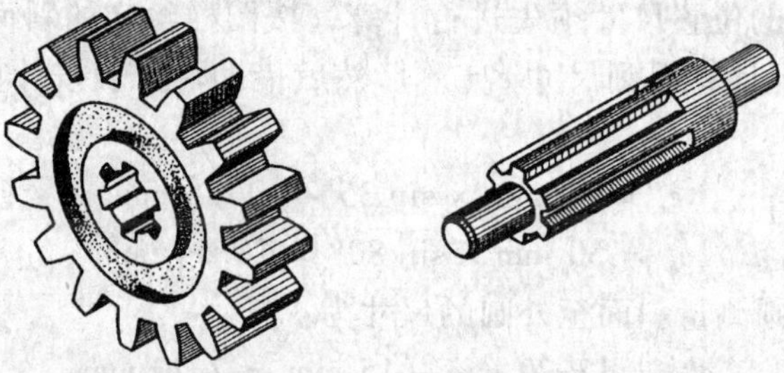

a)　　b)

图 2—225　花键齿轮套与花键轴

a）花键齿轮套（内花键）　b）花键轴（外花键）

一、花键轴的结构特点

1. 花键联结的类型

轴和轮毂孔周向均布的多个键齿构成的联结称为花键联结。花键联结大多为直齿，齿侧面是工作面。由于是多齿传递载荷，所以与平键联结相比，花键联结具有接触面积大、承载能力高、应力集中较小、定心好和导向性好等优点。

花键按其齿廓形状的不同，可分为矩形花键、渐开线花键和三角形花键，如图 2—226 所示。

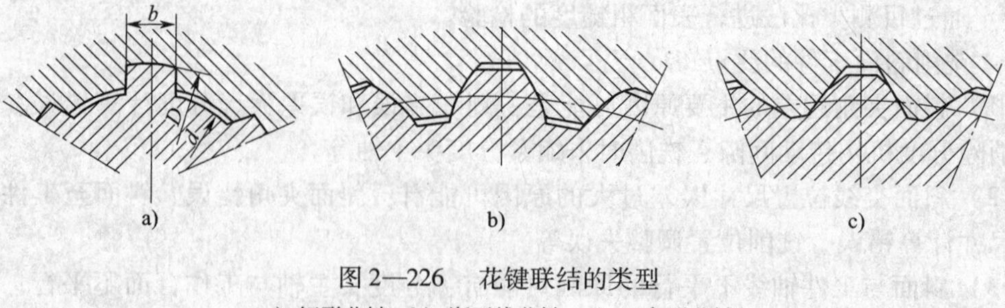

a)　　b)　　c)

图 2—226　花键联结的类型

a）矩形花键　b）渐开线花键　c）三角形花键

（1）矩形花键。齿形简单，加工方便，用磨削方法能获得较高的精度，因此在机器制造业中应用最广。矩形花键的键数为偶数，以便于加工和检验。按照 GB/T 1144—2001 规定，键数有 6、8、10 三种。矩形花键的结构和尺寸都已标准化，使用时可按标准选用。矩形花键的缺点是花键齿根部的应力集中较大。

（2）渐开线花键。其齿廓为渐开线，受载时齿上有径向力，能起自动定心作用，使各齿受力均匀，强度高，传递转矩大，使用寿命长。加工工艺与渐开线齿轮相同，刀具比较轻济，在模数相同的情况下，用同一把滚刀和插齿刀可加工不同直径和键数的内、外花键，易获得较高精度和互换性。

渐开线花键的齿根有平齿根和圆齿根两种。圆齿根有利于降低齿根的应力集中和避免淬火裂纹。但为了便于刀具制造，一般选用平齿根。渐开线花键用于载荷较大、定心精度要求较高以及尺寸较大（如矿山机械）的联结，应用较广。

（3）三角形花键。内花键齿形为三角形，外花键齿形为压力角等于 45° 的渐开线，齿细小且较多，便于机构的调整与装配，对轴的削弱较小，其键齿一般为平齿根。三角形花键多用于轻载和直径小的静联结中，特别适用于轴与薄壁零件的联结，也可作锥形联结或夹紧联结的辅助装置。近来，三角形花键的应用日趋增加，尤其是航空、航天工业中应用较多。

2. 外花键的画法和标注

外花键的画法和外螺纹的画法相似，大径用粗实线绘制，小径用细实线表示。当采用剖视时，若平行于键齿剖切，键齿按不剖绘制，且大小径均用粗实线画出。在反映圆的视图上，小径用细实线圆表示。外花键的画法和标注如图 2—227 所示。

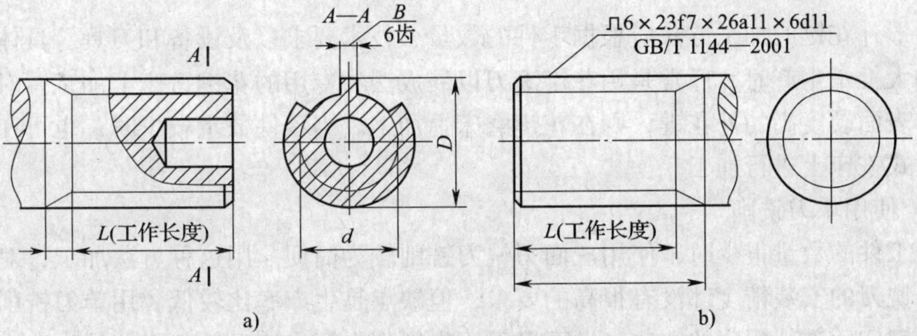

图 2—227　外花键的画法和标注

外花键的标注采用一般尺寸标注法和标记标注法两种。一般尺寸标注法应注出大径 D、小径 d、键宽 B（及键数 N）、工作长度 L，如图 2—227a 所示；用标记标注时，指引线应从大径引出（见图 2—227b），标记组成为：

键数 × 小径 小径公差带代号 × 大径 大径公差带代号 × 键宽 键宽公差带代号 GB/T 1144—2001

矩形花键的定心方式有小径定心、大径定心和齿侧定心三种，如图 2—228 所示。在普通铣床上，主要适于单件生产加工修配用的以大径定心的矩形外花键，对于以小径定心的矩形外花键，一般只进行粗加工。

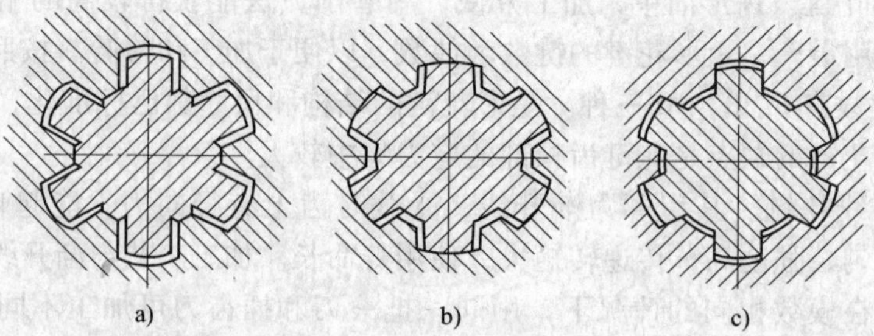

图 2—228　矩形花键的定心方式
a）小径定心　b）大径定心　c）齿侧定心

3. 外花键的技术要求

矩形外花键的主要技术要求包括：

（1）花键的键宽 B、大径 D、小径 d 是主要配合尺寸，精度要求较高。花键的定心配合面的尺寸公差一般采用 f7 或 h7，键的宽度尺寸公差一般采用 f8 或 h8 和 f9 或 h9。

（2）键的形状精度和等分精度。花键轴的各键齿应等分于工件圆周。

（3）键的两侧面与基准轴线的对称度和平行度。花键轴各键齿侧应对称且平行工件轴线。

（4）各加工表面的表面粗糙度 R_a 一般要求为 6.3 ~ 3.2 μm。键齿侧和定心配合面的表面粗糙度 R_a 一般要求为 0.2 ~ 3.2 μm。

二、矩形外花键铣削加工的特点和方法

矩形外花键的加工方法应根据零件的数量、技术要求以及设备和刀具等具体条件确定。如大批量生产时，通常是用花键滚刀以展成法在专用的花键铣床上加工。对精度要求高、表面硬度高的外花键，则在花键磨床上加工。当零件数量较少时，也可在卧式铣床或立式铣床上进行加工。

1. 使用单刀铣削

当工件的数量很少时，使用三面刃铣刀铣削较为简便。用这种方法加工，对铣刀的直径及铣刀的安装精度都没有很高的要求，但缺点是生产率比较低。用单刀铣削可采用先铣削键侧后铣削槽底的方法，也可以采用先铣削中间齿槽后铣削键侧的方法。

（1）选择铣刀。铣削花键轴键侧面时，应选择外径较小、宽度适当的标准三面刃铣刀，对齿数多于 6 齿的外花键，为了避免铣伤相邻齿，三面刃铣刀的宽度应不大于小径上两齿间的弦长，如图 2—229 所示，其宽度为：

$$L \leqslant d\sin\left(\frac{180^\circ}{z} - \arcsin\frac{B}{d}\right)$$

式中　L——三面刃铣刀厚度，mm；

z——花键齿数；

B——花键键宽，mm；

d——花键小径，mm。

铣削花键槽底圆弧面（小径）时，应选用细齿锯片铣刀或成形铣刀。

（2）工件的装夹。采用分度头与尾座的两顶尖装夹工件，也可以用三爪自定心卡盘和尾座顶尖的一夹一顶装夹方法。对细长的外花键，可在工件中间位置用千斤顶支撑，以增加工件刚性。工件装夹后，应校正工件两端的径向圆跳动，校正工件的上素线使其与工作台面平行，校正工件的侧素线使其与工作台纵向进给方向平行。

（3）对刀。

1）侧面对刀法。如图2—230所示，先在工件侧面贴一薄纸，使三面刃铣刀的侧面切削刃轻轻接触工件侧面所贴的纸，然后垂直下降工作台退出工件，再将工作台横向移动距离 S。距离 S 可按下式计算：

$$S = \frac{D - B}{2} + \delta$$

式中 S——工作台横向移动距离，mm；

D——花键大径，mm；

B——花键键宽，mm；

δ——薄纸厚度，mm。

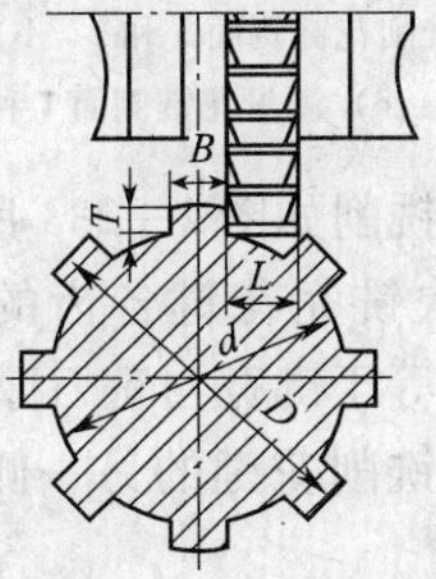

图2—229　铣刀的选择

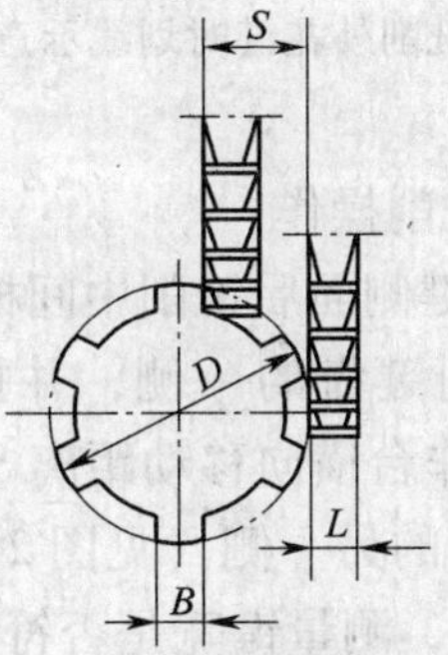

图2—230　侧面对刀法

2）划线对刀法。在工件外圆的两侧各划一条中分线，然后摇动分度头手柄将工件转动180°，再在两侧面上重划一次，观察两次所划的线是否重合，如不重合，将游标高度尺调整至两条线的中间重复再划，直至重合为止。然后根据正确中分线的刻度，将游标高度尺向上或向下移动半个键宽的距离，再在工件的外圆两侧各划一条线，将分度头主轴转动180°，再划两条线，就得到对称的键宽线，如图2—231所示。

划线后，将工件转动90°，使所划的线转至上方，然后在工件外圆键宽处贴一层薄纸，横向移动工作台，目测将铣刀齿宽的中心线对准工件中心，工作台缓慢上升，擦到工件上的薄纸，记下垂向刻度盘的数值。铣削时，横向移动工作台，使铣刀侧刃离开键宽线约0.3～0.5 mm，并记下横向刻度盘的数值，紧固横向溜板，待粗铣预检对称度后，根据偏差及宽度尺寸再进行调整。

3）试切对刀法。试切对刀法如图2—232所示，在分度头的三爪自定心卡盘与尾座之间装夹一根直径与工件直径大致相等的试件，先用侧面对刀法或划线对刀法初步对刀，并铣出花键侧面1，退出工件，经180°分度后再铣出花键侧面2（见图2—232a）；

接着横向移动工作台，其移动量等于键宽与铣刀厚之和，铣出花键另一侧面 3（见图 2—232b）；退出工件并使其转动 90°，用杠杆百分表比较花键侧面 1 和 3 的高度（见图 2—232c）。若高度一致，则花键的对称性很好；如高度不一致，则可按高度差的一半重新调整工作台的横向位置，并使工件转过一个齿距，重复进行试切和测量，直至花键对称性达到要求，且键宽 B 合格。对刀完毕后可换上工件正式进行铣削。

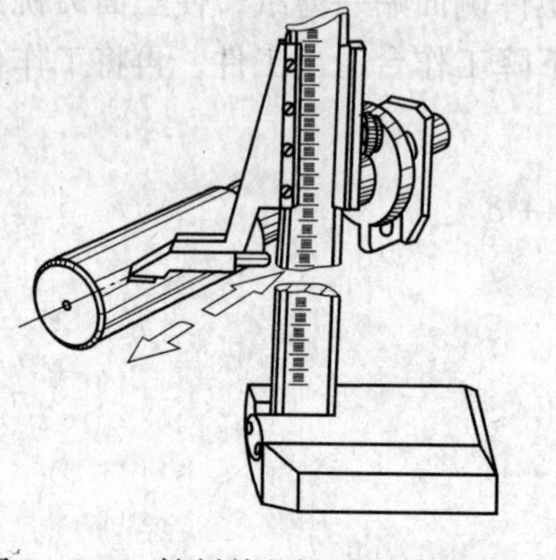

图 2—231　铣削外花键时划线示意图

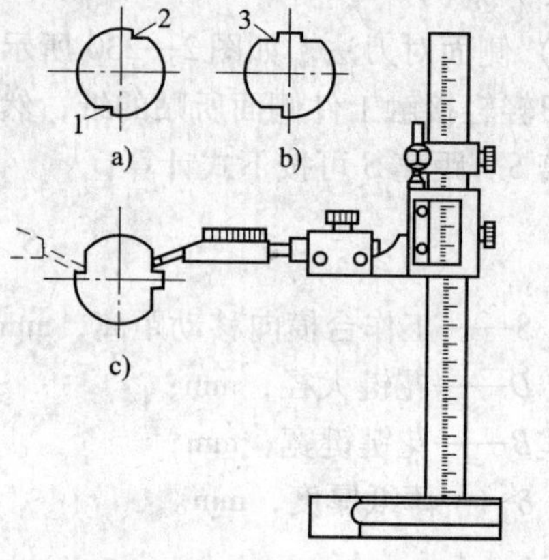

图 2—232　试切对刀法

a）铣削花键侧面 1 和 2　b）铣削花键侧面 3

c）测量花键侧面 1 和 3 的高度

（4）花键的铣削操作。

1）先铣削花键侧面后铣削中间槽。外花键的铣削如图 2—233 所示，对刀之后，工作台纵向进给铣削键齿的一侧，并按齿分度依次铣完花键各齿的同一侧（见图 2—233a）。然后将工作台横向移动距离 S 后（移动量等于键宽与铣刀厚度之和，即 $S=B+L$），依次铣削各齿的另一侧（见图 2—233b）。在铣削花键的另一侧时，应在铣完第一个键齿的一小段后，测量键宽是否符合要求。

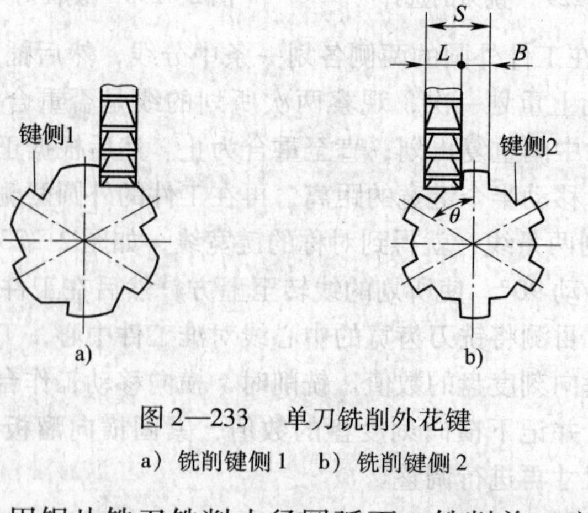

图 2—233　单刀铣削外花键

a）铣削键侧 1　b）铣削键侧 2

铣削中间槽时，用锯片铣刀铣削小径圆弧面。铣削前，应目测使锯片铣刀对准工件轴线（见图 2—234a），然后将工件转过一个角度，调整好切深，从靠近键齿的一侧处开始铣削（见图 2—234b），每铣完一刀后，应将工件转过一个小角度后继续铣削，直至将小径圆弧面铣完（见图 2—234c）。这样铣削出的圆弧面呈多边形，因此工件转过的角度越小，越能接近圆弧面。但应注意，铣削时切不可碰伤键齿的两侧。

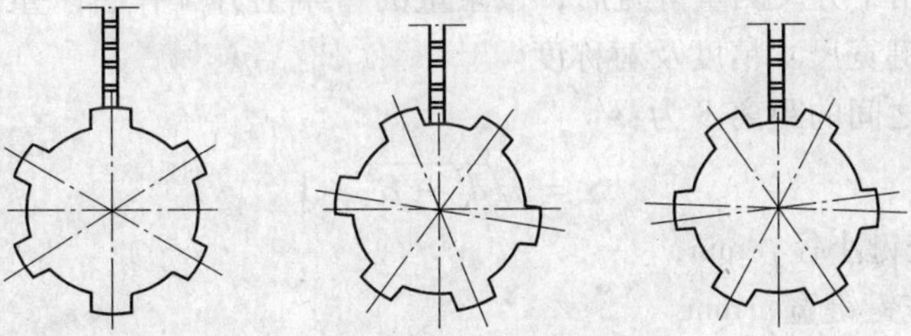

图 2—234　外花键的铣削

a）锯片铣刀对中　b）开始铣削小径圆弧面　c）小径圆弧面铣完

2）先铣削中间槽后铣削键侧。

①先铣削中间槽可以铣除花键加工的大部分余量，只留较少的余量铣削键侧，减少侧刃铣削次数。

②借助中间槽的铣削位置，可通过计算，按横向移动 $(B+L)/2$ 调整键侧的铣削加工位置。

③先铣削中间槽，三面刃铣刀的厚度受到一定限制，限制条件按下式计算：

$$L' = d'\sin\left(\frac{180°}{z} - \arcsin\frac{B}{d}\right)$$

式中　L'——铣刀最大厚度，mm；

d'——外花键留有磨削余量的小径，mm；

z——外花键齿数；

B——外花键宽度，mm。

对于大径定心的外花键，经允许，可铣成折线槽底。若需要用小径铣刀加工，这种方法因槽底中部没有先铣侧面残留的凸尖部分，减少了小径的铣削余量。

3）组合铣刀侧刃铣花键。当工件数量较多时，可采用组合三面刃铣刀内侧刃铣削外花键（见图 2—235a），使花键的两个键侧同时铣出，再用成形刀头铣削小径，这样不仅提高了铣削效率，还容易保证键宽，并简化了操作步骤。

铣削时应掌握以下要点：

①两把三面刃铣刀的直径相同，其误差应小于 0.2 mm。

②两把铣刀侧面切削刃之间的距离应等于花键键宽，使铣出的键宽在规定的公差范围内。

③两把三面刃铣刀的内侧刃应对称于工件中心。调整方法是用试件试切一段后，将试件正反转过 90°，用百分表测量键侧对称度。根据差值的一半横向移动工作台进行精确调整。

4）用组合铣刀圆周刃铣削（见图 2—235b）。利用组合的两把三面刃铣刀的圆周刃，使花键相对的两个键侧同时铣出。

单元 2

铣削时应掌握以下要点：

①两把三面刃铣刀的直径要求严格相等，最好一次磨出。

②利用铣床工作台的垂向移动量控制键的宽度。铣削时，先铣一刀，将工件转过180°再铣一刀，用千分尺测量键宽后，按余量的一半上升工作台。重复以上铣削步骤，便能获得准确的键宽尺寸精度及对称度。

③两把铣刀之间的距离 S 为：

$$S = \sqrt{d^2 - B^2} - 1$$

式中 d——外花键小径，mm；

B——外花键键宽，mm。

S 值调整时一般控制在 ±0.5 mm 范围内。

④两把三面刃铣刀的内侧刃对工件中心线的对称度不要求十分准确。

⑤分度头主轴和尾座顶尖必须同轴，加工时尾座的顶尖应顶得比较紧，否则，铣出的键宽两端尺寸不一致。

5）使用成形铣刀铣削（见图 2—236）。成批生产时，通常使用专用成形铣刀，铣削时能一次铣削出花键槽。因此，此方法具有生产率高、加工质量好和操作简便等优点。

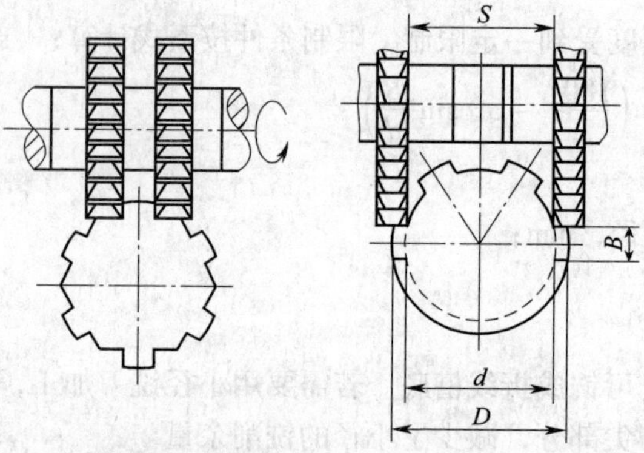

a） b）

图 2—235 用组合三面刃铣刀铣削外花键

a）用组合三面刃铣刀内侧刃铣削

b）用组合三面刃铣刀圆周刃铣削

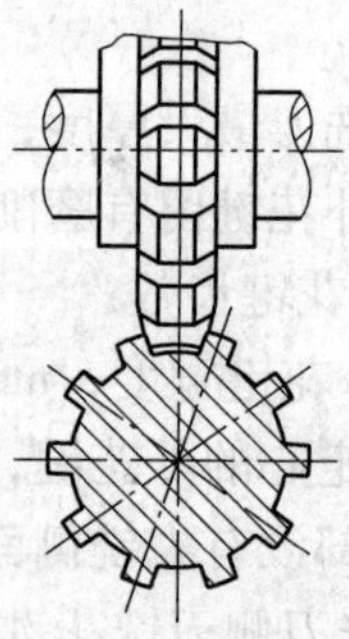

图 2—236 用成形铣刀铣削外花键

铣削时，通过调整背吃刀量来控制键的宽度。因此，首件加工须细致地调整背吃刀量，以获得精确的键宽和小径尺寸。此外，加工前应进行“切痕对中”，并在逐步达到键宽尺寸的同时，通过百分表的检测和工作台横向微量调整，使键齿的两侧面达到对称度要求。

三、单刀加工大径定心外花键

1. 准备工作

（1）零件图分析。如图 2—237 所示的大径定心的矩形齿花键轴零件，花键键宽为

12f9（$12^{-0.016}_{-0.059}$ mm），键侧对工件轴线的对称度公差为 0.05 mm，平行度公差为 0.06 mm。小径尺寸为 42f9（$42^{-0.025}_{-0.275}$ mm）。花键大径尺寸为 ϕ48f7，圆柱面的长度为 140 mm。在小径和齿侧的连接部位，有深 0.3 mm、宽 1 mm 的沉割槽。工件的大径对轴线的圆跳动公差为 0.03 mm。工件的表面粗糙度值 R_a 全部为 1.6 μm。

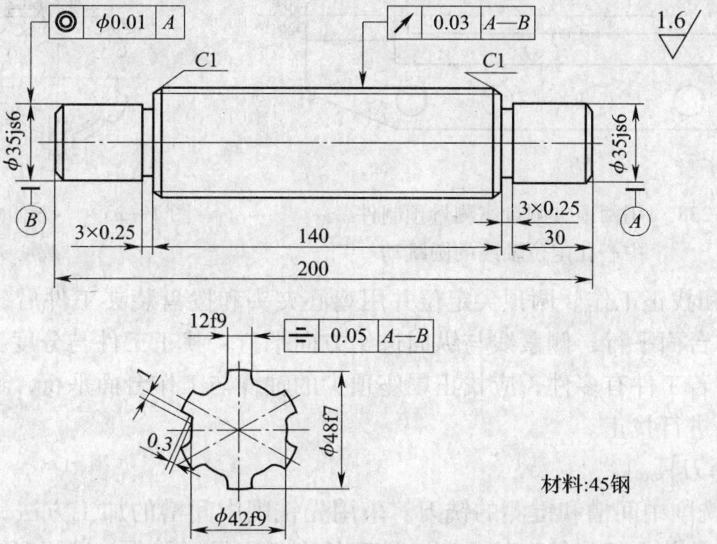

图 2—237　大径定心的矩形齿花键轴零件图

（2）加工工艺分析。根据图样的精度要求，此花键在 X6132 型卧式铣床上只能进行粗加工，键宽与小径应留有磨削加工余量 0.3 ~ 0.5 mm，并相应地降低加工精度等级。采用先铣削中间槽后铣削键侧的方法。零件的材料为 45 钢，其切削性能较好。

（3）检验预制件。在铣削花键前，定心大径已经过磨削。预制件的检验主要是用千分尺测量工件 ϕ48 mm 外圆的实际尺寸、圆柱度，以及用百分表、两顶尖测量座（见图 2—238）测量两端中心孔定位轴线的圆跳动。也可以在机床上安装分度头后，用两顶尖顶装工件进行检验。

（4）装夹工件。两端有定位中心孔，便于工件按基准定位，但工件两端的直径为 ϕ35js6 的圆柱面长度为 30 mm，加上沉割槽宽 3 mm，使工件的夹紧部位比较短，故选用 F11 125 型万能分度头分度，采用两顶尖和拨盘、鸡心夹头装夹工件。鸡心夹头装夹的部位长度尺寸为 30 mm，考虑到花键铣削时铣刀的切出距离，若选择外圆直径为 63 mm的三面刃铣刀，此时切出距离为 31.5 mm，有可能铣到夹头。因此，须选择柄部尺寸略小于键宽 12 mm 的鸡心夹头夹紧工件（见图 2—239）。

1）安装分度头和尾座。安装时注意底面和定位键侧的清洁。在旋紧紧固螺栓时，可用手向定位键贴合方向施力。两顶尖的距离按工件长度确定，尾座顶尖的伸出距离要尽可能小一些，以增强尾座顶尖的刚度。按工件 6 齿等分数调整分度盘、分度销位置和分度叉展开角度，选用 $n=\frac{40}{z}=6\frac{44}{66}$（r）。

单元 2

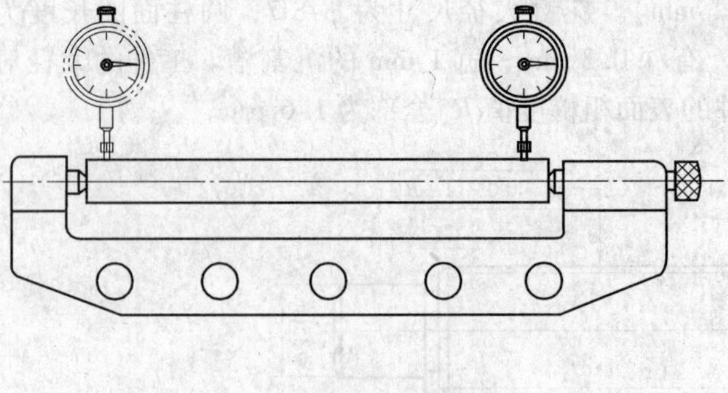

图 2—238　用两顶尖测量座测量预制件中心孔定位轴线的圆跳动

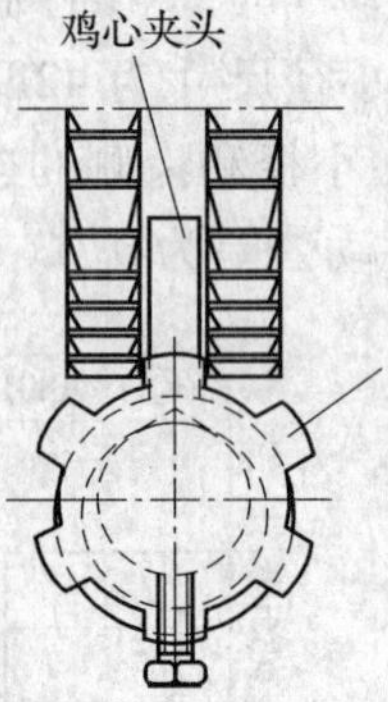

图 2—239　铣削时铣刀与工件、鸡心夹头的相对位置

2）装夹和找正工作。两顶尖定位并用鸡心夹头和拨盘装夹工件后，用百分表找正上素线与工作台面平行，侧素线与纵向进给方向平行，找正工件与分度头轴线的同轴度为 0.03 mm。若工件有多件，应找正尾座顶尖的轴线与工作台面平行，通常可借助尾座转体的上平面进行找正。

（5）选择刀具。

1）选择铣削中间槽和键侧的铣刀。采用先铣削中间槽的加工方法，铣刀的厚度受到限制。受工件装夹部位长度的限制，铣刀的直径应尽可能小。选择时先按图样给定数据计算铣刀厚度限制条件：

单元 2

按图样给定数据：$d = 42$ mm，$d' = 42.40$ mm（0.4 mm 是小径磨削余量）；$B = 12$ mm，$B' = 12.4$ mm（0.4 mm 是键宽磨削余量）。

$$L' = d'\sin\left(\frac{180°}{z} - \arcsin\frac{B'}{d'}\right) = 42.4\sin\left(\frac{180°}{6} - \arcsin\frac{12.4}{42.4}\right) = 9.53(\text{mm})$$

按铣刀标准，选择 $\phi63$ mm × 8 mm 标准直齿三面刃铣刀。

2）选择铣削小径圆弧面的铣刀。选用 $\phi63$ mm × 1.6 mm 标准细齿锯片铣刀，用每铣一刀转动一个小角度，逐步铣出圆弧面的加工方法，铣削留有磨削余量的花键槽底小径圆弧面。

3）安装铣刀。根据铣刀孔径选用 $\phi22$ mm 刀杆，三面刃铣刀和锯片铣刀安装的位置大致在刀杆长度中间，并应有一定的距离，铣削时互不妨碍。因刀杆直径比较小，铣削时容易发生振动，在安装横梁和托架后，应注意调节托架支撑轴承的间隙并加注润滑油。

4）选择铣削用量。按工件材料（45 钢）和铣刀的规格，调整主轴转数 n = 94 r/min（$v_c \approx 19$ m/min），进给速度 $v_f = 47.5$ mm/min（$f_z \approx 0.03$ mm/z）。在粗铣中间槽和侧面时，主轴转速可低一挡；在用锯片铣刀铣削小径圆弧面时，主轴转速和进给速度均可以高一挡。

2. 铣削加工

（1）试切对刀。将鸡心夹头柄部置于水平位置，用切痕对刀法，调整三面刃铣刀铣削中间槽的位置，具体操作方法与用三面刃铣刀铣削轴上直角沟槽相同。使铣出的直角槽对称于工件轴线。

（2）调整铣削长度。本例花键虽然是在圆柱面上贯通的，但因受到装夹位置的限制，铣削终点位置应在铣刀中心刚过花键靠近分度头一侧的台阶端面为宜，并应注意不能铣到鸡心夹头。

（3）中间槽铣出一段后，须用百分表测量槽侧的对称度。测量时，先用外径千分尺测量槽的实际宽度尺寸，然后将工件转过90°，用杠杆百分表测量处于水平向的槽侧面，再将工件按原方向转过180°，用处于原高度的杠杆百分表比较测量槽的另一侧面，若百分表示值不一致，记住示值高的一侧，横向微量调整工作台，移动的方向是示值高的一侧靠向铣刀，移动的距离是两侧示值差的一半。重复以上过程，直至中间槽对称于工件轴线。

（4）调整中间槽的深度。中间槽深度 H 按大径实际尺寸与小径留有磨削余量的尺寸确定。本例为 $H=\frac{D-d'}{2}=\frac{48-42.4}{2}$ mm $=2.8$ mm。

（5）铣削中间槽。按试切的位置铣削第一条中间槽，然后按分度手柄转数 n 分度，依次铣削6条中间槽，如图2—240a所示。

（6）调整键侧铣削位置。中间槽铣削完毕后，将分度头主轴转过 $\frac{\theta}{2}=\frac{180°}{z}=30°$（$n=3\frac{22}{66}$r），使键齿处于上方位置。根据原工作台横向位置，按实际槽宽尺寸 L'' 和留有磨削余量的键宽尺寸 B' 移动距离 S_1，如图2—240b所示。

$$S_1=\frac{L''+B'}{2}=\frac{8.1+12.4}{2}=10.25\ \text{mm}$$（即工作台横向移动10.25 mm）

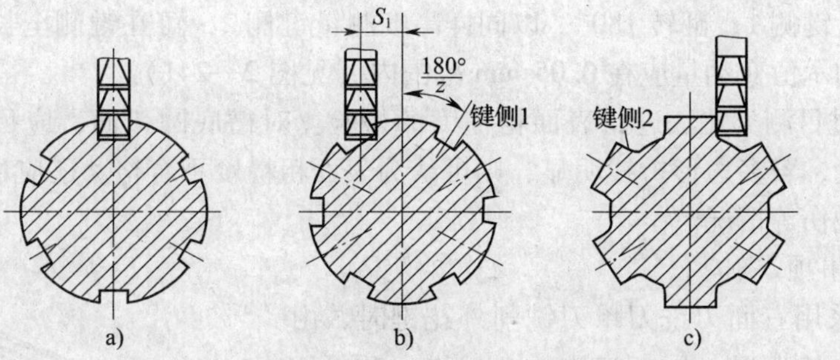

图2—240　外花键先铣中间槽后铣键侧的加工步骤

a）铣削中间槽　b）铣削键侧1　c）铣削键侧2

（7）检测键齿的对称度并铣削键侧1。为了保证键的对称度，可按留有磨削余量的键宽尺寸再留1 mm左右的余量（本例放余量1 mm，则试切时 $S'_1=10.75$ mm）试切键两侧，用杠杆百分表预检键齿的对称度，具体操作方法与测量槽的对称度相似。试切时，在移动 $S'_1=10.75$ mm 试铣键侧1后，工作台横向移动 $S'_2=2S_1$，试切键侧2，然后用百分表比较测量键齿两侧，若测得键侧1与键侧2的示值不一致，可根据百分表的示值差，将示值高的一面的余量铣去。

当键对称度达到图样要求后，用千分尺测量键宽尺寸，按键宽的实际尺寸与12.4 mm差值的一半，准确横向移动工作台。此外，按键侧的深度 $H_1 \approx \frac{D-d'}{2}+0.5$ mm，沿垂直方向调整工作台，随后按等分要求，依次铣削各键键侧1。

（8）铣削键侧2。按 $S_2=20.50$ mm 横向准确移动工作台，铣削键侧2。铣出一段后，可测量键宽尺寸，确定键宽尺寸在公差范围内。随后按等分要求，依次铣削各键侧2，如图2—240c所示。

（9）铣削小径圆弧面。

1）对刀。调整工作台，目测使锯片铣刀厚度方向的中间平面通过工件轴线（即对中对刀），如图2—234a所示。将分度头主轴转过30°，使工件槽处于上方位置，铣刀处于槽的中间位置。通过垂向对刀，确定小径铣削位置。

2）铣削小径圆弧面。调整工件的圆周位置，使锯片铣刀从靠近键的一侧处开始铣削（见图2—234b），并调节好纵向自动进给停止限位挡块，每铣削一刀后应退刀，再摇动分度手柄，使工件转过一个小角度后继续进行铣削。工件每次转过的角度越小，圆弧面的形状精度越高。铣削好一个槽的槽底圆弧面后（见图2—234c），按起始或终点位置分度，依次铣削6个圆弧面。铣削时应注意，锯片铣刀不能碰伤键侧面。

3．外花键的检测

（1）用千分尺测量键宽和小径尺寸。键宽尺寸应为 $12^{-0.016}_{-0.059}$ mm 范围内；小径尺寸应为 $\phi42^{-0.025}_{-0.275}$ mm 范围内。测量操作时，应注意在花键全长内多选几点测量，应对各键都进行测量，测量数据可记录下来，以便进行合格判断和质量分析。

（2）用百分表测量平行度、对称度和等分度误差。对称度的检验一般在铣削完毕后直接在机床上进行。检验时，通过分度头使工件准确转过90°，使键处于水平位置，用百分表测量键侧1；翻转180°，以同样高度测量键侧2，可在键侧全长内多选几点测量，百分表的示值变动量应在0.05 mm 范围内（见图2—241）。

（3）通过目测类比法进行表面粗糙度的检验。对槽底圆弧面，应目测其多边形折线的疏密程度，若多边形折线明显，则可认为表面粗糙度不合格。还应目测检验键侧是否有微小的碰伤等情况。

4．注意事项

（1）在采用三面刃铣刀单刀铣削外花键时，由于铣削操作上的失误，如中间槽加工后横向移动距离计算错误、横向调整不准确、预检测量有误差、试切调整键侧对称度和键宽时余量控制不合理、分度不准确等原因，均可能引起花键键宽尺寸超差或等分度误差。

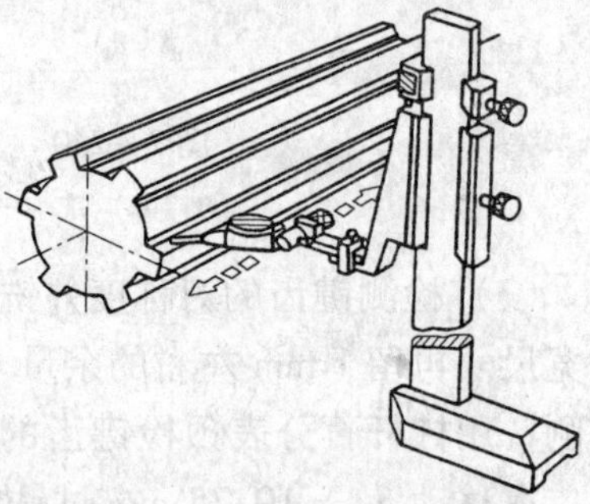

图2—241　用百分表测量花键键侧的平行度

（2）在安装找正分度头、装夹找正工件时，由于测量及操作上的失误和不准确，如分度头尾座顶尖的轴线与工作台面和纵向进给方向不平行、两顶尖轴线不同轴、工件装夹后与分度头同轴度较差、尾座顶尖顶得较松等原因，可能会引起花键等分度、平行度和对称度超差。

（3）采用锯片铣刀铣削花键槽底小径圆弧面时，因操作上的失误会引起较大的加工误差。如铣削起点和终点位置过于靠近键侧，会碰伤键侧；每铣一刀分度头转过的小角度较大，会引起较大的表面形状误差；锯片铣刀铣削时铣刀径向圆跳动大或进给量过大，加工表面出现振纹，会使表面粗糙度值超差等。

四、单刀加工小径定心外花键

1. 先铣中间槽后铣键侧的加工方法

（1）零件图分析。如图2—242所示，6×28f7×34a11×7d10小径定心的矩形齿花键轴零件，其键数 $z=6$，小径 $d=(28.4\pm0.105)$ mm、大径 $D=34^{-0.31}_{-0.47}$ mm、键宽 $B=(7.4\pm0.045)$ mm。此精度要求用铣削加工是难以达到的，一般铣削时留有磨削余量，用磨削加工保证。

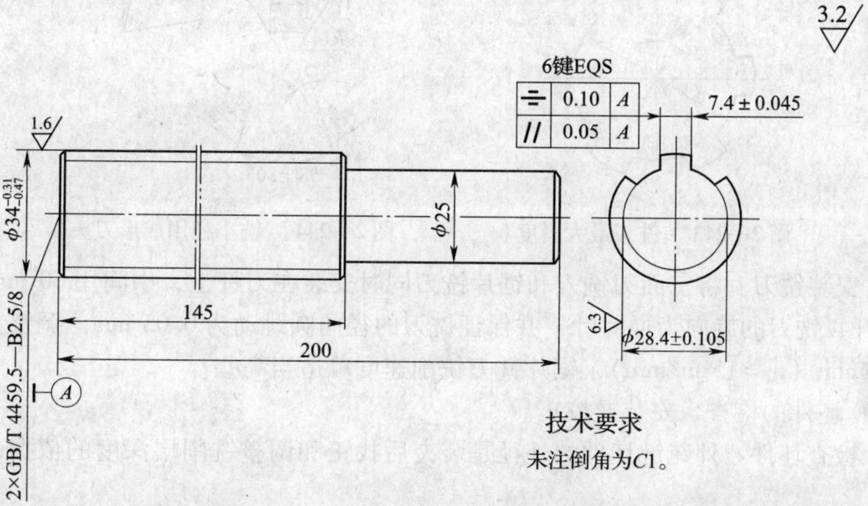

图2—242　小径定心的矩形齿花键轴零件图

（2）铣刀的选择及安装。

1）选择铣刀。

①铣键侧用刀具。选用直齿三面刃铣刀，外径尽可能小些，以减小铣刀的端面圆跳动，使铣削平稳，保证键侧表面粗糙度 R_a 达到6.3 μm。

先铣中间槽要求三面刃铣刀厚度要适当，铣刀过厚会铣坏键侧，如图2—243所示。

铣刀最大厚度 L' 可按下式计算：

$$L' = d'\sin\left(\frac{180^\circ}{z} - \arcsin\frac{B}{d'}\right)$$

$$= 28.4\times\sin\left(\frac{180^\circ}{6} - \arcsin\frac{7.4}{28.4}\right)$$

$$= 28.4\times\sin(30^\circ - 15^\circ06')$$

$$= 28.4\times\sin14^\circ54'$$

$$=28.4\times0.25713$$

$$=7.3025(\text{mm})$$

即铣刀最大厚度为 7.3 mm，现选用标准的 ϕ63 mm × 6 mm 直齿三面刃铣刀。

②铣小径用刀具。

a. 磨制成形刀头（见图 2—244）。即用高速钢车刀条在工具磨床上进行刃磨，或操作者自行在普通砂轮机上刃磨。

b. 用锯片铣刀铣小径。选用 ϕ80 mm × 1.5 mm 锯片铣刀。

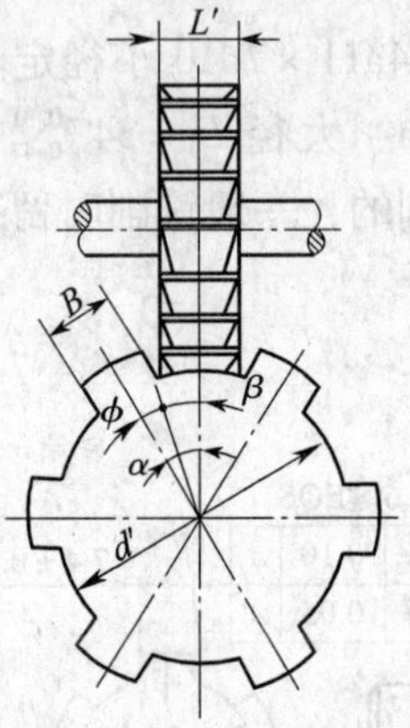

图 2—243　铣刀最大厚度

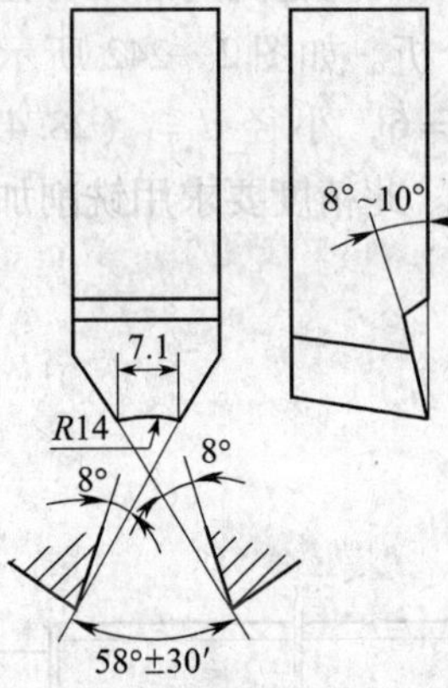

图 2—244　铣小径用成形刀头

2）安装铣刀。将三面刃铣刀和锯片铣刀同时安装在刀杆上，中间用 60 mm 左右的垫圈隔开，铣刀的旋向为逆时针，并保证铣刀的径向圆跳动为 0.05 mm。调整主轴转速 $n=75$ r/min（$v_c=15$ m/min），锯片铣刀铣削速度可适当高些。

（3）坯件的检查、安装及校正。

1）检查坯件。外花键坯件的外径是装夹后找正和调整铣削层深度的依据，检查内容如下：

①用千分表测量外花键外圆直径的实际尺寸及两端锥度，供找正及调整铣削层深度时参考。

②将坯件安装在两顶尖间，用百分表检查坯件外圆两端的径向圆跳动为 0.02 mm，检查时用手转动坯件。

2）分度头与尾座安装。选用 F11125 型万能分度头，将分度头安放在工作台中间 T 形槽右端处，将尾座安放在适当位置，使定位键按箭头指定方向贴紧，并将分度头及尾座压紧。

3）工件的装夹及找正。将工件直接装夹在两顶尖间，用鸡心夹头和拨盘紧固。工件装夹后用百分表找正。

①工件两端的径向圆跳动为 0.03 mm。

②工件的上素线与工作台面的平行度为 0.02 mm/100 mm，如图 2—245a 所示。

③工件的侧素线与工作台纵向进给方向的平行度为 0.02 mm/100 mm，如图 2—245b 所示。

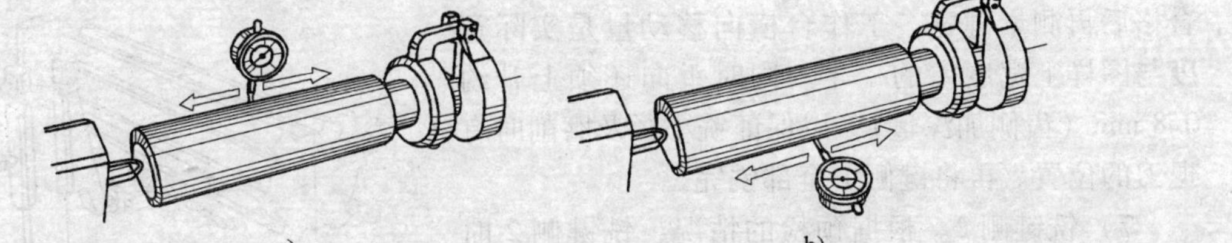

图 2—245　用百分表找正工件

（4）铣削步骤。

1）对刀。采用切痕对刀法，其方法与铣半封闭键槽时相同。

2）调整铣削长度。根据铣削长度，调整好自动停止挡铁。

3）调整铣削层深度。根据对刀时擦到工件表面的标记，工作台垂直上升量 H 为：

$$H=\frac{D'-d'}{2}=\frac{33.65-28.4}{2}=2.62\ \text{mm}$$

式中　D'——外花键大径实际尺寸，mm；

d'——留有磨削余量的外花键小径尺寸，mm。

4）铣中间槽。铣削层深度调整好后铣第一条槽，然后分度依次铣完工件 6 条槽，如图 2—246a 所示。

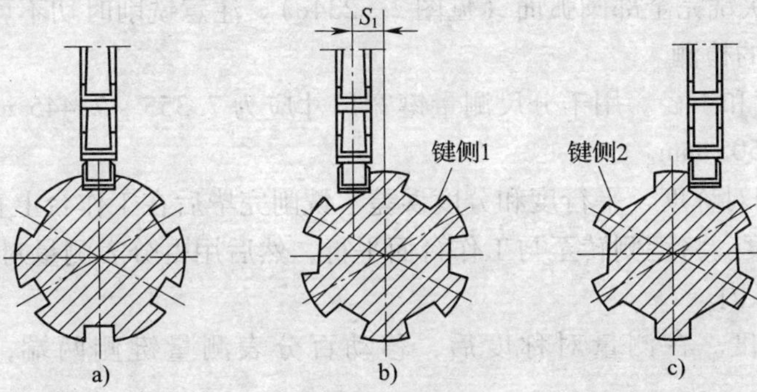

图 2—246　外花键铣削步骤

a）铣中间槽　b）铣键侧 1　c）铣键侧 2

5）铣键侧 1。当中间槽铣完后，将分度头主轴转过 $\theta=\frac{180°}{z}\left(n=3\frac{22}{66}\ \text{r}\right)$，使键处于上方位置，根据原来位置使工作台横向移动 S_1 距离，如图 2—246b 所示。

$$S_1=\frac{L+B}{2}=\frac{6\ \text{mm}+7.4\ \text{mm}}{2}=6.7\ \text{mm}\text{（即工作台横向移动 6.7 mm）}$$

6）预检键的对称度。为了保证键的对称度，每侧面可留 0.3～0.5 mm 余量试铣一段，然后工作台横向移动 $2s_1$ 再铣另一侧。键两侧都铣一段后，停车退出工件，预检键的对称度。其方法是将工件转过 90°（见图 2—247）。用杠杆百分表测量键侧 1，再将工件转过 180°，高度尺平行移至另一边测量键侧 2，百分表读数如不一致，则可根据百分表读数差，将读数高的一面的余量铣去。对称度合格后再测量键宽，工作台横向移动量是实际宽度与图样上宽度差的一半。同时垂向还须上升约 0.8 mm（齿侧加深量），以保证铣小径及磨削时有退刀的位置。再将键侧 1 全部铣完。

7）铣键侧 2。根据预检的情况，铣键侧 2 时保证键宽达到图样要求 7.4 mm ± 0.045 mm，直至全部加工完毕，如图 2—246c 所示。

8）铣小径圆弧面。当键侧全部铣完后，工作台下降，横向移动工作台，铣小径圆弧面。

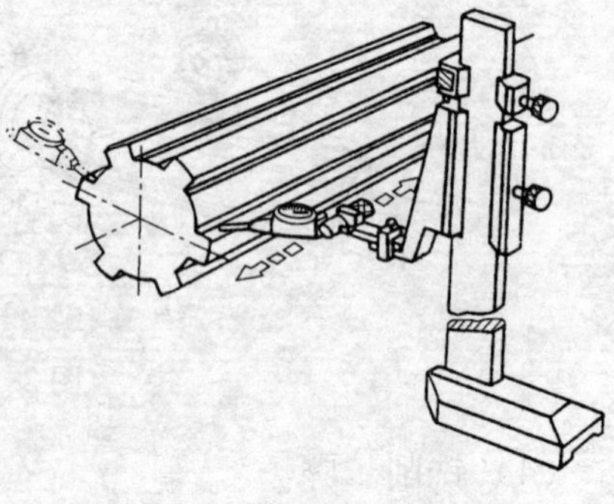

图 2—247　检查键的对称度

①对刀。目测使锯片铣刀处于键的中间，如图 2—234a 所示。

②调整铣削层深度。在键的外圆处贴一薄纸，开动机床，使铣刀微微擦到工件上的薄纸，退出工件，工作台垂直上升量：

$$H = \frac{D' - d'}{2} = \frac{33.65\ \text{mm} - 28.4\ \text{mm}}{2} = 2.625\ \text{mm}$$

③铣圆弧面。转动工件，从靠近键的一侧处开始铣削（见图 2—234b），并调整好纵向自动进给停止挡铁，每铣完一刀后摇动分度手柄使工件转过一个小角度，继续进行铣削，这样铣出的圆弧面呈多边形。因此，工件转过角度越小，越接近圆弧面。铣至另一侧面后，再依次铣完全部圆弧面（见图 2—234c）。注意铣削时切不可碰伤键的两侧。

（5）外花键的检测。

1）测量键宽和小径。用千分尺测量键宽尺寸应为 7.355 ~ 7.445 mm，小径尺寸应为 ϕ28.295 ~ 28.505 mm。

2）测量键侧对称度、平行度和分度误差。铣削完毕后在工作台上直接测量。

①测量对称度。将键侧转至与工作台面平行，然后用百分表测量对应键侧，读数差值应在 0.1 mm 以内。

②测量平行度。在测量对称度后，移动百分表测量键侧两端，读数差值应在 0.05 mm以内。

③测量分度误差。在测量平行度后分度测量。若测量出 6 条键侧的跳动量在 0.07 mm以内，即为合格件。

2．先铣键侧后铣中间槽的加工方法

（1）选择铣刀。

1）铣键侧用刀具。先铣键侧，铣刀厚度可适当大些，现选用 ϕ63 mm × 8 mm 直齿三面刃铣刀。

2）铣小径用刀具。选用成形刀头，安装方法如图 2—248 所示。

（2）检查、安装及校正工件。与先铣中间槽后铣键侧加工时相同。

（3）铣削步骤。

1）对刀。对刀方法较多，现采用划线对刀法，将工件装夹、找正后划线，再对刀。

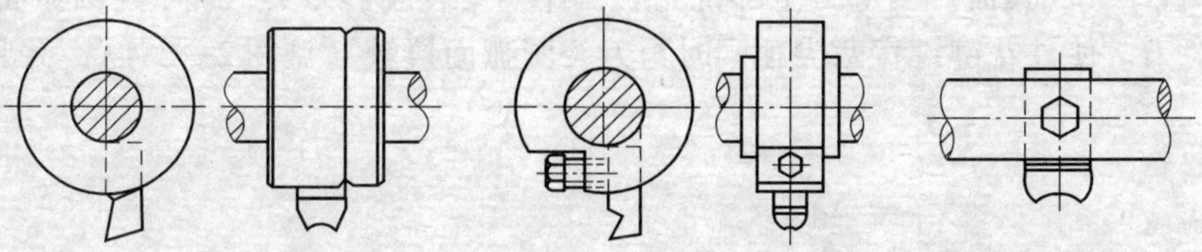

图 2—248　成形刀头的安装方法

a）用夹紧刀具安装　b）用紧固刀盘安装　c）用方孔刀杆安装

①划中心线。将游标高度尺调整到 125 mm，在工件外圆两侧各划一条线，然后将工件转过 180°，再在两侧重划一次，观察两次所划的线是否重合，如不重合，将高度尺调整至两条线的中间重复再划，直至重合。

②划键宽线。根据正确中心线的高度，将高度尺调高或调低键宽尺寸的一半（3.7 mm），再在工件外圆两侧各划一条线，然后将工件转过 180°，再划两条线，就得到对称的键宽线（7.4 mm），如图 2—249 所示。

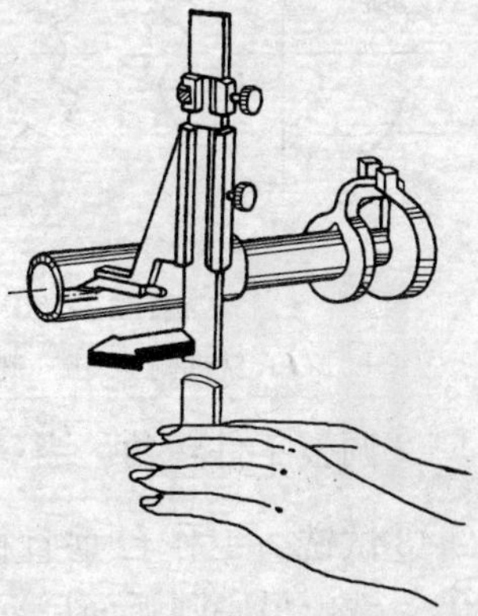

图 2—249　铣外花键时划线

③对刀。划线后，将工件转过 90°，使所划的线转至上方，作为对刀时参考。试铣对刀，使三面刃铣刀的侧刃离开键宽线约 0.3 ~ 0.5 mm，并在横向刻度盘上做标记，紧固横向溜板。

2）调整铣削长度。根据铣削长度，安装好自动停止挡铁。

3）调整铣削层深度。使铣刀微微擦到工件表面后，工作台垂直上升量 H 为：

$$H = \frac{D' - d'}{2} + 0.4 = \frac{33.65\ \text{mm} - 28\ \text{mm}}{2} + 0.4\ \text{mm} = 3.225\ \text{mm}$$

即垂直上升量为 3.22 mm（式中 0.4 mm 为齿侧加深量）。

4）试铣键侧 1。调整好铣削层深度后，开动机床铣键侧 1，如图 2—250a 所示。

5）试铣键侧 2。键侧 1 试铣后，工作台横向移动距离 S，铣出键槽 2，如图 2—250b 所示。

$$S = L + B + 2 \times (0.3 \sim 0.5) = 8\ \text{mm} + 7.4\ \text{mm} + 2 \times 0.4\ \text{mm} = 16.2\ \text{mm}$$

即工作台横向移动 16.2 mm（式中 0.3 ~ 0.5 为预铣时单面留的铣削余量，此例取 0.4 mm）。

6）预检键的对称度。

7）铣键侧 1。根据预检结果，若测得键侧 1 比键侧 2 少铣去 0.2 mm，则将工件转过 90°使键处于上方，然后横向移动工作台，将键侧 1 铣去 0.2 mm。再测出键宽实际尺寸，按图样尺寸与实测尺寸的差值一半，横向调整工作台铣键侧 1，然后分度，依次铣毕各键的同一侧面。

8）铣键侧 2。键侧 1 全部铣完后，横向移动工作台并保证键宽尺寸达到 7.4 mm ± 0.045 mm，依次铣出全部键侧 2。

9）铣小径圆弧面。当键侧全部铣完后，掉换安装成形刀头，铣小径圆弧面。

①对刀。使外花键键宽两尖顶同时与刀头圆弧面接触（见图 2—251），并紧固横向溜板。

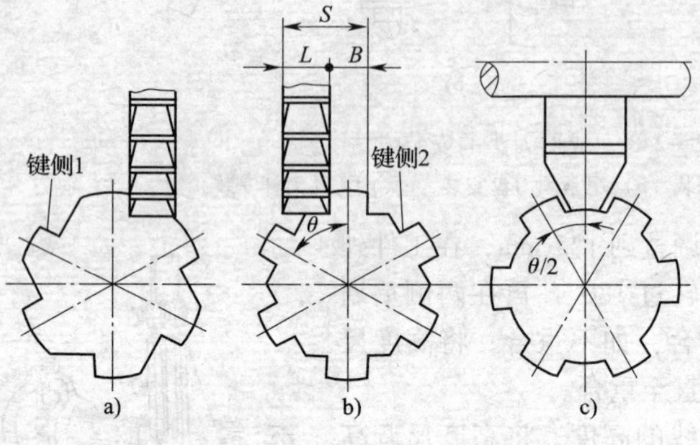

图 2—250　铣外花键步骤

a）铣键侧 1　b）铣键侧 2　c）铣小径圆弧面

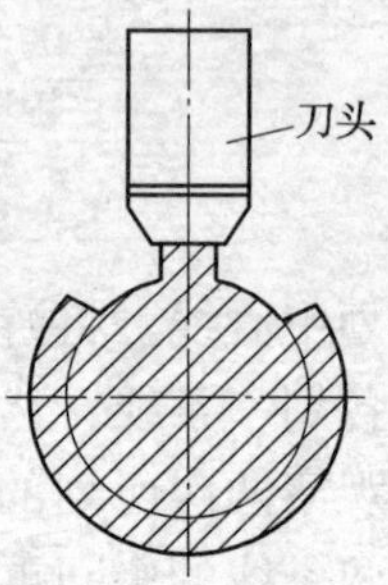

图 2—251　成形刀头对刀

②调整工件转角。当对刀完成后，将分度头转过$\frac{\theta}{2}=\frac{180°}{z}n=3\frac{22}{66}$r。

③试铣。工作台垂直微量上升切到槽底，铣出圆弧面后退出工件，将工件转过 180°，铣出另一圆弧面后，用千分尺测量小径尺寸。

④铣小径圆弧面。当测量出小径尺寸后，垂向上升小径尺寸余量的一半，依次铣完小径圆弧面，如图 2—250c 所示。

五、用组合的三面刃铣刀内侧刃铣削加工以大径定心的外花键

1. 准备工作

（1）读零件图。如图 2—252 所示为花键轴零件，其键宽 $B=6_{-0.04}^{-0.01}$ mm，小径 $d=\phi32_{-0.125}^{-0.025}$ mm，大径 $D=38_{-0.037}^{-0.025}$ mm。键齿对工件轴线的对称度和平行度公差均为 0.05 mm。大径和键宽表面粗糙度 R_a 为 1.6 μm，小径表面粗糙度 R_a 为 3.2 μm，其余表面粗糙度 R_a 为 6.3 μm。工件材料为 45 钢，调质硬度 220 ~ 250 HBW。

（2）加工工艺分析。大径和键宽尺寸须经过磨削加工达到尺寸精度和表面粗糙度要求，键宽的每侧磨削余量一般为 0.15 ~ 0.20 mm，该工件取 0.20 mm，故铣削加工工序中的键宽尺寸为 $B'=6.4$ mm。槽底小径尺寸可由铣削加工获得，小径圆弧面可用铣削加工达到表面质量要求。

采用组合三面刃铣刀加工键侧，锯片铣刀加工槽底小径圆弧面的方法，选择与 X6132 型类似的卧式铣床。组合铣刀与锯片铣刀可同时安装在刀杆上，但应保持一定的间距。

（3）检验预制件。检验重点是工件大径圆柱面与两顶尖轴线的同轴度。具体测量方法与单刀铣削花键时相同。大径圆柱面对轴线的径向圆跳动应为 0.03 mm，圆柱度误差应小于 0.012 mm，大径尺寸应在 37.963 ~ 37.975 mm 范围内。

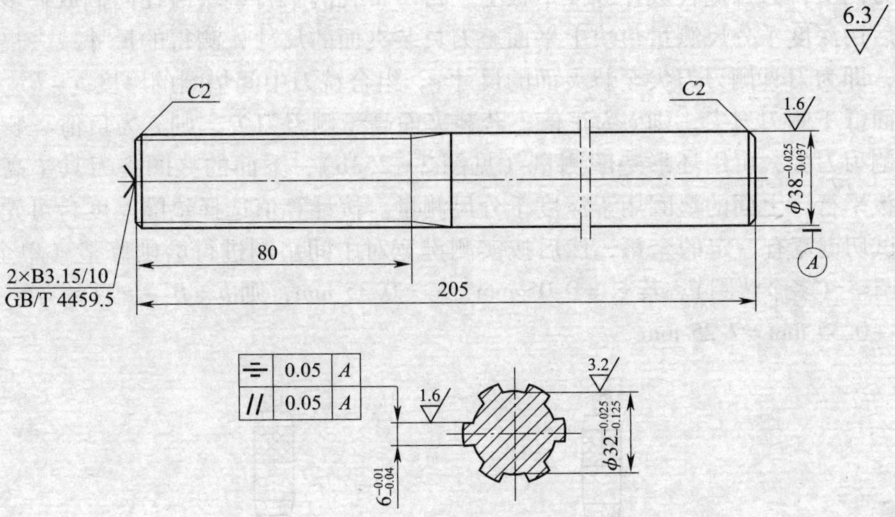

图 2—252　花键轴零件图

（4）工件装夹。工件是光轴，花键在外圆柱面上，有效长度 80 mm，工件两端有孔径为 ϕ3. 15 mm 的 B 型中心孔，而且有 ϕ38 mm × 125 mm 的光轴部分，便于工件定位装夹。可采用一顶一夹或两顶尖装夹方式，考虑到采用两把三面刃铣刀同时铣削键的两个侧面，切削力使轴转动的力矩很小，而指向分度头的轴向力较大，因此选用 F11 125 型分度头采用两顶尖、鸡心夹头和拨盘装夹工件。安装和找正分度头与尾座，具体方法与单刀铣削花键时相同。

（5）选择铣刀。

1）铣削键侧的组合三面刃铣刀。铣刀的厚度不受严格限制，两把铣刀进行组合的侧面刃应完好无损，刃磨质量基本相同，夹持部位的表面无凸起、拉毛等缺陷。因花键的收尾部分圆弧并没有尺寸要求，故选 ϕ63 mm × 8 mm 直齿三面刃铣刀。

2）铣削槽底圆弧面刀具。因花键属于大径定心的修配零件，成形单刀的刃磨、安装、对刀等比较麻烦，故采用锯片铣刀铣削槽底圆弧面，可以达到圆弧面的表面粗糙度和尺寸精度要求。本例选用 ϕ63 mm × 1. 6 mm 标准锯片铣刀。

（6）安装铣刀。根据铣刀的孔径选择刀杆。为减小铣削振动，便于键宽的调整，对刀杆与刀杆垫圈的精度应进行检验。一些刀杆由于铣削时受过切削力的冲击等因素，造成其直线度较差、刀杆弯曲，铣削时会使铣刀产生跳动，影响尺寸调整和表面粗糙度控制。

通常可借助标准平板检验刀杆。检验时将刀杆放置在平板上，用手缓慢转动刀杆，若刀杆的素线始终在全长内与平板贴合，说明刀杆的直线度精度较高。对刀杆垫圈主要是检验两端面的平行度，测量时可使用千分尺，也可在标准平板上将一侧端面与平板贴合，另一侧端面用百分表进行测量。

组合铣刀中间垫圈的尺寸应按铣刀侧刃与装夹面之间的尺寸确定。测量铣刀侧刃刀尖与装夹面的距离尺寸，可借助中间带孔的平行垫块（见图 2—253a），将刀具用于组

单元 2

合的侧刃向上，另一侧轻放在标准平板上，再将带孔的平行垫块沿径向搁放在多个刀尖上，然后用深度千分尺测量垫块上平面至刀具装夹面的尺寸，测得的尺寸减去垫块的厚度尺寸，即为刀具侧刃刀尖至装夹面的尺寸 e。组合铣刀中间垫圈的厚度 $b=B+e_1+e_2$。若装夹面低于侧刃刀尖，则 e 为正值；若装夹面高于侧刃刀尖，则 e 为负值。装夹面高于刀具侧刃刀尖，可用环形垫圈测量（见图 2—253b），下面的垫圈将刀具垫高，使刀具与平板平行，上面的垫圈用于深度千分尺测量。按计算值选择垫圈厚度，可先略厚一些，使试切键宽有一定的余量，然后按实测键宽对中间垫圈进行磨削修整（单个垫圈）或组合调整（多个垫圈）。若 $e_1=0.05$ mm，$e_2=0.35$ mm，则 $b=B'+e_1+e_2=6.4\ \text{mm}+0.5\ \text{mm}+0.35\ \text{mm}=7.25\ \text{mm}$。

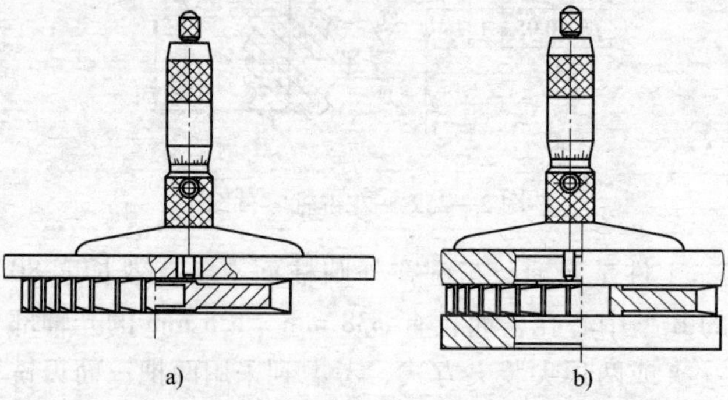

图 2—253　测量刀具侧刃刀尖与装夹面的位置尺寸

a）用平行垫块测量　b）用环形垫圈测量

（7）选择铣削用量。工件材料为 45 钢，调质后的材料硬度为 235HBW，宜选用优质碳素结构钢切削用量范围内较小的切削速度和进给量。按铣刀规格，现选主轴转速 $n=75$ r/min（$v_c\approx15$ m/min），进给速度 $v_f=47.5$ mm/min（$f_z\approx0.03$ mm/z）。

（8）装夹和找正工件。采用试件试切，调整键宽和对称度，故工件的找正在对称度和键宽调整完毕后进行。具体方法与单刀铣削花键时相同。

2. 铣削加工

（1）试件试切对刀。

1）按划线对刀后试切两侧面。

2）用外径千分尺测量键宽尺寸。按试切的键宽尺寸与 6.4 mm 的差值，在平面磨床上磨削修整垫圈厚度。组合铣刀中间的垫圈最好采用单个垫圈，这样调整速度快、精度高。若由几个垫圈组合，垫圈的数量不宜太多，以免累积误差。

3）调整键的对称度时，应铣出较长一段键侧，键侧深度应与工件一致，否则会因侧面面积过小而影响测量精度。先将工件转过 90°用百分表测量键齿一侧，再将工件转过 180°测量键齿另一侧。将工件回转恢复至原铣削位置，横向微量移动百分表示值差的一半（移动的方向是使示值高的一侧多铣去一些），工件回转一个位置重复以上对称度试切、测量步骤，直至对称度符合要求。

4）复核对称度。采用试件试切后，拆下试件，装夹找正工件，具体方法与单刀铣削花键时相同。只需在端部铣出一小段，便可进行复核。

（2）若无法找到合适的试件，在工件上直接进行试切，以调整键宽和对称度，如图2—254所示。

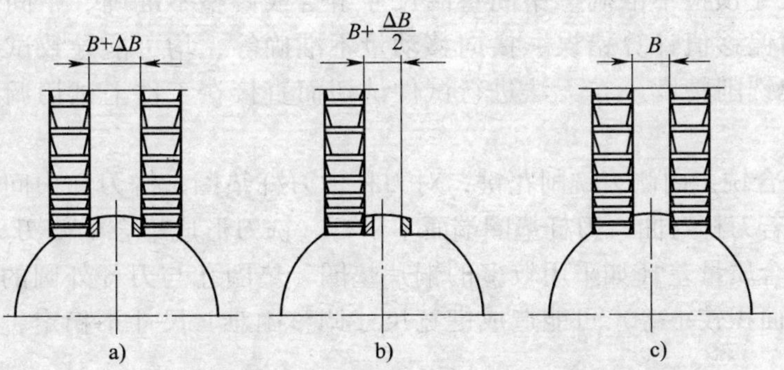

图2—254 在工件上直接进行试切调整键宽和对称度

a）双刀试切调整 b）单刀偏铣调整 c）双刀精确调整

1）在工件圆柱面上划出水平位置键宽线，将键宽线转至上方铣削位置。

2）将组合铣刀的中间垫圈厚度按测量计算值 b 增加1 mm，安装组合铣刀。

3）调整工作台，目测对刀，使键宽划线处于组合刀具内侧刃的中间，键侧深度留有余量，试切一小段。

4）采用在机床上用百分表测量对称度的方法，预检工件试切段的对称度，并按示值差横向调整工作台，利用原试切键再试切新的一小段，重复调整，直至达到对称度要求。

5）对键宽尺寸进行测量时，若测得的键宽比要求的键宽尺寸大0.95 mm（7.35 mm），则应拆下外侧的铣刀和中间垫圈，调整中间垫圈的组合厚度使其减去0.95 mm。

6）夹紧留在刀杆上的内侧三面刃铣刀，用内侧单刀在原位置铣削键内侧，铣削的余量应是0.95 mm的一半，即0.475 mm。试铣一小段后，键宽尺寸应为6.875 mm（7.35 mm－0.475 mm）。

7）将调整后的中间垫圈和外侧三面刃铣刀装入刀杆，仍在原铣削位置试切工件，此时外侧面将键外侧铣去0.475 mm。由于对称的花键两侧面铣去相等的余量，因此切出的键仍然对称于工件轴线。同时，通过中间垫圈的调整，又达到了键宽6.4 mm的尺寸要求。

（3）铣削键侧。调整键侧深度、花键铣削长度，按等分分度，依次铣削花键键侧（6条12面）。

（4）铣削槽底圆弧面。用锯片铣刀铣削槽底圆弧面的方法与单刀铣削花键时相同。

3．检验外花键

（1）键宽、小径尺寸精度、对称度、平行度和等分度的检验方法与单刀铣削花键时相同。

（2）花键的有效长度检验方法与用盘形铣刀铣削半封闭直角沟槽时的方法相同。

4．注意事项

（1）用组合铣刀铣削花键，除槽底外一般是一次铣削成形，铣削后键宽尺寸、对称度、平行度和等分度都同时形成。因此，在试切调整操作中，若试切调整步骤错误、键宽尺寸预检不准确、中间垫圈尺寸组合或修整不准确、中间垫圈组合的数量较多、横向偏移值计算错误、横向移动量不准确等，均可能导致试切调整误差增大，影响花键铣削精度。在无法进行试件试切而直接在工件上试切调整时还可能损坏工件。

（2）用组合铣刀内侧刃铣削花键，对刀杆、刀杆垫圈、铣刀和中间垫圈的精度有较高的要求，若刀杆弯曲、刀杆垫圈端面不平行、铣刀形成组合的侧刃刃磨质量较差、中间垫圈的组合质量差（如采用较多的铜片垫圈、垫圈孔与刀杆外圆的间隙过大、垫圈端面的环形面积较小等）可能造成键宽尺寸调整困难、尺寸不稳定、表面粗糙度差等缺陷。

六、用组合的三面刃铣刀圆周刃铣削加工以小径定心的外花键

1. 准备工作

（1）读零件图。如图 2—255 所示的花键轴，工件材料为 40Cr，调质硬度 220 ~ 230 HBW，键宽 $B=6^{-0.01}_{-0.04}$ mm。键齿对工件轴线的对称度和平行度公差均为 0.05 mm，小径 $d=26^{-0.020}_{-0.072}$ mm，大径 $D=32^{-0.025}_{-0.087}$ mm，小径和键侧表面粗糙度 R_a 为 1.6 μm，大径表面粗糙度 R_a 为 3.2 μm，其余表面粗糙度 R_a 为 6.3 μm。

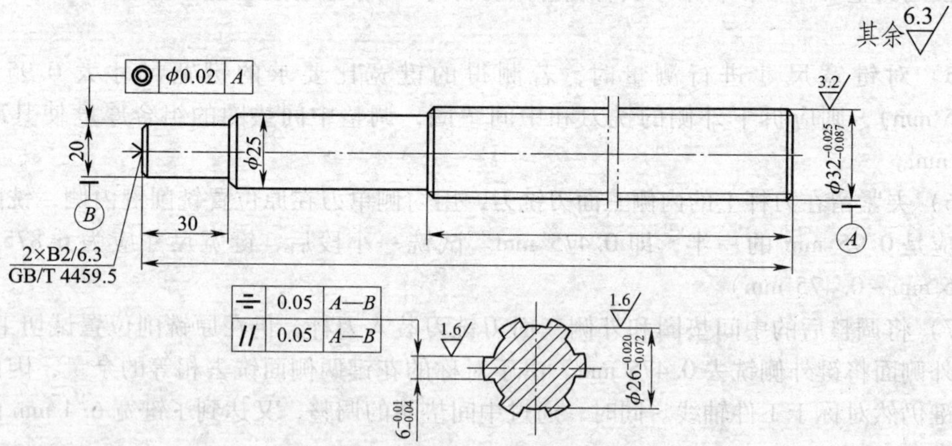

图 2—255　组合铣刀铣削外花键零件图

（2）加工工艺分析。小径和键宽尺寸须经过磨削加工达到尺寸精度，铣削加工为粗加工。小径和键侧须经过磨削才能达到表面粗糙度要求。小径和键宽的每侧磨削余量一般为 0.15 ~ 0.20 mm，该工件取 0.20 mm，故铣削加工工序中的键宽尺寸为 B' = 6.4 mm、d' = 26.4 mm。工件直径比较小，若数量较多，则采用组合三面刃铣刀圆周刃加工键侧，成形单刀加工槽底小径圆弧面的方法。选择 X6132 型或与之类似的卧式铣床。

（3）检验预制件。重点是检验工件大径圆柱面与两顶尖轴线的同轴度，检验用于

夹紧的阶梯轴 $\phi20$ mm×30 mm 圆柱面与工件轴线的同轴度。大径圆柱面对轴线的径向圆跳动应为 0.03 mm，圆柱度误差应小于 0.062 mm，大径尺寸应在 31.913 ~ 31.975 mm范围内。

（4）工件装夹方式。工件是阶梯轴，花键在大径外圆柱面上贯通，工件两端有孔径为 $\phi2.00$ mm 的 B 型中心孔，而且有 $\phi20$ mm×30 mm 阶梯轴部分，便于工件定位装夹，可采用一顶一夹或两顶尖装夹方式。本例考虑到采用两把三面刃铣刀圆周刃铣削键的两个侧面，切削力有使轴向上拉起的趋势，这种拉力会影响键齿宽度尺寸、平行度和对称度，因此选用 F11 125 型分度头，采用三爪自定心卡盘和尾座顶尖一顶一夹的方法装夹工件。三爪自定心卡盘夹紧 $\phi20$ mm×30 mm 阶梯轴部分，夹持长度有 30 mm，可克服或减小工件受切削力向上抬起的可能性，同时工件台阶环形面与卡爪的端面接触，可防止工件受切削力作用可能沿轴线产生微量位移。

（5）安装和找正分度头与尾座。具体方法与单刀铣削花键时相同。由于工件数量较多，键侧和小径圆弧面可能分开加工，因此，尾座顶尖的轴线必须与分度头主轴同轴，否则会因不同工件的中心孔间距不一致，影响工件上素线与工作台面的平行度，从而影响花键精度。装夹时，尾座顶尖定位应使工件台阶面与卡盘端面贴合，无轴向间隙，但分度时不能感觉太紧。找正重点是工件轴线与工作台面的平行度，若借助大径外圆柱面找正，应严格控制上素线与工作台面的平行度和径向圆跳动。

（6）选择铣刀。

1）铣削键侧选用组合三面刃铣刀。铣刀的厚度不受严格限制，两把铣刀进行组合的圆周刃应完好无损，直径尺寸应严格相等，最好一次磨出，刀具定位孔与刀杆外圆应具有较高的配合精度，夹持部位的表面无凸起、拉毛等缺陷。铣刀的直径与工件的直径、刀杆垫圈的直径及键宽尺寸有关，其限制条件为：$D_{刀} \geqslant D + D_{垫圈} - B + 2$，经计算 $D + D_{垫圈} - B + 2 = 78$ mm，故选 $\phi80$ mm×8 mm 直齿三面刃铣刀。

2）铣削槽底选用圆弧面刀具。使用成形单刀铣削槽底圆弧面，对留有磨削余量的圆弧面能达到表面粗糙度和尺寸精度要求。因工件有一定的数量，铣削小径圆弧面的成形单刀采用两个刀头的形式（见图 2—256），刀具采用带方孔的刀杆安装，以减少刀具的刃磨次数，提高铣削加工效率。

（7）安装铣刀。根据铣刀的孔径选择刀杆。为减小铣刀的径向圆跳动，铣刀应尽量靠近主轴安装。安装前对铣刀杆直线度应进行检验。若刀杆弯曲，铣削中会使铣刀产生跳动，直接影响键宽尺寸、对称度及平行度和键侧表面粗糙度。刀杆直线度的检验方法与组合铣刀内侧刃铣削花键时相同。

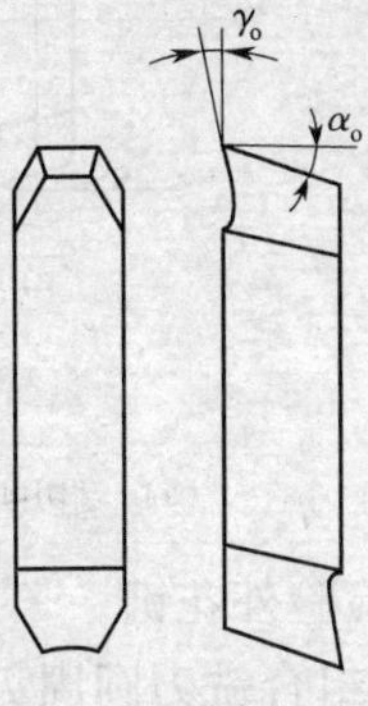

图 2—256　双头成形单刀的形式与参数

组合铣刀内侧刃之间的距离 s 由下式确定：

$$s = \sqrt{d^2 - B^2} - 1 = \sqrt{26^2 - 6^2} - 1 = 24.3(\text{mm})$$

s 值控制在 ±0.5 mm 范围内。由于铣刀的侧刃与装夹面一般不在同一平面，所以中间垫圈厚度尺寸的确定，须通过测量两把铣刀的内侧刃刀尖之间的尺寸进行调整。

若安装刀具后两把铣刀内侧刃刀尖之间的尺寸为26 mm，则中间垫圈的厚度应减小1.7 mm。

组合铣刀与成形单刀分别安装在不同的刀杆上，若工件数量较多时，可以先加工所有工件键侧，然后加工槽底圆弧面。

（8）选择铣削用量。工件材料为40Cr，调质后的材料硬度较高（220～230 HBW），宜选用合金结构钢切削用量范围内较小的切削速度和进给速度。按铣刀规格，现选主轴转数 $n = 75$ r/min（$v_c \approx 18$ m/min），进给速度 $v_f = 47.5$ mm/min（$f_z \approx 0.03$ mm/z）。

2. 铣削加工

（1）工件表面划水平键宽线的方法与前述相同。

（2）调整横向铣削位置。目测使工件处于组合铣刀的内侧刃中间，缓慢上升工作台，并微量横向移动工作台，使两把铣刀同时擦到工件外圆，也可切出月牙切痕，若切痕大小基本相等，便可锁紧横向溜板。

（3）试切调整键宽尺寸。工作台垂向升高试切一刀，工件转过180°再铣一刀，预检键宽尺寸（注意两端的尺寸是否相等），并测量键齿侧面与工件上素线的平行度。按试切的键宽尺寸与6.4 mm的差值的一半准确升高工作台。重复以上过程，直至键宽符合图样要求。

（4）预检花键对称度和平行度。

（5）铣削键侧。按等分要求分度，铣削键侧（6键12面）。

（6）铣削槽底圆弧面。换装槽底圆弧成形单刀，双头成形单刀铣削圆弧面的方法与前述方法相同，但两个刀头的伸出距离可调整为三种状态：可以在同一圆周位置上，使单切削刃切削变为双切削刃切削（见图2—257a）；可以一高一低，一把切削刃粗铣，一把切削刃精铣（见图2—257b）；也可以一高一低，高的切削刃切削，低的切削刃备用（见图2—257c）。

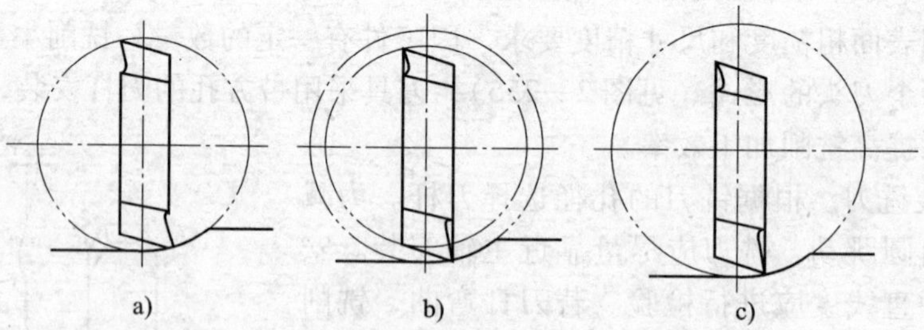

图2—257　槽底成形单刀双刀头调整状态
a）双切削刃同时切削　b）双切削刃分别粗精切削　c）单切削刃切削

3. 检验外花键

采用组合铣刀圆周刃铣小花键的重点是严格控制工件轴线与工作台面的平行度，工件大径圆柱面与分度头回转轴线的同轴度。键宽尺寸、对称度检验方法与单刀铣削时基本相同，其试切测量过程为：按垂向对刀切痕横向调整工作台，使内侧刃对称于工件中心→试切两侧面（2 键 4 面）→用外径千分尺测量键宽尺寸→调整工作台垂直位置直至宽度符合要求→用百分表测量键一侧→将工件转过 180°测量键另一侧→重复以上对称度试切测量步骤，直至对称度和平行度符合要求。键宽、小径尺寸精度、对称度和等分度的检验方法与单刀铣削花键时相同。检验平行度时，注意应以上素线为基准。原因是：在用三面刃铣刀侧刃铣削花键键侧时，影响键侧平行度的因素是工件轴线与进给方向不平行，工件在上方铣削后，转过 90°用百分表测量能反映出误差值；而用圆周刃铣削侧面，铣出的侧面本来就与工作台面平行，因此无法反映平行度误差。

花键的键侧面由三面刃铣刀的圆柱面切削刃铣成，平面度和表面粗糙度按周铣平面检验。

4. 注意事项

（1）用组合铣刀圆周刃铣削花键，两把铣刀圆周刃一次铣削两个键的不同侧面，铣削后键宽尺寸、对称度、平行度和等分度都同时形成。因此，在工件找正、铣削操作中，若工件装夹不合理（如工件由三爪自定心卡盘夹紧的部分较短、尾座顶尖伸出较长）、试切调整步骤错误、铣刀外径尺寸不完全相等、刀杆直线度误差大、托架轴承间隙过大等，均会影响花键的铣削精度。

（2）用组合铣刀圆周刃铣削花键，预检要求比较高。若测量方法错误和测量不准确，如键宽尺寸没有在全长内测量；测量平行度时没有以工件上素线为基准，而是以工作台面为基准等，也会使花键加工产生误差。

（3）由于铣刀圆周刃铣削时有将工件向上拉起的趋势，所以分度头的回转体紧固、尾座顶尖的紧固和顶尖的锁紧都十分重要。如果出现松动，不仅影响表面粗糙度，而且会影响键齿平行度、对称度和键宽尺寸精度。

七、成形铣刀铣外花键

小批量生产时，可用专用的成形铣刀一次铣出外花键（见图 2—258）。与单刀或组合铣刀铣削外花键相比，其生产率较高，操作也简便。现仍以图 2—242 所示工件为例，介绍在 X6132 型卧式铣床上铣外花键的操作方法。

1. 选择铣刀

应根据外花键的齿数和小径尺寸选择铣刀，外花键成形铣刀如图 2—259 所示。

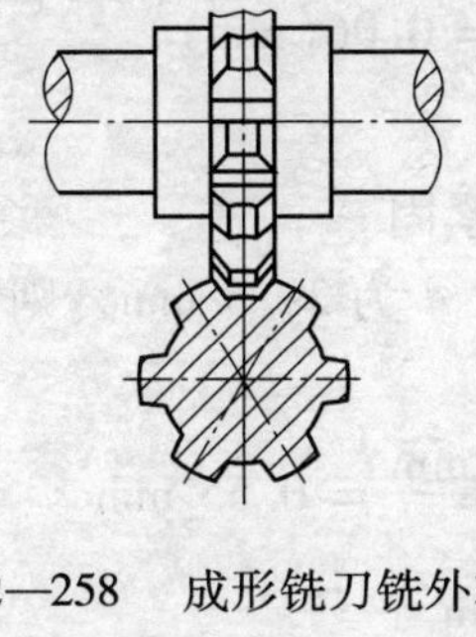

图 2—258　成形铣刀铣外花键

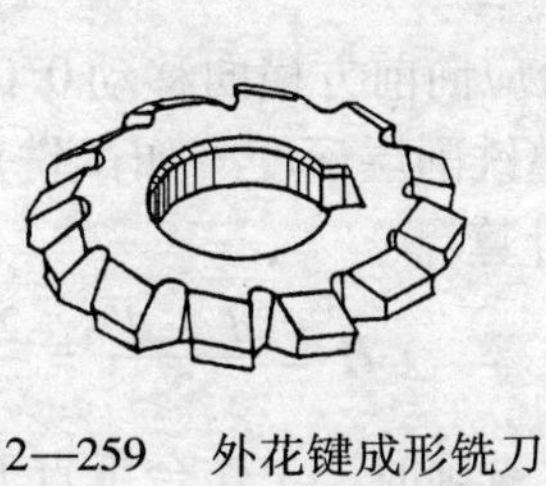

图 2—259　外花键成形铣刀

2. 工件的装夹和找正

与第一种铣削方法（先铣中间槽后铣键侧）相同。

3．铣削步骤

（1）对刀。使成形铣刀两尖角与工件外圆相接触，开动机床，工作台微量上升，将工件外圆略微铣出刀痕（见图 2—260a）。如果只是一面铣出刀痕，工件应向另一面移动，再换一个部位对刀，直至刀齿两尖角同时切到工件，得到相同的刀痕。

（2）试切。按外花键铣削层深度的 3/4 试铣（见图 2—260b）。铣削层深度 H：

$$H = \frac{D' - d'}{2} \times \frac{3}{4} = \frac{33.65\ \text{mm} - 28.4\ \text{mm}}{2} \times \frac{3}{4} = 1.968\ \text{mm}$$

即试铣时垂直上升量为 1.97 mm。

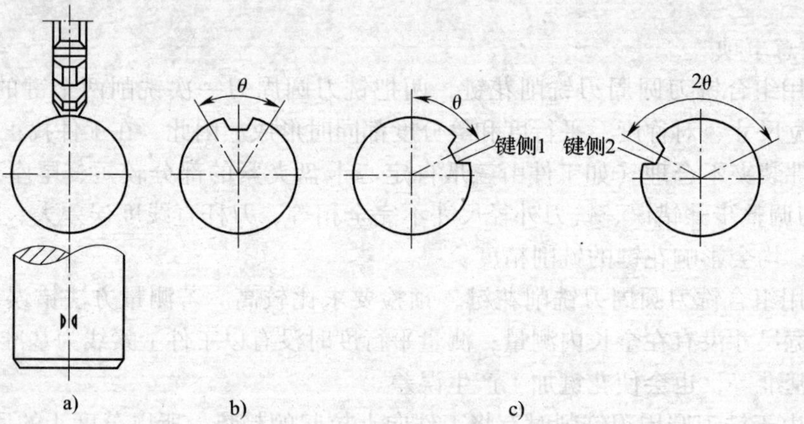

图 2—260　成形铣刀对刀步骤

（3）检查键的对称度。检查时，先使工件顺时针方向转过一个角度 θ（见图 2—260c），接着用杠杆百分表测量键侧 1，然后将工件逆时针转过 2θ，再用百分表测量键侧 2。

$$\theta = 90° - \frac{180°}{z} = 90° - \frac{180°}{6} = 60°$$

若键侧 1、2 的百分表读数一致，说明键齿的对称度很好；如键侧 1、2 的百分表读数不一致，说明对刀不准。若测得键侧 1 比键侧 2 高 $\Delta x = 0.1$ mm，则应将工作台横向移动一个距离 s，使键侧 1 向铣刀靠拢。移动距离 s 按下式计算：

$$s = \frac{\Delta x}{2\cos\dfrac{180°}{z}} = \frac{0.1}{2\cos\dfrac{180°}{6}} = 0.06(\text{mm})$$

即工作台应向前方横向移动 0.06 mm，并将其紧固。

（4）调整铣削层深度。如试铣后测得小径尺寸 d 为 29.5 mm，则第二次铣削层深度 H 按下式计算：

$$H = \frac{d - d'}{2} = \frac{29.5\ \text{mm} - 28.4\ \text{mm}}{2} = 0.55\ \text{mm}$$

即第二次铣削时，工作台垂直上升量为 0.55 mm。

（5）铣削。当铣削层深度调整好后，机动进给铣削，并安装好自动停止挡块，依次铣削完毕。

4．注意事项

（1）分度头尾座顶尖顶紧工件松紧不一致，会导致键宽尺寸不一致。

（2）工件上素线与工作台面不平行，会导致键宽尺寸两端不一致。

单元考核要点

考核类别	考核范围	考核点	重要程度
理论知识	平面和连接面、斜面的铣削加工	平面与连接面铣削的技术要求	★
		周铣和端铣时顺铣和逆铣的特点	★★★
		矩形工件的铣削方法	★★
		斜面的铣削方法	★★
	铣削台阶、直角沟槽、轴上键槽	台阶、直角沟槽和键槽的技术要求	★
		铣削台阶、直角沟槽和键槽时工件的装夹方法	★★
		铣削台阶、直角沟槽和键槽的操作方法	★★★
	铣削特形沟槽、窄槽及切断	V 形槽的铣削方法	★★
		T 形槽的铣削方法	★
		燕尾槽和燕尾块的铣削方法	★★★
		铣削窄槽和工件切断的方法	★★
		半圆键槽、圆弧槽的铣削方法	★★
	常用分度方法及应用	简单分度、角度分度、差动分度、直线移距分度的方法	★★★
		用分度头刻线的操作方法	★★
		用分度头铣削六角形零件的操作方法	★★★
		圆柱零件斜面铣削的操作方法	★
	铣削花键轴	花键轴零件图的读图方法	★★
		单刀铣削花键轴的方法	★★★
		组合铣刀铣削花键轴的方法	★★★
		成形铣刀铣削花键轴的方法	★
操作技能	平面和连接面及斜面的铣削加工	矩形工件的铣削	★★★
		斜面的铣削	★★
	铣削台阶、直角沟槽、轴上键槽	用一把铣刀铣台阶	★★
		铣封闭式直角沟槽	★★
		铣轴上键槽	★★★
	铣削特形沟槽及切断	铣 90°V 形槽	★★★
		铣 55°燕尾槽	★★★
		铣半圆键槽	★
		工件切断	★★

单元 2

续表

考核类别	考核范围	考核点	重要程度
操作技能	常用分度方法及应用	差动分度法的操作步骤	★★★
		用分度头刻线	★★
		用分度头铣六角形零件	★★★
		圆柱零件斜面的铣削	★
	花键轴的铣削	单刀加工大径定心及小径定心的花键轴	★★★
		用组合三面刃铣刀内侧刃铣削加工以大径定心的花键轴	★★★
		用组合三面刃铣刀圆周刃铣削加工以小径定心的花键轴	★★
		用成形铣刀铣外花键	★

单元测试题

一、填空题（请将正确的答案填在横线空白处）

1. 平面质量的好坏主要从________和________两方面衡量。

2. 周铣和端铣铣出的平面，其平面度分别取决于________和________________。

3. ________是指相互交接和间接交接，且不在同一平面上的零件表面。

4. 工件的铣削层宽度偏向铣刀一边时的铣削称为________。

5. 周边铣削时用________方式进行铣削，铣刀的使用寿命较长，获得加工面的表面粗糙度值也较小。

6. 在卧式铣床上用周铣法铣削垂直面与平行面，产生误差的根本原因是________形成的平面与基准面不垂直或不平行。

7. 若加工一矩形工件，要求平面 B 和 C 垂直于平面 A，平面 D 平行于平面 A，加工时的定位基准面是________面。

8. 端面铣削是利用分布在铣刀端面上的________来加工平面的。

9. 在铣床上铣削平面，尤其是较宽、较大的平面，大都采用________的方法来加工。

10. 周铣时会使铣刀和工件产生周期性振动的是________。

11. 键槽通常有________、________、________三种形式。

12. 工作台“0”位不准，三面刃铣刀铣削加工的台阶产生________现象，而加工的直角沟槽会出现________现象。

13. 用键槽铣刀在轴类零件上用切痕法对刀，切痕的形状是________。

14. 键槽铣刀用钝后，为了保持其外径尺寸不变，应修磨铣刀的________。

15. 在轴类零件上铣削键槽，为了保证键槽的中心位置不随工件直径变化而变化，不宜采用________装夹工件。

16. 用两把直径相同的三面刃铣刀组合铣削台阶时，考虑到铣刀偏让，应用刀杆垫圈将铣刀内侧的距离调整到________工件所需尺寸进行试铣。

17. 安装键槽铣刀后，找正铣刀与主轴同轴度的目的是保证键槽的________。

18. 在轴上铣键槽时，不论用哪一种夹具进行装夹，都必须将工件的轴线找正到与________一致。

19. 一侧的台阶粗铣好后，铣另一侧时工作台横向移动的距离为________。

20. 用三面刃铣刀铣削一台阶，背吃刀量为 a_p，刀杆垫圈直径为 d，则铣刀直径 D ________。

21. V 形槽的技术要求是：V 形槽的中心平面应________于工件的基准面。

22. V 形槽的技术要求是：工件的两侧面应________于 V 形槽的中心平面。

23. V 形槽的技术要求是：V 形槽窄槽两侧面________于 V 形槽的中心平面，窄槽槽底应略超出________。

24. T 形槽槽口的对称平面应________于工件中心平面。

25. 燕尾斜面的角度有________、________、________、________等多种，一般采用________或________。

26. 燕尾槽还常带有________的斜度，可用来安装镶条，以调整机床导轨的配合间隙。

27. 铣燕尾槽时应该注意，不得采用________，以免折断铣刀。

28. 检测半圆键槽的槽深时，一般采用________来检验。

29. 切断板料时，因为锯片铣刀一般均无侧刃，为了减小切口两侧对铣刀的挤压，当铣刀切过一定长度后，应在切口之间________。

30. 切断板料的铣削过程中，应充分使用________进行冷却和润滑，以减少刀具磨损和打刀现象。

31. 简单分度法、角度分度法、差动分度法、直线分度法的分度依据各是________、________、________、________。

32. 分度手柄每次摇 11/46 r，表示在________孔圈内摇过________个孔________孔距。

33. 在铣床上用分度头加工下列工件时，应采用什么分度法？

（1）铣 109 齿直齿圆柱齿轮采用________。

（2）铣间隔距离为 0.25 mm 的直尺刻线采用________。

34. F11 125 型分度头主轴锥孔锥度为________。

35. F11 125 型分度头的定数为________。

36. 分度头上的三爪自定心卡盘的卡爪同步移动是由________带动的。

37. 分度头上的分度盘孔数最多的是________，最少的是________。

38. 用主轴交换齿轮法直线移距分度时，从动轮应配置在________。

39. 采用主轴交换齿轮法直线移距分度，计算交换齿轮时 n 的选取范围是________。

40. 在计算差动分度交换齿轮时，假定等分数必须________工件的等分数。

41. 轴和轮毂孔周向均布的多个键齿构成的联结称为________。

42. 花键联结具有________、________、________、________和________等优点。

43. 为了便于加工和检验，矩形花键的键数为________。

44. 按 GB/T 1144—2001 中规定，矩形花键的键数有________、________、________三种。

45. 外花键的画法与外螺纹画法相似，大径用________绘制，小径用________绘制。

46. 外花键的标注采用________和________两种。

47. 一般尺寸标注法应标注出________、________和________。

48. 外花键各加工表面的表面粗糙度 R_a 一般要求为________。键的两侧面和定心配合面的表面粗糙度 R_a 一般要求为________。

49. 用组合铣刀铣削花键，除槽底外一般是________成形，铣削后________、________、________和________都同时形成。

50. 用组合铣刀内侧刃铣削花键时，对________、________、________和________的精度有较高的要求。

二、判断题（下列判断正确的请打"√"，错误的请打"×"）

1. 周铣采用顺铣时，工件所受的进给力 F_f 的方向与进给方向相同。若 F_f 小于工作台摩擦阻力时，使工作台窜动。（　）

2. 端铣采用对称铣削时，进给力 F_f 的方向，一边相同，另一边则相反，由于 F_f 不断地变化，会使工作台窜动。（　）

3. 顺铣时，作用在工件上的力在进给方向的分力与进给方向相反，因此，丝杠轴向间隙对顺铣无明显影响。（　）

4. 圆柱铣刀的顺铣与逆铣相比，顺铣时切削刃一开始就切入工件，切削刃磨损比较小。（　）

5. 圆柱铣刀可以采用顺铣的条件是：铣削余量较小，铣削力在进给方向的分力小于工作台导轨面之间的摩擦力。（　）

6. 用纵向进给端铣平面，若用对称铣削，工作台沿横向易产生拉动。（　）

7. 顺铣时，铣刀切削刃作用在工件上的力在进给方向的分力与工件进给方向相反，故不会使工作台向进给方向移动。（　）

8. 只有在工件宽度接近铣刀直径时才采用对称铣削。（　）

9. 根据划线装夹工件进行铣削加工，除了划线费时外，装夹和校正工件的速度也很慢，所以只适用于单件生产。（　）

10. 周铣法通常采用逆铣，主要原因是工作台传动机构的间隙会使进给量突然增大，严重时会损坏铣刀。（　）

11. 一般要求工件的台阶和沟槽与侧面或底面平行，或倾斜某一角度，要求键槽与工件的轴线平行或对称。（　）

12. 当加工宽度大于 25 mm 的台阶时，不论在卧式铣床还是在立式铣床上，一般都采用直径较大的立铣刀加工。（　）

单元 2

13. 铣削台阶时，若工件数量较多或为成批生产，大多采用组合铣削法来加工。（　）

14. 加工直角沟槽的铣刀有两大类，一类是盘类铣刀，另一类是指形铣刀。（　）

15. 采用两把三面刃铣刀组合铣削台阶面时，铣刀内侧切削刃之间的距离，应调整得比工件所需尺寸略大些。（　）

16. 在轴上铣半圆键槽时，不论用哪一种夹具进行装夹，都必须将工件的轴线找正到与工作台进给方向一致。（　）

17. 在铣床上采用切痕对刀法对刀时，虽然精度不高，但使用简便，所以是最常用的一种对刀方法。（　）

18. 在普通铣床上采用分层铣削法加工键槽，操作不方便，生产率低。但对直径较小的键槽铣刀而言，可避免出现让刀和折断的现象。（　）

19. 加工尺寸精度和位置精度要求较高的键槽时，最好采用粗铣和精铣两道工序。（　）

20. 轴上键槽对轴线的对称度要求很高，属于键槽铣削技术中的形状精度要求。（　）

21. 在铣削 V 形槽时，若无合适的双角铣刀，则可用两把刃口相同、规格相同的单角铣刀组合起来进行铣削。（　）

22. 采用两把单角铣刀组合起来铣削 V 形槽时，要将两铣刀的刃口错开。（　）

23. 对于尺寸大的 V 形槽，当其夹角大于 90°时，可用端铣刀或立铣刀进行铣削。（　）

24. 在铣床上用于切断加工的刀具应优先选用盘形槽铣刀。（　）

25. 在单件生产时，若没有合适的燕尾槽铣刀，可用与燕尾槽和燕尾块角度相等的单角铣刀来铣削。（　）

26. 半圆键槽铣刀是带柄盘形铣刀，其颈部直径较小，强度和刚度差，铣削时应防止折断。（　）

27. 半圆键槽铣刀在对刀时，除与工件轴线有对称度要求外，切削刃至工件轴端位置也需预先调整。（　）

28. 切断时，应使切断处尽量靠近夹紧点。（　）

29. 切断时，发现停刀现象应先停止主轴旋转，再停止进给运动。（　）

30. 为了节省材料，锯片铣刀的宽度都较窄，其刀齿有粗齿、中齿和细齿之分。（　）

31. 简单分度法是根据分度头的蜗轮齿数（定数）和工件的等分数来计算操作的。（　）

32. 运用简单分度公式计算的结果都是带分数的。（　）

33. 铣削斜面，分度的依据是斜面之间的夹角。（　）

34. 由于刻线线条细，因此在圆柱面上刻线时，刻线刀刀尖不一定要对准工件中心位置。（　）

35. 角度分度法与工件角度有关，与分度头的定数 40 无关。（　）

36. 在分度头的交换齿轮传动中，中间齿轮只起连接传动的作用。（　）

37. 在分度头交换齿轮中，中间齿轮不改变从动轮的转速，但改变从动轮的转向。（　）

38. 由差动分度的传动系统可知，侧轴与分度手柄的转速是相同的。（　）

39. 较小尺寸和较高精度的直线移距分度，应采用侧轴交换齿轮法。（　）

40. 刻线操作时，每次刻线后均应下降工作台后才可进行退刀操作。（　）

41. 外花键的平行度是指花键的键侧面之间的平行度，不包括键侧与工件轴线的平行度。（　）

42. 致使外花键小径尺寸两端不一致的原因是工件的轴线与纵向进给方向不平行。（　）

43. 外花键等分度误差较大的原因之一是工件与分度头主轴的同轴度差。（　）

44. 在铣削外花键过程中，工件松动产生圆周方向微量位移，会引起等分度超差。（　）

45. 采用两把三面刃铣刀圆周刃铣削花键后，若测得键侧与工作台面平行，即说明花键的平行度符合要求。（　）

46. 采用组合三面刃铣刀内侧刃铣削，花键键侧平行度超差的原因是工件侧素线与工作台面不平行。（　）

47. 在铣削外花键时，若分度头的主轴未锁紧会影响花键铣削的等分精度。（　）

单元 2

48. 外花键对称度超差的原因之一是工作台横向调整时未消除传动机构的间隙。（　）

49. 铣削外花键时，若刀杆的垫圈端面不平行，致使三面刃铣刀的端面跳动增大，会影响键宽尺寸。（　）

50. 在铣床上铣削加工的花键大都是渐开线花键。（　）

三、单项选择题（下列每题的选项中，只有1个是正确的，请将其代号填在横线空白处）

1. 倾斜度小的斜面一般都用________表示。

A. 度数（°）　B. 比值　C. 夹角　D. 数字

2. ________是指加工表面上具有较小间距和峰谷所组成的微观几何形状特征。

A. 尺寸精度　B. 平面度　C. 表面粗糙度　D. 微观不平度

3. 端面铣削时，若主轴与________垂直，则刀尖旋转时的轨迹为一个与进给方向平行的圆环。

A. 工件加工表面　B. 工件安装基面

C. 工作台面　D. 进给方向

4. 端面铣削时，若铣床主轴与进给方向不垂直，则相当于用一个倾斜的圆环将工件表面切出一个________。

A. 凸面　B. 凹面　C. 圆弧面　D. 斜面

5. 用周边铣削的方法铣出的平面，其平面度主要取决于________。

A. 铣刀的精度　　B. 机床的精度

C. 工件的安装精度　　D. 铣刀的圆柱度

6. 端铣刀的刀齿高低不齐时，将对铣削时的________和工件的表面粗糙度有影响。

A. 平稳性　　B. 尺寸精度　　C. 平面度　　D. 切削效率

7. 铣削尺寸精度要求较高的平行面时，需在粗铣后再进行一次半精铣，余量以________mm 左右为宜。

A. 0. 1　　B. 0. 2　　C. 0. 5　　D. 1

8. 在矩形工件铣削过程中，为保证各表面和基准面间的垂直度和平行度，已加工过的定位基准面________。

A. 应靠在平口钳活动钳口上

B. 不能靠在平口钳固定钳口上

C. 不能靠在平口钳钳体导轨上

D. 始终靠在平口钳固定钳口或钳体导轨上

9. 铣削加工后，工件表面粗糙，出现拉毛现象，最有可能是________造成的。

A. 铣刀不锋利　　B. 铣削中途停顿

C. 铣刀装夹不好　　D. 铣削时有明显振动

10. 下列说法正确的是________。

A. 铣削矩形工件时，对各面铣削的先后顺序没有要求

B. 采用面铣刀铣削矩形工件，选择刀具时对直径没有要求

C. 铣削第一个面，即基准面，任一个面都可充当

D. 铣削矩形工件前，应用卡尺检验毛坯各面的加工余量

11. 用角度铣刀铣削双斜面时，应选择两把________的铣刀，并把两把铣刀刃齿错开安装。

A. 直径相同、角度不同　　B. 角度相同、直径不同

C. 直径和角度都不相同　　D. 直径和角度都相同

12. 下列检测平面度的方法中，________可以读出平面度误差。

A. 采用百分表检测　　B. 采用涂色对研法

C. 采用样板平尺检测　　D. 采用划针法

13. 在卧式铣床上作周铣，垂直铣削力的方向，逆铣时为________，顺铣时为始终向下。

A. 始终向下　　B. 始终向上

C. 有时向上，有时向下　　D. 向外

14. 在用平口钳装夹铣削垂直面时，初次铣出的平面与基准面之间的夹角小于90°，则铜片应垫在固定钳口的________。

A. 中部　　B. 下部　　C. 左部　　D. 上部

15. 逆铣时，送进动力大，约为全动力的20%；顺铣时，送进动力小，约为全动力的________。

A. 6%　　B. 10%　　C. 60%　　D. 50%

16. 用分层铣削法铣键槽，每次背吃刀量只有________mm 左右，以较快的速度往复铣削，一直到预定的深度为止。

A. 0.1　　B. 0.5　　C. 1.0　　D. 1.5

17. 台阶和沟槽的________是指台阶和沟槽一般要求与工件的侧面和底面平行，或成某一角度。

A. 形状精度　　B. 位置精度　　C. 尺寸精度　　D. 表面粗糙度

18. 当台阶和沟槽与其他零件的相应部位配合时，其________要求较高。

A. 形状精度　　B. 位置精度　　C. 尺寸精度　　D. 表面粗糙度

19. 铣削半圆键槽时，半圆键槽铣刀的直径应________半圆键的直径。

A. 略大于　　B. 等于　　C. 略小于　　D. 较大于

20. 用三面刃铣刀铣削一台阶，背吃刀量为 16 mm，刀杆垫圈直径为 40 mm，则铣刀直径________mm。

A. 等于 70　　B. 等于 72　　C. 小于 72　　D. 大于 72

21. 加工一条宽 16 mm、长 60 mm 的封闭式键槽，工作台纵向进给的距离等于________mm。

A. 16　　B. 60　　C. 76　　D. 44

22. 采用立铣刀铣削穿通的封闭沟槽________。

A. 应用立铣刀垂向进给，铣透沟槽一端

B. 应用立铣刀来分层铣削

C. 应有钻头在沟槽长度线一端钻一落刀孔，再进行铣削

D. 每次进刀均由落刀孔的一端铣向另一端，并用顺铣扩孔

23. 台阶、直角沟槽的________不能用游标卡尺直接测出。

A. 宽度　　B. 表面粗糙度　　C. 深度　　D. 长度

24. 铣削出的台阶上窄下宽，且台阶两侧呈凹弧形曲面，形成此形状最可能是由于________。

A. 切削液选择不当　　B. 夹具和工件未校正

C. 切削用量太大　　D. 工作台“零”位不准

25. 由于键槽要与键配合，故键槽宽度的尺寸精度________。

A. 不作要求　　B. 要求不高

C. 要求较高　　D. 要求在 IT01 以上

26. 一次铣削法中，________的大小与铣刀的刚度、切削量的大小及铣刀的锋利程度等因素有关。

A. 吃刀量　　B. 让刀量　　C. 切削量　　D. 主轴转速

27. 在立式铣床上加工台阶时，一般采用________。

A. 角度铣刀　　B. 立铣刀　　C. 端铣刀　　D. 三面刃铣刀

28. ________一般用于加工封闭式、半封闭式和底部穿通的直角沟槽。

A. 指形铣刀　　B. 盘形铣刀　　C. 锯片铣刀　　D. 角度铣刀

29. 由于________的直径较大，刀齿多，散热条件好，生产率高，多用于不太宽的

敞开式沟槽。

A. 指形铣刀　　B. 盘形铣刀　　C. 锯片铣刀　　D. 角度铣刀

30. 半圆键槽铣刀端面带有中心孔，可在卧式铣床托架上安装顶尖，顶住铣刀中心孔，以增加铣刀的________。

A. 强度　　B. 刚度　　C. 硬度　　D. 韧性

31. 铣 T 形槽时，应先加工________。

A. 直槽　　B. 底槽　　C. 倒角　　D. 直槽和底面

32. 三面刃铣刀的______，故排屑、冷却和刀齿强度均较好，因此在铣沟槽时，多采用三面刃铣刀。

A. 直径和刀齿尺寸、容屑槽尺寸都较大

B. 刀齿、容屑槽尺寸较大，但直径较小

C. 直径和刀齿尺寸较大，容屑槽尺寸较小

D. 直径和容屑槽较大，刀齿尺寸较小

33. 在矩形零件上铣削与两侧面对称度要求较高的 V 形槽时，一般可采用________铣削 V 形槽的方法进行加工。

A. 双角度铣刀　　B. 立铣头扳转角度

C. 转动工件然后用三面刃铣刀　　D. 单角度铣刀然后工件转过 180°

34. 在螺钉头部铣削窄槽，工效较高的装夹方法是________。

A. 特制螺母　　B. 对开螺母

C. 带硬橡胶的 V 形钳口　　D. V 形钳口

35. T 形槽铣刀铣削时，由于________，故应选用较小的铣削用量。

A. 排屑困难，铣刀强度较低　　B. 同时铣削直角沟槽及槽底

C. 铣刀转动较快　　D. 工件形状较复杂

36. 铣削半圆键槽时，因为铣削面积________，所以要特别注意当铣削到深度还有 0.5 ~ 1 mm 时，应改用手动进给。

A. 逐渐增大　　B. 逐渐减小　　C. 始终不变　　D. 时大时小

37. 铣削圆弧形沟槽时，工件装夹后进行试切，用卡尺测量切痕至工件左侧为 11.46 mm，切痕至工件右侧为 10.96 mm，为保证工件对称度，工作台应________。

A. 向左侧移动 0.50 mm　　B. 向左侧移动 0.25 mm

C. 向右侧移动 0.50 mm　　D. 向右侧移动 0.25 mm

38. 两个平面不平行的工件，在普通虎钳上装夹，可在钳口内加一对________，以使工件稳固装夹。

A. 平行垫铁　　B. V 形块　　C. 弧形垫铁　　D. 圆棒

39. 在卧式铣床上切断工件，切断面垂直度超差的原因之一是________。

A. 工件微量抬起　　B. 对刀尺寸不准

C. 铣刀转速偏高　　D. 进给速度较小

40. 锯片铣刀易折断的原因之一是________。

A. 平口钳导轨面与工作台不平行　　B. 铣刀厚度较大

C. 平口钳固定钳口与进给方向不垂直　D. 铣刀端面跳动过大

41. 采用较大直径锯片铣刀时，安装带孔夹板的目的是增加铣刀________。

A. 刚度　B. 惯性　C. 硬度　D. 厚度

42. 锯片铣刀切断薄板类零件时，采用顺铣的目的是________。

A. 降低铣削功率　B. 加快加工速度

C. 减小薄板变形　D. 提高尺寸精度

43. 工件装夹后用百分表找正，下列不正确的是找正工件的________。

A. 径向圆跳动　B. 上素线相对于工作台面的平行度

C. 轴向跳动　D. 侧素线相对于纵向进给方向的平行度

44. 为了增加角度铣刀刀尖的强度，可把刀尖磨出一定的________。

A. 倒棱　B. 倒锥　C. 修光刃　D. 小圆角

45. 燕尾槽铣削应先铣________。

A. 直角槽　B. 燕尾槽

C. 直角槽或燕尾槽　D. 燕尾槽底面

46. 用万能分度头的分度叉计数时，分度叉两叉夹角之间的实际孔数与实际所需要的孔距数相比应________。

A. 少一孔　B. 相等　C. 多一孔　D. 多两孔

47. 用三面刃铣刀组合铣削棱柱体（六角）时，考虑到铣刀的偏让，应用刀杆垫圈将铣刀内侧切削刃之间的距离调整到________工件对边的尺寸进行试铣。

A. 略小于　B. 略大于　C. 等于　D. 约等于

48. 用三面刃铣刀组合铣削六角时，两把铣刀内侧刃之间的距离应根据________的尺寸进一步调整较为合理。

A. 两铣刀切削刃之间测量　B. 试件铣出

C. 两铣刀凸缘之间　D. 中间垫圈

49. 在铣床上刻线，若刀具几何角度刃磨正确，影响刻线清晰度和直线度的因素之一是________。

A. 刀尖损坏　B. 刻度盘松动　C. 分度错误　D. 进给速度较小

50. 刻线单侧毛刺较大、有振纹的原因之一是________。

A. 进给速度较快　B. 刻线宽度较大

C. 刀尖微量偏转　D. 刻线长度较大

51. 圆柱面刻线时，刻线刀对中的目的是保证刻线________。

A. 宽度　B. 长度　C. 位置精度　D. 清晰度

52. 圆柱面刻线的线长方向要求一般是________。

A. 与轴线平行　B. 与端面平行

C. 与圆柱面相切　D. 与轴线垂直

53. 圆柱面刻线的起始基准一般是________。

A. 端面　B. 轴线

C. 圆柱面与端面的交线　D. 上素线

54. 在卧式铣床上用刀杆和刀杆垫圈装夹刻线刀具，刀杆垫圈的要求之一是________。

A. 较大的孔径　　B. 较小的外径

C. 较大的厚度　　D. 较高的端面平行度

55. 在 X5032 型立式铣床上刻线，主轴转速应调整到________ r/min，并将主轴电器开关置于“停止”位置。

A. 1 500　　B. 750　　C. 30　　D. 950

56. 在卧式铣床上刻线，安装矩形长条刻线刀时，应将矩形刀柄的________紧贴刀杆。

A. 前面　　B. 背面　　C. 侧面　　D. 顶面

57. 主轴交换齿轮法直线移距分度精度较高的原因是由于经过分度头________。

A. 蜗轮蜗杆传动　　B. 螺旋齿轮传动

C. 交换齿轮传动　　D. 分度手柄与孔盘的相对运动

58. 用分度头装夹工件铣削一棱台，已知棱台侧面与端面的夹角为 80°，若采用扳转分度头主轴方法铣削，分度头主轴仰角为________。

A. 80°　　B. 100°　　C. 10°　　D. 40°

59. 在铣床上进行刻线加工，刃磨刻线刀时，刀尖角 ε_r 通常选择________。

A. 30°~40°　　B. 45°~60°　　C. 10°~20°　　D. 60°~90°

60. 在铣床上进行刻线加工的刻线刀，通常用________刀具刃磨而成。

A. 钨钴硬质合金　　B. 钨钴钛硬质合金

C. 碳素工具钢　　D. 高速钢

61. 我国现行标准规定矩形花键的定心方式是________。

A. 大径定心　　B. 小径定心

C. 齿侧定心　　D. 按花键规格确定的

62. 渐开线花键通常采用的定心方式是________。

A. 大径　　B. 小径

C. 齿侧　　D. 按花键的规格确定的

63. 在铣床上成批铣削加工的矩形花键通常属于________。

A. 精加工　　B. 粗加工　　C. 半精加工　　D. 超精加工

64. 单件生产以大径定心的外花键时，在铣床上一般都采用________。

A. 直齿三面刃铣刀　　B. 键槽铣刀　　C. 组合铣刀　　D. 成形铣刀

65. 在工件件数较多时，可在铣床上用________铣削外花键。

A. 成形铣刀　　B. 键槽铣刀

C. 直齿三面刃铣刀　　D. 组合铣刀

66. 铣削矩形外花键的大径一般要求尺寸精度为________。

A. h6　　B. e8　　C. h9　　D. f12

67. 成形铣刀铣外花键时，若对刀不准，会使键侧左比键侧右高 Δx，则应使键侧左向铣刀靠拢一个距离 S，S 等于________。

单元 2

A. $\dfrac{\Delta x}{\cos\dfrac{180^\circ}{z}}$　B. $\dfrac{\Delta x}{2\cos\dfrac{180^\circ}{z}}$　C. $\dfrac{\Delta x}{\sin\dfrac{180^\circ}{z}}$　D. $\dfrac{2\Delta x}{\sin\dfrac{180^\circ}{z}}$

68. 用三面刃铣刀铣削矩形花键，若用侧刃铣削花键齿侧时，为了保证花键齿侧与轴线平行，应找正________。

A. 工件上素线与工作台面平行　B. 工件侧素线与进给方向平行
C. 工件上素线与进给方向平行　D. 工件侧素线与工作台面平行

69. 采用两把三面刃铣刀的圆周刃铣削矩形花键侧面，要求两把铣刀的________严格一致。

A. 外径　B. 厚度
C. 刃口锋利程度　D. 刀尖圆弧

70. 铣成的外花键，若小径两端尺寸大小不同，主要原因是________。

A. 铣刀跳动大　B. 铣刀转速高
C. 工件上素线与工作台面不平行　D. 工件侧素线与进给方向不平行

71. 工件侧素线与工作台纵向进给方向不平行，用单刀铣成的外花键会产生________。

A. 小径两端尺寸不一致　B. 键宽尺寸不一致
C. 等分有误差　D. 键侧与工件轴线不平行

72. 用成形铣刀铣外花键时，铣削过程是________。

A. 先加工键侧　B. 先加工小径圆弧底面
C. 键侧和小径圆弧底面同时加工　D. 小径先达到要求后再铣键侧

73. 用锯片铣刀铣削花键的小径圆弧底面，圆弧底面的形状精度与________有关。

A. 锯片铣刀的厚度　B. 锯片铣刀的直径
C. 工件每次转过的小角度　D. 工件齿数

74. 花键轴零件图中，标有位置度公差项目，并采用最大实体要求，其实质是对花键的________提出的。

A. 对称度　B. 等分度　C. 同轴度　D. 平行度

75. 对以小径定心的矩形花键轴，往往选用________为定位基准。

A. 大径　B. 小径　C. 两中心孔　D. 键侧

四、简答题

1. 为什么通常采用逆铣而不采用顺铣？
2. 铣削斜面的常用方法有哪几种？
3. 铣削中采用顺铣的条件是什么？
4. 端面铣削的主要特点是什么？
5. 用周铣法加工的平面质量主要取决于哪几方面？
6. 简述台阶零件的技术要求。
7. 简述轴上键槽的技术要求。
8. 简述直角沟槽的技术要求。

9. 简述装夹轴类工件的几种方法。

10. 简述铣削键槽时，为保证轴上键槽的两侧面对称于工件的轴线，常用的对刀方法有哪几种？

11. 简述在 X6132 型卧式铣床上，用双角铣刀铣 V 形槽的步骤。

12. 简述 V 形槽对称度的测量方法。

13. 简述在 X5032 型立式铣床上铣削燕尾槽的操作方法。

14. 简述在 X6132 型卧式铣床上铣削半圆键槽的操作方法。

15. 简述在铣床上切断条料时铣刀的选择及安装。

16. 在齿轮传动中，单式轮系和复式轮系的区别是什么？

17. 齿轮传动中，传动比计算、齿轮转向及中间轮的作用是什么？

18. 叙述差动分度法的分度原理。

19. 采用差动分度法时，应注意哪些事项？

20. 直线移距分度在采用侧轴交换齿轮法时应注意哪些事项？

21. 简述花键联结的应用特点。

22. 简述花键常用类型。

23. 简述外花键的技术要求。

24. 使用三面刃铣刀单刀铣削外花键时，有哪几种对刀方法？

25. 简述用杠杆百分表检测花键键齿对称度的步骤。

五、计算题

1. 在铣床上用平口钳装夹工件铣削垂直面，已知固定钳口高度为 50 mm，工件两垂直面宽度为 75 mm，现测得 75 mm 宽度方向垂直度误差为 0.08 mm，且夹角小于 90°，若在固定钳口 50 mm 高度位置垫纸片以修正垂直度误差，试求纸片厚度 δ。

2. 在 X6132 型卧式铣床上用角度铣刀铣削与端面成 30°夹角的斜面，测得斜面宽度有 2 mm 余量需铣去。若采用横向进给，应移动多少距离？若采用垂直进给，应移动多少距离？

3. 在 X6132 型卧式铣床上用三面刃铣刀铣削一台阶工件，已知凸台宽度 $A=16$ mm，台阶深度 $t=10$ mm；铣刀厚度 $L=12$ mm，刀杆垫圈直径 $d=40$ mm。试求：(1) 所选铣刀最小直径为多少？(2) 台阶一侧铣好后，铣另一侧时，横向移动距离是多少。

4. 在 X5032 型立式铣床上铣削一键槽，槽宽为 10 mm，槽长为 40 mm。若 $v_c=20$ m/min，$v_f=75$ mm/min。试求：(1) 铣刀直径为多少？(2) 每齿进给量为多少？(3) 铣刀纵向（沿槽向）移动距离为多少？

5. 用 X6132 型卧式铣床在直径为 40 mm 的轴上铣削一敞开式直角槽，槽宽为 12 mm。试求：(1) 选用何种铣刀加工？(2) 用擦边法对刀（若纸厚为 0.10 mm），横向移动距离是多少？

6. 在 X5032 型立式铣床上用三面刃铣刀倾斜铣削 V 形槽，已知铣成的窄槽宽度为 3 mm，V 形槽宽度为 50 mm，槽形角为 90°。试求：(1) 以窄槽口对刀，铣削达到槽宽

50 mm 时，垂向升高量是多少？（2）若在 X6132 型卧式铣床上用双角铣刀铣削槽角为 120°的 V 形槽（其窄槽槽宽与 V 形槽槽宽不变），垂向升高量是多少？

7. 用直径为 20 mm 的标准圆棒测量一燕尾槽的槽口宽度，已知槽深为 25 mm，槽角为 55°，已测得两圆棒内侧之间的距离为 33.40 mm。计算槽口的实际宽度尺寸是多少？

8. 用锯片铣刀切断工件，工件总长为 350 mm，切断后每件长度为 30 mm，被切工件件数为 10 件，若工件厚度为 20 mm，刀杆垫圈外径为 40 mm。试求（1）所选取铣刀的直径范围是多少？（2）所选取铣刀的厚度范围是多少？

9. 用 F11 125 型分度头装夹工件，铣削齿数 $z=48$ 的直齿圆柱齿轮，试进行分度计算。

10. 用 F11 125 型分度头装夹工件，铣削齿数 $z=31$ 和 $z=58$ 的直齿圆柱齿轮，试分别进行分度计算。

11. 用 FW250 型分度头分度，铣削齿数 $z=50$、$z=68$、$z=76$ 的直齿圆柱齿轮，分别计算出分度头手柄转数 n。

12. 在工件外圆上铣两条夹角为 65°的沟槽，求分度手柄转数。

13. 用 F11 125 型分度头分度铣削一轴类零件上三条直角槽。已知第一条槽与第二条槽之间夹角为 55°，第二条槽与第三条槽之间夹角为 75°。当第一条槽铣好后，铣第二、第三条槽时，分度手柄转数分别为多少？

14. 用 F11 125 型分度头分度铣削 $z=73$ 的直齿圆柱齿轮，应如何进行分度（取假定等分数 $z_0=72$）？

六、技能测试题

1. 考前准备

（1）70 mm×60 mm×65 mm 矩形毛坯件。

（2）平口钳、平行垫铁、铜锤和扳手等常用工具、夹具。

（3）游标卡尺、百分表和游标万能角度尺等通用量具。

（4）面铣刀和立铣刀等刀具。

（5）X5032 型立式铣床。

2. 考件图样

如图 2—261 所示为台阶斜面零件图。

3. 考核要求

（1）考核内容。

1）主要评定项目。

①尺寸精度：25 mm ±0.065 mm，$14^{+0.11}_{0}$ mm，10 mm ±0.135 mm，12 mm ±0.135 mm，30° ±5′。

②对称度：0.15 mm，0.12 mm。

③垂直度：0.08 mm。

2）其他尺寸和表面粗糙度要求作为一般评定项目。

3）斜面铣削不准使用角度铣刀。

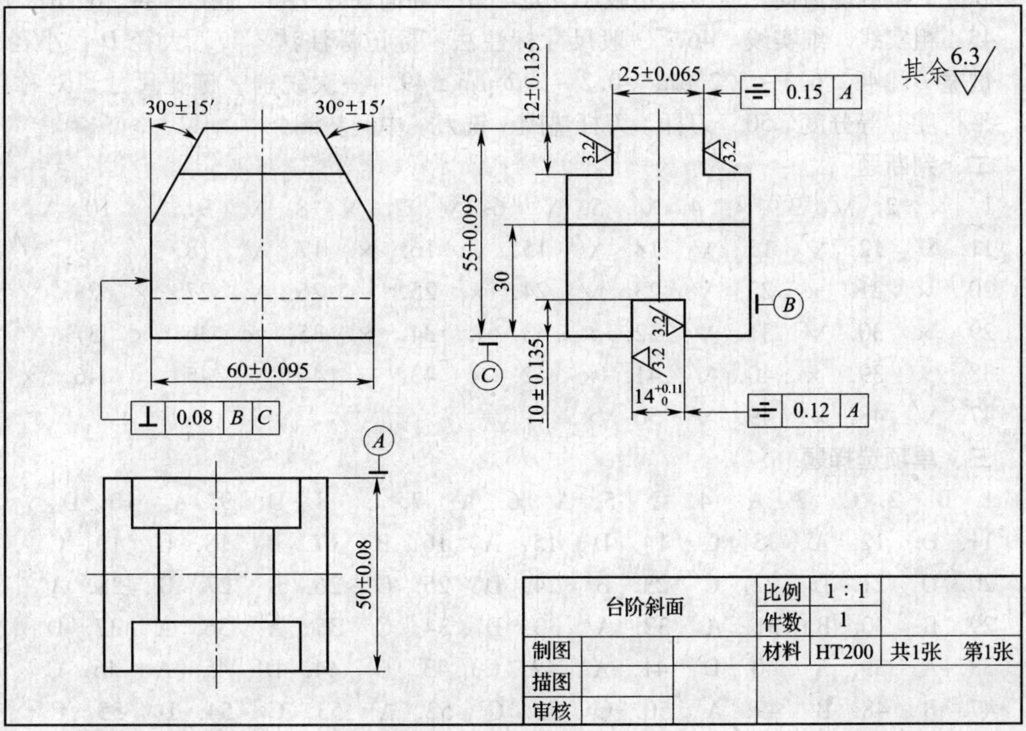

图 2—261 台阶斜面零件图

(2) 工时定额：6 h。

(3) 安全文明生产：正确执行安全技术操作规程。按文明生产的规定，做到工作场地整洁，工件、工具摆放整齐。

(4) 考件若有严重缺陷，则不予评分。

单元测试题答案

一、填空题

1. 平面度 表面粗糙度 2. 铣刀的圆柱度 铣床主轴轴线与进给方向的垂直度 3. 连接面 4. 非对称铣削 5. 顺铣 6. 切削刃 7. *A* 8. 刀尖 9. 端面铣削 10. 逆铣 11. 敞开式键槽 封闭式键槽 半封闭式键槽 12. 上窄下宽 上宽下窄 13. 矩形 14. 端面刃 15. 机用平口钳 16. 略大于 17. 宽度 18. 进给方向 19. $A = b + L$ 20. $D > 2a_p + d$ 21. 垂直 22. 对称 23. 对称 V形槽两侧面的延长交线 24. 对称 25. 45° 50° 55° 60° 55° 60° 26. 1∶50 27. 顺铣 28. 间接测量法 29. 塞上一块适当厚度的垫块 30. 切削液 31. 工件的等分数 工件所需转动的角度 假定等分数 工件移动的距离 32. 46 12 11 33. 差动分度法 主轴交换齿轮法 34. 莫氏4号 35. 40 36. 平面螺纹 37. 66 24 38. 机床工作台丝杠上 39. 1～10 40. 小于 41. 花键联结 42. 接触面

积大　承载能力高　应力集中较小　定心好　导向性好　43. 偶数　44. 6　8　10　45. 粗实线　细实线　46. 一般尺寸标注法　标记标注法　47. 大径 D　小径 d　键宽 B　48. 6.3～3.2 μm　0.2～3.2 μm　49. 一次铣削　键宽尺寸　对称度　平行度　等分度　50. 刀杆　刀杆垫圈　铣刀　中间垫圈

二、判断题

1. ×　2. √　3. ×　4. √　5. √　6. √　7. ×　8. √　9. √　10. √　11. √　12. √　13. √　14. √　15. √　16. ×　17. √　18. √　19. √　20. ×　21. ×　22. √　23. √　24. ×　25. √　26. √　27. ×　28. √　29. ×　30. √　31. √　32. ×　33. ×　34. ×　35. ×　36. ×　37. √　38. ×　39. ×　40. √　41. ×　42. ×　43. √　44. √　45. ×　46. ×　47. √　48. √　49. √　50. ×

三、单项选择题

1. B　2. C　3. A　4. C　5. A　6. A　7. C　8. D　9. A　10. D　11. D　12. A　13. C　14. D　15. A　16. B　17. B　18. C　19. C　20. D　21. D　22. C　23. B　24. D　25. C　26. B　27. B　28. A　29. B　30. B　31. A　32. A　33. D　34. C　35. A　36. A　37. D　38. A　39. A　40. D　41. A　42. C　43. C　44. D　45. A　46. C　47. B　48. B　49. A　50. C　51. C　52. A　53. C　54. D　55. C　56. B　57. A　58. C　59. B　60. D　61. B　62. C　63. B　64. A　65. D　66. A　67. B　68. B　69. A　70. C　71. D　72. C　73. C　74. B　75. C

单元 2

四、简答题

（略）

五、计算题

1. 解：按比例方法：

$$0.08:\delta = 75:50$$

$$\delta = \frac{0.08 \times 50}{75}\ \text{mm} = 0.053\ \text{mm}$$

答：因两垂直平面之间夹角小于90°，所以在固定钳口 50 mm 高度处垫入纸片，其厚度 δ=0.053 mm，可修正垂直度误差。

2. 解：按几何关系，当采用横向进给时：

$$S_{横} = 2\sin30° = 2\ \text{mm} \times \frac{1}{2} = 1\ \text{mm}$$

当采用垂直进给时

$$S_{垂} = 2\sin30° = 2\ \text{mm} \times 0.866 = 1.732\ \text{mm}$$

答：当采用横向进给时应移动 1 mm，当采用垂直进给时应移动 1.732 mm。

3. 解：（1）$d_0 > 2t + d' = 2 \times 10\ \text{mm} + 40\ \text{mm} = 60\ \text{mm}$

（2）$H = A = L = 16\ \text{mm} + 12\ \text{mm} = 28\ \text{mm}$

答：（1）所选三面刃铣刀最小直径为60 mm。（2）台阶一侧铣好后横向移动距离为28 mm。

4. 解：（1）键槽应一次铣成，所以铣刀直径应选10 mm。

（2）键槽铣刀 $z=2$，又因为：$f_z=\frac{v_f}{zn}$。其中：

$$n=\frac{1\,000v_c}{\pi d_0}=\frac{1\,000\times 20}{\pi\times 10}=636.6(\mathrm{r/min})$$

选 $n=600$ r/min，所以：

$$f_z=\frac{75}{2\times 600}=0.063(\mathrm{mm/z})$$

（3）铣刀纵向移动距离 $S=l-d_0=40\text{ mm}-10\text{ mm}=30\text{ mm}$。

答：（1）铣刀直径应选10 mm。

（2）每齿进给量为0.063 mm/z。

（3）铣刀纵向移动距离为30 mm。

5. 解：（1）因加工的直角沟槽是敞开式的，故宜选用三面刃铣刀或盘形槽铣刀，铣刀厚度为12 mm。

（2） $$A=\frac{L+D}{2}+\delta=\frac{12\text{ mm}+40\text{ mm}}{2}+0.10\text{ mm}=26.10\text{ mm}$$

答：（1）铣刀厚度为12 mm。（2）用擦边法对刀后横向移动距离是26.10 mm。

单元 2

6. 解：（1）$H=\frac{B-B'}{2}\cot\frac{\alpha}{2}=\frac{50\text{ mm}-3\text{ mm}}{2}\times\cot\frac{90°}{2}=23.50\text{ mm}$

（2）$H=\frac{B-B'}{2}\cot\frac{\alpha}{2}=\frac{50\text{ mm}-3\text{ mm}}{2}\times\cot\frac{120°}{2}=13.57\text{ mm}$

答：（1）当槽形角 $\alpha=90°$ 时，垂向升高量为23.50 mm。

（2）当槽形角 $\alpha=120°$ 时，垂向升高量为13.57 mm。

7. 解：$A=M+2.921D-1.4H=33.40\text{ mm}+2.921\times 20\text{ mm}-1.4\times 25\text{ mm}=56.82\text{ mm}$

答：槽口的实际宽度尺寸是56.82 mm。

8. 解：（1）$d_0>2t+d'=2\times 20\text{ mm}+40\text{ mm}=80\text{ mm}$

（2）$B<\frac{L'-Ln}{n-1}=\frac{350\text{ mm}-30\text{ mm}\times 10}{10-1}=5.56\text{ mm}$

答：（1）选取大于80 mm的锯片铣刀直径。

（2）选取锯片铣刀的宽度应小于5.56 mm。

9. 解：每等分一次分度手柄应转过的转数 $n=\frac{40}{z}$，则：

$$n=\frac{40}{48}=\frac{5}{6}=\frac{45}{54}(\mathrm{r})$$

答：每铣一齿后，分度手柄在孔数为54的孔圈上转过45个孔距，分度叉之间应包含46个孔。

10. 解：（1）$z=31$ 时，$n=\frac{40}{z}=\frac{40}{31}=1\frac{18}{62}$（r）

（2）$z=58$ 时，$n=\frac{40}{z}=\frac{40}{58}$（r）

答：（1）$z=31$ 时，每铣一齿后，分度手柄在孔数为 62 的孔圈上转过 1 r 又 18 个孔距，分度叉之间包含 19 个孔。

（2）$z=58$ 时，每铣一齿后，分度手柄在孔数为 58 的孔圈上转过 40 个孔距，分度叉之间包含 41 个孔。

11. 解：（1）$z=50$ 时，$n=\frac{40}{z}=\frac{40}{50}=\frac{4}{5}=\frac{24}{30}$（r）

（2）$z=68$ 时，$n=\frac{40}{z}=\frac{40}{68}=\frac{10}{17}=\frac{20}{34}$（r）

（3）$z=76$ 时，$n=\frac{40}{z}=\frac{40}{76}=\frac{10}{19}=\frac{30}{57}$（r）

答：（1）$z=50$，分度时，手柄应在 30 孔圈上转过 24 个孔距。

（2）$z=68$，分度时，手柄应在 34 孔圈上转过 20 个孔距。

（3）$z=76$，分度时，手柄应在 57 孔圈上转过 30 个孔距。

12. 解：

$$n=\frac{\theta}{9^\circ}=\frac{65^\circ}{9^\circ}=7\frac{2}{9}=7\frac{12}{54}\text{（r）}$$

答：一条槽铣好后，分度手柄在孔数为 54 的孔圈上转过 7 r 又 12 个孔距。

13. 解：（1）铣第二条槽时，$n=\frac{55^\circ}{9^\circ}=6\frac{1}{9}=6\frac{6}{54}$（r）

（2）铣第三条槽时，$n=\frac{75^\circ}{9^\circ}=8\frac{3}{9}=8\frac{18}{54}$（r）

答：（1）铣第二条槽时，分度手柄转 $6\frac{6}{54}$r。

（2）铣第三条槽时，分度手柄转 $8\frac{18}{54}$r。

14. 解：$z=73$，无法进行简单分度，所以采用差动分度，取 $z_0=72$，则：

$$n_0=\frac{40}{z_0}=\frac{40}{72}=\frac{30}{54}\text{(r)}$$

$$\frac{z_1z_3}{z_2z_4}=\frac{40(z_0-z)}{z_0}=\frac{40\times(64-67)}{64}=-\frac{50\times 90}{60\times 40}$$

答：每次分度时分度手柄转 $\frac{30}{54}$ r，主动轮 $z_1=50$，从动轮 $z_4=90$，取中间轮的个数时，要保证分度盘的转向与分度手柄转向相反。

单元 2

六、技能测试题评分表

考核项目	考核内容及要求	配分	评分标准	扣分	得分
主要评定项目	尺寸精度：25 mm ±0.065 mm	6	超差不得分		
	$14^{+0.11}_{0}$ mm	6	超差不得分		
	10 mm ±0.135 mm	6	超差不得分		
	12 mm ±0.135 mm	6	超差不得分		
	30° ±15′	6	一处超差扣3分		
	对称度：0.15 mm	8	超差不得分		
	0.12 mm	8	超差不得分		
	垂直度：0.08 mm	10	超差不得分		
一般评定项目	尺寸精度：60 mm ±0.095 mm	3	超差不得分		
	50 mm ±0.08 mm	3	超差不得分		
	55 mm ±0.095 mm	3	超差不得分		
	表面粗糙度：R_a3.2 μm，R_a6.3 μm	12	一处未达到要求扣2分		
工具、量具和设备的使用维护	使用方法正确	5	使用不当扣2分		
	铣床润滑	5	每少一处润滑扣1分		
	合理维护和保养	3	维护保养不当扣1分		
安全文明生产	国家安全生产法规	5	违反有关规定扣1~5分，发生重大安全事故取消考试资格		
	企业文明生产规定	5	工作场地整洁，工具、量具摆放整齐合理不扣分，较差扣2分，很差扣5分		
时间定额	6 h		超工时定额：10~30 min，扣5分；31~60 min，扣10分；超过60 min，不计分		

第3单元

精度检验与误差分析

评定一个操作者的技能水平，要检验其所加工零件的尺寸精度、形状精度和位置精度，以及表面粗糙度，这三者就构成了零件的机械加工精度。机械加工精度的提高，在很大程度上还要依靠测量技术和仪器的发展。

通过对一个零件的精度分析可知，工件的尺寸精度是由加工设备的精度、量具的精度和测量方法的正确性，以及操作者的技术水平三方面因素决定的。工件的形位精度和表面粗糙度也是如此。因此，具备了铣床操作能力等并不能正确地加工出合格的工件，还必须掌握一定的量具知识以及正确的测量方法，能对工件进行综合的精度分析，找出其不合格的原因。

本单元对初级铣工在测量基本知识、常用量具的使用、一般工件的检测方法及综合分析等方面进行了由浅入深的论述，并列举了一些实例，供使用者参考。本单元的学习要具备一定的公差配合与技术测量等基础知识，学习中要联系实际，逐步加深对测量理论知识的理解和掌握，以熟练使用常用量具，正确测量一般工件。学习时要抓住重点、难点，掌握其内在的联系和规律。

第一节　测量的基本知识与常用量具、量规

培训目标

- → 了解测量技术基础知识的有关概念。
- → 掌握游标卡尺的结构及刻线原理。
- → 掌握外径千分尺的结构及刻线原理。
- → 掌握百分表的结构及刻线原理。
- → 掌握游标万能角度尺的结构及刻线原理。

一、技术测量的一般概念

一个合格的零件，除了合理地规定公差，还需要在加工的过程中进行正确的测量或检验，只有通过测量和检验才能判定为合格。“测量”是指以确定被测对象量值为目的的全部操作。实质上是将被测几何量与作为计量单位的标准量进行比较，从而确定被测几何量是计量单位的倍数或分数的过程。一个完整的测量过程应包括测量对象、计量单位、测量方法和测量精度四个要素。“检验”是指只确定被测几何量是否在规定的极限范围之内，从而判断被测对象是否合格，而无须得出具体的量值。实际上检验就是用量具和量规测量。

1．测量对象

测量对象主要指几何量，包括长度、角度、表面粗糙度、几何形状和相互位置等。由于几何量的种类较多，形式各异，因此应掌握其定义及各自的特点，以便进行测量。

2．计量单位

为了保证测量的正确性，必须保证测量过程中单位的统一，为此我国以国际单位制为基础确定了法定计量单位。我国的法定计量单位中，长度计量单位为米（m），平面角的角度计量单位为弧度（rad）及度（°）、分（′）、秒（″）。机械制造中常用的长度计量单位为毫米（mm），1 mm = 0. 001 m。在精密测量中，长度计量单位采用微米（μm），1 μm =0. 001 mm。在超精度测量中，长度计量单位采用纳米（nm），1 nm = 0. 001 μm。机械制造中常用的角度计量单位为弧度、微弧度（μrad）和度、分、秒，1 μrad = 10^{-6} rad，1° =0. 017 453 3 rad。度、分、秒的关系采用 60 进制，即 1° =60′，1′=60″。

确定了计量单位后，要取得准确的量值，还必须建立长度基准。1983 年第十七届国际计量大会规定米的定义：1m 是光在真空中 1 s/299 792 458 的时间间隔内所经路径的长度。按此定义确定的基准称为自然基准。

3．测量方法

测量方法是指测量时所采用的计量器具和测量条件的综合。测量前应根据被测对象的特点，如精度、形状、质量、材质和数量等确定需要的计量器具。分析研究被测参数

的特点及与其他参数的关系，以确定最佳的测量方法。

4. 测量精度

测量精度是指测量结果与真值的一致程度。任何测量过程总不可避免地会出现测量误差，误差大，说明测量结果离真值远，精度低；反之，误差小，精度高。因此，精度和误差是两个相对的概念。由于存在测量误差，任何测量结果都只能是要素真值的近似值。以上分析说明测量结果有效值的准确性是由测量精度确定的。

二、计量器具

1. 量具

量具是以固定形式复现量值的计量器具，一般结构比较简单，没有传动放大系统。量具中有的可以单独使用，有的也可以与其他计量器具配合使用。量具又可分为单值量具和多值量具两种。单值量具是用来复现单一量值的量具，又称为标准量具，如量块、90°角尺等。多值量具是用来复现一定范围内的一系列不同量值的量具，又称为通用量具。通用量具按其结构特点划分为以下几种：固定刻线量具，如钢直尺、圈尺等；游标量具，如游标卡尺、游标万能角度尺等；螺旋测微量具，如内、外径千分尺和螺纹千分尺等。

量规是指没有刻度的专用计量器具，用于检验零件要素的实际尺寸及形状、位置的实际情况所形成的综合结果是否在规定的范围内，从而判断零件的被测几何量是否合格。量规检验不能获得被测几何量的具体数值，如用光滑极限量规检验光滑圆柱形工件的合格性，用螺纹量规综合检验螺纹的合格性等。

2. 量仪

量仪是能将被测几何量的量值转换成可直接观察的指示值或等效信息的计量器具，如机械式量仪。机械式量仪是指用机械方法实现原始信号转换的量仪，如指示表、杠杆比较仪和扭簧比较仪等。这种量仪结构简单、性能稳定、使用方便，因而应用广泛。

三、测量方法与测量误差

1. 测量方法

测量方法是指测量时所采用的测量器具和测量条件的综合，而在实际工作中往往从获得测量结果的方式来理解测量方法，即按照不同的出发点，测量方法有各种不同的分类。下面仅介绍其中的两种方法。

（1）直接测量。直接测量是指直接用量具和量仪测出零件被测几何量值的方法。例如，用钢直尺测量工件的长度尺寸，就是直接用尺的刻度与工件进行比较（见图 3—1）。钢直尺是利用刻线之间的距离来衡量尺寸的，钢直尺上有预先刻制的最小线距为 1 mm的细格，只能以较大的误差测量至 0.5 mm，精度较高的尺子，测量可靠性约为 0.2 mm。因为要把一格再细分为若干格受到人的视觉能力（分辨能力）的限制，根据视差原理，从一个斜的视角读测量值就会产生读数误差（见图 3—2），1 mm 线距以下的长度只能靠估计得到。因此在用钢直尺测量读数时视线应与尺面垂直，如图 3—3 所示。

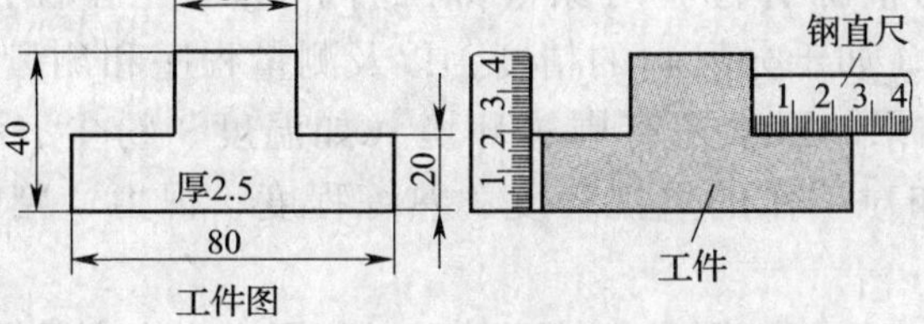

图 3—1　用钢直尺直接测量

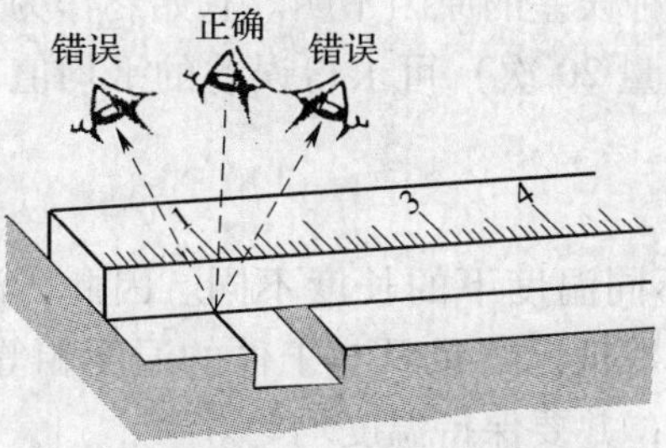

图 3—2　由斜视角产生的读数误差

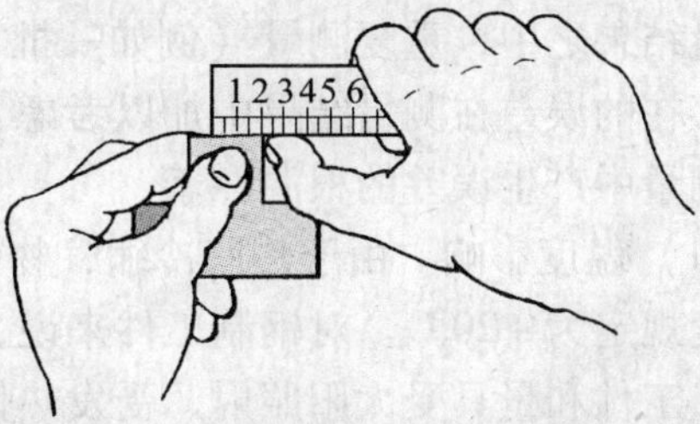

图 3—3　读数时视线应与尺面垂直

（2）间接测量。间接测量就是指通过一个辅助工具作为媒介（如外卡钳或内卡钳）来确定测量值。如图 3—4 所示，测量一个工件的直径尺寸要先用外卡钳量取，然后用刻度尺测量卡钳两脚之间的距离。其测量误差的来源为：卡钳太紧或太松，卡钳两脚的相对位置有误差，测量内孔时卡钳的测量表面是平面，而不是按要求做成球面，这些因素都会造成测量结果不准确。

通过测量与被测尺寸有一定函数关系的其他尺寸，然后通过计算获得被测尺寸量值的方法也是间接测量。如图 3—5 所示零件，无法直接测出中心距 L，但可通过测量 L_1（或 L_2）、ϕ_1 和 ϕ_2 的值，并根据关系式 $L=L_1-\frac{\phi_1+\phi_2}{2}$ 或 $L=L_2+\frac{\phi_1+\phi_2}{2}$，经计算间接得到 L 的值。间接测量法存在着基准不重合误差，故仅在不能或不宜采用直接测量的场合使用。

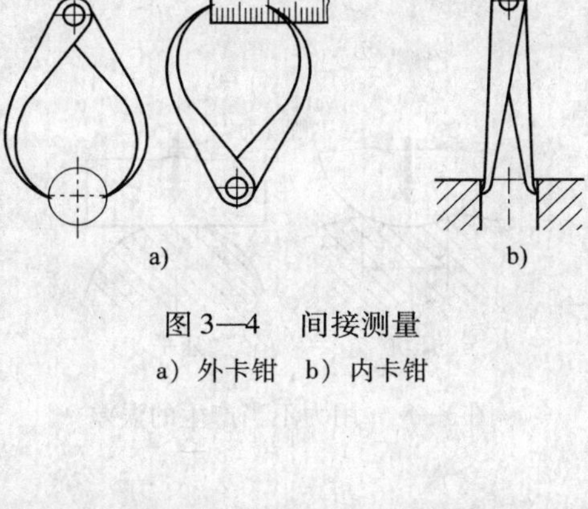

图 3—4　间接测量

a）外卡钳　b）内卡钳

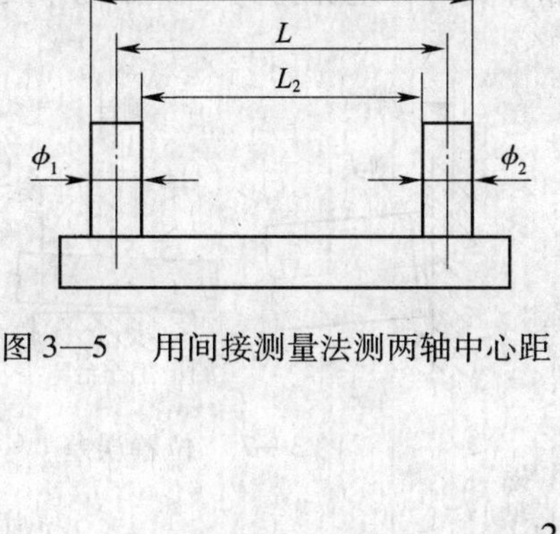

图 3—5　用间接测量法测两轴中心距

2. 测量误差

造成测量误差的根源有检验对象（如工件）的不完善性，度量器械（如刻度盘）、测量仪器本身（如千分尺）的精度，以及测量程序和测量动作的问题。除以上因素外，影响测量结果的因素还有周边环境（如温度、粉尘、湿度、气压）和测量人员的个人特点（如对工作的重视程度、熟练程度、视力、判断能力、思想集中程度）等。

系统测量误差是指在相同测量条件下总是以相同大小出现的测量误差，因而是可以把握的一种误差。例如，在车削或磨削加工的测量中所产生的温度误差总是一个恒定值。该种误差可以通过计算从测量结果中消除。

随机测量误差，其大小不一，因为造成这种误差的原因不明。它始终作为误差存在于测量结果之中，重复测量（例如一批零件测量 20 次）可求得误差的平均值，并作为经常存在的误差在测量结果中加以考虑。

测量中产生误差的根源在于：

（1）温度影响。由于热胀冷缩，物体在不同温度下的长度不同。因此，测量的标准温度规定为 +20℃。对钢制工件来说，大多数情况下量具与工件的温度相等就够了。要防止工件和量具受太阳照射、受发热体加热，并要保持温度均匀。

（2）由视差引起读数误差。当量具的刻度与工件不在一个平面内时，从侧向观察就会引起读数误差，如图 3—6 所示。当指针与刻度之间有距离时也会产生这种误差。

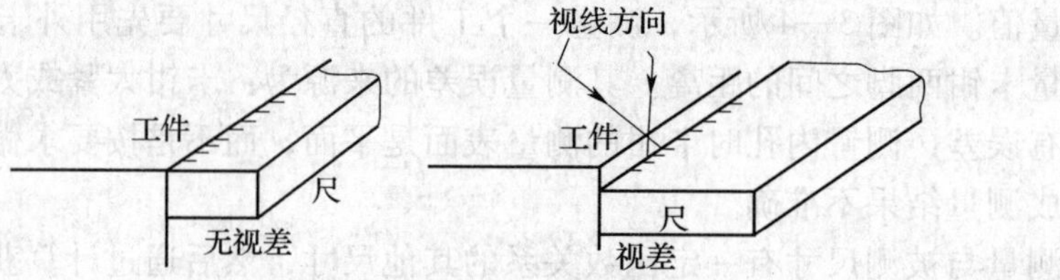

图 3—6　由视差产生的误差

（3）位置误差。当量具的测量表面斜对着工件表面，或工件歪放在量具内时，将产生相当大的误差，如图 3—7 所示。

（4）由于用力不当产生的误差。量具的测量表面以一个测量力抵住工件。如果用力过大，量具可能变弯，接触部位可能压扁，如图 3—8 所示。在精密量仪中，测量力大多靠弹簧可靠地保持为一个始终不变的值。

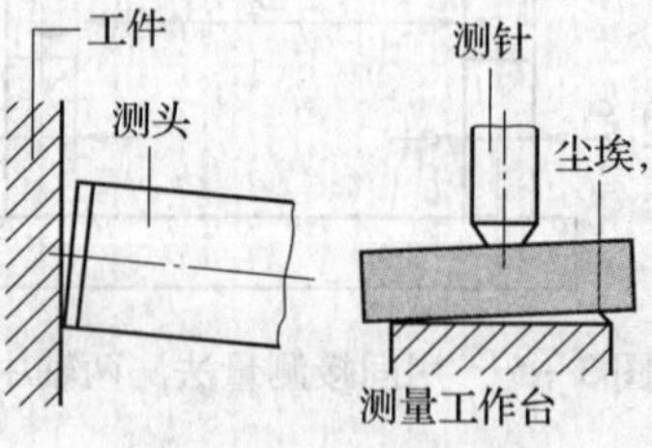

图 3—7　位置误差

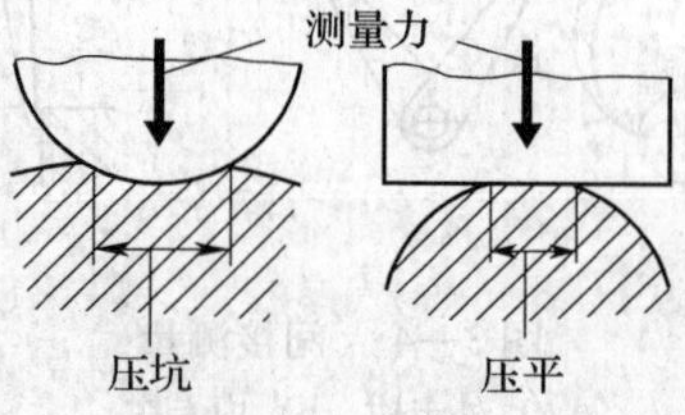

图 3—8　用力不当产生的误差

（5）量具误差。运动部件之间的间隙和摩擦、测头行程误差、刻度的分度误差等产生量具误差，误差大小可以通过一系列试验测得。

四、检验与测量

1. 检验

检验就是确定材料或工件是否满足预先规定的条件，如长度、角度、强度、表面质量、加工温度、密度等。

2. 测量

测量就是对一个物理量如长度、时间、质量、温度、电流、角度用量具进行衡量而获得测量值，如图 3—9 所示。

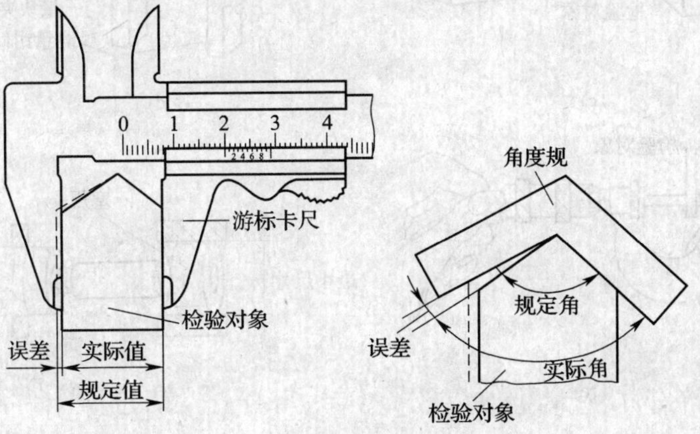

图 3—9　测量

a）用游标卡尺测量　b）用角度规测量

测量结果是实际值，这里总是包含着误差，因为量具、测量过程和测量对象的不可靠会产生测量误差，而规定值是确定不变的，有：

$$误差 = 实际值 - 规定值$$

例如，实际值 = 20. 2 mm，规定值 = 20. 3 mm，则：

$$误差 = 20.2\ \text{mm} - 20.3\ \text{mm} = -0.1\ \text{mm}$$

用量规测量就是将测量对象与量规进行比较，从而确定工件是否符合规定的要求，如形状、角度。因此，用量规测量关系到确定工件是否符合其最终的使用目的。

3. 检验示例

如图 3—10 所示为用量具和量规检验。

五、常用量具和量规

1. 游标卡尺

游标量具是利用游标原理进行读数的量具。游标量具结构简单、使用方便、维护保养容易，是机械制造业中应用十分广泛的量具。游标量具分为游标卡尺、游标深度尺和游标高度尺等，各类游标量具的分度值为0. 1 mm、0. 05 mm、0. 02 mm 等。

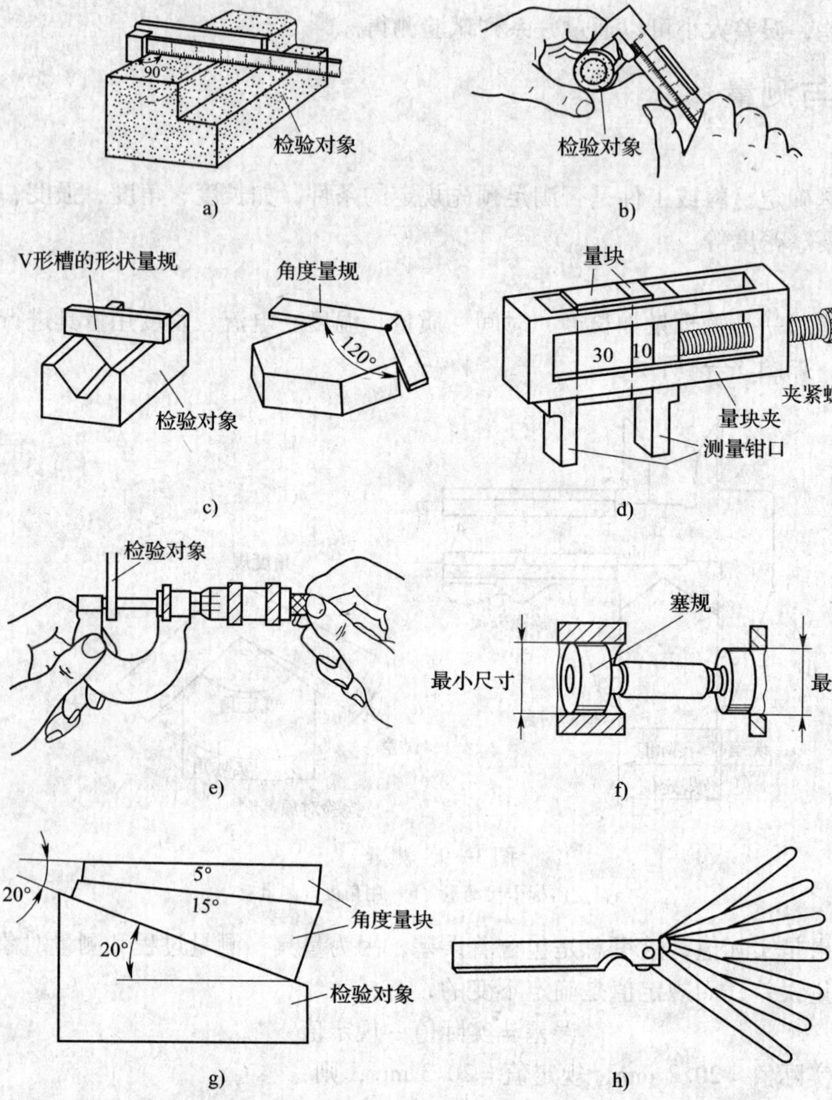

图 3—10　用量具和量规检验

a）钢直尺　b）游标卡尺　c）形状量规　d）平行量块

e）千分尺　f）塞规　g）角度量块　h）塞尺

（1）游标卡尺的结构。游标卡尺用于测量内外直径和长度。根据需要其结构有双量爪、三用（带深度尺）卡尺等形式，如图 3—11 所示。为提高测量精度及读数方便，还有装有百分表头或数字显示装置的游标卡尺。

（2）游标卡尺的刻线原理。三种精度游标卡尺的刻线原理见表 3—1。

（3）游标卡尺的读数方法。游标卡尺的读数方法见表 3—2。

（4）游标卡尺的使用方法。游标卡尺的使用方法见表 3—3。

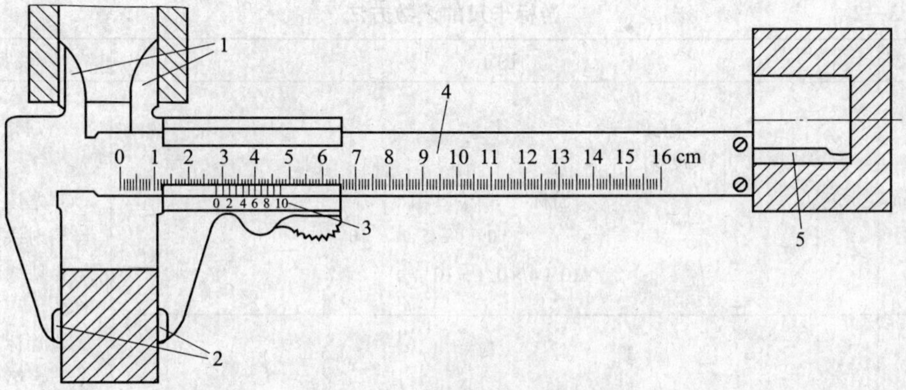

图 3—11　游标卡尺的结构

1—内量爪　2—外量爪　3—游标　4—尺身　5—测深尺

表 3—1　　　　游标卡尺的刻线原理

精度	图示与说明
0.10 mm	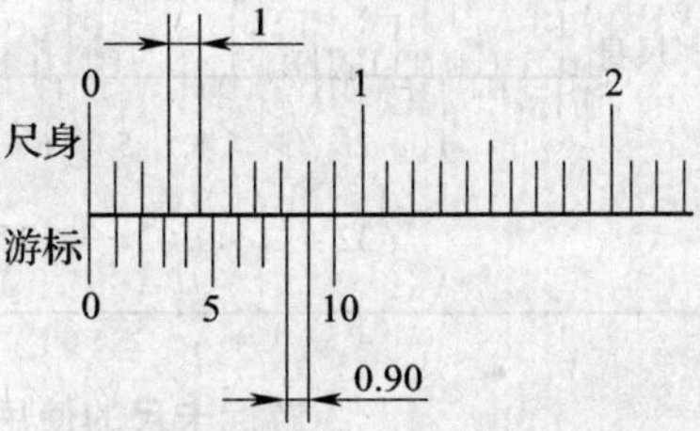 尺身每小格为 1 mm，游标刻线共 10 小格，这 10 小格的长度为 9 mm，即游标每小格为 9 mm/10 = 0.90 mm，尺身与游标每小格相差 1 mm − 0.90 mm = 0.10 mm
0.05 mm	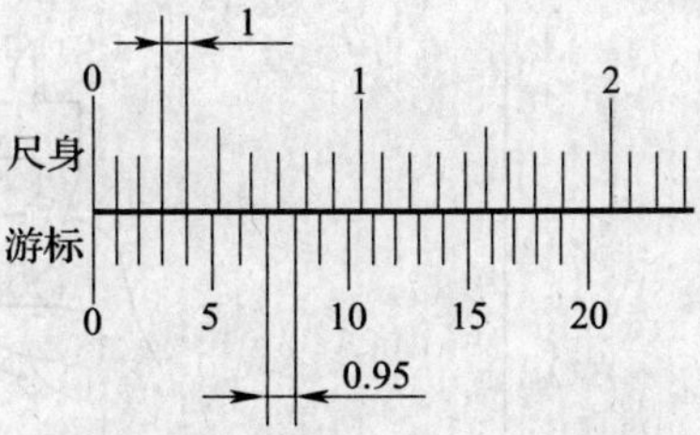 尺身每小格为 1 mm，游标刻线共 20 小格，这 20 小格的长度为 19 mm，即游标每小格为 19 mm/20 = 0.95 mm，尺身与游标每小格相差 1 mm − 0.95 mm = 0.05 mm
0.02 mm	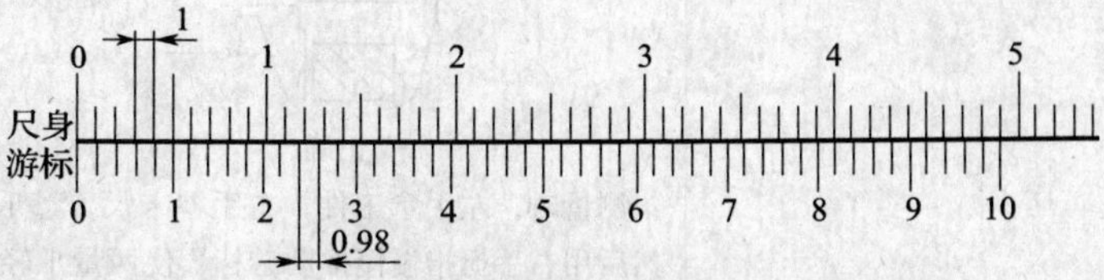 尺身每小格为 1 mm，游标刻线共 50 小格，这 50 小格的长度为 49 mm，即游标每小格为 49 mm/50 = 0.98 mm，尺身与游标每小格相差 1 mm − 0.98 mm = 0.02 mm

表 3—2　　**游标卡尺的读数方法**

精度	图示	说明
0. 10 mm	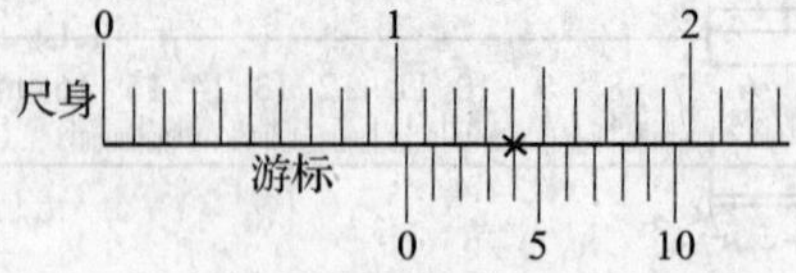 10 +4 ×0. 1 =10. 4	①先读出游标上零刻线左侧尺身上刻线的整毫米数 ②游标上从零线开始第 x 条刻线与尺身上某一条刻线对齐，x 乘以其测量精度值即为读数的小数部分 ③把整数和小数相加，即为所测的实际尺寸
0. 05 mm	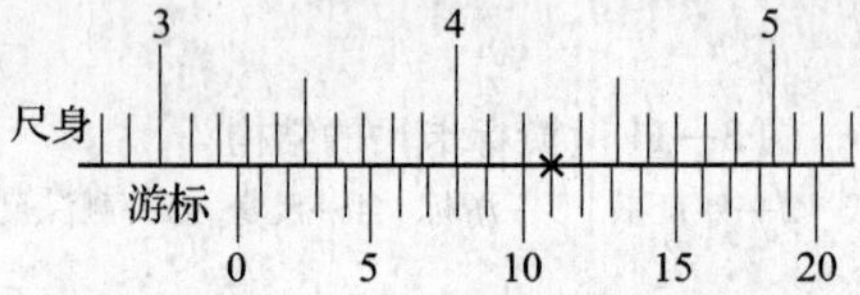 32 +11 ×0. 05 =32. 55	
0. 02 mm	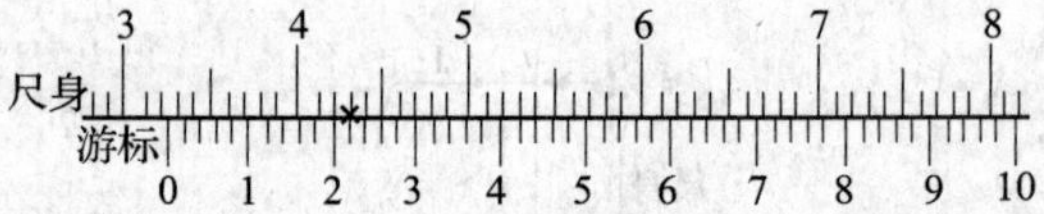 32 +11 ×0. 02 =32. 22	

表 3—3　　**游标卡尺的使用方法**

类别	图示与说明
较小尺寸工件的测量要求	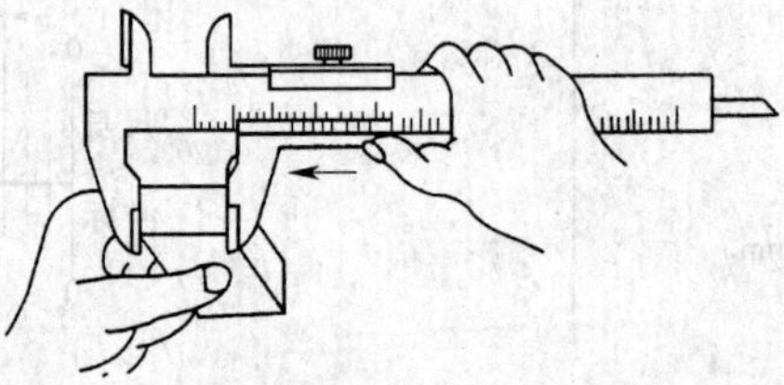 正确 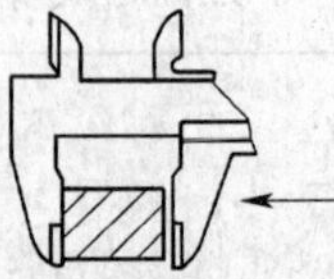 正确 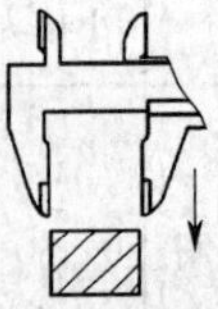 错误 测量时，左手拿工件，右手握卡尺，量爪张开尺寸略大于被测工件尺寸，然后用右手拇指慢慢推动游标，使两量爪轻轻地与被测工件表面接触，读出尺寸数值。测量过程中，定好尺寸再卡入工件测量是错误的

续表

类别	图示与说明
较大尺寸工件的测量要求	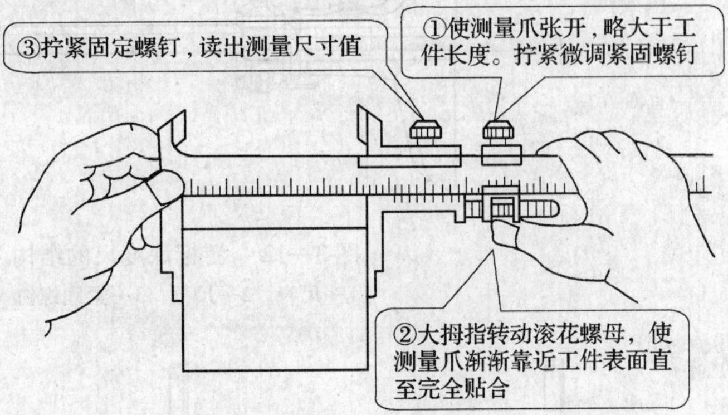
对量爪的要求	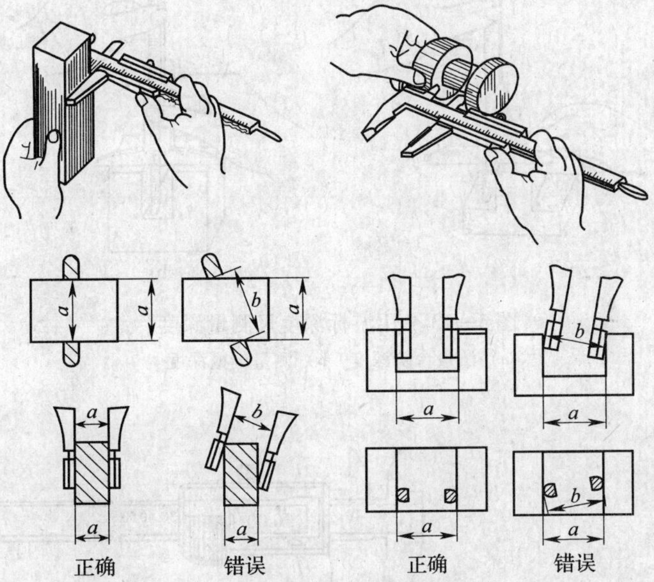 测量时，将游标卡尺的量爪逐渐靠向工件的被测表面，同时使量爪的测量面与工件的被测表面充分贴合，并保持尺身与工件测量表面垂直或相切

(5) 游标深度尺。游标深度尺的结构如图 3—12 所示，用来测量工件的沟槽、台阶和孔的深度尺寸。图 3—13 为用游标深度尺测量深度。其读数方法和使用时的注意事项与游标卡尺相同。常用的游标深度尺的精度为 0. 02 mm。

(6) 游标高度尺。主要用于测量工件的高度尺寸或进行划线，如图 3—14 所示。

(7) 其他类型的游标量具。装有百分表或数显装置的游标卡尺称为带表卡尺或数显卡尺，如图 3—15 所示。由于这两种卡尺采用了新的更准确的读数装置，因而减小了测量误差，提高了测量的准确性。

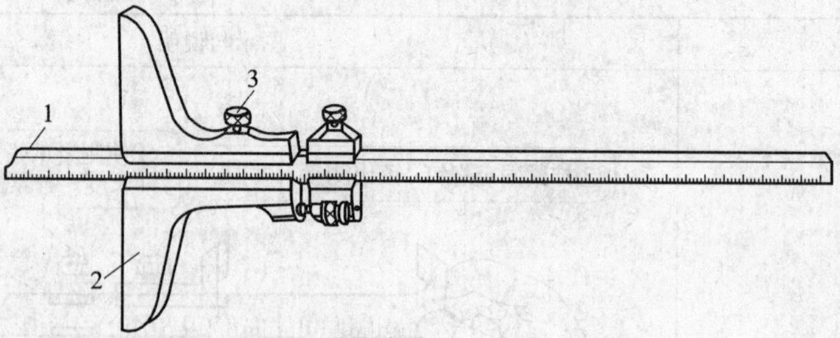

图 3—12　游标深度尺的结构

1—尺身　2—尺框　3—紧固螺钉

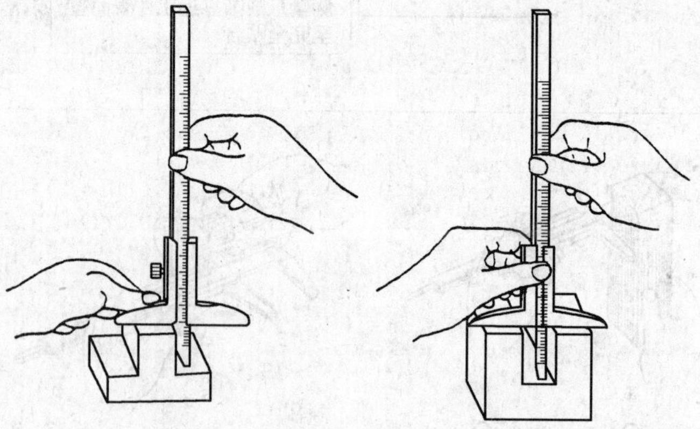

图 3—13　用游标深度尺测量深度

a）测量台阶深度　b）测量沟槽深度

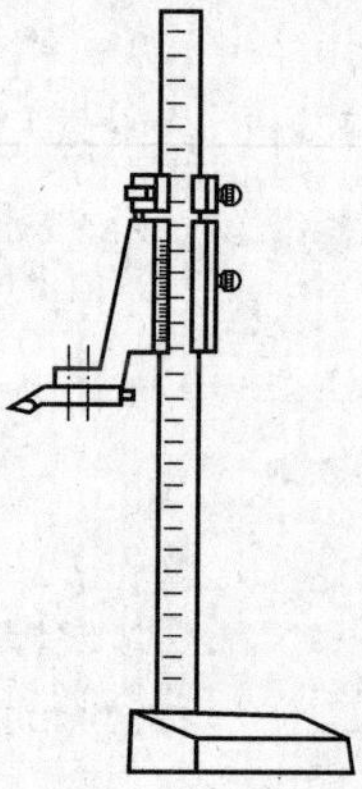

图 3—14　游标高度尺

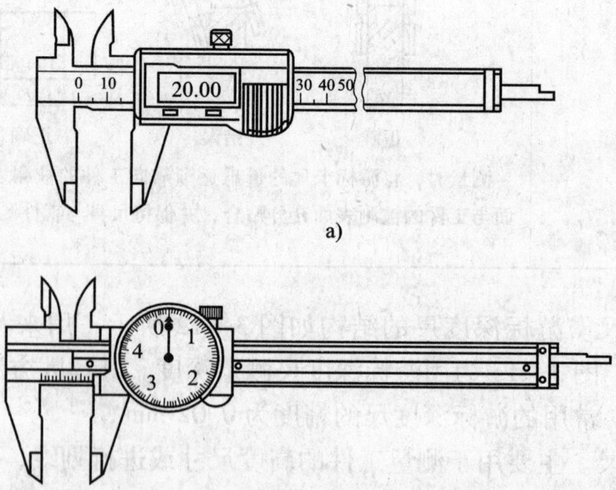

图 3—15　带有百分表或数显装置的游标卡尺

a）带数显装置的游标卡尺　b）带百分表的游标卡尺

（8）游标卡尺的使用注意事项和维护保养。

1）先把量爪和被测工件表面擦干净，以免影响测量精度。

2）检查各部件的相互作用，如尺框和微动装置移动是否灵活，紧固螺钉能否起作用。

3）校对零位。使卡尺两量爪紧密贴合，且无明显的光隙，同时观察游标零刻线与尺身零刻线是否对齐，游标的尾刻线与尺身的相应刻线是否对齐。如果零线对不齐或量爪有磨损，应送计量部门检修。有时也可以把量爪闭合三次，观察各次读数是否一致，如果三次读数虽然不是“零”，但读数完全一样，则可把这个数值记下来，在测量时加以修正。

4）不准把卡尺的两个量爪当作扳手或划线工具使用，不准用卡尺代替卡钳、卡板等在被测件上推拉，以免磨损卡尺，影响测量精度。

5）带测深尺的游标卡尺，用完后应将量爪合拢，否则较细的测深尺露在外面容易变形，甚至折断。

6）测量结束时，要把卡尺平放（特别是大尺寸卡尺），否则易引起尺身弯曲变形。

2. 千分尺

千分尺是用微分筒读数的螺旋副量具，它比游标卡尺的精度高，使用灵活方便，其测量精度为0.01 mm。常用的千分尺有外径千分尺、内径千分尺、深度千分尺、螺纹千分尺、杠杆千分尺和公法线千分尺等。

（1）外径千分尺。外径千分尺是测量零件外形尺寸的精密量具，按其测量范围，可分为0～25 mm、25～50 mm、50～75 mm、75～100 mm等多种规格，使用时应根据被测工件的极限尺寸，选择相应测量范围的千分尺。外径千分尺按制造精度可分为0级和1级，0级最高，1级次之。

1）外径千分尺的结构。外径千分尺的结构如图3—16所示。

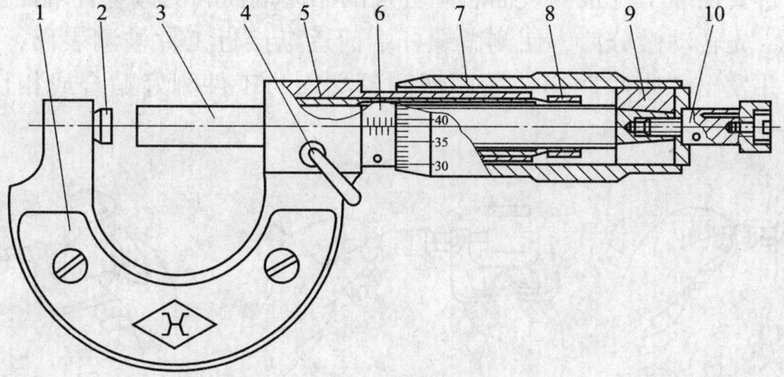

图3—16 外径千分尺的结构

1—尺架 2—砧座 3—测微螺杆 4—锁紧装置 5—螺纹轴套
6—固定套筒 7—微分筒 8—螺母 9—接头 10—测力装置

2）刻度原理。如图3—17所示，测微螺杆右端螺纹螺距为0.5 mm，当微分筒转一周时，带动测微螺杆轴向移动一个螺距（0.5 mm）。由于固定套筒上的刻度间距每小格为0.5 mm，微分筒圆锥面上刻有50小格的圆周等分刻线，因此当微分筒转过1小格时，就代表测微螺杆轴向移动0.01 mm。

3）读数方法。如图3—18所示，其读数步骤如下；

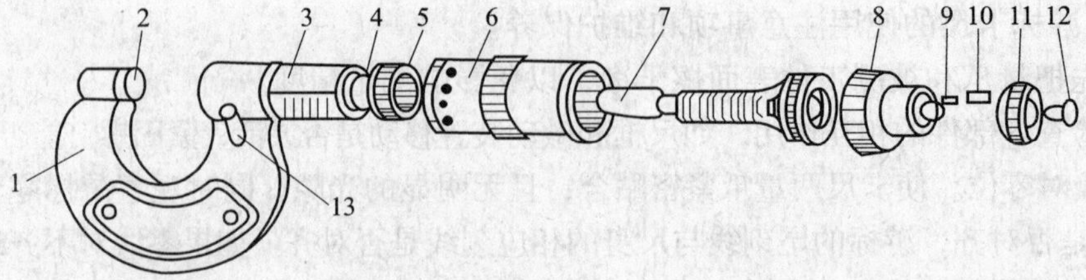

图 3—17　外径千分尺工作原理

1—尺架　2—砧座　3—固定套筒　4—轴套　5—衬套　6—微分筒　7—测微螺杆
8—罩壳　9—弹簧　10—棘轮销　11—棘轮　12—螺钉　13—锁紧手柄

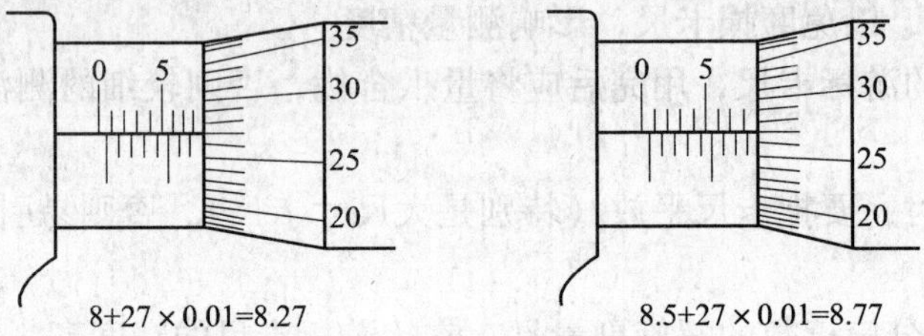

图 3—18　外径千分尺读数方法

①读出固定套筒上刻线露在外面的刻线数值，中线之上为整毫米数值，中线之下为半毫米数值。

②找出微分筒上从零线开始的第 *x* 条刻线（它与固定套筒上基准线对齐），*x* 乘以其测量精度值 0.01 mm，即为读数不足 0.5 mm 的小数部分。

③把整数和小数相加，即为所测的实际尺寸。

4）使用方法。

①测量前，要擦净工件被测表面、千分尺的砧座端面和测微螺杆端面。

②测量时，先转动微分筒，使测微螺杆端面逐渐接近工件被测表面，再转动棘轮，直到棘轮打滑并发出“嗒嗒”声，表明两测量端面与工件刚好贴合或相切，然后读出测量尺寸值（见图 3—19）。

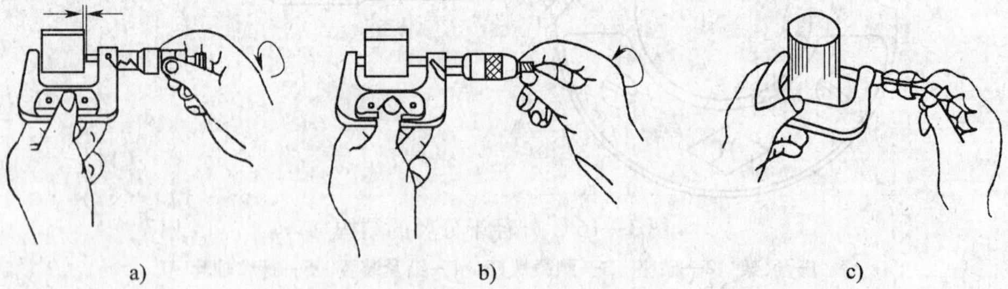

图 3—19　外径千分尺使用方法

a）转动微分筒　b）转动棘轮　c）测量工件外径

③退出时，应反转活动套筒，使测微螺杆端面离开工件被测表面后，再将千分尺退出。

（2）深度千分尺。深度千分尺如图 3—20 所示，其主要结构与外径千分尺相似，只是多了一个基座而没有尺架。深度千分尺主要用于测量孔和沟槽的深度及两平面间的距离。在测微螺杆的下面连接可换测量杆，测量杆有四种尺寸，测量范围分别为：

单元 3

0～25 mm、25～50 mm、50～75 mm、75～100 mm。

（3）使用注意事项。

1）不能用千分尺测量零件的粗糙表面，也不能用千分尺测量正在旋转的零件。

2）千分尺要轻拿轻放，不要摔碰。如受到撞击，应立即进行检查，必要时送计量部门检修。

3）千分尺应保持清洁。测量完毕，用软布或棉纱等擦干净，放入盒内。长期不用应涂防锈油。要注意勿使两个测量面贴合在一起，以免锈蚀。

4）大型千分尺应平放在盒内，以免变形。

5）不允许用砂布和金刚砂擦拭测微螺杆上的污锈。

6）不能在千分尺的微分筒和固定套筒之间加酒精、煤油、柴油、凡士林和普通机油等，不允许把千分尺浸泡在上述油类及酒精中。如发现沾染上述物质，要用汽油洗净，再涂以特种轻质润滑油。

3. 百分表

百分表一般用于测量工件的长度尺寸和形位误差，也可以用于检验机床设备的几何精度或调整工件的装夹位置，以及作为某些测量装置的测量元件。百分表不仅能用于比较测量，也能用于绝对测量。

百分表是一种指示式表类量具，常用的有钟表式百分表、杠杆式百分表和内径百分表，测量精度一般为 0.01 mm（千分表的测量精度可达到 0.001 mm）。另外，百分表按精度分为 0 级和 1 级两种，0 级最高，1 级次之。测量范围分为 0～3 mm、0～5 mm 和 0～10 mm 等。

（1）百分表的结构。百分表的结构如图 3—21 所示。

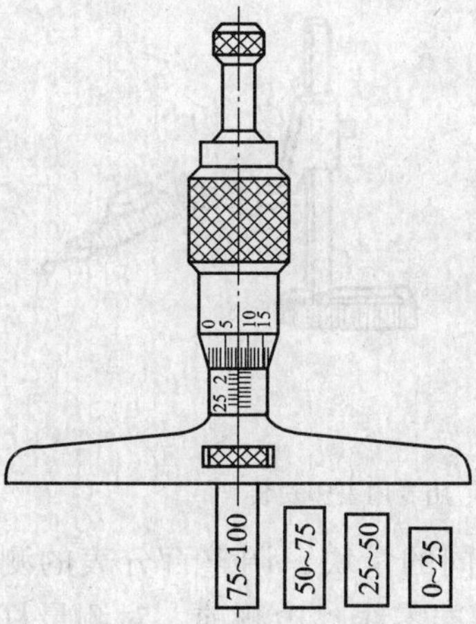

图 3—20　深度千分尺

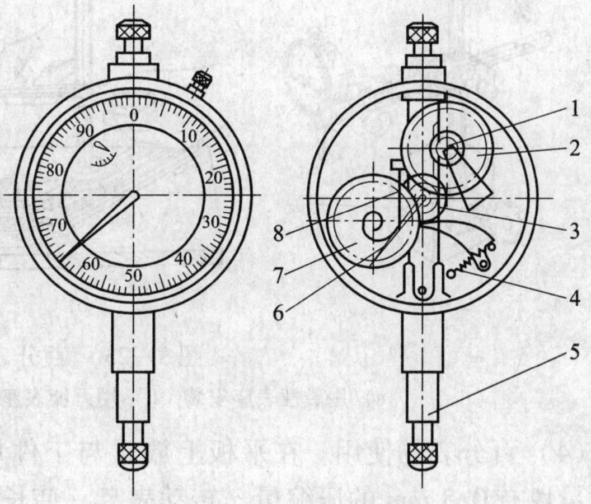

图 3—21　百分表的结构

1—小齿轮　2、7—大齿轮　3—中间齿轮　4—弹簧
5—测量杆　6—指针　8—盘簧

从图中可知，当带有齿条的测量杆上下移动时，带动与齿条啮合的小齿轮转动，此时与小齿轮固定在同一轴上的大齿轮也随着转动。通过大齿轮即可带动中间齿轮及与中间齿轮同轴的指针转动。这样通过齿轮传动系统可将测量杆的微小位移放大并转变成指

针的转动，并在刻度盘上指示出相应的示值。

为了消除由齿轮传动系统中齿侧间隙引起的测量误差，在百分表内装有盘簧，由盘簧产生的扭矩作用在大齿轮7上，大齿轮7也与中间齿轮啮合，这样可以保证齿轮在正反转时都在齿的同一侧面啮合，因而可消除齿侧间隙的影响。大齿轮的轴上装有短指针，以显示长指针的转数。

（2）百分表的刻线原理。百分表的刻线原理如图3—22所示。

百分表测量杆上齿条的齿距为0.625 mm，当测量杆上升1 mm（即上升1/0.625 = 1.6齿）时，16齿小齿轮就转过1/10转，同轴的100齿大齿轮也转过1/10转，与之啮合的10齿中间齿轮连同长指针转过1转。由此可知，测量杆上升1 mm，代表长指针转过了1周。由于表面上共刻100小格圆周刻度线，所以长指针每转1小格，就代表测量杆移动了0.01 mm。

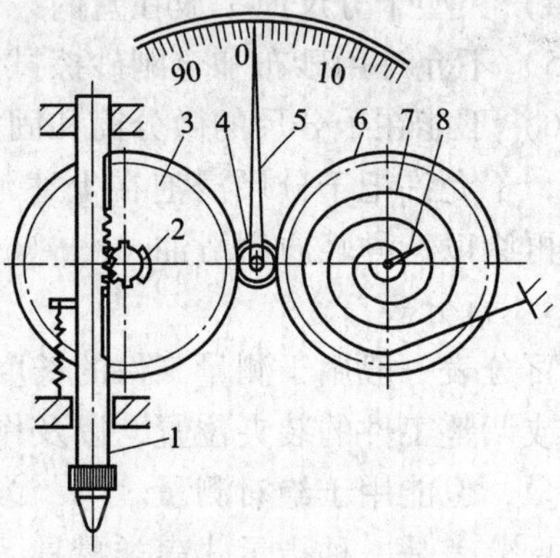

图3—22　百分表的刻线原理

1—测量杆　2—小齿轮　3、6—大齿轮　4—中间齿轮　5—长指针　7—盘簧　8—短指针

（3）百分表的安装。百分表一般与磁性表座配合使用，将百分表安装在表座接杆上，使百分表测量杆与测量面垂直。测量时，百分表测头与测量面接触后，使测量杆压缩0.5 mm左右，以保持一定的初始测量力，然后转动表盘使指针对准“0”位。如图3—23所示。

单元 3

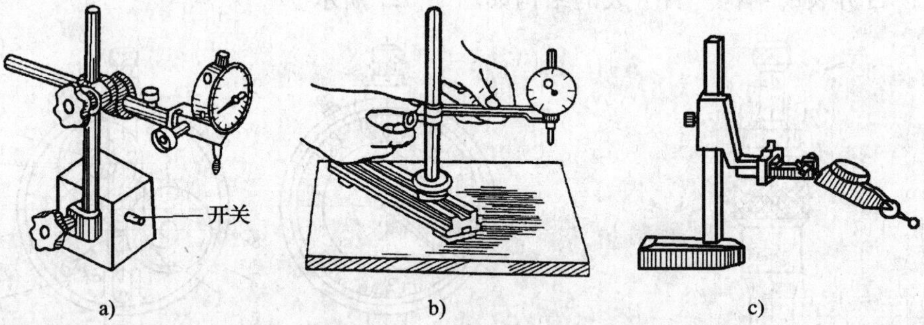

图3—23　百分表的安装

a）用磁性表座安装　b）用万能表座安装　c）用专用表座安装

（4）百分表的使用。在平板上放置与工件尺寸相同的量块，调整百分表的测量触头对量块有0.5 mm的压缩量。转动表盘，使长指针对准零线。检测前，对测量杆轻提轻放，若指针数值不变，即可对工件进行检测。检测时，轻提测量杆，放入被测工件并平移，观察指针的变化情况，如图3—24所示。

（5）百分表的维护保养。

1）提压测量杆的次数不要过多，距离不要过大，以免损坏机件及加剧零件磨损。

2）测量时，测量杆的行程不要超过百分表的示值范围，以免损坏表内零件。

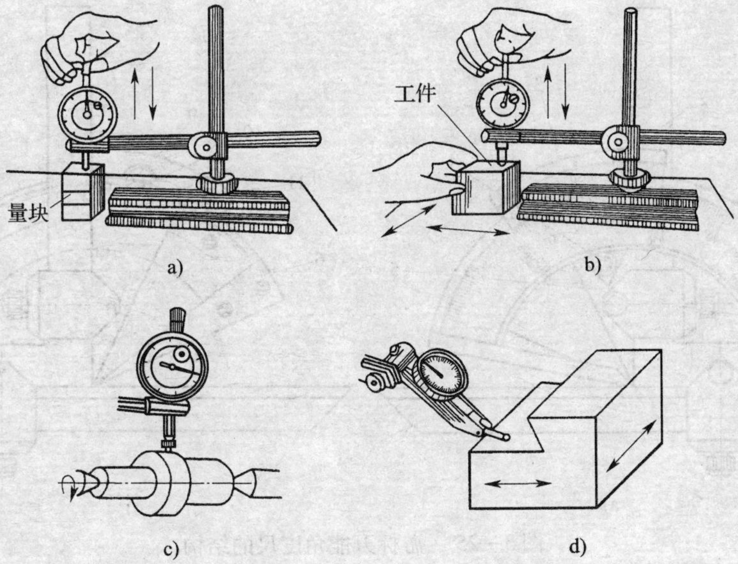

图 3—24 百分表的使用

a）用量块确定工件尺寸 b）确定尺寸后检测工件

c）用百分表检测工件径向圆跳动 d）用杠杆百分表检测工件平行度或平面度

3）应避免剧烈振动和碰撞，不要使测量头突然撞击在被测表面上，以防测量杆弯曲变形，更不能敲打表的任何部件。

4）表架要放稳，以免百分表摔坏。使用磁性表座时要注意表座开关的旋转位置。

5）严防水、油、灰尘等进入表内，不要随便拆卸表的后盖。百分表使用完毕，要擦净放在盒内，使测量杆处于自由状态，以免表内弹簧失效。

4. 游标万能角度尺（Ⅰ型）

游标万能角度尺是用来测量工件内、外角度的量具，有Ⅰ型、Ⅱ型两种类型。Ⅰ型游标万能角度尺的测量精度有 5′和 2′两种，测量范围为 0°～320°。

（1）游标万能角度尺的结构。如图 3—25 所示，游标万能角度尺由尺身、90°角尺、游标、制动器、扇形板、基尺、直尺、卡块、捏手、小齿轮和扇形齿轮等组成。游标固定在扇形板上，基尺和尺身连成一体。扇形板可以与尺身作相对回转运动，读数机构与游标卡尺相似。90°角尺用卡块固定在扇形板上，直尺又用卡块固定在 90°角尺上。根据所测角度的需要，也可拆下 90°角尺，将直尺直接固定在扇形板上。制动器可将扇形板和尺身锁紧，便于读数。

测量时，可转动游标万能角度尺背面的捏手，通过小齿轮转动扇形齿轮，使尺身相对扇形板产生转动，其基尺随尺身可沿游标转动，通过变换 90°角尺和直尺的不同位置来测量不同的角度。90°角尺和直尺的位置由卡块固定。

（2）游标万能角度尺的刻线原理及读数。游标万能角度尺的尺身刻线每格 1°，游标刻线将对应于尺身上 29°的弧长等分为 30 格，如图 3—26a 所示，即游标上每格所对应的角度为 $\frac{29°}{30}$，因此尺身 1 格与游标上 1 格相差 $1° - \frac{29°}{30} = \frac{1°}{30} = 2'$，即游标万能角度尺的分度值为 2′。

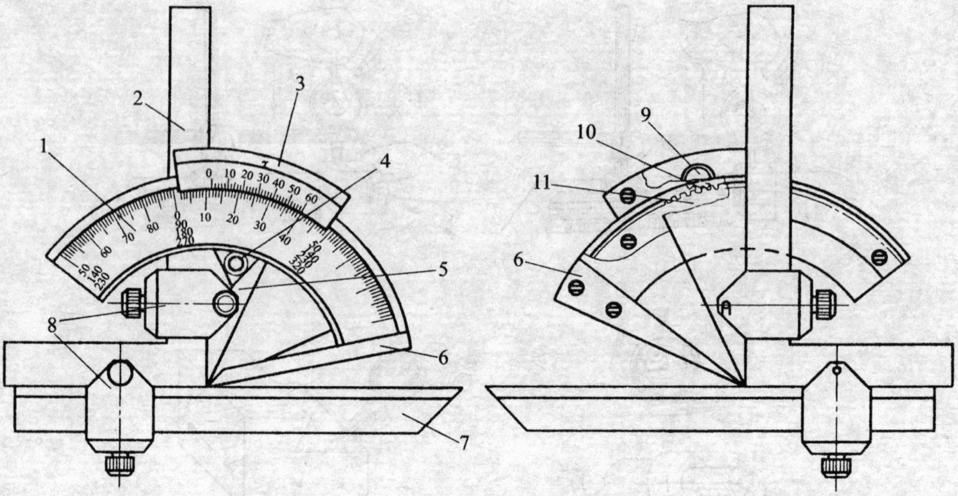

a)　　　　b)

图 3—25　游标万能角度尺的结构

a）正面　b）背面

1—尺身　2—90°角尺　3—游标　4—制动器　5—扇形板　6—基尺

7—直尺　8—卡块　9—捏手　10—小齿轮　11—扇形齿轮

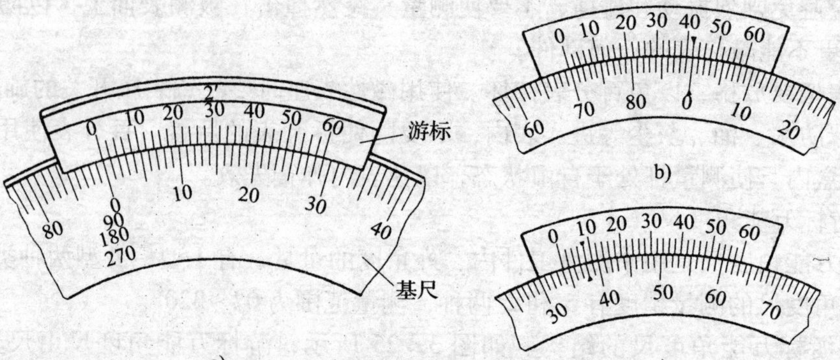

a)　　　　b)　　　　c)

图 3—26　游标万能角度尺的刻线原理及读数

游标万能角度尺的读数方法和游标卡尺相似，即先从尺身上读出游标零刻度线指示的整度数，再判断游标上的第几格刻线与尺身上的刻线对齐，就能确定角度“分”的数值，然后把两者相加，就是被测角度的数值。

在图 3—26b 中，游标上的零刻度线落在尺身上 69°到 70°之间，因而该被测角度的“度”的数值为 69°；游标上第 21 格的刻线与尺身上的某一刻线对齐，因而被测角度的“分”的数值为 2′×21＝42′，所以被测角度的数值为 69°42′。利用同样的方法，可以得出图 3—26c 中被测角度的数值为 34°8′。

（3）游标万能角度尺的测量范围。由于 90°角尺和直尺可以移动和拆除，因而游标万能角度尺可以测量 0°～320°间的任意角度，如图 3—27 所示。

图 3—27a 为测量 0°～50°时的情况，被测工件放在基尺和直尺的测量面之间，此时按尺身上的第一排刻度读数。

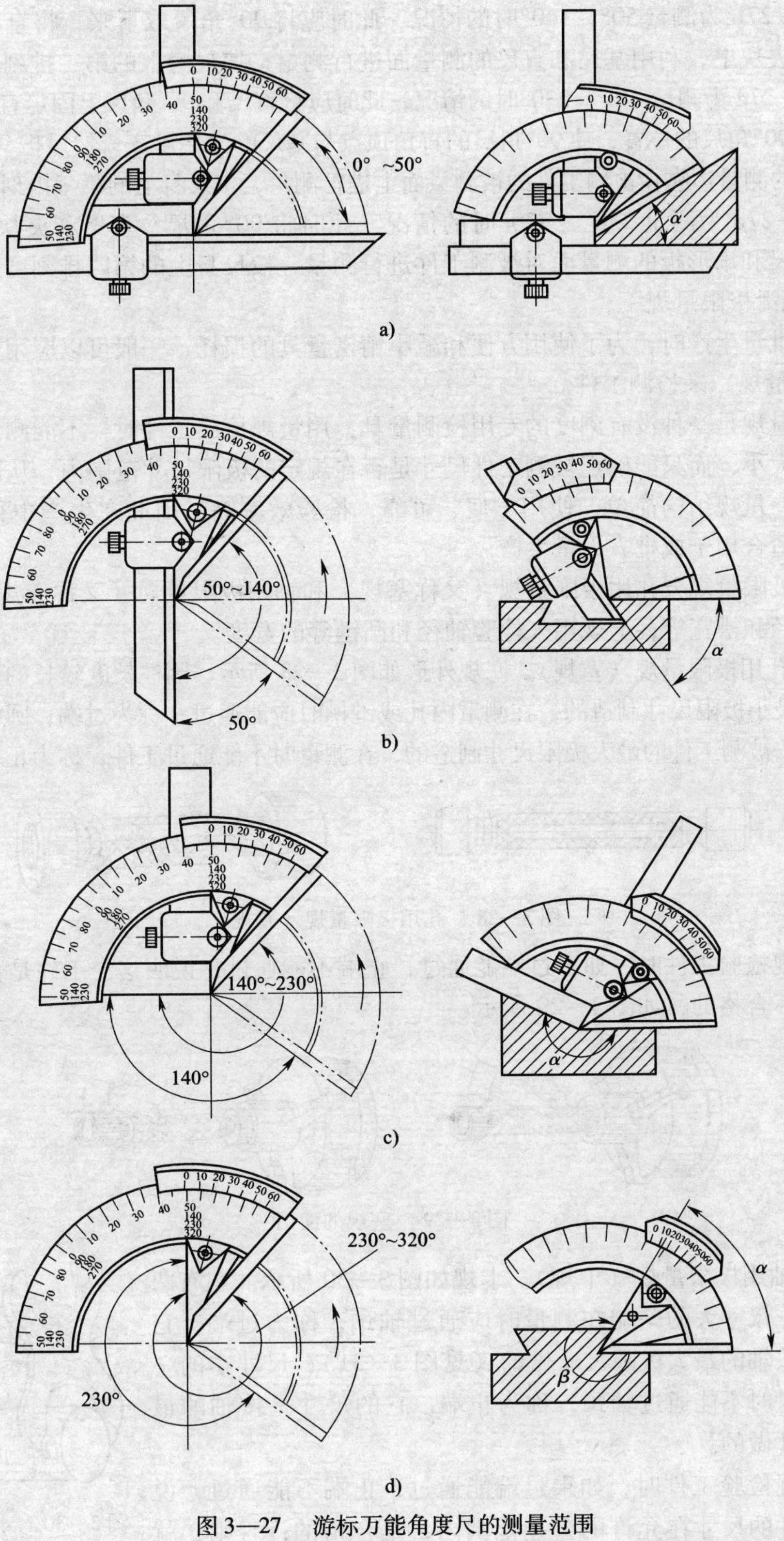

图 3—27　游标万能角度尺的测量范围

图 3—27b 为测量 50°～140°时的情况，此时应将 90°角尺取下来，将直尺直接装在扇形板的夹块上，利用基尺和直尺的测量面进行测量，按尺身上的第二排刻度读数。

图 3—27c 为测量 140°～230°时的情况，此时应将直尺和 90°角尺上固定直尺的夹块取下，调整 90°角尺的位置，使 90°角尺的直角顶点与基尺的尖端对齐，然后把 90°角尺的短边和基尺的测量边靠在被测工件的被测量面上进行测量，按尺身上的第三排刻度读数。

图 3—27d 为测量 230°～320°时的情况，此时将 90°角尺、直尺和夹块全部取下，直接用基尺和扇形板的测量面对被测工件进行测量，按尺身上的第四排刻度读数。

5．光滑极限量规

在大批量生产时，为了使用方便和减小精密量具的损耗，一般可以应用光滑极限量规（简称量规）来检测工件。

极限量规是一种没有刻度的专用检测量具，用量规检测工件时，不能测量出工件实际尺寸的大小，而只能确定被测工件尺寸是否在规定的极限尺寸范围内，从而判定工件是否合格。量规结构简单，使用方便、可靠，检验效率高，因此在生产中得到广泛应用，特别适合用于成批、大量生产。

光滑极限量规分孔用极限量规（又称塞规）和轴用极限量规（又称卡规）。塞规用来检验孔径和槽宽等，卡规用来检验轴径和凸键等的宽度。

（1）孔用极限量规（塞规）。塞规外形如图 3—28 所示。圆柱长度较长的一端是按被测工件的最小极限尺寸制造的，在测量内孔或键槽时应能通过，称为过端；圆柱长度较短的一端是按被测工件的最大极限尺寸制造的，在测量时不能通过工件，称为止端。

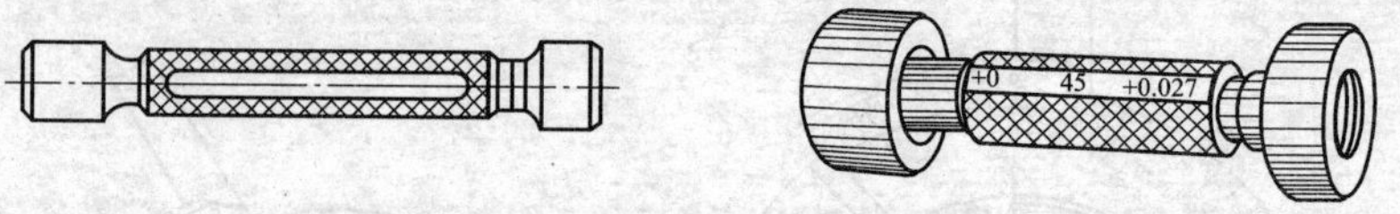

图 3—28　孔用极限量规（塞规）

用塞规检验工件时，如果过端能通过，止端不能通过，说明这个工件是合格的；否则，就是不合格的，如图 3—29 所示。

图 3—29　塞规的使用

（2）轴用极限量规（卡规）。卡规如图 3—30 所示。它有两个测量面，尺寸大的一端在测量时应通过轴颈，称为过端，它的尺寸是按轴的最大极限尺寸做的（见图 3—31）；尺寸小的一端，在测量时不能通过轴颈，称为止端，它的尺寸是按轴的最小极限尺寸做的。

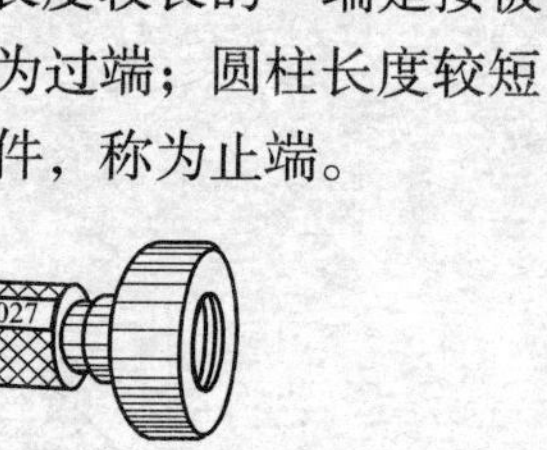

图 3—30　卡规的使用

用卡规检验工件时，如果过端能通过，止端不能通过，说明这个工件的尺寸在允许的公差范围内，是合格的；否则，就是不合格的。

（3）量规公差。在制造极限量规时，当然也不可能做到绝对准确。因此也必须给予一定的公差，这个公差叫做制造公差。量规制造公差很小，只有零件的1/11～1/3。

量规的过端因在使用时必须通过工件，用久以后一定会磨损，如卡规的过端磨损变大、塞规的过端磨损变小，结果因不能保持原来尺寸而不能用了，这样很不经济。为了避免这种情况，一般在过端加上一个磨损公差（一般是工件公差的1/7～1/4），因此卡规过端的实际尺寸比理论尺寸小，塞规过端的实际尺寸比理论尺寸大。这样的量规可以一直用到磨损公差用完为止。

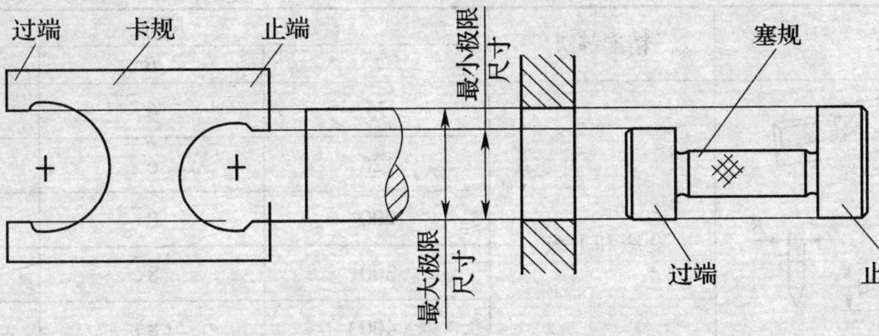

图3—31　卡规和塞规的尺寸

量规的止端，由于很少通过零件，磨损较小，因此一般不加磨损公差。

根据上面所述，量规在制造时，过端要考虑制造公差和磨损公差，止端只需要考虑制造公差。

在塞规使用中，注意不得将过端强行塞入孔（槽）内，如图3—32a所示。

在卡规使用中，过端应很容易使工件通过，卡规靠本身重量即可滑过工件，止端只可卡住，如图3—32b所示。

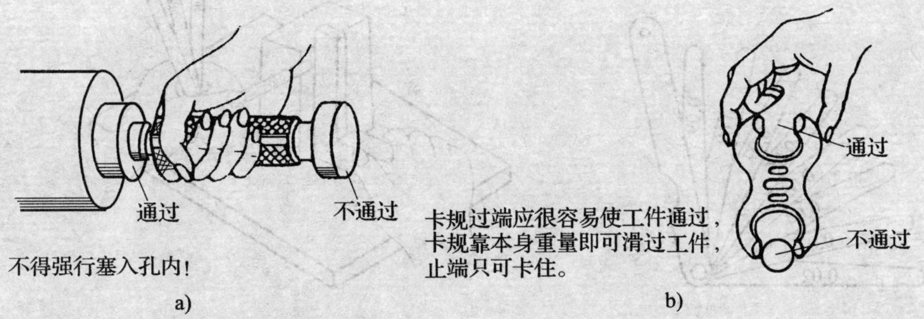

图3—32　正确使用塞规、卡规

6. 刀口形直尺

刀口形直尺（见图3—33）用来检测工件平面的直线度和平面度。刀口形直尺刀口（棱边）的直线度精度很高，刀口的圆弧半径为0.1～0.2 mm。用刀口形直尺检验工件时，刀口要紧贴工件被测平面，然后观察平面与刀口之间透光缝隙的大小，若透光细而均匀，则平面平直。

检测平面的平面度时，除沿工件的纵向、横向检查外，还要沿对角线方向检查，如图3—34所示。

图 3—33　刀口形直尺

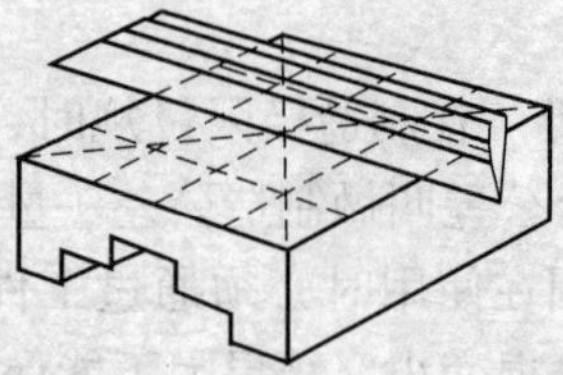

图 3—34　从各个方向检查平面度

刀口形直尺各部分的尺寸见表 3—4。

表 3—4　**刀口形直尺各部分的尺寸**　mm

图示	精度等级	尺寸		
		L	*B*	*H*
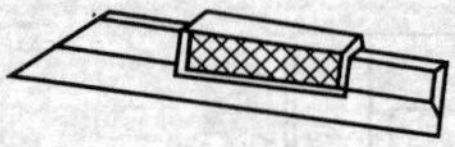 a) 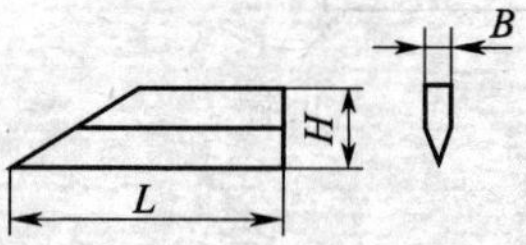 b)	0 级和 1 级	75	6	22
		125	6	27
		200	8	30
		300	8	40
		(400)	(8)	(45)
		(500)	(10)	(50)

7. 塞尺

塞尺（见图 3—35）是由一套不同厚度的薄钢片组成的测量工具，每片钢片上都标明了厚度。塞尺主要用来检测两个配合面之间的间隙大小，也可配合 90°角尺测量工件相邻表面间的垂直度误差，如图 3—36 所示。

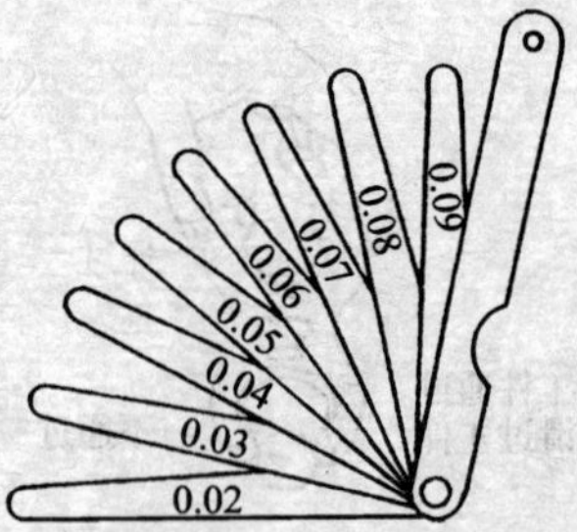

图 3—35　塞尺

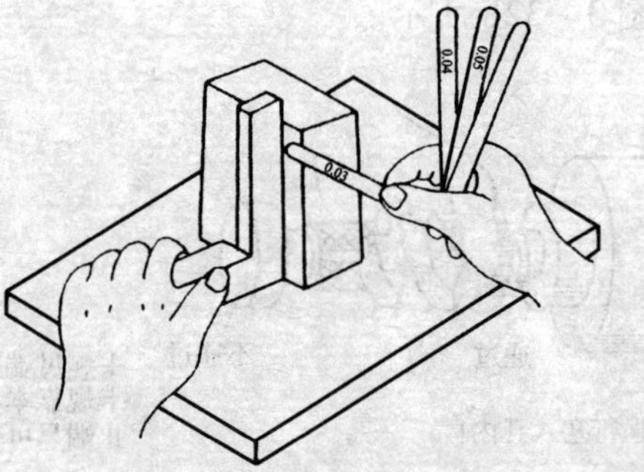

图 3—36　用塞尺和 90°角尺检测工件垂直度误差

测量工件时，根据间隙的大小选择 1 ~ 3 片塞尺重叠在一起插入间隙内，使塞尺在间隙内既能活动，又能保持塞尺两面间稍有轻微的摩擦。例如，测量时用 0.05 mm 厚度的 1 片塞入间隙内，若显得活动量太大，就采用 0.08 mm 1 片，若塞不进去，就说明间隙在 0.05 ~ 0.08 mm 之间，因此塞尺也是一种界限量规。

使用塞尺时应注意的事项：使用前必须擦净塞尺和工件上的油污和铁屑，以免有污物影响测量结果的正确性；测量时用力不宜太大，以免弯曲或折断；不能测量温度较高的工件。

8．90°角尺

90°角尺可用来检测工件相邻表面的垂直度，其外形如图 3—37 所示。

用 90°角尺检测垂直度如图 3—38 所示。测量工件时，使 90°角尺短边的内侧面或外侧面贴紧被测工件的基准面。

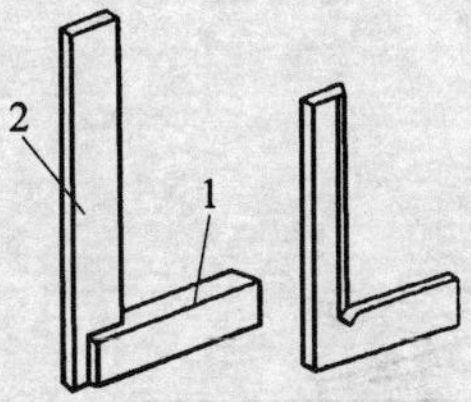

图 3—37　90°角尺

1—短边（尺座）　2—长边（尺苗）

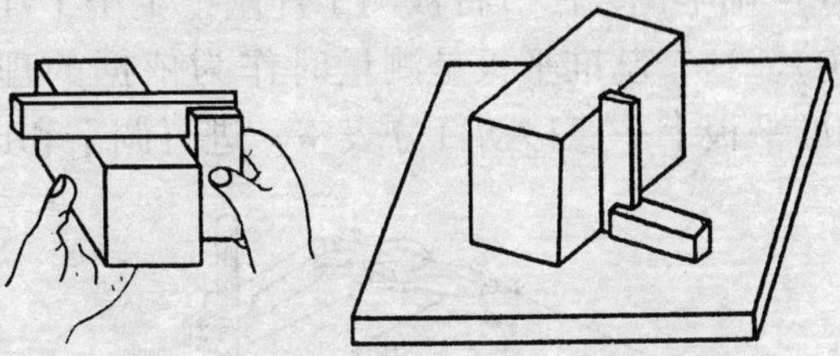

a)　b)

图 3—38　用 90°角尺检测垂直度

a）用内侧面检测垂直度　b）用外侧面检测垂直度

测量时应注意，90°角尺尺身前后不能歪斜；尺座、尺苗不能倒置，以免影响检测结果的正确性，如图 3—39 所示。

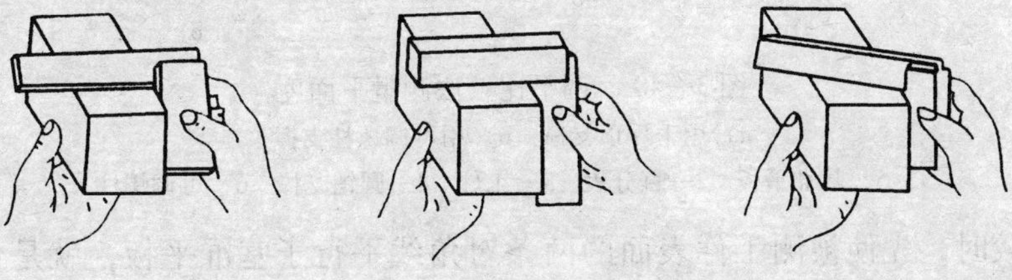

a)　b)　c)

图 3—39　错误使用 90°角尺

a）尺身前后歪斜　b）尺座、尺苗倒置　c）尺身左右歪斜

第二节　零件的检测与误差分析

培训目标

- → 掌握平面的检测方法。
- → 掌握台阶的检测方法。
- → 掌握直角沟槽和键槽的检测方法。
- → 掌握特形沟槽的检测方法。
- → 掌握外花键的检测方法。
- → 能分析各种零件产生误差的原因。

一、零件的检测方法

1．平面的检测

对平面主要是平面度和直线度的检测，这两项都是形状公差中的项目。平面度是指

平面要素实际形状的平整程度（平面要素指各种平板平面、箱体、矩形体的结合面等），属形状公差，用“▱”表示。直线度是指直线要素实际形状的平直程度（直线要素指平面间的棱线等），也是形状公差，用“—”表示。

（1）平面度检测方法。

1）调平比较法。将被测工件用三个小千斤顶或可调螺柱支撑在基准平板上（见图3—40）。这个基准平板是测量时作为依据的理想平面。使百分表触头抵住被测表面，在基准平板上平稳移动百分表座，进行调平和比较。

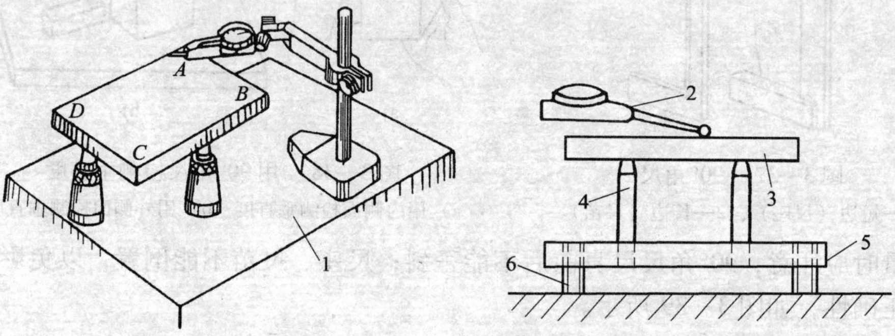

a)　　b)

图3—40　调平比较法测量平面度

a）用千斤顶支撑　b）用可调螺柱支撑

1、5—基准平板　2—百分表　3—工件　4—圆销支撑　6—可调螺柱

调平比较时，先使被测工件表面的两条对角线平行于基准平板，就是使图3—40a中A点和C点距基准平板等高，然后检测B点和D点，比较是否也等高，根据百分表上的最大读数与最小读数之差检测工件的平面度误差。

这种检测方法要求基准平板的精度要高（平板精度是指平面度误差），当精度误差超过规定标准时，要由钳工对基准平板及时铲刮，使其恢复精度。

2）接触点法。在被检验表面上薄薄地涂上一层红丹油之类的颜料，将平板尺的工作面扣在被检测平面上（见图3—41）来回拖动，轻微研磨，根据着色点分布情况来判断被检验表面的平面度误差。

（2）直线度检测方法。

1）刀口形直尺测隙法。用刀口形直尺的刀口与被检测表面接触（见图3—42a），并朝与刀口垂直的方向轻轻摆动，摆动幅度约15°（见图3—42b），观察两者接触后缝隙的透光情况（见图3—43）。透光的缝隙即被检测表面的直线度误差。缝隙小于0.5 μm时，看不见透光；缝隙为0.5～1 μm时，可见蓝光；缝隙为1～1.5 μm时，可见红光；缝隙大于2.5 μm时，可见白光。

2）塞尺测隙法。被测表面的直线度误差较大时，可使用塞尺进行检测。将被检测平面和标准平板的工作面接触，用塞尺塞入缝隙，当松紧适宜时，这片塞尺的厚度即被测表面的直线度误差。

（3）垂直度的检测。

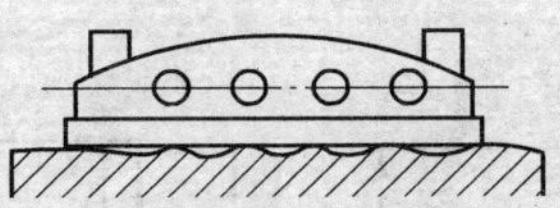

图 3—41　接触点法检测平面度

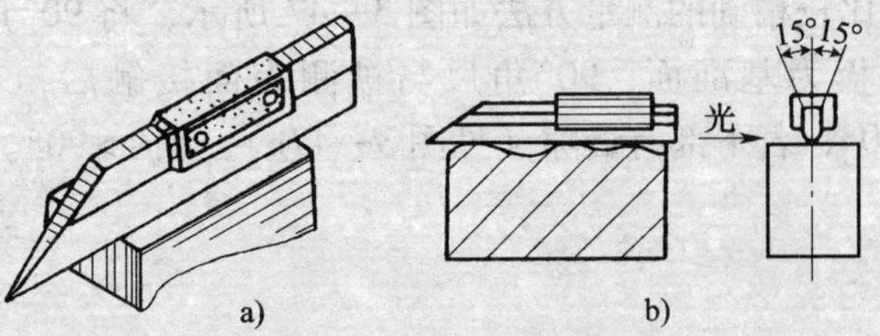

图 3—42　检测直线度
a）用刀口形直尺检测　b）刀口形直尺的使用方法

垂直面的垂直度是指两个互相垂直的表面保持 90° 夹角的准确程度，属位置公差，用符号“⊥”表示。检测垂直度的常用方法有以下几种：

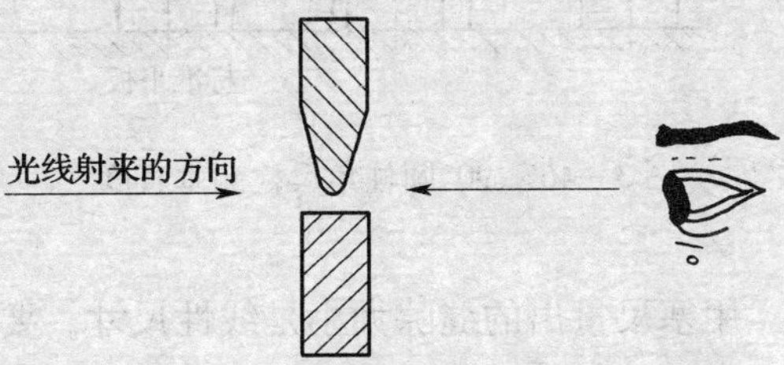

图 3—43　观察透光情况

1）百分表直接测量法。将被测量工件放在标准平板上（见图 3—44a），百分表底座的底面紧贴标准角铁的立面，百分表触头抵住被测表面，使百分表由上到下、由左到右缓慢移动，从百分表表针示值的变化情况来确定垂直度误差数值。

如图 3—44b 所示是用 90° 角尺和百分表检测垂直度的方法。使工件基准面与标准平板接触，90° 角尺的短边固定或紧密贴在被测面上，百分表触头抵住 90° 角尺的上表面，移动表座在全长 h 上进行测量，a_1 至 a_2 处的偏差即被测工件的垂直度误差。

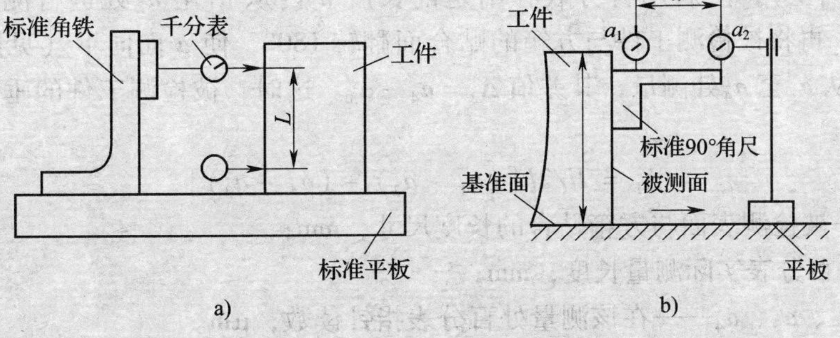

图 3—44　用千分表检测垂直度
a）表座抵住角铁　b）90° 角尺短边抵住检测面

2）透光检测法。可使用 90° 角尺测量（见图 3—45），短边与被测面的基准面紧密贴合，观察 90° 角尺长边与被测面是否贴合，如果接触严密不透光，说明垂直度无误差，否则说明有一定的误差。

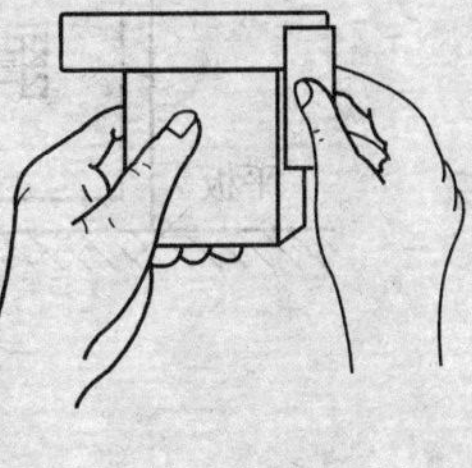

图 3—45　用 90° 角尺检测垂直度

如图 3—46 所示是使用 90° 圆柱角尺测量垂直度。将被测工件和 90° 圆柱角尺放在标准平板上，并使两者接触，根据透光情况和缝隙大小来判断垂直度误差。检测时，90° 圆柱角尺的高度要大于被测表面的高度。

比较精确的测量方法如图 3—47 所示，将 90°角尺和被检测工件放在标准平板上，以平板为基准面，90°角尺与被测表面接触后，若上部有缝隙（见图 3—47a），则 $\beta<90°$；若下部有缝隙（见图 3—47b），则 $\beta>90°$。缝隙的大小可用塞尺测量。

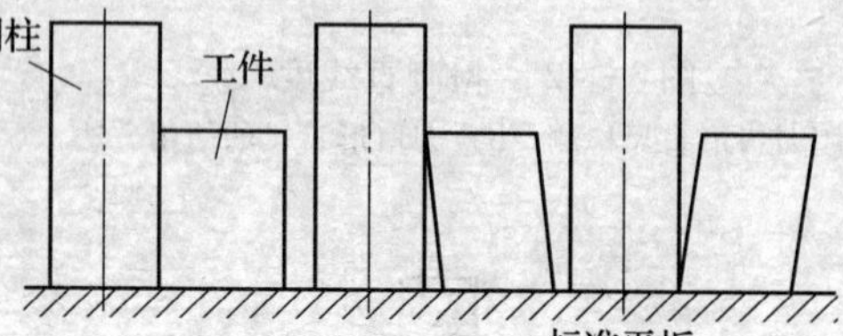

图 3—46　90°圆柱角尺检测垂直度

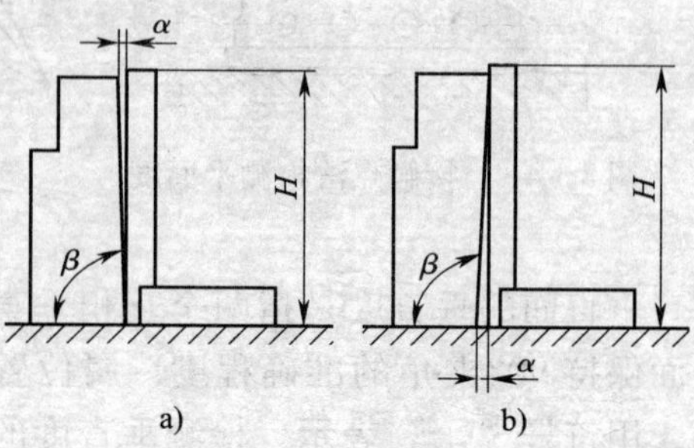

图 3—47　被测垂直面的缝隙

a）上部有缝隙　b）下部有缝隙

用塞尺量出的缝隙大小是线性尺寸，要换算成角度值，可用下面的公式：

$$\beta = \arctan(a/H) \times 2 \times 10^5$$

式中　a——塞尺测得的缝隙尺寸，即塞尺厚度，mm；

H——直角尺长边（立边）工作尺寸，即被检测面高度，mm。

（4）90°角尺类工件检测方法。被检测工件呈 90°角尺类表面或对 90°角尺的垂直度进行检测时，可使用下面的方法：

单元 3

将被检测工件固定在标准方箱上，被测工件的基准面与方箱接触，如图 3—48a 所示（即 a 面向上），然后用百分表在给定的长度 h 内从 a_1 至 a_2 处进行测量，其差值 $\Delta_1 = a_2 - a_1$。再将被检测工件与方箱的贴合面翻转 180°，使 a 面向下（见图 3—48b），用上述方法从 a_3 至 a_4 处测量，其差值 $\Delta_2 = a_4 - a_3$。这时，被检测工件的垂直度偏差 Δ_f 用下式计算：

$$\Delta_f = H/2h[(a_1 - a_2) + (a_4 - a_3)]$$

式中　H——被检测表面与方箱贴合的长度尺寸，mm；

h——百分表实际测量长度，mm；

a_1、a_2、a_3、a_4——在该测量处百分表指针读数，μm。

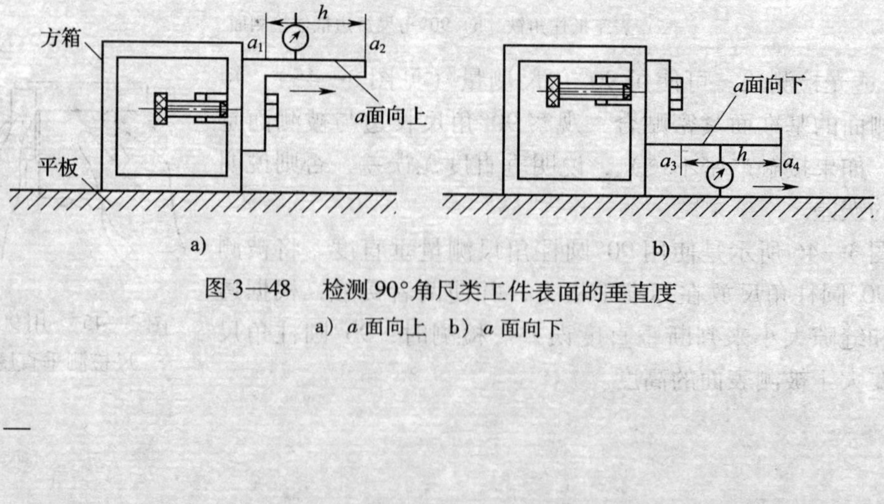

图 3—48　检测 90°角尺类工件表面的垂直度

a）a 面向上　b）a 面向下

被测工件在方箱上的固定可使用弓形夹（见图 3—49）类的工具。

2．台阶的检测

（1）检测方法。台阶的检测比较简单，台阶的宽度和深度可用游标卡尺或千分尺直接测量。若不便用千分尺测量或台阶、精度要求较高，可用轴用极限量规（卡规）检测，“通端过，止端止”为合格（见图 3—50）。检验台阶的对称度时，使杠杆百分表测头与台阶一侧面相接触约 0.2 mm，然后转动表盘使指针对准“0”位，再将工件翻转 180°，测量另一侧面，两次读数之差值就是对称度误差，如图 3—51 所示。

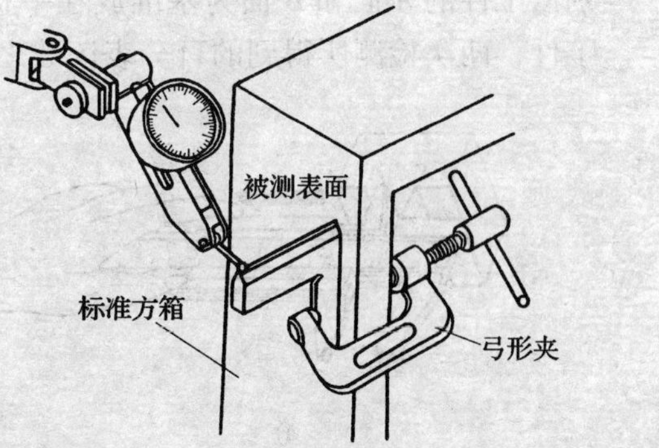

图 3—49　用弓形夹固定被测工件

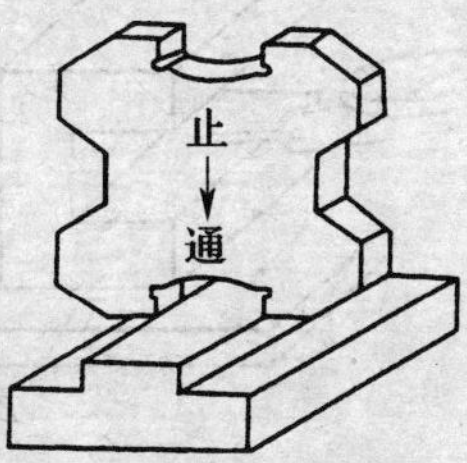

图 3—50　检测台阶宽度

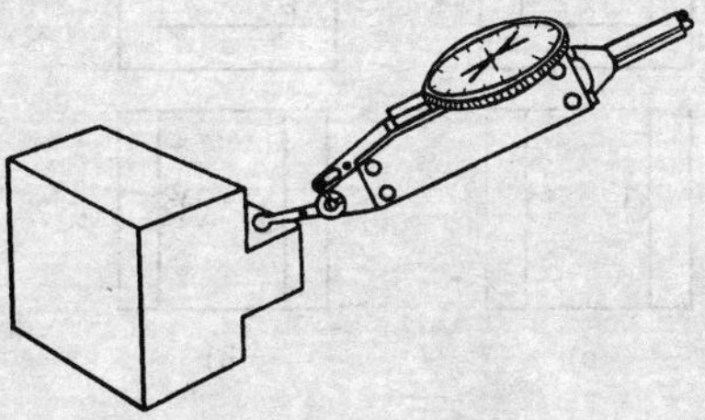

图 3—51　检测台阶对称度

（2）误差分析。铣削台阶时，台阶不合格的情况很多。如图 3—52 所示的工作台“0”位不准使台阶产生“上窄下宽”现象。还有图 3—53a 所示的台阶底面倾斜，图 3—53b 所示的台阶侧面倾斜等。

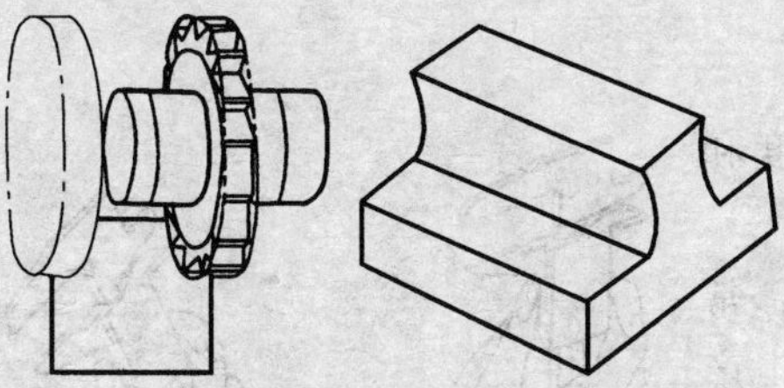

图 3—52　工作台“0”位不准使台阶产生“上窄下宽”现象

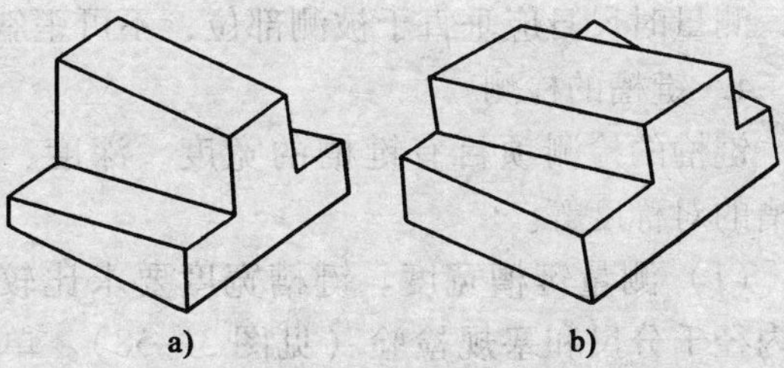

图 3—53　台阶不合格的情况
a）台阶底面倾斜　b）台阶侧面倾斜

3．直角沟槽的检测

（1）对于精度要求不高的直角沟槽的长度、宽度和深度，可用游标卡尺测量。成批生产或工件尺寸精度要求较高时，槽宽可用极限量规（塞尺）检测。采用游标卡尺（见图 3—54）测量时，将一个量爪紧贴被测量面，另一量爪作微量摆动，以寻得槽侧间最小距离，读出测量数值。测量时量爪的位置如图 3—55 所示。

（2）对称度或平行度可用游标卡尺或杠杆百分表检测（见图 3—56）。检测时，分

别以工件的 A 面和 B 面为基准放在平板上，使百分表的测头与工件的侧面接触，平移工件，两次检测所得到的百分表读数之差，即对称度（或平行度）误差值。

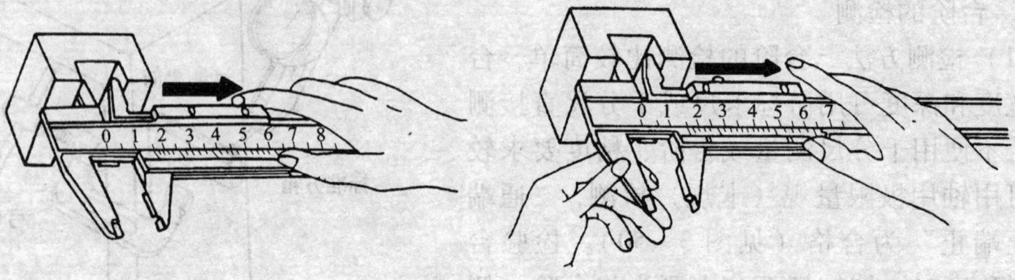

a)　　b)

图 3—54　用游标卡尺测量直角沟槽宽度

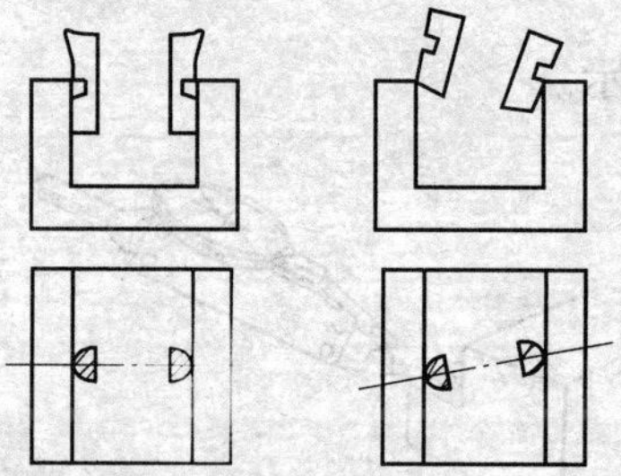

a)　　b)

图 3—55　游标卡尺测量直角沟槽宽度时量爪的位置

a）正确　b）错误

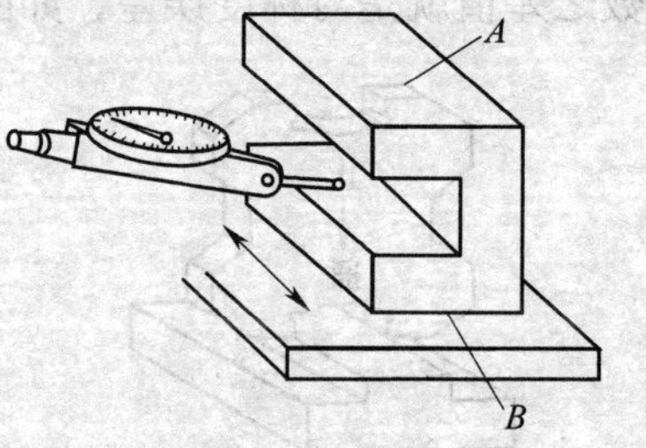

图 3—56　检测沟槽的对称度或平行度

（3）用游标卡尺的测深尺测量槽深。用游标卡尺测量深度的方法如图 3—57 所示，测量时，应使测深尺尺身端面与测量基准面贴合，用手拉动尺框，使测深尺与槽底接触，测量时尺身应垂直于被测部位，不可歪斜。

4. 键槽的检测

键槽的检测项目有键槽的宽度、深度、长度和键槽的对称度等。

（1）测量键槽宽度。键槽宽度要求比较高，常用内径千分尺和塞规检验（见图 3—58）。单件生产时，一般用游标卡尺或内径千分尺测量，直接读数即可；批量生产或精度要求较高时，可选用与槽宽公差等级相对应的塞规，检测时，“通端过，止端止”为合格。

（2）测量键槽深度。键槽深度的精度要求不是很高，但尺寸的基准可能是工件上、下素线或轴线，测量时常需要进行尺寸换算（见图 3—59）。用游标卡尺测量后，若槽深尺寸基准是轴线，则须减去工件实际直径才能得到槽深的测量尺寸。

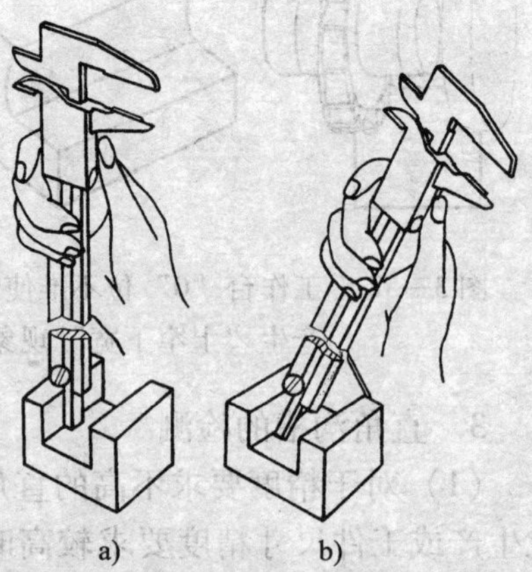

a)　　b)

图 3—57　用游标卡尺测量槽深

a）正确　b）错误

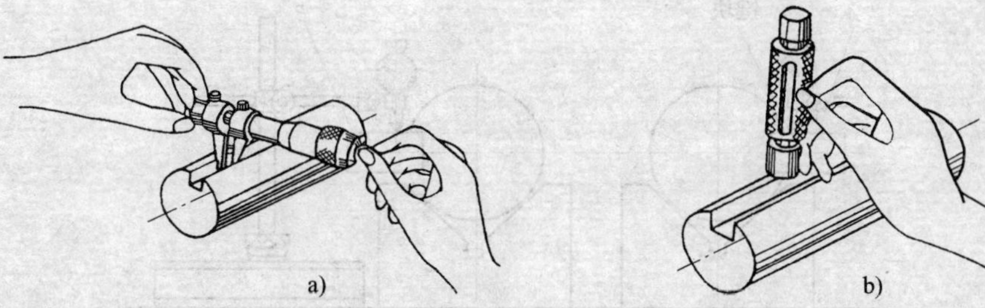

图 3—58　键槽宽度测量

a）用内径千分尺测量　b）用塞规检测

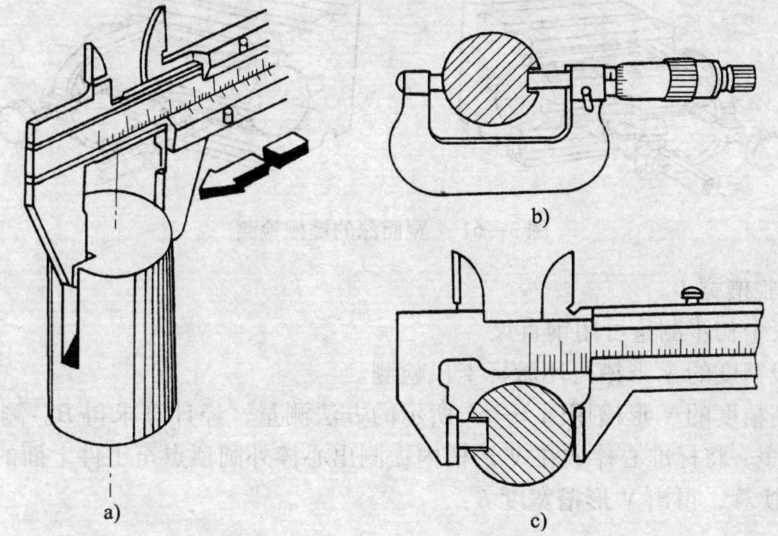

图 3—59　键槽深度测量

a）用游标卡尺直接测量　b）用千分尺测量　c）塞入键块间接测量

（3）测量键槽对称度。

1）窄而浅的键槽检测。如图 3—60 所示，在键槽内紧密插入一块平整的键块，以增大测量范围，用百分表校正键块的 A 平面与平板（或工作台面）平行，使指针接触约 0.20 mm，然后转动表盘，使指针对准“0”位；将工件转过 180°，再用百分表校正键块的 B 平面与平板（或工作台面）平行。此时若指针也对准“0”位，说明对称性良好；若指针不对准“0”位，两次读数之差即为对称度误差。

2）宽而深的键槽检测。如图 3—61 所示，把工件放入 V 形槽内，用杠杆百分表将键槽一侧面校平，使指针接触约 0.20 mm，然后转动表盘，使指针对准“0”位；将 V 形槽反转 180°，测量键槽的另一侧面。此时若指针也对准“0”位，说明对称性良好；若指针不对准“0”位，两次读数之差即为对称度误差。

（4）测量键槽的长度和轴向位置。这两项可用钢直尺或游标卡尺测量。

5. V 形槽的检验

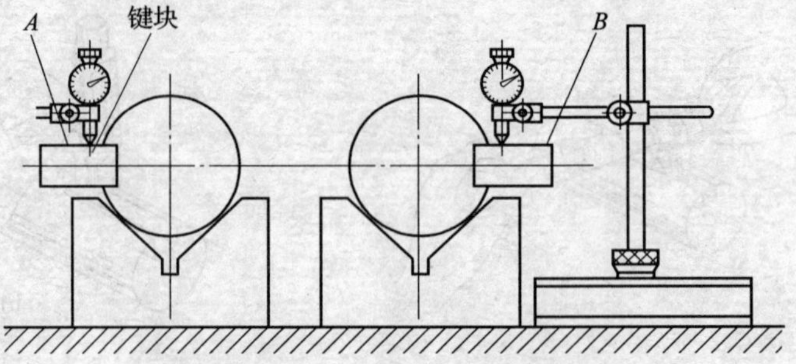

图 3—60　窄而浅的键槽检测

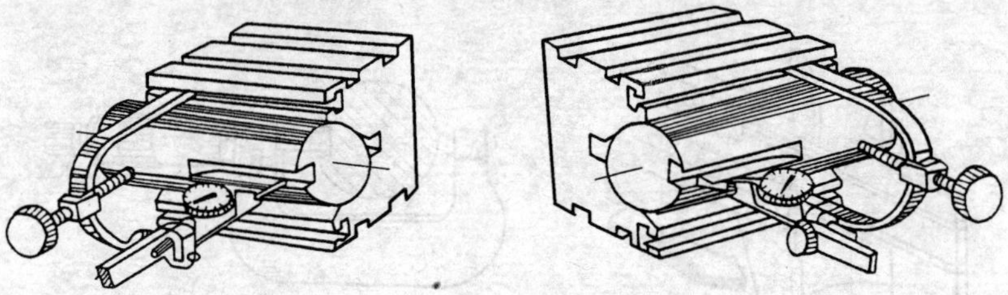

图 3—61　宽而深的键槽检测

（1）检验槽宽 B。

1）加工中初步测量可用钢直尺。

2）一般精度的 V 形槽可用游标卡尺检测。

3）较高精度的 V 形槽用图 3—62 所示的方法测量，经计算求得 B。测量时，首先把工件擦干净，将标准心棒放在 V 形槽内，测出心棒外圆顶点至工件上面的距离 h，然后根据公式换算，得出 V 形槽宽度 B：

$$B = 2\tan\frac{\alpha}{2}\left(\frac{R}{\sin\frac{\alpha}{2}} + R - h\right)$$

式中 R——标准心棒半径，mm；

α——V 形槽角度（°）；

h——标准心棒外圆顶点至工件上面的距离，mm。

（2）检验槽角 α。

1）可以用刀口形 90°角尺测量槽角为 90°的 V 形槽，看尺座、尺苗的外侧面与 V 形槽两侧面是否有缝隙，如图 3—63a 所示。

2）用游标万能角度尺检测槽角时，只要准确检测出角度 β_1 和 β_2，即可间接检测出槽半角 $\alpha/2$，如图 3—63b 所示。

$$\alpha/2 = \beta_1 - 90° = \beta_2 - 90°$$

3）比较精确的方法如图 3—64 所示。测量时选用两根不同直径的心棒进行测量，分别测得 H 和 h，然后按下式计算求得 α：

$$\sin\frac{\alpha}{2} = \frac{R - r}{(H - R) - (h - r)}$$

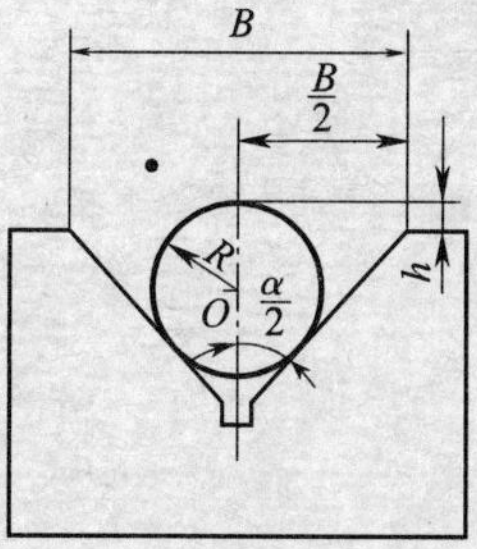

图 3—62　V 形槽的宽度计算

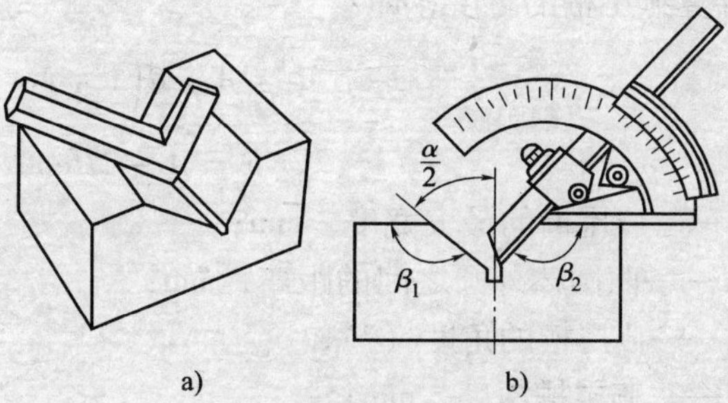

图 3—63　测量 V 形槽槽角

a）用刀口形 90°角尺测量槽角　b）用游标万能角度尺检测槽半角

式中　R——较大直径心棒的半径，mm；

r——较小直径心棒的半径，mm；

H——较大直径心棒外圆最高点到工件底面距离，mm；

h——较小直径心棒外圆最高点到工件底面距离，mm；

α——V 形槽槽角（°）。

（3）检验 V 形槽对称度。检验 V 形槽对称度的方法如图 3—65 所示。测量时应以工件的两个侧面为基准，在 V 形槽内放入标准圆棒，用百分表测出圆棒的最高点，然后将工件翻转 180°，再用百分表测出圆棒的最高点，示值差即为对称度误差。

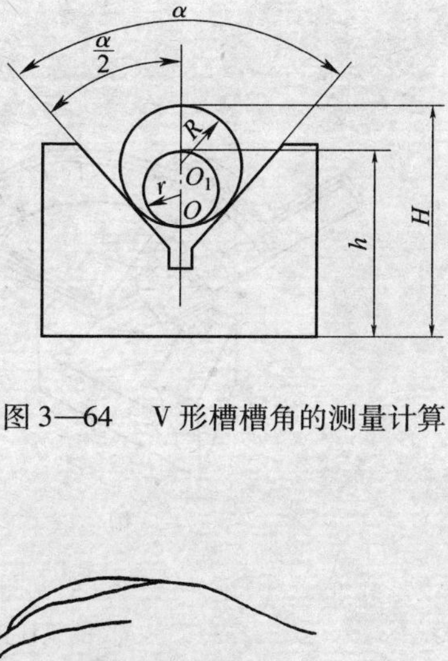

图 3—64　V 形槽槽角的测量计算

6．燕尾槽和燕尾块的检测

为了达到燕尾槽与燕尾块的配合精度要求，除了用游标卡尺和样板进行初步检验外，还应采用比较精确的测量方法。

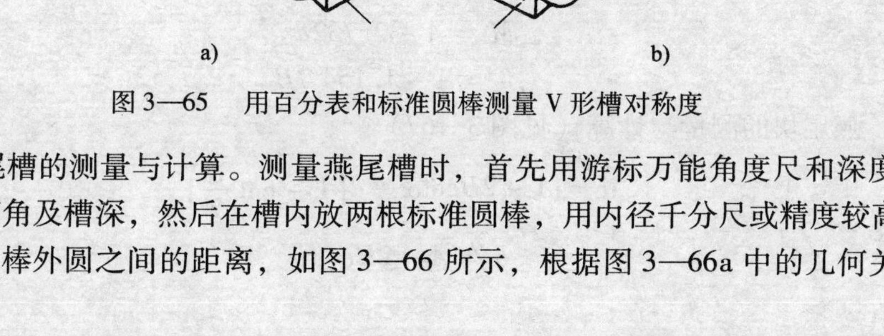

图 3—65　用百分表和标准圆棒测量 V 形槽对称度

（1）燕尾槽的测量与计算。测量燕尾槽时，首先用游标万能角度尺和深度千分尺检验燕尾槽槽角及槽深，然后在槽内放两根标准圆棒，用内径千分尺或精度较高的游标卡尺测量出圆棒外圆之间的距离，如图 3—66 所示，根据图 3—66a 中的几何关系，可用下式计算燕尾槽的宽度，即：

$$M = A - d\left(1 + \cot\frac{\alpha}{2}\right)$$

$$b = A - 2H\cot\alpha$$

式中　A——燕尾槽的最大宽度，mm；

M——两圆棒外圆之间的距离，mm；

α——燕尾槽的角度（°）；

H——燕尾槽深度，mm；

d——标准圆棒直径，mm；

b——燕尾槽的最小宽度，mm。

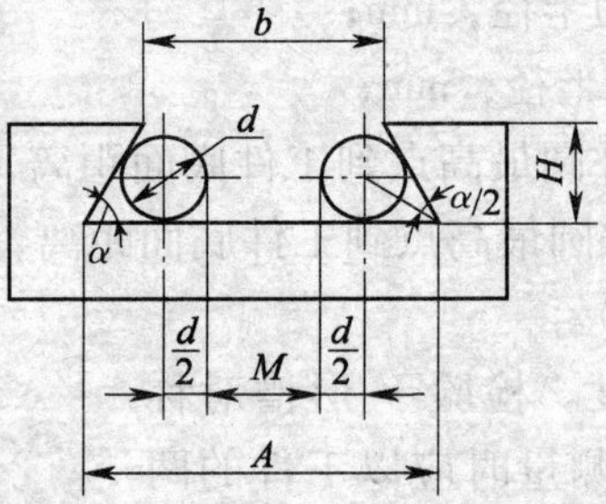

a)

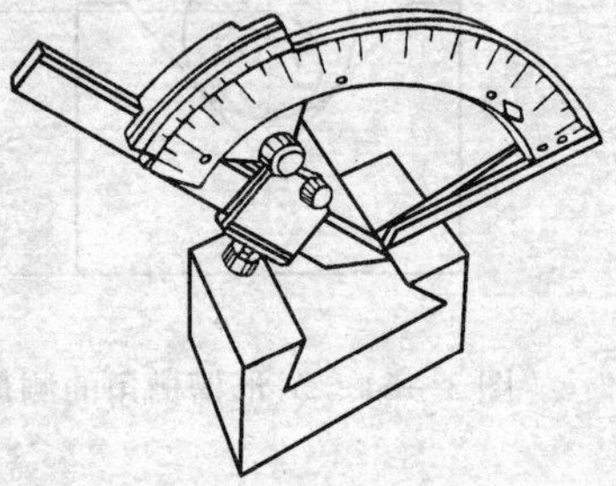
b)

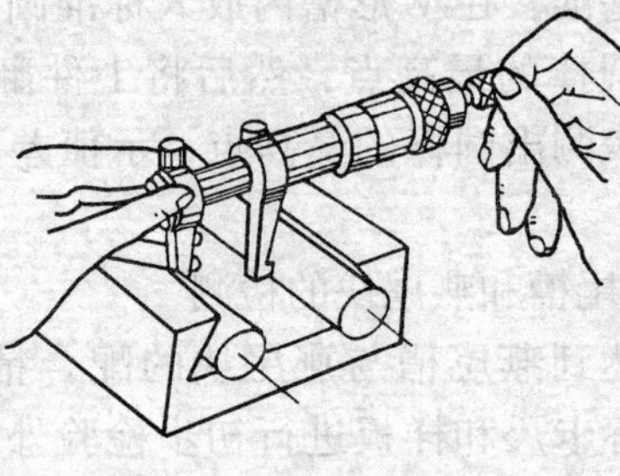
c)

图3—66　燕尾槽测量计算

a）测量计算示意图　b）测量槽角　c）测量宽度

当 $\alpha = 55°$时：

$$M = A - 2.921d$$

$$b = A - 1.4H$$

当 $\alpha = 60°$时：

$$M = A - 2.732d$$

$$b = A - 1.154\,7H$$

（2）燕尾块的测量与计算（见图3—67）。

$$M = A - 2H\cot\alpha + d\left(1 + \cot\frac{\alpha}{2}\right)$$

$$b = A - 2H\cot\alpha$$

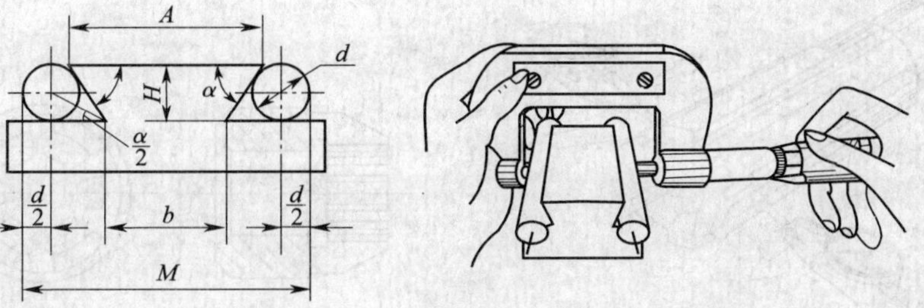

a)　　　　　　　　　　　　　　b)

图 3—67　燕尾块测量计算

a）测量计算示意图　b）测量宽度

式中　A——燕尾块的最大宽度，mm；

M——两圆棒外圆之间的距离，mm；

α——燕尾块的角度（°）；

H——燕尾深度，mm；

d——标准圆棒直径，mm；

b——燕尾块的最小宽度，mm。

当 $\alpha = 55°$ 时：

$$M = A - 1.4H + 2.921d$$
$$b = A - 1.4H$$

当 $\alpha = 60°$ 时：

$$M = A - 1.1547H + 2.732d$$
$$b = A - 1.1547H$$

（3）成批或大量加工燕尾槽时，一般采用样板进行检验，如图 3—68 所示。

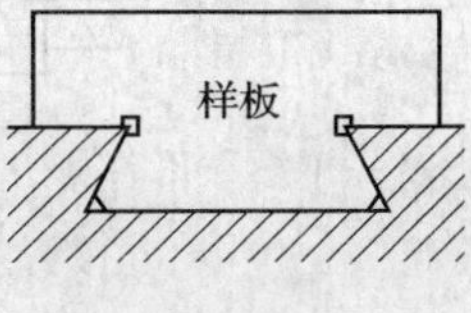

图 3—68　用样板检验燕尾槽

7．矩形外花键的检验

检验外花键的方法与检验键槽的方法基本相同。在单件和小批量生产时，使用千分尺检验键的宽度，用千分尺或游标卡尺检验小径，等分精度由分度头精度保证，必要时可用百分表检验外花键键侧的对称度，如图 3—69a 所示。在成批和大量生产中，可用如图 3—69b 所示的综合量规检验。检验时，先用千分尺检验键宽，在键的宽度不小于最小极限尺寸的条件下，综合量规能通过为合格。

二、铣床误差对铣削平面、连接面、斜面、台阶等外直线表面的影响

铣床误差包括铣床本身的精度误差和铣床调整方面的误差，这两种误差如果超出了允许范围，对铣削工作的影响是比较明显的。下面就铣床误差对铣削平面、连接面、斜面、台阶等外直线表面的影响加以分析。

1．铣床本身精度误差对铣削的影响

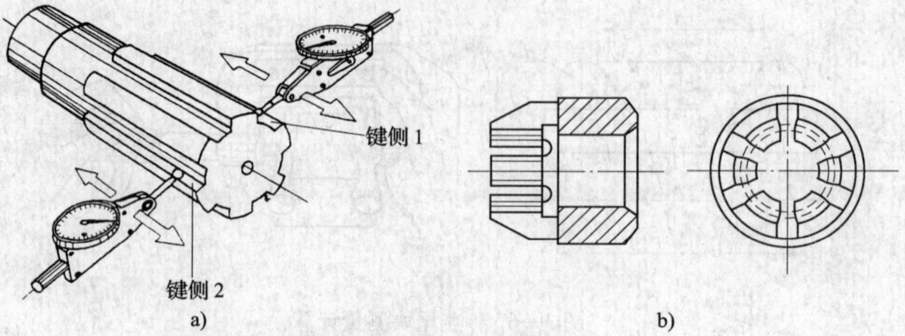

图 3—69　矩形外花键检验

a）用百分表检验对称度　b）用外花键综合量规检验

铣床本身精度误差主要表现在铣床主轴、升降台、工作台和铣床悬梁等部分。

（1）铣床主轴部分。

1）主轴轴向窜动量大。一般铣床主轴轴向窜动量允许值为 0. 015 mm。这项如果超差，将引起切削过程中的刀具窜动，影响被切削表面的加工质量。图 3—70 所示是三面刃铣刀铣台阶的情况。当被铣削台阶面比较深、不能一次铣出时，就应分两次或数次切削。这时，有两种切削方法：一种是分层切削法（见图 3—70a），即先铣够台阶的宽度，然后增加背吃刀量，将台阶的深度铣够；第二种是分段切削法（见图 3—70b），即先铣够深度，然后分段将台阶的宽度铣够。如果采用分段切削法，铣刀的侧面受力较大，当铣刀承受不了时就会向外偏让，造成被加工台阶面不垂直。

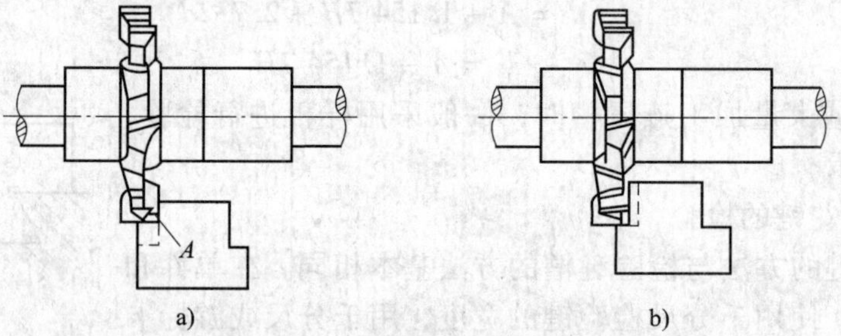

图 3—70　三面刃铣刀铣台阶

a）分层切削法　b）分段切削法

由于以上原因，铣削时一般都采用分层切削法。但是，当铣床主轴轴向窜动量超出允许值时，采用分层切削法就容易在工件的 *A* 面上留下接刀印，所以，若主轴窜动量大，铣台阶应采用分段切削法，但选用的铣刀必须要有足够的宽度。

进行其他形式的铣削时，当主轴轴向窜动量大时，由于切削中的刀具窜动，也容易造成类似的影响。

2）主轴内锥孔轴线的径向跳动量大。这项误差的检测方法如图 3—71 所示，将检验杆的锥柄紧紧插入铣床主轴内锥孔，百分表放在工作台上，测头分别与 *a*、*b* 两处接触，旋转主轴进行检测，*a*、*b* 两处相距 300 mm。当主轴转动 1 r 时，*a* 处的允许误差为 0. 01 mm，*b* 处的允许误差为 0. 02 mm。

当误差值超出这个范围，会增加铣刀刀杆及铣刀旋转时的摆动量，使铣刀进给过程中的背吃刀量不均匀，而影响工件的平面度和表面粗糙度。

3）主轴轴线对工作台横向移动方向的平行度超出允许值。这项误差的检验方法如图3—72所示，将检验杆紧紧插入铣床主轴内锥孔，工作台上的百分表测头接触检验杆，横向移动工作台，在 a、b 两处检验，然后，将主轴转动180°后再检验一次，两次检验结果的平均值就是平行度误差。这项检验在300 mm长度上测量，允许值为0.025 mm，并且，检验杆伸出只许向下倾斜。

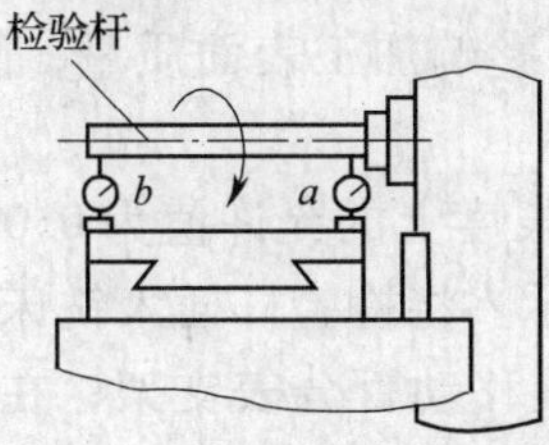

图3—71　检测主轴内锥孔轴线的径向跳动

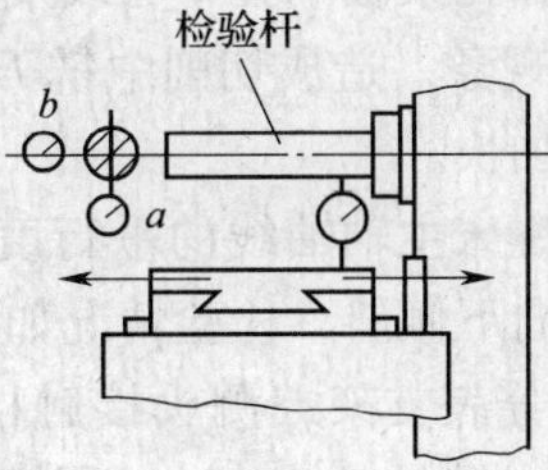

图3—72　主轴轴线对工作台横向移动方向的平行度

当误差值超出这个范围，容易加大被加工表面的平行度误差。

（2）工作台部分。

1）升降台上下移动时工作台面对床身导轨的垂直度超出允许值。进行这项检验时，将90°角尺立在工作台上（固定好位置），安装在主轴端部的百分表测头接触90°角尺平面（见图3—73a），上下移动升降台。在300 mm长度上允许值为0.025 mm。

当差值超出这个范围，端铣时铣出的平面会出现缺陷，并且差值越大，铣出平面的缺陷越明显。如果铣刀直径大于工件宽度，这时该平面能一刀铣出，铣出的平面则是一个和基准面不平行的斜面；如果铣刀直径小于工件宽度，需采用几刀铣出，这时在被加工表面上会出现如图3—74所示的锯齿状接刀印。无论是在卧式铣床的主轴前端安装铣刀端铣平面，还是在立式铣床上端铣平面，都会出现这种情况，而且被加工表面与定位基准面之间还会加大垂直度误差。

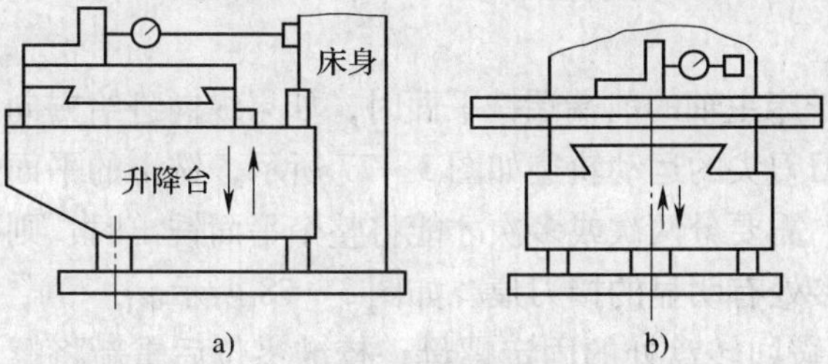

图3—73　检验升降台上下移动时工作台面对床身导轨的垂直度
a）在横向垂直平面内测量　b）在纵向垂直平面内测量

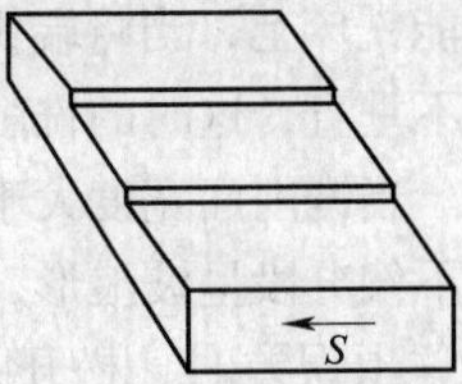

图3—74　升降台上下移动时工作台面对床身导轨的垂直度误差对铣平面的影响

2）工作台横向移动方向对工作台纵向移动方向的垂直度超出允许值。如图 3—75 所示，首先用百分表测量和调整好平直尺的位置，使平直尺与工作台纵向进给方向平行；然后使 90°角尺的一个边紧靠平直尺，使百分表测头接触 90°角尺的另一边，横向移动工作台，千分表读数的最大差值就是垂直度误差。其允许值在 300 mm 长度上为 0.02 mm。

这项差值超出允许范围时，当利用纵向和横向交叉进给切削时铣出的相互垂直的两侧平面会加大垂直度误差。

（3）铣床悬梁部分。当悬梁导轨对铣床主轴轴线的平行度超出允许值时，会引起铣刀刀杆中心线和托架轴承孔中心线发生偏差，使铣刀刀杆轴颈与托架轴承孔配合不协调，有“别劲”现象。造成切削中铣刀跳动，从而影响加工表面质量，同时，托架轴承孔的磨损也会加快。

悬梁导轨对铣床主轴轴线的平行度在 300 mm 长度上的允许值为 0.02 mm，并且，悬梁伸出端只许向下倾斜，检验情况如图 3—76 所示。将检验杆插入铣床主轴内锥孔，在导轨上装好百分表支架，测头接触检验杆，缓慢移动百分表支架，在 *a*、*b* 两处分别检验；然后将主轴转动 180°，再检验一次，两次百分表读数值的平均值即为平行度误差。

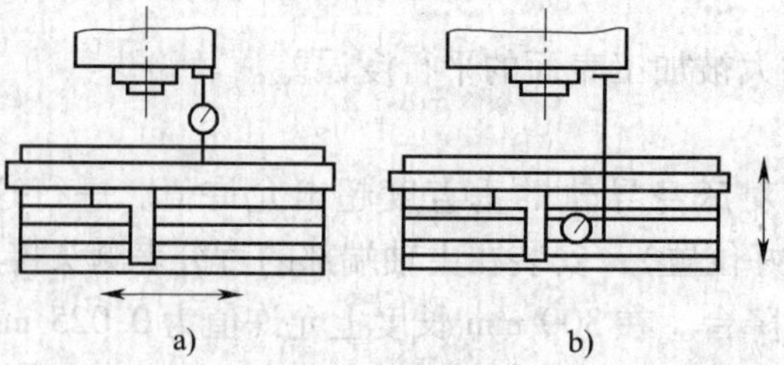

图 3—75 检验工作台纵、横向进给方向的垂直度
a）工作台纵向移动测量 b）工作台横向移动测量

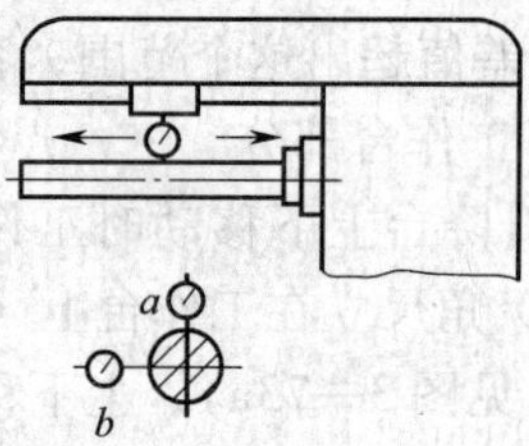

图 3—76 检验悬梁对主轴轴线的平行度

2. 铣床调整误差对铣削的影响

（1）万能铣床回转盘误差的影响。万能铣床床鞍上面的回转盘必须准确地对正零位（需要将回转盘转动某一角度的情况下除外），否则，会造成工作台纵向进给方向与铣床主轴轴线不垂直、工作台纵向进给方向与床身前壁导轨面不平行，以及工作台面上的 T 形槽与铣床主轴轴线不垂直等现象。

在万能铣床上，当将端铣刀安装在铣床主轴的前端端铣平面时，如果纵向进给方向与主轴轴线不垂直，这时的铣削情况和铣刀刀尖的运动轨迹如图 3—77 所示，铣出的平面呈内凹形状。当铣削面宽度大于铣刀直径，需要分两次或多次才能将整个平面铣出时，则铣出的平面不仅分段呈波浪形，并且在连接处有明显的接刀痕，如图 3—78 所示。

调整这项误差时，松开万能铣床床鞍回转盘处的固定螺母，校准零位后重新将螺母固定好。校准零位时采用下面的方法：

将磁性百分表座吸附在工作台上，使百分表测头与床身垂直导轨面接触（见图 3—79），纵向移动工作台，观察表针变化情况，在 100 mm 的长度范围内，允许值为 0.005 mm。

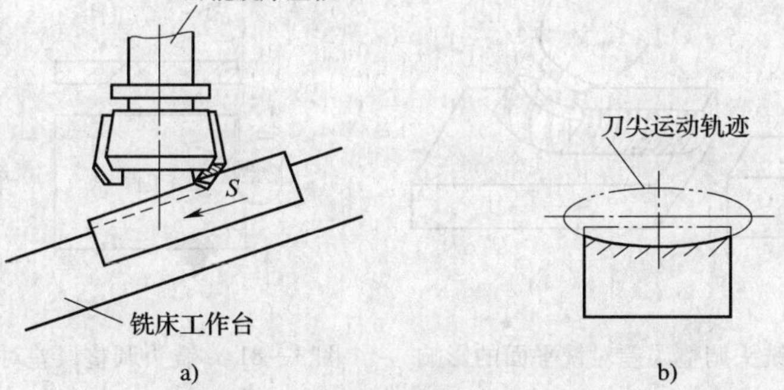

图 3—77　端铣平面纵向进给方向和主轴轴线不垂直
a）铣削情况　b）铣刀刀尖的运动轨迹

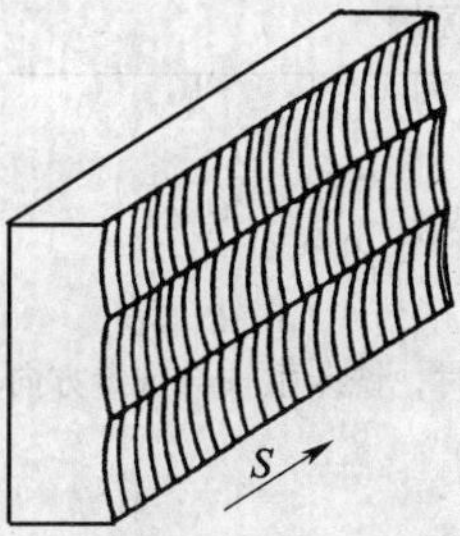

图 3—78　铣床回转盘调整误差对铣削平面的影响

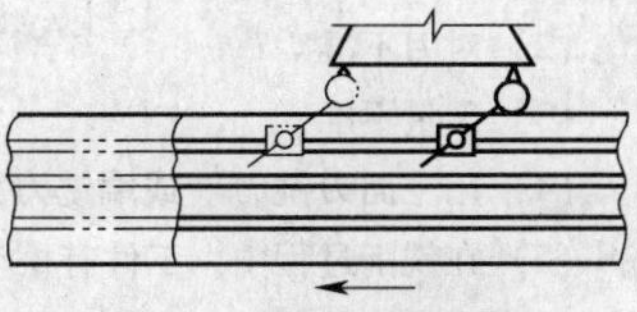

图 3—79　校准万能铣床回转台零位误差

校准万能铣床回转工作台的零位也可以使用杠杆百分表。将磁性表座吸附在垂直导轨面上，以测头直接抵住工作台 T 形槽的内侧面，纵向移动工作台，从表针的变化情况可观察出误差情况，在工作台纵向移动全长范围内，允许值为 0. 025 mm。

（2）立铣头误差的影响。立式铣床上的铣头或在万能卧式铣床上安装的立铣头，都可以根据加工需要任意扳转角度。但在垂直切削情况下，如果铣头位置没对正零位或对得不准确，都会给加工带来影响。

用立铣头安装端铣刀铣平面，当立铣头回转轴线与工作台纵向进给方向不垂直，即立铣头偏斜一个角度，这时铣出的表面会出现凹弧形（见图 3—80），并且越接近铣削面中心，凹陷现象越严重。当铣刀宽度大于被切削表面的宽度时，铣出的表面呈不平整的凹形斜面，这种缺陷与图 3—77 中的情况一致。

当用立铣刀横向进给铣削侧平面时，由于铣头误差的影响，铣出的平面会出现与底平面不垂直现象（见图 3—81），其斜度等于立铣头的倾斜度。

三、零件铣削中的质量分析

1. 平面和连接面的质量分析（见表 3—5）

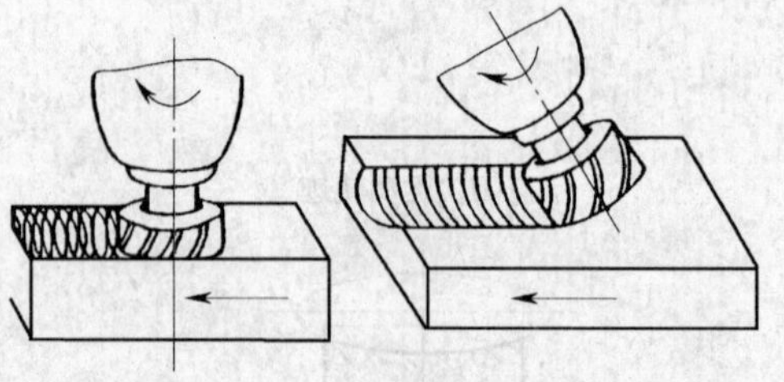

a)　　b)

图 3—80　立铣头调整误差对铣平面的影响

a）立铣头中心线垂直于进给方向

b）立铣头中心线倾斜于进给方向

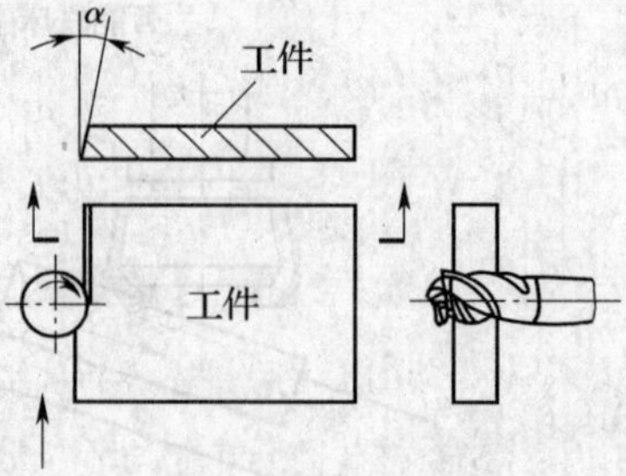

图 3—81　铣头调整误差对铣侧面的影响

表 3—5　　平面和连接面的质量分析

废品种类	产生原因
尺寸超差	（1）刻度盘格数摇错或没有考虑间隙 （2）对刀不准 （3）测量不准 （4）用三面刃铣刀（或端铣刀）端面刃铣削时，铣床主轴与进给方向不垂直 （5）在铣削过程中，工件有松动现象
形位公差超差	（1）平面度超差 1）周铣时，铣刀圆柱度不好 2）端铣时，铣床主轴与进给方向不垂直 3）铣削薄而长的工件时，工件产生变形 4）铣刀宽度（或直径）不够时，表面有接刀痕 （2）垂直度超差 1）平口钳钳口与工作台面不垂直 2）基准面与固定钳口未贴合 3）基准面本身质量差，在装夹时造成误差 4）铣出的平面与工作台面不平行，如立铣头零位不准时用横向进给等 （3）平行度超差 1）平口钳导轨面与工作台面不平行，平行垫铁的平行度差，基准面与平行垫铁未贴合等 2）和固定钳口贴合的面与基准面不垂直 3）铣出的平面倾斜 4）在铣削过程中，活动钳口因受铣削力而向上抬起，使基准面位置不准 （4）倾斜度不准 1）工件划线不准确或在铣削时工件产生位移 2）万能平口钳、转台或立铣头扳转角度不准确 3）采用圆周铣时，铣刀有锥度 4）用角度铣刀铣削时，铣刀角度不准

续表

废品种类	产生原因
表面粗糙度不符合要求	（1）铣削层深度太大或进给量太大。尤其是进给量太大，使表面有明显的波纹 （2）有深啃现象 （3）铣刀不锋利 （4）铣刀装夹得不好，跳动量过大 （5）切削液使用不当 （6）有拖刀现象 （7）铣削时有明显的振动

2. 键槽的质量分析（见表3—6）

表3—6　　键槽的质量分析

质量问题	产生原因
键槽宽度超差	（1）铣刀厚度或直径未选对 （2）三面刃铣刀端面刃圆跳动过大 （3）铣刀磨损，使槽宽变小
键槽对称度超差	（1）对刀不准 （2）铣削时产生“让刀”现象 （3）铣削时未紧固横向溜板而引起工件位移
键槽侧面偏斜	（1）固定钳口与纵向进给方向不平行 （2）工件外径有锥度 （3）铣削时工件松动
槽底与轴线不平行	（1）工件圆柱面上素线与工作台面不平行 （2）垫铁厚度不一致
槽深超差	（1）调整铣削层深度时摇错刻度盘 （2）工件未夹紧，铣削时工件被拉起 （3）工件直径不准确

3. 台阶的质量分析（见表3—7）

表3—7　　台阶的质量分析

质量问题	产生原因
宽度超差	（1）测量不准确 （2）摇错刻度盘或未消除丝杠与螺母的间隙 （3）铣刀径向圆跳动和轴向窜动量过大 （4）铣削时，非进给方向的进给机构未紧固 （5）工作台“0”位不准，将台阶的两侧面铣成弧形凹面，台阶出现“上窄下宽”现象

续表

质量问题	产生原因
深度超差	（1）测量不准确 （2）对刀不准确，调整铣削层深度错误 （3）工件底面与工作台面不平行，使台阶深度不一致 （4）工件装夹不牢固，铣削时产生位移
对称度误差	（1）测量不准确 （2）摇错刻度盘或未消除丝杠与螺母的间隙 （3）对刀不准，非进给方向的工作台未紧固
台阶侧面与基准面不平行	（1）夹具基准面与工作台进给方向平行度未校正，使台阶产生倾斜 （2）基准面选择不正确 （3）工件有毛刺或基准面有杂物
表面粗糙度超差	（1）铣刀不锋利 （2）铣削用量选择不准确 （3）铣刀的圆跳动过大 （4）机床主轴、工作台及托架轴承间的间隙过大

4．V 形槽的质量分析（见表 3—8）

表 3—8　　V 形槽的质量分析

质量问题	产生原因
槽宽不一致	（1）工件上平面与工作台面不平行 （2）工件装夹不牢固，铣削时产生位移
对称度超差	（1）对刀不正确 （2）测量不正确
槽角角度不准确或槽侧不对称	（1）工件上平面未校正 （2）刀具角度不正确 （3）铣刀或工件倾斜角度有偏差
槽侧与工件两侧面不平行	（1）钳口与纵向进给方向不平行 （2）工件装夹时有杂物等

5．T 形槽的质量分析（见表 3—9）

表 3—9　　T 形槽的质量分析

质量问题	产生原因
直角槽宽度超差	（1）铣刀直径（宽度）选择不准确 （2）铣刀同轴度未校正
底槽与直角槽不对称	（1）对刀不准 （2）铣削时未紧固，使工件产生位移

续表

质量问题	产生原因
底槽与基面不平行	（1）工件上平面未校正 （2）铣刀未夹紧，铣削时被铣削力拉下
表面粗糙度超差	主要是未及时清除切屑及进给量过大

6. 燕尾槽和燕尾块的质量分析（见表3—10）

表3—10　　燕尾槽和燕尾块的质量分析

质量问题	产生原因
槽宽两端尺寸不一致	（1）工件上平面未校正 （2）工件两侧面平行度较差
槽宽超差	（1）测量不准确 （2）移动工作台时，摇错刻度盘或未消除传动间隙
槽角超差	刀具角度不准确或选错铣刀

7. 外花键的质量分析（见表3—11）

表3—11　　外花键的质量分析

质量问题	产生原因
键宽尺寸超差	（1）测量错误 （2）摇错刻度盘或工作台传动间隙未消除 （3）刀杆垫圈端面不平行，使刀具产生摆动 （4）分度错误或分度头传动间隙未消除
小径尺寸超差	（1）测量或调整铣削深度出现错误 （2）未校正工件侧素线与工作台面的平行度
键侧倾斜	未校正工件侧素线与工作台进给方向的平行度
对称度超差	（1）对刀不准 （2）摇错刻度盘或工作台传动间隙未消除 （3）工件在铣削时松动
等分误差大	（1）分度错误或分度头传动间隙未消除 （2）工件在铣削时松动 （3）工件外圆与公共轴线的同轴度超差
表面粗糙度超差	（1）铣刀不锋利 （2）铣削用量选择不准确 （3）铣刀的圆跳动过大 （4）机床主轴、工作台及托架轴承间的间隙过大

单元考核要点

考核类别	考核范围	考核点	重要程度
理论知识	测量的基本知识与常用量具、量规	测量技术基础知识的有关概念	★★
		游标卡尺的结构及刻线原理	★★★
		外径千分尺的结构及刻线原理	★
		百分表的结构及刻线原理	★★
		游标万能角度尺的结构及刻线原理	★★
	零件的检测与误差分析	平面的检测方法	★★★
		台阶的检测方法	★★
		直角沟槽和键槽的检测方法	★★★
		特形沟槽的检测方法	★★
		外花键的检测方法	★★★
		零件产生误差的原因	★

单元测试题

一、填空题（请将正确的答案填在横线空白处）

1. 一个完整的测量过程应包括________、________、________和________四个要素。

2. 测量对象主要指几何量，包括________、________、________、________和________等。

3. 机械制造中常用的长度计量单位为________。

4. 通过测量与被测尺寸有一定函数关系的其他尺寸，然后通过计算获得被测尺寸量值的方法是________。

5. 游标卡尺按其测量精度分为________、________、________三种规格。

6. 测量精度为0.02 mm游标卡尺的游标一般都是把________mm________等分。

7. 当千分尺的微分筒转一周时，带动测微螺杆右端螺纹轴向移动一个螺距，为________mm。

8. 百分表测量杆上齿条与齿轮的齿距为________。

9. 2′精度游标万能角度尺的测量范围是________。

10. 塞规通端是按被测工件的________________来制造的，卡规通端是以被测工件的________________来制造的。

11. 对于平面主要检测的项目是________和________，这两项都是________项目。

12. 检测平面度有两种方法，一种是________检测法，另一种是________检测法。

13. 检测直线度有两种方法，一种是________测隙法，另一种是________测隙法。

14．检测垂直度有两种方法，一种是________测量法，另一种是________检测法。

15．对于精度要求不高的直角沟槽的长度、宽度和深度可用________测量。成批生产或工件尺寸精度要求较高时，槽宽可用________检测。

16．对于精度要求不高的直角沟槽的对称度或平行度，可用________或________检测。

17．对称度要求高的 V 形槽，可用________和百分表来检测其精度。

18．大批量生产外花键时，可用________极限量规及花键综合环规检测其精度。

19．最小极限尺寸减其基本尺寸所得的代数差叫做________。

20．可能具有间隙或过盈的配合称为________配合。

二、判断题（下列判断正确的请打"√"，错误的请打"×"）

1．2′精度游标万能角度尺只装直尺，可测 140°～230°之间的任意角度。（　）

2．塞规是测量轴的量具，卡规是测量孔的量具。（　）

3．卡规的最大极限尺寸的一端通过，最小极限尺寸的一端不能通过，则说明此工件是合格的。（　）

4．0 级精度的外径千分尺比 1 级精度的外径千分尺精度高。（　）

5．测量误差是指量具本身的误差。（　）

6．当游标卡尺尺身的零线与游标零线对准时，游标上的其他刻线都不与尺身刻线对准。（　）

7．读数值为 0.05 mm 的游标卡尺，其读数原理是尺身上 20 mm 等于游标 19 格刻线宽度。（　）

8．刀口形直尺的精度等级可分为 0 级和 1 级两种。（　）

9．塞尺也是一种界限量规。（　）

10．塞尺能测量温度较高的工件。（　）

11．用刀口形直尺来检测工件平面度，是应用平面内各个方向的线均为直线的原理测量的。（　）

12．检验平面的表面粗糙度，一般采用标准样板来比较。虽然表面的加工方法不同，但检查用样板相同。（　）

13．铣削过程中，由于测量不准可造成工件尺寸超差。（　）

14．用接触点检测法检验平面度，先在标准平板表面涂一层颜料，再将工件在平板上轻微对研，然后根据工件表面着色点的分布情况来判定平面的平面度。（　）

15．矩形工件的平行度和尺寸精度检验，大多用宽座 90°角尺。（　）

16．用游标万能角度尺和深度千分尺检验燕尾槽和燕尾块的角度和深度。（　）

17．用角铁测量工件垂直面时，应使工件基准面与角铁垂直面贴合，并在工件下方衬垫平行垫铁，以提高垂直度测量精度。（　）

18．铣削时，切削液使用不当不会影响工件的表面粗糙度。（　）

19．用游标万能角度尺测量斜面时，常会有基准转换的情况，此时测量的角度也应进行转换计算。（　）

20．斜度大的斜面一般采用度数来表示，它是指斜面与基准面之间夹角的

大小。（ ）

三、单项选择题（下列每题的选项中，只有1个是正确的，请将其代号填在横线空白处）

1. 我国的法定长度计量基本单位是________。

A. 公尺 B. m（米） C. mm（毫米） D. cm（厘米）

2. 有一游标卡尺，游标将19 mm分成20等份，此游标卡尺的测量精度为________mm。

A. 0.02 B. 0.05 C. 0.1 D. 0.01

3. 0.02 mm游标卡尺游标上第50小格与尺身上的________mm对齐。

A. 49 B. 39 C. 19 D. 9

4. 2′精度游标万能角度尺________测量0°~50°范围内的角度。

A. 用直尺 B. 用90°角尺

C. 用直尺和90°角尺 D. 不用直尺和90°角尺

5. 千分尺测量时，要使测微螺杆轴线与工件的被测尺寸方向________，且不要倾斜。

A. 相反 B. 平行 C. 一致 D. 垂直

6. 百分表的示值范围通常有0~3 mm、0~5 mm和________mm三种。

A. 0~8 B. 0~10 C. 0~12 D. 0~15

7. 分度值为2′的游标万能角度尺，主尺读数为15°，游标上第7条刻线与主尺刻线对齐，则被测角度为________。

A. 15°7′ B. 15.7° C. 15°14′ D. 22°

8. 用百分表测量球形工件时，应采用________。

A. 球面测量头 B. 平面测量头

C. 凹面测量头 D. 任意一种测量头均可

9. 百分表的分度值为________mm。

A. 0.001 B. 0.01 C. 0.02 D. 0.05

10. 在机械图样上所标注的法定长度计量单位为________。

A. m（米） B. cm（厘米） C. mm（毫米） D. μm（微米）

11. 法定长度计量单位与英制长度单位是两种不同的长度单位，但它们之间可以互相换算，换算关系是：1 in（英寸）=________mm（毫米）。

A. 10 B. 12 C. 16 D. 25.4

12. 等于半径长的弧叫做含有1弧度的弧，而1弧度的弧所对的圆心角叫做________。

A. 1°角 B. 1 rad角 C. π角 D. 中心角

13. 读数值为0.1 mm的游标卡尺其读数原理是：当两测量爪合并时，尺身上的9 mm刚好等于游标上________的宽度。

A. 8格 B. 9格 C. 10格 D. 5格

14. 游标卡尺的具体读数步骤分为三步：读整数，读小数，将上述两次读数

________，即为所求被测项目的读数。

A. 相加　　B. 相减　　C. 相乘　　D. 相除

15. 用游标卡尺测量孔径时，若量爪测量线不通过孔中心线，则卡尺读数比实际尺寸________。

A. 大　　B. 小　　C. 多一个半径　　D. 少一个半径

16. ________是形状公差的两个项目。

A. 直线度和平行度　　B. 圆度和同轴度

C. 圆度和圆柱度　　D. 圆跳动和全跳动

17. ________只能是正值。

A. 偏差　　B. 公差　　C. 基本偏差　　D. 实际偏差

18. $\phi 30\frac{H8}{f7}$是属于________。

A. 基孔制间隙配合　　B. 基孔制过渡配合

C. 基轴制间隙配合　　D. 基轴制过渡配合

19. 在同一尺寸段里，标准公差值随公差等级数字增大而________。

A. 增大　　B. 不变　　C. 缩小　　D. 适中

20. 用刀口形直尺检验平面度时，应将直尺放在被测平面的________方向上，对光目测刀口与平面之间的间隙。

A. 纵向　　B. 横向　　C. 对角线　　D. 任意

21. 矩形工件两平面间的垂直度大多用________检验。

A. 平板　　B. 90°角尺　　C. 方箱　　D. 钢直尺

22. 工件精度要求不太高时，可用________来直接量得工件斜面与基准面之间的夹角。

A. 游标万能角度尺　　B. 角度样板

C. 正弦规　　D. 可倾式转台

23. 当斜面或多面体精度要求很高时，可采用________，并配合百分表和量块对其进行检验。

A. 游标万能角度尺　　B. 角度样板

C. 正弦规　　D. 可倾式转台

24. X6132 型卧式铣床主轴轴线对工作台面的平行度超差，则在纵向进给铣削时，会影响________。

A. 加工表面的平行度　　B. 加工表面的表面粗糙度

C. 铣刀的使用寿命　　D. 进给运动的均匀性

25. 升降台移动对工作台面的垂直度超差，则会影响被加工表面的________。

A. 直线度和平面度　　B. 尺寸精度

C. 平面度和垂直度　　D. 表面粗糙度

26. 工件轴线与工作台面不平行，使花键两端小径尺寸不一致，需采用________的方式予以预防。

单元 3

A. 用千斤顶支撑　　B. 找正工件
C. 更换铣刀　　D. 预紧工件

27. 在铣削平面的过程中，________将产生“深啃”现象，严重影响工件的表面粗糙度。
A. 改变转速　　B. 改变进给量　　C. 进给停顿　　D. 手动进给

28. 铣成的外花键，若小径两端尺寸不一致，主要原因是________。
A. 铣刀跳动大　　B. 工件上素线与工作台纵向进给方向不平行
C. 铣刀转速高　　D. 吃刀量太大

29. 允许尺寸变化的两个界限值称为________。
A. 基本尺寸　　B. 实际尺寸　　C. 极限尺寸　　D. 公差尺寸

30. 基本偏差为 a ~ h 的轴与 H 孔可构成________配合。
A. 间隙　　B. 过渡　　C. 过盈　　D. 过渡或过盈

四、简答题

1. 游标卡尺使用时需要注意哪些事项？
2. 百分表使用的维护保养包括哪些方面？
3. 千分尺使用时需要注意哪些事项？
4. 简述游标万能角度尺的读数方法。
5. 深度游标尺有哪些用途？
6. 简述测量键槽对称度的方法。
7. 简述工作台横向移动时主轴旋转轴线的平行度超出允许值对铣削的影响。
8. 万能铣床回转工作台的零位不准，端铣平面时对铣削造成哪些影响？
9. 简述万能铣床回转工作台的零位校正方法。
10. 简述外花键铣削时键宽对称度超差的原因。

五、计算题

1. 已知燕尾槽的槽口宽度为 80 mm，槽深为 30 mm，槽角为 60°，用直径为 20 mm 的标准圆棒测量燕尾槽的槽口宽度。计算两圆棒外圆内侧之间的距离。

2. 用直径为 8 mm 的标准圆棒测量一燕尾块，测得两圆棒外圆外侧之间的距离为 50.31 mm，又已知燕尾块槽角为 55°。计算燕尾块的实际宽度尺寸。

单元测试题答案

一、填空题

1. 测量对象　计量单位　测量方法　测量精度
2. 长度　角度　表面粗糙度　几何形状　相互位置　3. mm（毫米）
4. 间接测量　5. 0.1 mm　0.05 mm　0.02 mm　6. 49　50　7. 0.5 mm
8. 0.625 mm　9. 0°~320°　10. 最小极限尺寸　最大极限尺寸
11. 平面度　直线度　形状公差　12. 调平比较　接触点
13. 90°角尺　塞尺　14. 千分表直接　透光

15. 游标卡尺　极限量规（塞规）　16. 游标卡尺　杠杆百分表　17. 标准圆棒

18. 键宽　19. 下偏差　20. 过渡

二、判断题

1. ×　2. ×　3. √　4. √　5. ×　6. ×　7. ×　8. √　9. √　10. ×

11. √　12. ×　13. √　14. √　15. ×　16. √　17. ×　18. ×　19. √

20. √

三、单项选择题

1. B　2. B　3. A　4. C　5. C　6. B　7. C　8. B　9. B

10. C　11. D　12. B　13. C　14. A　15. B　16. C　17. B　18. A

19. C　20. D　21. B　22. A　23. C　24. A　25. C　26. B　27. C

28. B　29. C　30. A

四、简答题

（略）

五、计算题

1. 解：$M = A - 2.732D + 1.155H = 80\ \text{mm} - 2.732 \times 20\ \text{mm} + 1.155 \times 30\ \text{mm} = 60.01\ \text{mm}$

答：两圆棒外圆内侧之间的距离为60.01 mm。

2. 解：$A = M - 2.921D = 50.31\ \text{mm} - 2.921 \times 8\ \text{mm} = 26.94\ \text{mm}$

答：燕尾块的实际宽度尺寸是26.94 mm。

理论知识考核试卷

一、判断题（下列判断正确的请打“√”，错误的请打“×”；每题1分，共25分）

1. 俯视图与左视图中，远离主视图的一方为物体的后方。（ ）
2. 断面图只画断面形状，而剖视图还必须画出断面以及能看见的轮廓的投影。（ ）
3. 将钢材锻成毛坯的过程称为锻造生产过程。（ ）
4. 粗铣前确定铣削速度，必须考虑铣床的额定功率，超过铣床额定功率，应适当提高铣削速度。（ ）
5. 分度时，应先松开分度头主轴的锁紧手柄，分度结束后再重新锁紧。若分度手柄摇过了头，则应将分度手柄退回半圈以上，然后再进行分度。（ ）
6. 万能分度头的主轴可在 ±45°的范围倾斜角度。（ ）
7. 铣刀切削刃的强度主要取决于刀具的楔角。（ ）
8. 铣削加工的主要特点是刀具旋转、多刃切削。（ ）
9. 在铣床上用单刃刀具切削加工不能称为铣削。（ ）
10. 铣刀因夹持不紧或铣削量过大而产生停刀现象时，应先停止主轴转动，再停止工作台的进给。（ ）
11. 每天对铣床进行加油润滑，是铣床日常保养的重要内容，而主轴箱的加油则由润滑工负责。（ ）
12. 顺铣时，铣刀切削刃作用在工件上的力在进给方向的分力与工件的进给方向相反，故不会使工作台向进给方向移动。（ ）
13. 根据划线装夹工件进行铣削加工，除了划线费时外，装夹和校正工件的速度也很慢，所以只适用于单件生产。（ ）
14. 在铣床上采用切痕对刀法对刀，虽然精度不高，但使用简便，所以是最常用的一种对刀方法。（ ）
15. 轴上键槽对轴线的对称度要求很高，属于键槽铣削技术中的形状精度要求。（ ）
16. 对于尺寸大的V形槽，当其夹角大于90°时，可用端铣刀或立铣刀进行铣削。（ ）
17. 在单件生产时，若没有合适的燕尾槽铣刀，可用与燕尾槽和燕尾块角度相等的单角铣刀来铣削。（ ）
18. 简单分度法是根据分度头的蜗轮齿数（定数）和工件的等分数来计算操作的。（ ）

19. 在分度头的交换齿轮传动中，中间齿轮只起连接传动的作用。 （　　）

20. 致使外花键小径尺寸两端不一致的原因是工件的轴线与纵向进给方向不平行。 （　　）

21. 外花键等分度误差较大的原因之一是工件与分度头主轴的同轴度超差。 （　　）

22. 当游标卡尺尺身的零线与游标零线对准时，游标上的其他刻线都不与尺身刻线对准。 （　　）

23. 2′精度游标万能角度尺只装直尺，可测 140°～230°之间的任意角度。 （　　）

24. 用游标万能角度尺测量斜面时，常会有基准转换的情况，此时测量的角度也应进行转换计算。 （　　）

25. 斜度大的斜面一般采用度数来表示，它是指斜面与基准面之间夹角的大小。 （　　）

二、填空题（请将正确的答案填在横线空白处；每题 1 分，共 10 分）

1. 在铣床上，用分度头铣削六面体工件，每面切削两次，可以说，铣削六面体就有 6 个________。

2. F11125 型分度头主轴两端的内锥是________。

3. 前刀面与________之间的夹角称为前角。

4. X6132 型卧式铣床自动进给是由________提供动力的。

5. 用两把直径相同的三面刃铣刀组合铣削台阶时，考虑到铣刀偏让，应用刀杆垫圈将铣刀内侧的距离调整到________工件所需要的尺寸进行试铣。

6. 在计算差动分度交换齿轮时，假定等分数必须________工件的等分数。

7. 燕尾槽还常带有________的斜度，可用来安装镶条，以调整机床导轨的配合间隙。

8. 为了便于加工和检验，矩形花键的键数为________。

9. 当千分尺的微分筒转一周时，带动测微螺杆右端螺纹轴向移动一个螺距，为________ mm。

10. 检测平面度有两种方法，一种是________检测法，另一种是接触点检测法。

三、单项选择题（下列每题的选项中，只有 1 个是正确的，请将其代号填在横线空白处；每题 1 分，共 30 分）

1. 对机件的肋板、轮辐等结构，如按纵向剖切，这些结构都不画剖面符号，而用________图线将其与相邻部分分开。

A. 粗实线　　B. 细实线　　C. 细点画线　　D. 细虚线

2. 某图样的标题栏中的比例为 1∶10，该图样中有一个图形是局部剖切以后单独画出的，上方标有 1∶2，则该图形________。

A. 因采用缩小比例 1∶2，故不是局部放大图

B. 是采用剖视画出的局部放大图

C. 既不是局部放大图，也不是剖视图

D. 是采用缩小比例画出的局部视图

3. 用一直径为 ϕ75 mm 的铣刀以 25 m/min 的铣削速度进行铣削，铣床主轴转速应调整到________ r/min。

A. 75　　B. 95　　C. 118　　D. 150

4. 铣刀切削刃选定点相对于工件的主运动的瞬时速度称为________。

A. 铣削速度　　B. 每齿进给量　　C. 转速　　D. 每转进给量

5. 把机用平口钳安装到铣床工作台时，钳口与主轴的方向应根据工件________来决定。

A. 长度　　B. 宽度　　C. 形状　　D. 加工精度

6. 标准万能分度头分度手柄 1 r 的分度误差为________。

A. ±45″　　B. ±30″　　C. ±1′　　D. ±10″

7. 铣刀的几何角度就是各个________与坐标平面之间的夹角。

A. 安装面　　B. 切削刃　　C. 刀面　　D. 基面

8. ________越小，切入金属越容易，但切削刃强度差；反之，切削刃强度大，但较难切入金属。

A. 前角　　B. 后角　　C. 楔角　　D. 主偏角

9. 使用快速进给时，铣刀离工件________ mm 处便应停止，然后手动进给，使铣刀缓慢地接近工件。

A. 10 ~ 20　　B. 20 ~ 30　　C. 30 ~ 40　　D. 30 ~ 50

10. 铣床使用时，________不允许超过规定范围，更不许任意拆装挡铁，以防止工作台移动时超出行程极限而损坏机床零件。

A. 定位装置　　B. 限位开关　　C. 行程挡铁　　D. 极限开关

试卷

11. 发现有人触电时，做法错误的是________。

A. 不能赤手空拳去拉触电者

B. 应用木杆强迫触电者脱离电源

C. 应及时切断电源，并用绝缘体使触电者拖离电源

D. 无绝缘物体时，应立即将触电者拖离

12. 在用平口钳装夹铣削垂直面时，初次铣出的平面与基准面之间的夹角小于 90°，则铜片应垫在固定钳口的________。

A. 中部　　B. 下部　　C. 左部　　D. 上部

13. 下列说法正确的是________。

A. 铣削矩形工件时，对各面铣削的先后顺序没有要求

B. 采用面铣刀铣削矩形工件，选择刀具时对直径没有要求

C. 铣削的第一个面即基准面，任一个面都可充当

D. 铣削矩形工件前，应用卡尺检验毛坯各面加工余量

14. 下列检测平面度方法中，________可以读出平面度误差。

A. 采用百分表检测平面度　　B. 采用涂色对研法

C. 采用样板平尺检测平面度　　D. 采用划针法

15. 用三面刃铣刀铣削一台阶，背吃刀量为 16 mm，刀杆垫圈直径为 40 mm，则铣

刀直径________。

A. 等于 70 mm　B. 等于 72 mm　C. 小于 72 mm　D. 大于 72 mm

16. 加工一条宽 16 mm、长 60 mm 的封闭式键槽，工作台纵向进给行程等于________ mm。

A. 16　B. 60　C. 76　D. 44

17. 铣削出的台阶上窄下宽，且台阶两侧呈凹弧形曲面，形成此形状最可能是由于________。

A. 切削液选择不当　B. 夹具和工件未校正

C. 切削用量太大　D. 工作台“零位”不准

18. 三面刃铣刀的________，故排屑、冷却和刀齿强度均较好，因此在铣沟槽时多采用三面刃铣刀。

A. 直径和刀齿尺寸、容屑槽尺寸都较大

B. 刀齿、容屑槽尺寸较大，但直径较小

C. 直径和刀齿尺寸较大，容屑槽尺寸较小

D. 直径和容屑槽较大，刀齿尺寸较小。

19. 锯片铣刀易折断的原因之一是________。

A. 平口钳导轨面与工作台不平行　B. 铣刀厚度较大

C. 平口钳固定钳口与进给方向不垂直　D. 铣刀端面跳动过大

20. 铣削半圆键槽时，因为铣削面积________，所以要特别注意当铣削到深度还有 0.5 ~1 mm 时，应改用手动进给。

A. 逐渐增大　B. 逐渐减小　C. 始终不变　D. 时大时小

21. 在 X5032 型立式铣床上刻线，主轴转速应调整到________ r/min，并将主轴电器开关处于“停止”位置。

A. 1 500　B. 750　C. 30　D. 950

22. 主轴交换齿轮法直线移距分度精度较高的原因是由于经过分度头________。

A. 蜗轮蜗杆传动　B. 螺旋齿轮传动

C. 交换齿轮传动　D. 分度手柄与孔盘的相对运动

23. 我国现行标准规定矩形花键的定心方式是________。

A. 大径定心　B. 小径定心

C. 齿侧定心　D. 按花键规格确定的

24. 铣削矩形外花键的大径一般要求尺寸精度为________。

A. h6　B. e8　C. h9　D. f12

25. 用三面刃铣刀铣削矩形花键，若用侧刃铣削花键齿侧，为了保证花键齿侧与轴线平行，应找正________。

A. 工件上素线与工作台面平行　B. 工件侧素线与进给方向平行

C. 工件上素线与进给方向平行　D. 工件侧素线与工作台面平行

26. 用锯片铣刀铣削花键的小径圆弧，圆弧面的形状精度与________有关。

A. 锯片铣刀的厚度　B. 锯片铣刀的直径

C. 工件每次转过的小角度　　D. 工件齿数

27. 分度值为2′的游标万能角度尺，主尺读数为15°，游标上第7条刻线与主尺刻线对齐，则被测角度为________。

A. 15°7′　　B. 15.7°　　C. 15°14′　　D. 22°

28. 百分表的示值范围通常有：0～3 mm、0～5 mm和________mm三种。

A. 0～8　　B. 0～10　　C. 0～12　　D. 0～15

29. 允许尺寸变化的两个界限值称为________。

A. 基本尺寸　　B. 实际尺寸　　C. 极限尺寸　　D. 公差尺寸

30. 基本偏差为a～h的轴与H孔可构成________配合。

A. 间隙　　B. 过渡　　C. 过盈　　D. 过渡或过盈

四、简答题（每题5分，共15分）

1. 采用差动分度法时，应注意哪些事项？

2. 简述铣削键槽时，常用的对刀方法有哪几种？

3. 简述游标万能角度尺的读数方法。

五、计算题（每题5分，共20分）

1. 在X6132型卧式铣床上用三面刃铣刀铣削一台阶工件，已知台阶凸台宽度 $A=16$ mm，台阶深 $t=10$ mm，铣刀宽度 $L=12$ mm，刀杆垫圈直径 $d=40$ mm。试求（1）所选铣刀最小直径为多少？（2）台阶一侧铣好后，铣另一侧时横向移动距离为多少？

2. 在X5032型立式铣床上用三面刃铣刀倾斜铣削V形槽，已知铣成的窄槽宽度为3 mm，V形槽宽度为50 mm，槽角为90°。计算（1）以窄槽对刀，铣削达到槽宽50 mm时，垂向升高量是多少？（2）若在X6132型卧式铣床上用双角铣刀铣削槽形角为120°的V形槽（其窄槽槽宽与V形槽槽宽不变），垂向升高量是多少？

3. 用F11125型分度头分度铣削 $z=67$ 的直齿圆柱齿轮，应如何进行分度（取假定等分数 $z_0=64$）？

4. 在X6132型卧式铣床上用F11125型分度头，采用主轴交换齿轮法分度，进行刻线，每格距离 $S=0.98$ mm，机床纵向进给丝杠螺距 $P=6$ mm，试确定分度手柄转数和交换齿轮齿数。

试卷

理论知识考核试卷答案

一、判断题

1. × 2. √ 3. × 4. × 5. √ 6. × 7. × 8. √ 9. × 10. ×
11. √ 12. × 13. √ 14. √ 15. × 16. √ 17. √ 18. √ 19. ×
20. × 21. √ 22. × 23. × 24. √ 25. √

二、填空题

1. 工位 2. 莫氏4号 3. 基面
4. 进给电动机通过齿轮 5. 略大于
6. 小于 7. 1:50
8. 偶数 9. 0.5 10. 调平比较

三、单项选择题

1. A 2. B 3. B 4. A 5. A 6. A 7. C 8. A 9. D
10. C 11. D 12. D 13. D 14. A 15. D 16. D 17. D 18. A
19. D 20. A 21. C 22. A 23. B 24. A 25. B 26. C 27. C
28. B 29. C 30. A

四、简答题

（略）

五、计算题

1. 解：（1） $d_0 > 2t + d' = 2 \times 10\ \text{mm} + 40\ \text{mm} = 60\ \text{mm}$

（2） $H = A + L = 16\ \text{mm} + 12\ \text{mm} = 28\ \text{mm}$

答：（1）所选三面刃铣刀最小直径为60 mm。（2）台阶一侧铣好后横向移动距离为28 mm。

2. 解：（1） $H = \dfrac{B - B'}{2}\cot\dfrac{\alpha}{2} = \dfrac{50\ \text{mm} - 3\ \text{mm}}{2} \times \cot\dfrac{90°}{2} = 23.50\ \text{mm}$

（2） $H = \dfrac{B - B'}{2}\cot\dfrac{\alpha}{2} = \dfrac{50\ \text{mm} - 3\ \text{mm}}{2} \times \cot\dfrac{120°}{2} = 13.57\ \text{mm}$

答：（1）当槽角 $\alpha = 90°$ 时，垂向升高量为23.50 mm。

（2）当槽角 $\alpha = 120°$ 时，垂向升高量为13.57 mm。

3. 解：$z = 67$ 无法进行简单分度，所以采用差动分度。取 $z_0 = 64$，则：

$$n_0 = \frac{40}{z_0} = \frac{40}{64} = \frac{15}{24}$$

$$\frac{z_1 z_3}{z_2 z_4} = \frac{40\ (z_0 - z)}{z_0} = \frac{40 \times\ (64 - 67)}{64} = \frac{50 \times 90}{60 \times 40}$$

答：每分度一次，分度手柄相对分度盘在孔数为24的孔圈上转过15个孔距，分度叉之间包含16个孔；主动轮 $z_1 = 50$、$z_3 = 90$；被动轮 $z_2 = 60$、$z_4 = 40$。

4. 解：取 $n=4$，则：

$$\frac{z_1z_3}{z_2z_4}=\frac{40S}{nP}=\frac{40\times0.98}{4\times6}=\frac{49}{30}=\frac{7\times7}{10\times3}=\frac{35\times70}{50\times30}$$

答：主动轮 $z_1=35$、$z_3=70$，被动轮 $z_2=50$、$z_4=30$，每次分度时分度手柄转 4 r。